装备科技译著出版基金

基于 Aspen Plus 和 Aspen HYSYS 的化工流程设计与模拟

Chemical Process Design and Simulation
Aspen Plus and Aspen HYSYS Applications

［斯洛伐克］竺马·海德瑞（Juma Haydary） 著

汤健 张婷 译

国防工业出版社

·北京·

著作权合同登记　图字：01-2022-5373 号

图书在版编目(CIP)数据

基于 Aspen Plus 和 Aspen HYSYS 的化工流程设计与模拟／（斯洛伐）竺马·海德瑞（Juma Haydary）著；汤健，张婷译． -- 北京：国防工业出版社，2025. 1.
ISBN 978-7-118-13197-0

Ⅰ．TQ02-39

中国国家版本馆 CIP 数据核字第 2024U5R500 号

Chemical Process Design and Simulation: Aspen Plus and Aspen Hysys Application by Juma Haydary
ISBN 978-1-119-46959-9
Copyright © 2019 by John Wiley & Sons, Inc.
All rights reserved. This translation published under license. Authorized translation from the English language edition, Published by John Wiley & Sons. No part of this book may be reproduced in any form without the written permission of the original copyrights holder.
Copies of this book sold without a Wiley sticker on the cover are unauthorized and illegal.

本书中文简体中文字版专有翻译出版权由 John Wiley & Sons, Inc. 公司授予国防工业出版社出版。未经许可，不得以任何手段和形式复制或抄袭本书内容。

本书封底贴有 Wiley 防伪标签，无标签者不得销售。

版权所有，侵权必究。

※

国防工业出版社出版发行
（北京市海淀区紫竹院南路 23 号　邮政编码 100048）
三河市天利华印刷装订有限公司印刷
新华书店经售

*

开本 710×1000　1/16　插页 2　印张 30¼　字数 601 千字
2025 年 1 月第 1 版第 1 次印刷　印数 1—1500 册　定价 198.00 元

（本书如有印装错误，我社负责调换）

国防书店：(010)88540777　　书店传真：(010)88540776
发行业务：(010)88540717　　发行传真：(010)88540762

译者序

流程模拟在化工、军工、热工、核工、火电、资源回收、城市固废处理等领域的应用日益广泛。本书基于 Aspen Plus 和 Aspen HYSYS，从化工理论与实际应用相结合的视角进行化工流程设计和模拟的研究。本书从概念简述、单元级操作、常规组分与非常规组分工厂级操作 4 篇逐层深入地对化工流程的设计与模拟进行阐述，描述了 Aspen Plus 和 Aspen HYSYS 针对不同组分进行流程设计与模拟的应用实例，给出了模拟过程的输入输出和过程参数以及各个模块数据包和物性方程的确定方法，分析了两种软件系统的模拟过程及输出结果。本书对复杂不确定组分生产过程的优化设计和模拟分析具有重要的参考价值，对于复杂有机化学产品的设计开发也具有重大意义，对于开发具有独立知识产权的流程模拟软件及数据包具有重要的借鉴意义，有助于国防新材料的研发和性能评价。

本书作者 Juma Haydary 是斯洛伐克工业大学化学与环境工程系教授，并取得该大学化学工程专业和过程控制专业的博士学位。作者从事计算机辅助化学工艺设计、化学工程单元操作和多组分混合物分离等方面的教学与科研工作，其研究兴趣包括工艺模拟、流程优化以及热解、裂解和气化工艺研究等。在过去的 15 年中，他在这些领域做出了广泛的贡献，并担任 9 个研究项目和教育项目的首席研究员。

本书读者包括化工工艺工程师、工艺设计人员和开发人员、能源工程师以及工艺经济评价人员。同时，本书还可以用于化学工程专业高年级本科生或研究生的参考书，也可作为从事化工工艺、化学工程、流程模拟软件研究和开发人员的参考书。

本书的翻译是由专注于从事城市固废焚烧过程数字孪生与运行优化研究的汤健教授和从事焦炉气制甲醇、天然气、合成氨等化工过程工艺设计的张婷高级工程师合作完成的，此外还得到了庄家宾、陈佳昆等同志的协助。我们一起对本书进行反复推敲锤炼的过程，也是不断学习和提高的过程，在此对他们的工作致以诚挚谢意！

由于译者的知识和认识水平有限，译文中难免有表达不妥或较为生涩的语句，请各位热心的读者和专家不吝赐教，积极批评指正，以帮助我们改进和提高。谢谢！

汤健　张婷
2024 年 1 月于北京

关于作者

作者 Juma Haydary 是斯洛伐克工业大学化学与环境工程系的教授,其拥有该大学化学工程专业和过程控制专业的博士学位。作者从事计算机辅助化学工艺设计、化学工程单元操作和多组分混合物分离等方面的教学与科研工作,其研究兴趣包括工艺模拟、流程优化以及热解、裂解和气化工艺研究等。在过去的 15 年中,其在这些领域做出了重要的贡献,并担任 9 个研究项目和教育项目的首席研究员。

前言

本书采用 Aspen Plus 和 Aspen HYSYS 模拟软件进行化工过程的优化设计和模拟研究,具有实践性、理解性和实例导向性的特点。本书描述的是目前化工工艺工程师、工艺设计人员、工艺研发人员、能源工程师、工艺经济评价人员以及从事化学工程的研究人员都感兴趣的主题。本书旨在阐述化学工程的设计原理及如何应用 Aspen Plus 和 Aspen HYSYS 软件进行实例模拟。由于难以在本书中同时对所有化学工程的原理进行详细讨论,阅读本书的读者需要具有一定的化学工程相关理论基础知识。因此,本书可用于化学工程专业高年级本科生或研究生的教材,也可作为从事化工工艺或化学工程研究和开发人员的参考书。

这本书共分为4篇,依次为设计与模拟概述、单元操作设计与模拟、面向常规组分的工厂设计与模拟、面向非常规组分的工厂设计与模拟。

第1篇描述了计算机辅助设计的基本方法以及 Aspen Plus 和 Aspen HYSYS 中进行化工流程模拟的基本步骤,主题包括工艺概念、数据收集、热力学相平衡、物理性质、常规组分、非常规组分以及化学反应数据等。

第2篇描述独立单元操作的设计与模拟。在描述不同单元操作(如反应器、分离器、热交换器等)的数学模型之后,列举了采用 Aspen Plus 和 Aspen HYSYS 解决实际问题的实例,重点描述给定形式设备模型的特殊要求,并且给出设备选型和经济评价方法。

第3篇描述基于常规化学组分和组分可测量混合物的新建工厂优化设计和已有工厂模拟分析。详细地给出了材料整合、能量分析和经济评估的模拟方法,并分别在 Aspen Plus 和 Aspen HYSYS 软件的示例中进行演示,同时描述了嵌入在这两个软件中用于化工过程能量和经济分析的特定工具。本书同时介绍了典型程序的模拟应用实例,如管壳式换热器详细设计的换热器设计和评价(EDR)、分析临界点和设计热交换器网络的能量分析仪(AEA)、制图和调整尺寸及经济评价。

第4篇描述面向非常规组分的工厂设计和工艺模拟。目前许多工业过程中所传输物质的组成成分并不是非常确切。针对这些过程进行设计和模拟需要采取较为特殊的途径,其中石油精制过程、原油蒸馏过程、燃烧、气化、固体热解与干燥等许多工艺都属于该类。本篇的最后两章重点介绍了电解质和聚合过程的建模与模拟。

本书的练习分别列在第2、3和4篇的末尾,并给出了这些练习在Aspen Plus和Aspen HYSYS软件中的解决方案。

虽然关于化工工艺优化设计的著作很多,但大多数将重点放在化工的理论原理方面,所涉及的应用实例非常有限,或者只限于特定类型的某些工艺过程。本书旨在将化工理论原理与实际应用实例模拟相结合,基于序贯模块化方法采用模拟软件实现稳态化工过程的模拟。除了对常规有机化学品工艺过程进行模拟外,本书还包括对更为复杂材料(如固油共混物、聚合物和电解质)工艺过程的模拟。本书的模拟实例采用较新版本的Aspen软件(Aspen One V9)进行解析,这一新版本软件的图形结构与迄今为止所出版的图书中采用的较旧版本完全不同。此外,本书的另一个特点是同时采用了Aspen Plus和Aspen HYSYS软件进行实例模拟,以便读者对其进行比较。

竺马·海德瑞

符号含义

第 2 章

A	频率因子	[$m^3/(mol \cdot s)$]
a	Peng-Robinson 3 次方程的参数	
B	维里方程的参数	
b	Peng-Robinson 3 次方程的参数	
C	维里方程的参数	
d	温度指数	
E	活化能	[J/mol]
F	自由度数	
f	逸度	[Pa]
$\Delta_r G$	吉布斯自由能变化	[J/mol]
$\Delta_f h$	摩尔生成焓	[kJ/mol]
K	气液平衡常数	
k	化学反应速率常数	[$m^3/(mol \cdot s)$]
Ke	基于吉布斯自由能的平衡常数	
MW	摩尔重量	[kg/kmol]
N	组分数	
n	摩尔含量	[mol]
P	总压力	[Pa]
p	相数	
PC	临界压力	[bar]
R	气体常数	[$J/(mol \cdot K)$]
R	反应速率	[$mol/(m^3 \cdot s)$]

T	热力学温度	[K]
TB	沸点	[℃]
TC	临界温度	[℃]
V	系统体积	[m³]
V_m	摩尔体积	[m³/mol]
x	液相中的摩尔分率	
y	气相中的摩尔分率	
Z_m	压缩系数	
α	相对波动率	
β	分离系数	
γ	活动系数	

第 3 章

A	换热面积	[m²]
A_r	管外/内面积比	
c_p	比热容	[kJ/(kg·K)]
d_i	管内径	[m]
d_o	管外径	[m]
F	修正系数	
f_s	壳侧污垢系数	[m²·K/W]
f_t	管侧污染系数	[m²·K/W]
H	比焓	[kJ/kg]
h_s	壳壁传热系数	[W/(m²·K)]
h_t	管壁传热系数	[W/(m²·K)]
$\Delta_v h$	相变比焓	[kJ/kg]
K	管壁导热系数	[W/(m·K)]
k_f	流体的热导率	[W/(m·K)]
L	特征直径	[m]
M	质量流量	[kg/h]

Nu	Nusselt(努塞尔特)数	
Pr	Prandtl(普朗特)数	
Q	热物流	[kJ/h]
R	修正因子系数	
R	总传热阻力	[$m^2 \cdot K/W$]
Re	Reynolds(雷诺)数	
S	修正因子系数	
T	热力学温度	[K]
T_c	冷介质温度	[K]
T_h	热介质温度	[K]
ΔT	传热驱动力	[K]
ΔT_{lm}	传热驱动力的对数平均值	[K]
U	整体局部传热系数	[$W/(m^2 \cdot K)$]
W	流体流速	[m/s]
A	传热系数	[$W/(m^2 \cdot K)$]
η_i	鳍效率	
M	动态黏度	[Pa·s]
P	密度	[kg/m^3]

第4章

c_p	等压热容	[$J/(mol \cdot K)$]
c_v	等容热容	[$J/(mol \cdot K)$]
f	旋转频率	[s^{-1}]
f_r	摩擦	[Pa/m]
g	重力加速度	[m/s^2]
H	顶部	[m]
H_{com}	每摩尔气体的焓变	[J/mol]
H_s	液压静压头	[m]
ΔH	每摩尔气体的实际焓变	[J/mol]

L	管道长度	[m]
n	多方指数	
n_{55}	吸入比转速	[r/m]
$NPSH_A$	可用净正压头	[m]
$NPSH_R$	所需净正压头	[m]
P	压力	[Pa]
$P°$	进口条件下液体的蒸气压力	[Pa]
P_1	进口压力	[Pa]
p_1	进口压力	[Pa]
P_2	出口压力	[Pa]
p_2	出口压力	[Pa]
P_f	液压功率(流体功率)	[W]
P_w	机械功率(制动力)	[W]
ΔP	压力变化	[Pa]
Q	液体的体积流量	[m³/s]
T	扭矩	[N·m]
V	摩尔体积	[m³/mol]
V_1	进口条件下的摩尔体积	[m³/mol]
w	液体速度	[m/s]
η	泵送效率	
η_h	效率因子	
η_p	压缩机的多变效率	
Θ	管道倾角	[rad]
κ	泊松比	
Π	Ludolph(卢道夫)数	
ρ	液体密度	[kg/m³]
ρ_m	流体密度	[kg/m³]
ω	角轴速度	[rad/s]

第 5 章

a	计算化学反应平衡常数的方程参数	
A	计算化学反应平衡常数或吸收项的方程常数	
α_i	组分 i 的活性	
B	计算化学反应平衡常数或吸收项的方程常数	[K]
b	计算化学反应平衡常数的方程参数	
$\underline{C}$	计算化学反应平衡常数或吸收项的方程常数	
C_i	组分 i 的浓度	[mol/m³]
D	计算化学反应平衡常数或吸收项的方程常数	[K⁻¹]
E	活化能	[J/mol]
F	计算化学反应平衡常数的方程常数	[K⁻³]
G	计算化学反应平衡常数的方程常数	[K⁻⁴]
$\Delta_f G_i^{\circ}$	标准 Gibbs(吉布斯) 生成自由能	[J/mol]
$\Delta_r G$	Gibbs(吉布斯) 反应自由能	[J/mol]
$\Delta_r G^{\circ}$	标准(参考) 吉布斯自由能	[J/mol]
H	计算化学反应平衡常数的方程常数	[K⁻⁵]
$\Delta_f H_i^{\circ}$	标准生成热	[J/mol]
$\Delta_r H_n$	反应 n 的反应焓	[J/mol]
h_j	进口物流 j 的焓	[J/mol]
h_q	出口物流 q 的焓	[J/mol]
i	组分	
J	计算化学反应平衡常数的组合方程常数	[K⁻²]
j	进口	
K	指前因子	依赖于反应顺序
K_e	化学反应平衡常数	
K_i	吸附项常数	
k_1	驱动力常数	
k_2	驱动力常数	

符号	说明	单位
m	计算反应速率的方程指数	
n	反应	
$n_{i,o}$	组分 i 的初始摩尔流量（或摩尔数）	[mol/s（或 mol）]
$n_{i,\text{reacted}}$	组分 i 反应的摩尔流量（或摩尔数）	[mol/s（或 mol）]
$n_{i,t}$	在时间 t 时反应混合物中组分 i 的摩尔流量（或摩尔数）	[mol/s（或 mol）]
$n_{i,j}$	第 j 个进口物流中组分 i 的摩尔流	[mol/s]
$n_{i,k}$	第 k 个出口物流中组分 i 的摩尔流	[mol/s]
n_j	进口物流 j 的摩尔流	[mol/s]
n_q	出口物流 q 的摩尔流	[mol/s]
p_i	组分 i 的压力	[Pa]
Q	热物流	[J/s]
q	出口	
R	气体常数	[J/(mol·K)]
r	化学反应速率	[mol/(m^3·s)]
S_i°	标准绝对熵	[J/(mol·K)]
T	温度	[K]
T_0	参考温度	[K]
t	时间	[s]
u	计算反应速率的方程指数	
W	工作率	[W]
α_i	反应 i 的转换	
β_i	计算反应速率的方程指数	
v_i	组分 i 的化学计量系数	
v_{in}	第 n 个反应组分 i 的化学计量系数	
ξ_n	第 n 个反应的反应扩展	[mol/s]
σi	计算反应速率的方程指数	

第 6 章

B	底部	

D	馏出物	
F	给料	
h	摩尔焓	[J/mol]
HK	重组分	
i	组分	
j	塔板	
K	平衡常数	
L	液体	
LK	轻组分	
m	脱塔段	
N	实际塔板数	
$N_{\min}$	最小塔板数	
N_∞	无限塔板数	
N	塔蒸馏段摩尔流量	[kmol/h]
n_{Rx}	化学反应次数	
P	压力	[Pa]
Q	热物流	[J/s]
q	液体量	
R	外部回流比	
$R_{\min}$	最小回流比	
r_{jn}	塔板 j 上反应 n 的速率	[J/(m³·s)]
SL	侧液体	
SV	侧蒸汽	
T	温度	[K]
V	蒸汽	
$(V_{LH})_j$	塔板 j 的液体体积保持	[m³]
x	液相的摩尔分率	
y	气相的摩尔分率	
α_{ij}	组分 i 对组分 j 的相对波动率	

α_{AB}	组分 A 对组分 B 的原始相对波动率	
α_{ABC}	添加溶剂 C 后组分 A 对组分 B 的相对挥发度	
β	选择性因子	
η	塔板效率	
$\nu_{i,n}$	反应 n 中组分 i 的化学计量系数	
ν	由式(6.9)计算的变量	

第 7 章

A_P	单个粒子的表面积	[m²]
A	旋流分离器进口高度	[m]
b	旋流分离器进口宽度	[m]
c_0	进口物流中的固体浓度	[kg/m³]
c_{out}	出口物流中的固体浓度	[kg/m³]
D_C	旋流器主体直径	[m]
D_p	粒子直径	[m]
G	气体	
H	质量焓	[J/kg]
K	几何配置参数	
L	干燥器长度	[m]
M	单个粒子的蒸发率	[kg/s]
M_C	旋流器效率参数	
M_I	初始干燥速率	[kg/s]
M_S	固体滞留质量	[kg]
m_G	干燥空气质量流量	[kg/s]
m_p	产品质量流量	[kg/h]
m_S	固体质量	[kg]
m_{s0}	进口物流中固体的总流速	[kg/s]
m_{s1}	从进口物流中脱除的固体的流速	[kg/s]
m_w	水分	[kg]

符号	含义	单位
$\Delta \dot{m}_w$	从固态到气相的水分流量	[kg/s]
N	旋流效率参数	
N_k	旋流分离器效率参数	
N_p	粒子总数	
n	旋流效率参数	
Δp	压降	[Pa]
Q	气体体积流率	[m³/s]
S	固体	
T	温度	[K]
U_t	进口气体速度	[m/s]
W	水	
X	固体中的水分含量	
X_{cr}	临界含水量	
X_{eq}	平衡水分含量	
Y	气体中的水分含量	
Y_a	绝热饱和温度下的气体水	
β_G	粒子表面与气体之间的传质系数	[m/s]
η	减少的固体水分含量	
η_C	旋流分离器的整体效率	
η_{Dp}	旋流收集效率	
μ	气体动态黏度	[Pa·s]
ν	单粒子的归一化干燥速率	
ρ_f	流体密度	[kg/m³]
ρ_G	气体密度	[kg/m³]
ρ_p	粒子密度	[kg/m³]
τ	平均停留时间	[s]
φ	空气相对湿度	%(质量分数)

第8章

符号	含义	单位
A	计算速率常数的参数	[cm³/(mol·s)]

C_A	反应物浓度	[mol/m³]
C_B	反应物浓度	[mol/m³]
C_R	产品浓度	[mol/m³]
C_S	产品浓度	[mol/m³]
E	反应活化能	[J/mol]
K_E	平衡常数	
k	速率常数	[m³/(mol·s)]
p	压力	[Pa]
R	气体常数	[J/mol·K]
r	反应速率	[mol/(m³·s)]
X	液相的摩尔分率	
Y	气相的摩尔分率	

第 10 章

CEQ	设备成本	[单元]
D	每年的运营天数	[days/y]
E_{LOSS}	热损失	[kcal]
H	步长	
H	每天的运行小时数	[h/day]
K	步	
K	折旧系数	
m_R	反应器进料的质量流量	[kg/h]
n_{NG}	天然气的摩尔流量	[kmol/h]
p	压力	[Pa]
Q	加速度参数	
Q_{com}	NG 燃烧热	[kcal/kmol]
S	由式(10.4)计算的参数	
T	温度	[K]
X	参数	

x_k 参数 x 的初始估计

x_{k+1} 参数 x 的新值

第 11 章

a	传热设备的固定成本	[\$]
b	表面积成本	[\$/m²]
C	成本	[\$]
c	公用工程成本	[\$/kW]
C_{OP}	性能系数	
C_P	热容量	[kJ/K]
ΔH	焓变	[kJ]
I	安装系数	
K	时间年化因子	
LMDT	温差对数平均值	[K]
Q	过程热物流	[kW]
T	热力学温度	[K]
ΔT	温度区间	[K]
U	总传热系数	[kW/(m²·K)]

第 12 章

A	换热面积	[m²]
a	工厂成本调整常数	
C	资本成本	[€]
CAP	工厂产能	[可变]
d	直径	[m]
F	蒸汽流量	[m³/s]
H	高度	[m]
L	长度	[m]
M_{cat}	催化剂重量	[kg]
n	管道数量	

NRS	塔板数量	
P	压力	[kPa]
P_{el}	电力	[kW]
Q	热负荷	[kW]
S	表面积	[m^2]
T	温度	[℃]
U	总传热系数	[W/(m^2·K)]
V	体积流量	[m^3/h]
VF	蒸汽分率	
W	流体速度	[m/s]
ε	催化剂层孔隙率	

第 13 章

K	平衡常数	
k	反应动力学常数	[变化]
t	时间	[s]
w	重量分数	
γ	活性系数	
v	逸度	[Pa]
ϕ	逸度系数	

第 14 章

C_p	热容量	[kJ/K]
C_{ON}	燃料转化率	[%]
h	比焓	[kJ/kg]
ΔH°	标准反应焓	[kJ/mol]
$\Delta_c h$	比燃烧焓/燃烧热	[kJ/kg]
$\Delta_f h$	比生成焓	[kJ/kg]
k_p	化学反应平衡常数	
LHV	低热值	[MJ/kg]

m	质量流量	[kg/h]
n_1	H_2 和 CO 的摩尔比	
R	氧气与 RDF 的重量比	
R	基于固体燃料中单个碳原子的硫原子数	
R_1	蒸汽与 RDF 的重量比	
r'	基于焦油中单个碳原子的硫原子数	
S	每摩尔固体燃料采用的氧气摩尔数	
T	热力学温度	[K]
U	H_2S 的化学计量系数	
V	气体体积	[Nm^3]
V_{sp}	特定的正常气体流量	[Nm^3/kg]
w	质量分数	
X	摩尔分数	
X	基于固体燃料中单个碳原子的氢原子数	
$x_1 \sim x_7$	H_2、CO、CO_2、H_2O、CH_4、焦油、NH_3 的化学计量系数	
x'	基于焦油中单个碳原子的氢原子数	
Y	基于固体燃料中单个碳原子的氧原子数	
y'	基于焦油中单个碳原子的氧原子数	
Z	基于固体燃料中单个碳原子的氮原子数	
z'	基于焦油中单个碳原子的氮原子数	
ρ	密度	[kg/m^3]

第 15 章

A、B、C、D、E、F、G	Aspen 物性数据库提供的常数	
C_p	热容量	[kJ/K]
G_m	摩尔吉布斯自由能	[kJ/mol]
H_k	水溶液无限稀释热力学焓	[kJ/mol]

H_m	摩尔焓	[kJ/mol]
H_s	非水溶剂的贡献焓	[kJ/mol]
H_w	纯水摩尔焓	[kJ/mol]
ΔH_f	摩尔生成焓	[kJ/mol]
M	摩尔重量	[kg/kmol]
S	摩尔熵	[kJ/(mol·K)]
T	热力学温度	[K]
x	摩尔分率	
α	非随机因子	
τ	分子-分子二元参数	
μ	摩尔吉布斯自由能	[kJ/mol]

第16章

A	指数	
A	药剂	
B	指数	
C_A	药剂浓度	[mol/m³]
C_C	引发剂浓度	[mol/m³]
CINI	共同引发剂	
D_n	死聚合物	
D_{n+m}	具有头-头的链段	
E	活化能	[J/mol]
g_f	凝胶效应因子	
I	引发剂	
ID	引发剂热分解	
K	速率常数	取决于反应顺序
k_0	指前因子	取决于反应顺序
M	单体	
N	链聚合物的长度	

N_r	表示形成 1 或 2 个自由基	
P	聚合物链	
P	压力	[Pa]
P_1	聚合物链自由基	
P_m	活性聚合物	
P_n	活性聚合物	
R	反应速率	取决于反应顺序
R	气体常数	[J/(mol·K)]
R^*	自由基	
RAD	初级自由基	
STY	单体	[m³/mol]
T	温度	[K]
TA	链转移药剂	
TC	合并终止	
TI	热引发	
TM	转移到单体	
T_{ref}	参考温度	[K]
ΔV	激活体积	[m³]
ε	引发剂效率因子	

致谢

作者要感谢促成本书出版的个人和机构。我要感谢 Barbora Duda'sova、Jakub Husar 和 Patrik Suhaj 在校对和更正本书稿方面的帮助以及 Juraj Labovsky 的技术支持。我想表达我深深的谢意和感谢我的众多同事,以及我的博士生和本科生在准备本书所包含的素材所提供反馈。感谢斯洛伐克理工大学化学与生化工程系提供的帮助和支持。我非常感谢 Aspen 技术有限公司(200 Wheeler Road,Burlington,MA 01803-5501,USA,www.aspentech.com)许可使用 Aspen plus 和 Aspen HYSYS 用户手册中的某些表格。

目录

第1篇 设计与模拟概述

第1章 计算机辅助流程设计与模拟简介 ········· 001
- 1.1 流程设计 ········· 001
- 1.2 化学流程概念 ········· 003
- 1.3 技术概念 ········· 004
- 1.4 数据收集 ········· 005
  - 1.4.1 材料物性数据 ········· 005
  - 1.4.2 相平衡数据 ········· 006
  - 1.4.3 反应平衡和反应动力学数据 ········· 006
- 1.5 已有工艺模拟 ········· 006
- 1.6 工艺流程图搭建 ········· 007
- 1.7 流程模拟程序 ········· 009
  - 1.7.1 序贯模块与联立方程 ········· 011
  - 1.7.2 初识 Aspen Plus 模拟 ········· 012
  - 1.7.3 初识 Aspen HYSYS 模拟 ········· 013
- 1.8 常规与非常规组分 ········· 015
- 1.9 流程整合和能源分析 ········· 015
- 1.10 流程经济评价 ········· 016
- 参考文献 ········· 016

第2章 流程模拟的一般程序 ········· 017
- 2.1 组分选择 ········· 017
- 2.2 物性方法和相平衡 ········· 027
  - 2.2.1 物性数据来源 ········· 028
  - 2.2.2 相平衡模型 ········· 031
  - 2.2.3 Aspen Plus 中的物性选择方法 ········· 036

2.2.4　Aspen HYSYS 中的物性包选择 …………………………………… 039
　　2.2.5　纯组分物性分析 ……………………………………………………… 042
　　2.2.6　二元分析 ……………………………………………………………… 044
　　2.2.7　三元体系的共沸搜索与分析 ………………………………………… 051
　　2.2.8　PT 包络分析 …………………………………………………………… 055
2.3　化学和反应 …………………………………………………………………… 056
2.4　工艺流程图 …………………………………………………………………… 062
参考文献 ……………………………………………………………………………… 068

第 2 篇　单元操作设计与模拟

第 3 章　换热器 …………………………………………………………………… 070

3.1　加热器和冷却器模型 ………………………………………………………… 071
3.2　简捷换热器模型 ……………………………………………………………… 075
3.3　换热器简捷设计与评价 ……………………………………………………… 079
3.4　换热器详细设计与模拟 ……………………………………………………… 082
　　3.4.1　Aspen HYSYS 动态评级 ……………………………………………… 085
　　3.4.2　采用 EDR 的管壳式换热器设计 ……………………………………… 087
3.5　换热器的选择与经济型评价 ………………………………………………… 090
参考文献 ……………………………………………………………………………… 093

第 4 章　调压设备 ………………………………………………………………… 095

4.1　泵、水轮机和阀门 …………………………………………………………… 095
4.2　压缩机和燃气轮机 …………………………………………………………… 100
4.3　管道中的压降计算 …………………………………………………………… 103
4.4　调压设备选择与经济性评价 ………………………………………………… 108
参考文献 ……………………………………………………………………………… 111

第 5 章　反应器 …………………………………………………………………… 113

5.1　化学反应器热质平衡 ………………………………………………………… 113
5.2　化学计量和产率反应器模型 ………………………………………………… 114
5.3　化学平衡反应器模型 ………………………………………………………… 120
　　5.3.1　Aspen Plus REquil 模型 ……………………………………………… 121
　　5.3.2　Aspen HYSYS 平衡反应器模型 ……………………………………… 121

  5.3.3　Aspen Plus RGibbs 模型和 Aspen HYSYS Gibbs 反应器模型 …… 125
 5.4　动力学反应器模型 …………………………………………………… 125
 5.5　化学反应器的选择与经济性评价 …………………………………… 138
参考文献 ………………………………………………………………………… 142

第 6 章　分离设备 ……………………………………………………………… 143

 6.1　单级相分离 …………………………………………………………… 144
 6.2　蒸馏塔 ………………………………………………………………… 148
  6.2.1　简捷蒸馏法 ………………………………………………… 148
  6.2.2　严格蒸馏法 ………………………………………………… 150
 6.3　共沸和萃取蒸馏 ……………………………………………………… 158
 6.4　反应蒸馏 ……………………………………………………………… 165
 6.5　吸收和解吸 …………………………………………………………… 169
 6.6　萃取 …………………………………………………………………… 172
 6.7　分离设备的选择与经济性评价 ……………………………………… 175
  6.7.1　蒸馏设备 …………………………………………………… 175
  6.7.2　吸收设备 …………………………………………………… 177
  6.7.3　萃取设备 …………………………………………………… 177
参考文献 ………………………………………………………………………… 179

第 7 章　固体处理 ……………………………………………………………… 180

 7.1　干燥器 ………………………………………………………………… 181
 7.2　结晶器 ………………………………………………………………… 187
 7.3　过滤器 ………………………………………………………………… 190
 7.4　旋风分离器 …………………………………………………………… 191
 7.5　固体处理设备的选择与经济性评价 ………………………………… 196
参考文献 ………………………………………………………………………… 196

练习 …………………………………………………………………………… 198

第 3 篇　面向常规组分的工厂设计与模拟

第 8 章　新流程的简单概念设计 ……………………………………………… 203

 8.1　材料和化学反应分析 ………………………………………………… 203

  8.1.1 乙酸乙酯流程 203
  8.1.2 苯乙烯工艺 204
 8.2 技术选择 205
  8.2.1 乙酸乙酯流程 205
  8.2.2 苯乙烯工艺 206
 8.3 数据分析 210
  8.3.1 纯组分物性分析 210
  8.3.2 反应动力学和平衡数据 214
  8.3.3 相平衡数据 215
 8.4 Aspen 模拟 218
  8.4.1 乙酸乙酯流程 218
  8.4.2 苯乙烯工艺 219
 8.5 工艺流程图和初步模拟 219
  8.5.1 乙酸乙酯流程 219
  8.5.2 苯乙烯工艺 226
参考文献 234

第 9 章 已建工厂流程模拟 235

9.1 工艺方案分析及模拟方案综合 236
9.2 从流程操作记录和技术文件中获取输入数据 237
9.3 选择物性方法 239
9.4 模拟流程图 241
9.5 模拟结果 243
9.6 结果评估和实测数据比较 245
9.7 建议修改方案及其模拟 246
参考文献 248

第 10 章 材料整合 249

10.1 材料回收策略 249
10.2 Aspen Plus 材料回收 251
10.3 Aspen HYSYS 材料回收 257
10.4 回收率优化 262
10.5 蒸汽需求模拟 267
10.6 冷却水和其他冷却介质需求模拟 268
10.7 气体燃料需求模拟 270

参考文献 ·· 274

第 11 章　能量整合　275

11.1　Aspen Plus 能量回收模拟 ·· 275
11.2　Aspen HYSYS 能量回收模拟 ·· 280
11.3　废物物流燃烧模拟 ·· 286
11.4　热泵模拟 ·· 288
11.5　Aspen 软件换热器网络和能量分析工具 ·· 291
参考文献 ·· 301

第 12 章　经济评估　302

12.1　资本成本估算 ·· 302
12.2　运营成本估算 ·· 311
12.2.1　原材料费 ·· 313
12.2.2　公用工程费 ·· 314
12.2.3　运营人工费 ·· 314
12.2.4　其他制造成本 ·· 315
12.2.5　基本费用 ·· 315
12.3　盈利能力分析 ·· 316
12.4　Aspen 软件经济评价工具 ·· 319
12.4.1　经济评价按钮 ·· 319
12.4.2　经济活跃方法 ·· 320
12.4.3　详细经济评价 ·· 321
参考文献 ·· 323

练习 ·· 324

第 4 篇　面向非常规组分的工厂设计与模拟

第 13 章　虚拟组分设计和模拟　328

13.1　石油化验和混合物 ·· 328
13.1.1　Aspen HYSYS 石油化验表征 ·· 329
13.1.2　Aspen Plus 石油化验表征 ·· 333
13.2　原油初馏 ·· 337

XXVII

13.3 裂化和加氢裂化工艺 354
 13.3.1 减压渣油加氢裂化 355
 13.3.2 Aspen HYSYS FCC 单元建模 364
参考文献 369

第14章 非常规固体工艺 371

14.1 非常规固体干燥 373
14.2 固体燃料燃烧 379
14.3 煤炭、生物质和固体废物气化 383
 14.3.1 化学 384
 14.3.2 技术 386
 14.3.3 数据 388
 14.3.4 模拟 389
14.4 有机固体热解和生物油提质 396
 14.4.1 组分列表 397
 14.4.2 物性模型 399
 14.4.3 工艺流程图 399
 14.4.4 进口物流 399
 14.4.5 热解产率 400
 14.4.6 蒸馏塔 400
 14.4.7 产物 401

参考文献 404

第15章 电解质工艺 405

15.1 碱溶液脱除酸性气体 405
 15.1.1 化学 406
 15.1.2 物性方法 409
 15.1.3 工艺流程图 412
 15.1.4 模拟结果 414
15.2 胺水溶液脱除酸性气体模拟 416
15.3 基于速率的电解质吸收塔建模 424

参考文献 429

第16章 聚合物生产流程模拟 430

16.1 Aspen Plus 聚合流程建模概述 430

16.2 组分表征 ·· 432
16.3 物性方法 ·· 435
16.4 反应动力学 ·· 437
16.5 工艺流程图 ·· 442
16.6 产物 ·· 444
参考文献 ··· 448
练习 ··· 449

缩略语 ··· 453

第1篇 设计与模拟概述

第1章 计算机辅助流程设计与模拟简介

通常,化工工艺工程师的两类任务是设计新工艺和模拟已有工艺,该任务可能很简单也可能很复杂。针对简单问题,可采用手工计算方式予以解决,其优点是能够对待解决的问题了解更深。但是,面对复杂问题时,通常需要求解成千上万的化学方程。因此,对此类复杂问题进行手动计算在实际上是不可能的,此时流程模拟器成为不可或缺的工具。设计新工艺和模拟已有工艺的任务都需要特定方法。可见,化工工艺设计需要从对产品的需求开始,经过不同的设计步骤才能完成。模拟任务首先需要从进行工艺改进或工艺优化的需求开始,然后在分析当前的流行技术水平后才能继续进行。

本章介绍了本书中用于设计新工艺和模拟已有工艺的概念,对化工工艺设计的层次级别、深度和基本步骤进行解释,讨论了过程化学的概念、技术演变、数据收集以及概念设计的工艺流程图开发步骤等。本章还介绍了流程模拟程序、顺序模块法和面向方程法,在最后一部分致力于采用 Aspen Plus 和 Aspen HYSYS 进行模拟实现。

1.1 流程设计

在化工工程设计开发中,必须首先确定待设计问题的层次级别。在化学工程设计中,首先构想从单元操作设计到化工厂完整设计的过程。化工工程设计任务的层次结构级别如图 1.1 所示。本书的目的是描述单元操作设计以及化工厂设计的主要方面。

化工工程设计的另一个视角是设计深度。通常的设计均分为两个主要层级。第一层级是概念设计,其包括化学工艺、化工技术和工艺条

图 1.1 化工工程设计的层次级别

件的选择,需求数据的收集,工艺流程图的发布,设备的选型,规格的说明,化学工程的计算以及成本的初步估算。第二层级是基础对象设计,包括设备详细的机械设计、电气和建筑结构的详细设计以及管道与辅助设施的设计。第一层级中包含的工作通常由化工工程师完成,而第二层级中包含的工作则由设计专家完成。在图1.2中,第一层级的工作在实线边框的矩形中显示,其构成了本书的研究主题。基础对象设计步骤仅是在本章提及而已,其在图1.2中采用虚线边框矩形形式显示。

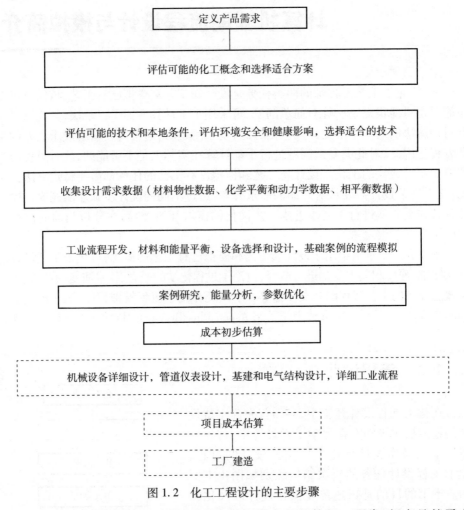

图1.2 化工工程设计的主要步骤

化工工程设计源于生产新产品或改进已有产品的构想。通常,新产品的需求源于市场的需求。如果初步分析表明该构想可发展成为项目,则应对该构想所涉及的化工、技术和经济等方面进行评估。对用于生产所需产品的化学工艺和可能采用的原材料评估是首先需调查的因素之一。根据当地条件,原材料的可用性,环境、经济、安全和健康等均会影响化学反应和催化剂的选择。通常是同时分析化学概念、技术概念和进行初步经济评估。反应器的类型、反应的层级、分离单元的类型以及其他与经济、环境和当地限制有关的技术条件也需深入调查。下一步是收集化工工程设计所需的数据,其中通常最需要的数据是材料物性数据、化学反应平衡数据、动力学数据及相平衡数据。

流程图的系列设计是从主设备模块的简单配置开始进行的。选择合适的热力学相平衡模型是分离设备设计的关键问题,如精馏塔、分离器、吸收塔和萃取塔等。流程图中每个节点数学模型的逐步或同时的解决方案均能提供物料和能量平衡信息,在某些情况下还提供了主要设备尺寸信息。在此步骤中,面向某些设备级别模拟的案例研究也已经完成。

为设定最佳工艺条件并最小化成本,必须完成许多案例的流程图配置、外部条件和需求研究。工艺流程图开发的另一个至关重要的步骤是通过过程整合最大程度地提高能源效率,最终选择最佳的工艺配置并估算其成本。通常,不止一种可替换工艺需要进行成本估算,后者也可作为用于优化的目标函数。

注意,有时多个设计步骤可能会交织在一起,或者可能会需要改变设计顺序,有时也不是所有的步骤均是必要的。现有工厂的运行经验在这个设计过程中起着非常重要的作用,原因在于大部分的设计都是基于先前的经验完成的。

1.2　化学流程概念

通常,新产品需要通过一种或多种化学反应生成。但在某些情况下,物理过程才是工艺设计的主题,如从天然混合物中分离出一种组分或多种组分、进行原油的一次分离等就是此类过程的典型例子。

如果新产品是化学反应的结果,则设计工艺从寻找产生该新产品的化学反应开始。初始局部条件在化学工艺的选择中起着重要作用。影响新产品选择适用化学方法的初始条件有3种,即采用已有工厂、改造已有工厂和设计新工厂。待寻找的潜在化学方法存在于书籍、教科书和百科全书中,更为详细的信息可在期刊、专利和其他出版物中获得。

如果知道生产所需产品的确切化学方法,那么最初搜索的首个结果就是该问题的答案。下面列出了该问题的可能答案:

(1) 此处需求的产品是纯化学品,并且其生产过程的化学反应计量是已知的;

(2) 此处的产品是众多化学反应的结果,其中只有一些反应的化学计量是已知的,但在分子水平上的平衡是不可能达到的;

(3) 此处的产品是化学计量未知的众多化学反应共同作用的结果,相关技术是基于经验观察获得的。

在许多情况下,新产品的原材料具有多种选择。考虑满足环境和安全条件的最佳经济指标,并据此选择合适的原料以及催化剂类型。通过进一步调查与新产品相关的初步经济和环境概况,将有助于排除最不适宜的化学方法。具有最佳经济指标的化学物质可能并不总是相同的,其会受到当地条件的强烈影响,包括原材料的可获得性、采用现有技术和基础设施的可能性、获得环境法规和能源支撑的可能性等。

1.3 技术概念

在选择化学方法后,随之而来的是对各种可能采用的多种技术方案的分析,但针对化学方法的技术方案的研究却并未考虑对化学工艺的分析。在概念设计中,技术概念的主题是为所选的化学方法(包括反应器变化)寻找不同的技术替代方案,包括:
- 反应器变化方案;
- 分离替代方案;
- 物流循环备选方案;
- 能源整合概念;
- 环境、健康、安全的影响。

在反应器选择步骤中,需要做出的一个非常重要的决定是在连续过程和间歇过程之间进行选择,这主要受生产过程的特征和生产能力的影响。对于许多产能较大的工艺过程,连续工艺是首选。反应相是另一个较为重要的问题,其对工艺过程的转化率和效率均具有极大的影响。温度、压力和反应器与周围环境之间的传热(等温或绝热条件)等反应条件是反应器的其他重要参数。化学反应器最优选的温度和压力是接近环境温度值和大气压值,同时也存在许多工艺需要不同的最优温度和压力的情况。但是,选择高温或低温、高压或低压工艺必须要具有适当的理由。

尽管催化剂的选择是化学概念的一部分,但针对催化剂的应用和再生方法的研究通常也是需要进行的技术革新之一。通常,催化剂的选择决定着反应器的类型,如采用固定床反应器还是流化床反应器。化学反应器通常需要良好的热质传递条件。因此,反应相态、反应条件和催化剂类型决定着所用反应器的类型和结构。

最常用的连续反应器是连续搅拌釜反应器(CSTR)和管式反应器。为了对CSTR进行建模,通常采用的是理想混合理论;但在管式反应器的建模中,采用的却是塞流理论。对于给定技术下每种反应器的变化,还必须同时评估其对环境、安全和健康等方面的影响。

反应产物通常是均相或非均相的混合物,若要获得所需产物必须进行分离,这相应地需要进行一系列操作。对于非均质混合物,可采用过滤、旋风分离、沉淀、沉降等分离工艺;对于均质混合物,可采用蒸馏、吸收、萃取、部分冷凝等分离工艺。用于产物分离的不同工艺概念必须要经过评估后才能予以应用。

在通过流程模拟开始工艺合成之前,设计人员可准备物流整合替代方案的简短列表以供进行下一步的研究。即使针对简单的工艺问题,可能存在的替代选择方案数量也是很多的。此处的目的是:在不对所有可能替代方案进行详细模拟的情况下,能够选择合适的方案。该技术必须要以最佳的原材料回收率进行设计,同时还需要考虑对环境、安全和健康等方面的影响问题。需注意,在整个流程范围内,针对物料流进行回收可能并不总是最有效的方法。

工艺能量整合的变化也必须作为技术概念的一部分进行评估。在此步骤中,需要研究工艺能量整合的基本替代方案。同时,对不同替代方案的能量利用和热交换器网络的详细设计进行模拟,也是工艺能量整合的主题之一。

在对环境、安全和健康等方面的技术变化进行评估,并且设计人员在获得简短的案例列表后,需要采用流程模拟器对这些案例进行模拟以支撑做出进一步的合理决策。

1.4 数据收集

模拟的质量更依赖于所采用的材料数据与模型参数的质量。数据的质量和可用性是许多模拟中最具有挑战性的两个问题。化学工艺设计模拟软件中的数据库包含许多材料的物性数据和相平衡数据,特别是对于常规组分,其相关数据尤为翔实。但是,在很多情况下,独立的实验数据对模拟结果的验证也是非常有益处的。此外,对于所有的非常规组分,在模拟软件中却是非常缺少材料物性数据和相平衡数据的相关信息。同时,并非所有可能的常规二元组分都可获得相平衡数据。另外,还需要的数据类型包括化学平衡数据和化学反应动力学参数等。

模拟软件通常都包含材料物性的分析工具,用于纯组分、二元组分及三元组分相互之间作用的详细分析。

1.4.1 材料物性数据

经常被采用的常规组分材料物性数据来源是模拟软件自身的数据库,通常它最简单效果也非常好(有关乙酸乙酯材料物性数据的分析可参见第2章中的例2.6)。

针对不符合常规的非常规组分,如虚拟组分、化验物、混合物、非常规固体等,则需要采用与其物性有关的信息对其进行表征。通常,针对非常规组分的已知物性越多,其在工艺过程中被准确表征的程度就会越高。

1.4.2　相平衡数据

要获得令人满意的针对分离和反应设备的设计效果,相平衡计算模型的质量起着至关重要的作用。模型的质量是由其对实际过程的描述能力的强弱决定的。相平衡的实验数据可用于验证其所采用的热力学模型(参见例2.7)。在德国化学工业协会(DECHEMA)和美国国家标准技术研究所(NIST)等机构的数据库中,已经发布了数千种二元系统的汽-液和液-液实验数据。但是,对于成千上万的其他二元系统,这些数据并不能使用。此外,可通过诸如 UNIQUAC 功能组活度系数(UNIFAC)贡献的方法,基于活度系数对相平衡模型参数进行计算。在实际的项目设计中,必须要对相平衡模型进行实验验证。

1.4.3　反应平衡和反应动力学数据

化学反应器的建模需要有关化学反应计量、平衡常数和化学反应动力学参数的相关信息。在某些情况下,如在非常快的反应中,其反应转化通常是已知的,并且能够迅速地实现完全转化。通常,平衡常数可通过计算最小化吉布斯自由能的方式获得。虽然模拟软件均能够提供进行这些平衡常数计算的算法,但是平衡常数与其温度依赖性的实验数据却能够提供更好的结果,后者可用于验证通过最小化吉布斯自由能计算所得到的数据的有效性。

当采用动力学反应器模型时,采用化学反应速率方程和动力学参数能够计算得到反应转化率和反应器尺寸。

1.5　已有工艺模拟

流程建模不仅可用于新工艺的设计,而且也是对已有工艺进行优化的非常有用的工具。提高单元运行效率、最小化材料和能量损失、消除多种类的运行故障等,是对已有工艺进行流程模拟的常见原因。

模拟任务从对已有工艺改进的需求所定义的目标开始,通过研究工艺技术方案和文档以获得进行流程模拟所需要的信息。工艺技术方案通常是非常详细的,其包含着不同类型的多种信息,但仅有部分信息能够用于流程模拟。工艺工程师必须获取必要的信息,并根据模拟目标和工艺技术方案创建工艺流程图(PFD)。

在接下来的步骤中,必须要收集工厂的实际运行数据,这些数据相应地被分为两部分:一部分作为模拟器的输入;另一部分作为工厂真实数据与模型数据进行比较。此外,还必须收集1.4节中所描述的数据,以进行适当的流程模拟。

在准备简化PFD并收集到所有必要的数据后,即可进行不同场景下的流程模拟。根据模拟结果与运行数据的比较结果以及面对不同场景时的分析结果,提出进行工艺修改的建议。

1.6 工艺流程图搭建

为设计任务而开发的工艺流程图通常是从非常简单的图表开始,并不考虑热交换器网络、反应器动力学模型、材料或热能的整合。图1.3给出了为设计由乙酸和乙炔生产乙酸乙烯酯而创建的简化流程图示例。在计算这些简化方案并获得工艺背景知识后,可通过换热器、反应器动力学模型、材料和能量回收物流等对该方案进行改进。图1.4给出了用于同一工艺过程(醋酸乙烯酯的生产)的更为复杂PFD的示例。

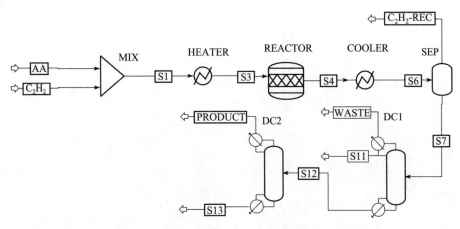

图1.3 醋酸乙烯酯生产工艺设计的简化PFD

针对要进行的模拟任务,工作的起点是为模拟目标定义待分析的和简化的工艺技术方案。工艺模拟所需要的PFD是通过选择可能影响模拟目标的设备和物流后,再通过工艺方案的推导获得的。

模拟程序采用模块方式对不同类型的设备进行建模。通常,模拟流程图与真实PFD是不同的,原因在于真实设备在模拟程序中可由一个、两个甚至更多的单元操作模块进行建模;或者,反之亦然,模拟程序中的单个操作模块可能会代表多个真实设备。

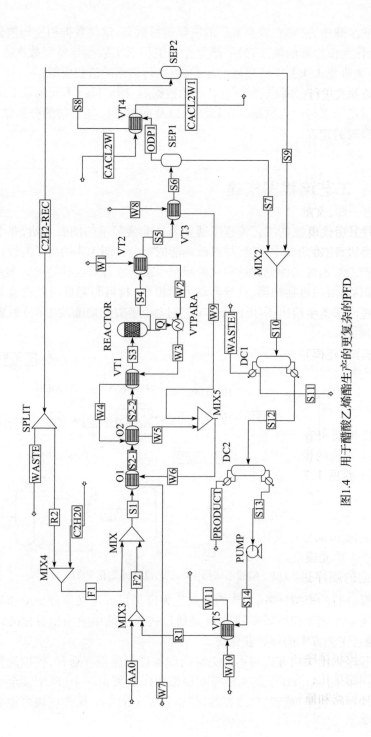

图1.4 用于醋酸乙烯酯生产的更复杂的PFD

用于流程模拟的 PFD 可采用两种不同模式进行开发,即激活模式和保持模式。当采用激活模式时,单元计算与 PFD 创建是同时进行的(在安装每个单元操作模块后,其相应的计算也已经完成);但在保持模式下,却是以先完成 PFD 后再开始计算的方式进行的。

1.7 流程模拟程序

在文献[1]中,模拟被定义为:模拟真实世界的过程或真实世界中系统随时间的运动。进一步,文献[2]中给出了流程模拟更为详细的定义:模拟是设计系统的操作模型并采用该模型进行实验的过程,目的是了解系统的行为或评估开发的选择策略或评估系统的运行,其必须能够以可接受的准确度重现被选择的待建模系统行为的某一视角。

本书中"模拟"这一术语包含两层不同的含义,其中:第 1 层含义是本章引言中所解释的计算类型(设计和模拟);第 2 层含义是通过模拟器对某个过程进行建模。

流程模拟(建模)在包括研发、流程设计、流程操作等在内的所有工程活动中都起着至关重要的作用。流程模拟的更大扩展范围还包括其他不同的基于计算机的活动,如计算机流体动力学。本书的模拟主题是,通过流程模拟器软件对化学过程进行的流程化模拟。

流程模拟器可在序贯模块化的模式和面向方程的模式两种模式下进行工作,(参见 1.7.1 节)。但是,模拟器主要是在序贯模块化的模式下运行的,其中单元模型的输出物流根据输入物流和期望设计参数进行评估。在单个单元模型内,其按照平行于物料流的顺序进行求解。模拟器通常是以 3 级的层次结构进行构建的,如图 1.5 所示。

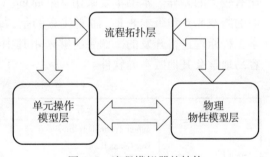

图 1.5 流程模拟器的结构

(1) 流程拓扑层的任务如下:
- 单元模块排序;
- 流程初始化;
- 循环回路和原始物流识别;
- 流程整体质量平衡和能量平衡的收敛。

（2）单元操作模型层的任务如下：
- 采用源自流程拓扑层的输入，基于针对每个单元类型的特定计算步骤求解每个单元(如热交换器、反应器和分离器等)；
- 在单元计算中反馈输出至流程拓扑层级。

（3）物理物性模型层的任务如下：
- 相平衡热力学模型计算；
- 组分和物流的焓、熵和其他与温度相关特性的计算；
- 其必须通过单元操作模式以及流程拓扑层进行访问。

在每个层级，采用大量迭代循环和交互式求解过程对非线性方程组进行求解。有关模块化模拟器的更多细节详见文献[3]。

表1.1列出了最常用的流程模拟软件。这些软件均具有各自的优点和局限性。Aspen Plus能够对众多流程进行稳态模拟，包括化学品、碳氢化合物、药物、固体、聚合物、石油分析和混合物生产以及其他应用。Aspen HYSYS是另一个功能非常强大的模拟工具，适用于碳氢化合物、化学和石油的应用。Aspen Plus和Aspen HYSYS是Aspentech公司发布的程序包AspenOne的一部分。本书将这两种软件应用于不同类型过程的模拟。2012年12月发布的AspenOne V8.0、2016年发布的AspenOne V9、2017年发布的AspenOne V10这3个版本与之前发布的更旧的版本相比，在图形方面和功能方面均有显著的飞跃。以前关于Aspen Plus或Aspen HYSYS应用的书籍中都采用了AspenOne V7版本，其图形界面与当前这些版本相比有较大的差异。本书主要采用AspenOne V9版本，但在某些示例中，也采用了较旧的版本8.6和版本8.8。需要注意的是，每个流程模拟软件都是基于相同的化学工程原理进行开发的。如果能够采用其中的某种软件进行流程模拟，则能够很容易地学会其他版本的软件。

表1.1 常用流程模拟软件列表

名称	来源	类型	网站
Aspen Plus	Aspen Technology Inc. Ten Canal Park Cambridge, MA 02141-2201, USA	稳态	请查询登录官方网站
Aspen Dynamics	Aspen Technology Inc. Ten Canal Park Cambridge, MA 02141-2201, USA	动态	请查询登录官方网站
Aspen HYSYS	Aspen Technology Inc. Ten Canal Park Cambridge, MA 02141-2201, USA	稳态和动态	请查询登录官方网站

续表

名称	来源	类型	网站
PRO/Ⅱ and dynamic	SimSci-Esscor 5760 Fleet Street Suite 100, Carlsbad CA 92009, USA	稳态和动态	请查询登录官方网站
UniSim Design	Honyewell 300-250 York Street London, Ontario N6A 6K2, Canada	稳态和动态	请查询登录官方网站
CHEMCAD	Chemstation Inc. 2901 Wicrest, Suite 305 Houston TX 77251-1885, USA	稳态	请查询登录官方网站
DESIGN Ⅱ	WinSim Inc. P. O. Box 1885 Houston, TX 77251-1885, USA	稳态	请查询登录官方网站
gPROM	PSE Process Systems Enterprise Limited 26-28 Hammersmith Grove London W6 7HA United Kingdom	稳态	请查询登录官方网站

此外，Aspen HYSYS 和 Aspen Plus 均可通过 Aspen Dynamics 进行流程的动态模拟，但本书只涉及稳态模拟。

1.7.1 序贯模块与联立方程

一般可应用两种不同的模式模拟由物质流和能量流互连的单元操作系统。流程模拟器中广泛采用的第一种方法是序贯模块模式，其本质是，将包括数以千计的方程式的全系统数学模型分割成更小的子模型（模块式的模型），每个单元模型的计算独立于其他模块，根据输入物流和设计参数对输出物流进行估计，求解的顺序通常与流程中的物料流平行。通过循环物流，模块的输入物流发生了变化，因此必须在每个回收循环中重新对模块输出进行估计。此外，对于更为复杂的系统，其可能会包含不同层级的回收循环。针对每个层级的回收循环，必须要定义相应的迭代机制。在所有的迭代循环都收敛后，就能够获得整个流程系统的最终解。显然，为了整个流程系统能够成功收敛，采用良好的起始物流是非常重要的。序贯模块方式的优点是将一个大问题分解为多个小问题，这使流程模拟的初始化更加容易，对用户而言也是较为友好的。然而,循环收敛需要良好的起始物流是其固有的缺点,这使序贯模块模式并不适合模拟具有大量循环回路的化工过程。

针对联立方程模式而言,其需要同时求解代表整个流程系统数学模型的大型方程组。对于具有大量循环的回路过程,联立方程模式会比序贯模块模式具有更快的收敛速度;但是,联立方程模式在初始模拟时需要付出相当多的努力。此外,针对联立方程模式的模拟而言,其构建和调试需要付出更多的努力。

虽然 Aspen Plus 同时支持序贯模块模式和联立方程模式两种建模方法,但本书中的示例仅采用序贯模块模式。

1.7.2 初识 Aspen Plus 模拟

下面介绍在计算机中安装 AspenOne V9 后,如何启动 Aspen Plus 和 Aspen HYSYS 模拟软件。对于早期版本(AspenOne V8)和更高版本(AspenOne V10),也能够通过类似方式进行。

在 Aspen Plus 中启动稳态模拟的步骤如下。

(1) 在计算机的"开始"菜单中单击 **Aspen Plus V9** 图标,打开 Aspen Plus。

(2) 若计算机中已正确安装了 AspenOne,如具有授权许可的 V9 版本,则会出现图 1.6 所示的窗口。

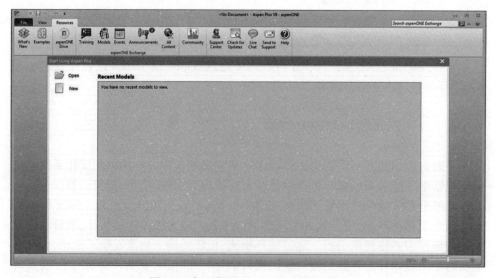

图 1.6　打开新的 Aspen Plus 模拟界面

(3) 通过选择 ***New*** 项开始新建案例,或者通过选择 ***Open*** 项打开现有案例。

(4) 在选择 ***New*** 项后出现的窗口中(图 1.7),通过选择已安装模板或选择空白模板确定模拟类型,通过单击 ***Create*** 项进入物性环境,进而出现图 1.8 所示的窗口。

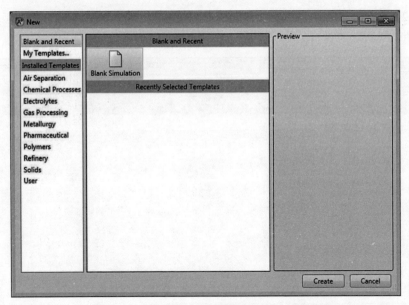

图 1.7　选择模拟类型

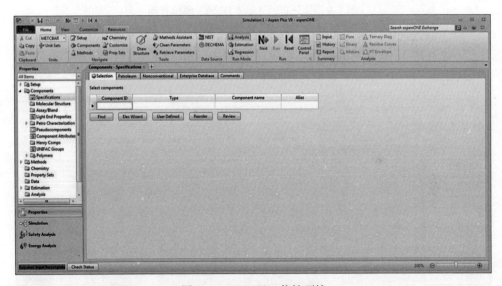

图 1.8　Aspen Plus 物性环境

（5）通过选择项目中存在的组分开始进行模拟。

1.7.3　初识 Aspen HYSYS 模拟

（1）在计算机的"开始"菜单中单击 Aspen HYSYS V9 图标，打开 Aspen HYSYS。

（2）若在计算机中已具有授权许可证并正确安装了 Aspen One 的 V9 版本，则出现图 1.9 所示的窗口。

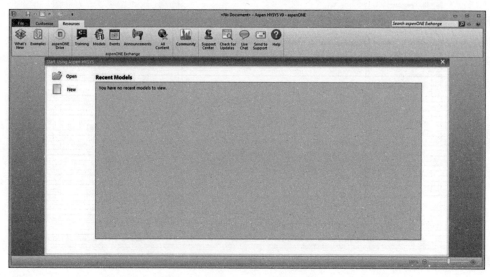

图 1.9　打开新的 Aspen HYSYS 模拟界面

（3）通过选择 *New* 项启动新案例或通过选择 *Open* 项打开已有案例。

（4）在图 1.10 所示的物性环境窗口中，选择 *Add* 项添加新的组分列表，开始进行模拟。

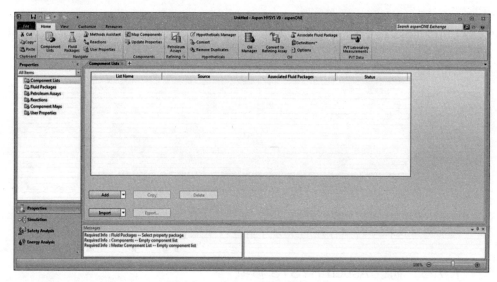

图 1.10　Aspen HYSYS 物性环境

1.8 常规与非常规组分

从组分的视角而言,通常以流程设计或流程模拟为主题的有以下两种类型的工艺如下:

(1) 已知所有组分的工艺,且组分列表可由具有已知化学式的纯常规组分得到;

(2) 全部或部分组分是未知的纯常规化学品,且过程的化学式未知。

在实际化工流程中,总存在一些未知组分。在许多情况下,这些组分对流程模拟计算结果的影响并不显著,甚至其存在是可忽略的。但是,在许多工艺中,无法确定基于常规组分物料流的确切组成。原油和炼油产品的蒸馏、非常规固体(如煤)的处理、食品的处理加工、聚合物的生产和处理等均是具有非常规组分工艺的典型示例。

Aspen Plus 和 Aspen HYSYS 软件中都包含了庞大的常规化学品库及其物性数据库。对于非常规组分,在模拟软件中需要采用特定的方法。非常规组分也可分为不同的类别,如化验品、混合物、虚拟组分、非常规固体、聚合物和链段等。

本书不仅涉及常规组分工艺,还涉及非常规组分工艺。本书在第 2 篇和第 3 篇的章节专门讨论针对常规组分工艺的设计和模拟,在第 4 篇中则研究非常规组分工艺。

1.9 流程整合和能源分析

根据前文的定义,流程整合强调的是:在需要能源被有效利用的过程系统中,进行不同单元操作的最优集成[4]。在化学过程中,可观察不同单元操作和物流之间的差异化相互作用。复杂过程的特点是:针对物料流和能量流的回收,需要将这些单元操作和物流布置在同一个系统中,进而能够以最高效率利用能量。这也是进行流程整合的主题。然而,基于更流行的针对流程整合的定义,其已经不仅仅局限于能量的利用率,还包括原材料的有效利用、污染物的减排、流程的可控性和可操作性等方面。尽管上述的定义非常复杂,但能源利用率却一直是流程整合的主题。

流程整合中采用的最有效工具之一是夹点分析方法,其将夹点辨识为工艺物流之间的热交换最受限制区域,进而处理能量的优化管理[4]。此外,通过夹点分析还能够设计得到换热器的最优网络。

在许多优秀著作和教科书中均提供了关于夹点理论的详细信息,如文献[4-8]。本书第 12 章讨论了夹点分析的基本原理及其在 Aspen 能量分析(AEA)中的应用。AEA 独立于 Aspen 软件,但其也能够集成在 Aspen Plus 和 Aspen HYSYS 中,并且这两个软件的模拟结果可导出至 AEA 中进行夹点分析和换热器网络设计。

1.10 流程经济评价

设计师或模拟人员需要面对以下基本问题:工程项目的成本和利润是多少? 因此,设计或模拟项目必须包含经济评估部分。项目经济性可在设计的不同层级进行评估。支撑初步成本评估的一个非常重要的信息是:已经完成过的类似项目的成本估算信息。在下一步中,采用初步成本估算的近似方法选择备选方案以供进一步评估。初步成本估算方法是与寻找化学和技术替代方案的工作同时进行的。此外,针对该工艺的更为详细的经济评估与单个替代方案的模拟也是同时进行的。

本书的第 12 章介绍了采用 Aspen Economic Evaluation 对工艺过程进行经济评估,其讨论了投资成本计算时采用设备成本估算的 Aspen 模拟、运营成本计算、盈利能力分析等。此外,第 3 章~第 7 章讨论了采用 Aspen Economic Evaluation 对不同类型设备进行选择和成本计算。

参考文献

[1] Banks J, Carson J, Nelson B, Nicol D. Discrete-Event System Simulation. New York: Prentice Hall; 2001.

[2] Thome B. Principle and Practice of Computer-Based Systems Engineering, Wiley series in software based systems. Chichester, UK: John Wiley & Sons, Ltd.; 1992.

[3] Biegler L T, Grossmann IF, Westerberg W. Systematic Methods of Chemical Process Design. New York: Prentice Hall PTR; 1997.

[4] Demian A C. Integrated Design and Simulation of Chemical Processes. Amsterdam, The Netherlands: Elsevier; 2008.

[5] Zhu X. Energy and Process Optimization for the Process Industries. Hoboken, NJ: John Wiley & Sons, Inc.; 2014. Available at http://onlinelibrary.wiley.com/book/10.1002/9781118782507.

[6] Towler G, Sinnott R. Chemical Engineering Design, Principles, Practice, and Economics of Plant and Process Design, 2nd ed. New York: Elsevier, 2013.

[7] Peters M, Timmerhaus K, West R. Plant Design and Economics for Chemical Engineers, 5th ed. New York: McGraw-Hill; 2004.

[8] Turton R, Bailie RC, Whiting WB, Sheiwitz JA. Analysis, Synthesis and Design of Chemical Processes. New York: Prentice-Hall, PTR; 1998.

第2章
流程模拟的一般程序

2.1 组分选择

编制组分列表是进行 Aspen Plus 和 Aspen HYSYS 模拟前的首要操作之一。组分列表可由纯常规成分和非常规成分组成,后者包括诸如石油分析、虚拟组分、常规固体(具有已知化学式的固体)、非常规固体等。在本书的第1篇中介绍了在 Aspen Plus 和 Aspen HYSYS 中创建组分列表的方法。此外,还提供了软件数据库中可用的某些组分的物性。更为详细的物性分析将在本章2.2.5节给出。

下面的示例旨在展示创建常规组分和某些非常规组分类型列表的基本操作。本书的第4篇讨论了一些其他类型的非常规成分,如石油分析、非常规固体和聚合物等。

例 2.1 建立乙醇和乙酸酯化生产乙酸乙酯的组分列表。要求:从 Aspen 物性数据库中查找所有组分的摩尔质量、正常沸点、临界温度、临界压力、25℃下理想气体的标准生成焓。

解决方案:
- 按照1.7.2节中描述的步骤打开 Aspen Plus。
- 在图2.1所示的组分选择表中,在组分 ID 下输入"ethanol"并按回车键。
- 在下一行输入"water"或"H_2O",然后按回车键。
- 对于较长的名称,如"ethyl acetate"(乙酸乙酯)和"aceticaciad"(乙酸),可采用查找工具或在 *Component name* 项处输入名称;单击 *Find* 按钮进入组分搜索环境,搜索图2.2所示的乙酸乙酯和乙酸,并将它们添加到组分列表中;为了更好地识别组分列表中的组分,可通过简单的重写更改组件 ID 的方式。此时,软件会询问是要重命名组分还是删除或替换它,如图2.3所示,此处单击 *Rename* 按钮。
- 检查组分名称和化学式。注意,在接下来的模拟步骤中,组分仅由组分 ID 标识。
- 单击 *Review* 按钮选择查看列表中纯组分的基本标量物性。
- 图2.4中显示的物性列表可复制到 Excel 工作表中以用于其他用途。

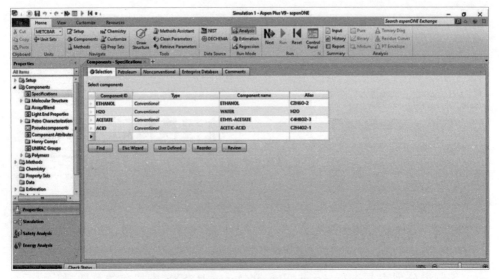

图 2.1　乙酸乙酯流程的组分列表

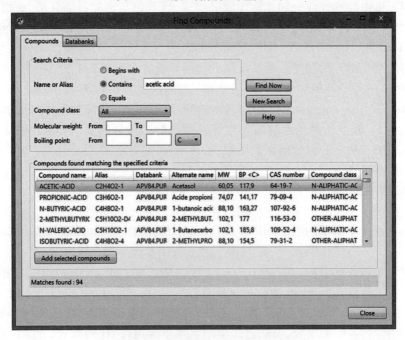

图 2.2　Aspen Plus 组分搜索引擎

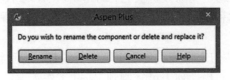

图 2.3　重命名组分

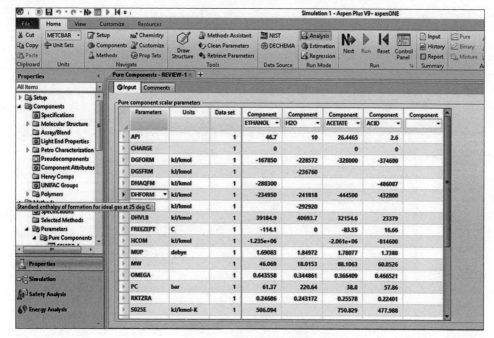

图 2.4 纯组分的标量参数

- 在此表中,参数以简略形式呈现,但通过单击参数名称并按住鼠标,即可显示参数的确切名称,如图 2.4 所示。

表 2.1 中列出了所有组分的摩尔质量、沸点、临界温度、临界压力、在 25℃ 下理想气体的标准生成焓等。

表 2.1 乙酸乙酯流程组分的某些性能

参数	单位	乙醇	水	醋酸盐	酸
M_W	kg/kmol	46.069	18.015	88.106	60.053
T_B	℃	78.29	100	77.06	117.9
T_C	℃	240.85	373.946	250.15	318.88
P_C	bar	61.37	220.64	38.8	57.86
$\Delta_f h$ 在 25℃ 下	kJ/kmol	-234950	-241818	-444500	-432800

注:$1 bar = 10^5 Pa$。

例 2.2 含有 CH_4、CO_2、H_2S、N_2、乙烷、丙烷、异丁烷、正丁烷、异戊烷和正戊烷的天然气必须通过 30% 的二乙醇胺 $CH_2NH(CH_2)_3(OH)_2(DEA)$ 水溶液以脱除酸性气体。要求:在 Aspen HYSYS 中创建用于模拟该流程的组分列表,确定修正 Antoine 方程的系数以计算所有组分的蒸发压力。

解决方案:

- 按照 1.7.3 节中的步骤打开 Aspen HYSYS。
- 单击 *Add* 按钮添加组分列表,出现组分搜索页面。

019

- 在 **Search for** 项位置输入名称,至少是组分名称的一部分或分子式,Aspen HYSYS 会自动找到正在搜索的组分。
- 单击 **Add** 按钮(图 2.5),将找到的组分添加到组分列表中。

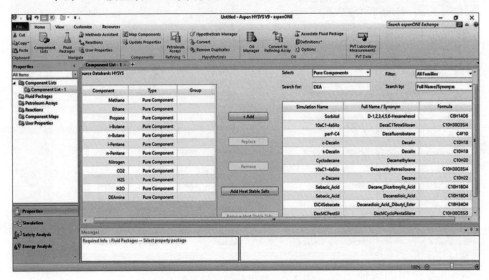

图 2.5　在 Aspen HYSYS 中创建组分列表

- 对于修正后的 Antoine 方程的系数,双击组分名称后出现图 2.6 所示的表

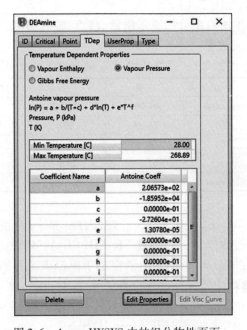

图 2.6　Aspen HYSYS 中的组分物性页面

格,其中:在此表中查看所选组分的不同类型参数;选择 *TDep* 选项卡查看与温度相关的参数,包括蒸气焓、蒸气压和吉布斯自由能;选中 *Vapor Pressure* 单选钮可以查看修改后的 Antoine 方程系数。

例 2.3 冶炼厂需要通过蒸馏方式处理一部分烃,已知该混合物中各组分的正常沸点范围为 25~700℃。处理之后的产品流之一是含有 H_2、CH_4、CO_2、乙烷、丙烷、异丁烷、正丁烷、异戊烷和正戊烷的气体。此外,另一种已知沸点为 250℃、分子量为 160kg/kmol、密度为 850kg/m^3 的烃混合物也被添加至该流程之中。要求:在 Aspen HYSYS 中为该流程创建一个组分列表。

解决方案:
- 采用如例 2.2 所示的方法选择纯组分。
- 对于已知正常沸点、分子量和密度的烃混合物,创建一个虚拟组分;为此,在 *Select* 菜单中将 *Pure component* 项更改为 *Hypothetical* 项,然后从 *Method* 菜单中选择 *Create and Edit Hypos* 命令。
- 单击 *New Hypo* 项并编辑已知物性;若要创建虚拟组分,应至少知道该组分的一个物性;通常是已知物性参数越多,对该组分的描述就越为准确;在此处的例子中,正常沸点、分子量和液体密度均是已知的;在输入已知参数后,单击 *Estimate Unknown* 按钮即可预估该虚拟组分的其他物性,如图 2.7 所示。

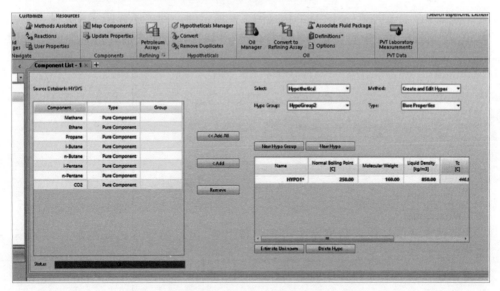

图 2.7　创建 1 个虚拟组分

- 单击 *Add* 按钮将此虚拟组分添加到组分列表中。
- 在 Aspen HYSYS 中,具有已知正常沸点范围的一部分烃可采用一组虚拟组分予以表示;从 *Method* 菜单中选择 *Create a Batch of Hypos* 命令并为其指定初始沸点(25℃)、最终沸点(700℃)以及各个虚拟组分之间的温度间隔;显然,若需要创建 30 个组分,则需要 25℃ 的温度间隔;此处,通过单击 **Generate Hypos** 项,创建一组虚拟组分。

- 通过单击 **Add All** 项,将一组虚拟组分添加到组分列表中(图 2.8)。

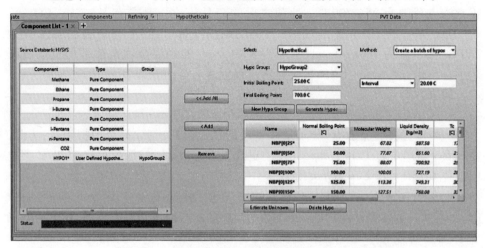

图 2.8　创建 1 组虚拟组分

例 2.4　二苯并蒽(a.h)是结构式图 2.9 所示的一种多环芳烃(PAH)化合物。要求:在 Aspen Plus 中对该化合物进行建模,并根据其结构式估算其性质。

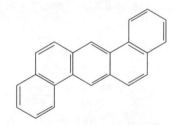

图 2.9　二苯并蒽(a.h)的化学结构

解决方案:

虽然在 Aspen Plus 数据库中包含大量组分,但目前业界已知的数百万种不同的化学物质并不都能够在这些数据库中找到。若知道某个组分的结构式,就可将其建模为 Aspen Plus 中的常规组分,并根据该组分的化学结构估计其相应的参数。

- 按照 1.7.2 节中描述的步骤打开 Aspen Plus。
- 在图 2.1 所示的组分选择列表中选择二苯并蒽(a.h)的 ID,如 PAH1。
- 从导航窗口选择 **Molecular Structure** 项,然后单击 **Edit** 按钮或双击 **PAH1** 项(图 2.10)。

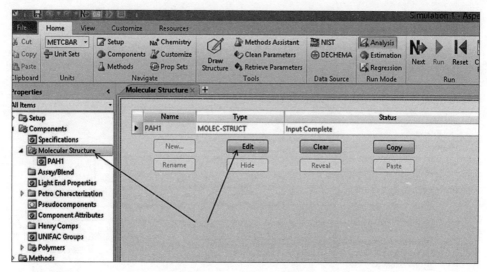

图 2.10 分子结构页面

- 在分子结构页面,选择 *Structure* 选项卡,单击 *Draw/Import/Edit* 按钮,则出现分子结构绘制工具。
- 采用原子、键和碎片等部件,画出图 2.11 所示的分子结构。

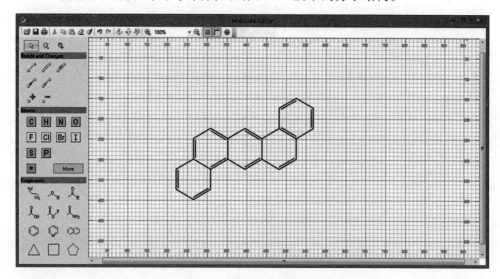

图 2.11 分子结构绘图工具

关闭结构绘图工具后,分子结构出现在 *Molecular Structure* 页面(图 2.12)。
- 单击 *Calculate Bonds* 按钮,在 *General* 选项卡中检查所需计算的键。
- 若要根据分子结构估计 PAH1 组分的参数,采用 *Estimation* 工具并选中 *Estimate all missing parameters* 单选钮,如图 2.13 所示。

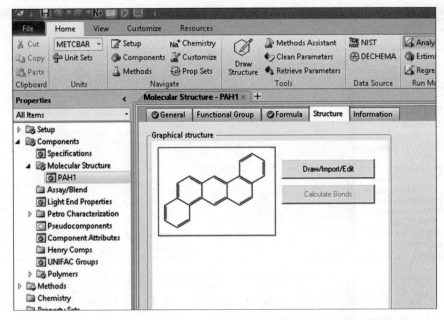

图 2.12　分子结构和键计算页面

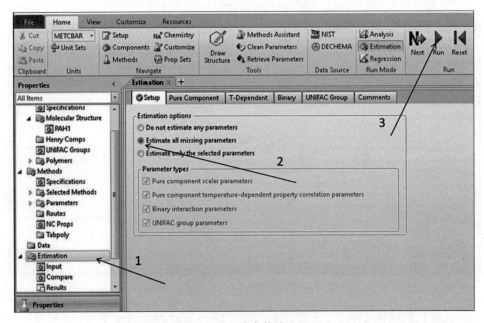

图 2.13　纯组分参数估计页面

- 运行估计后，Aspen Plus 采用适当的模型根据其分子结构计算该组分的所有参数。若要查看计算得到的参数，则单击 **Results** 项，如图 2.14 所示。

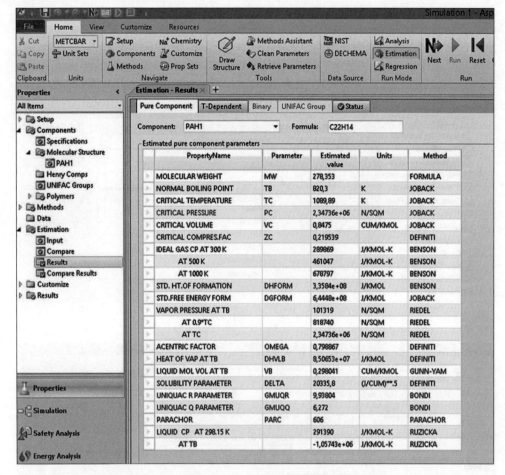

图 2.14　组分参数估计结果

例 2.5　在生物柴油工艺中,需要在工艺模拟中考虑一部分正常沸点为 300℃ 且密度为 870kg/mm³ 的脂肪酸。要求:在 Aspen Plus 中采用虚拟组分为该脂肪酸建模。

解决方案:

- 在组分选择表中写入脂肪酸馏分的名称,如 FAT-ACID,并选择组分类型为 ***Pseudocomponent*** 项,如图 2.15 所示。

- 然后打开 components 项,选择其中 ***Pseudocomponent*** 项链接输入其已知的物性(图 2.16);如前文所述,通常输入的已知参数越多,对虚拟组分的描述就越准确;在这个案例中仅有正常沸点和密度是已知的;此处,保留默认选择 ***Basic Layout*** 项和 ASPEN 物性方法。

- 要显示虚拟组分 FAT-ACID 的未知参数,需要在组分规格页面单击 ***Review*** 按钮,如图 2.17 所示。

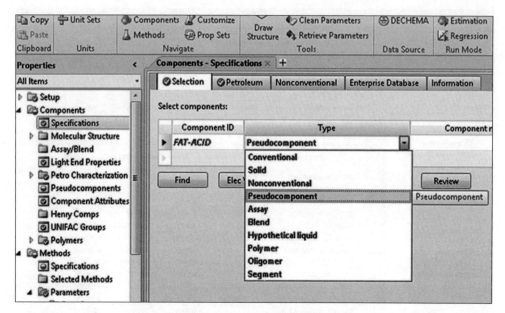

图 2.15　选择组分类型

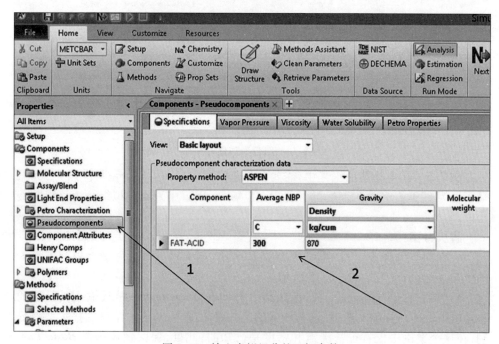

图 2.16　输入虚拟组分的已知参数

- 计算得到的未知参数列表如图 2.18 所示。

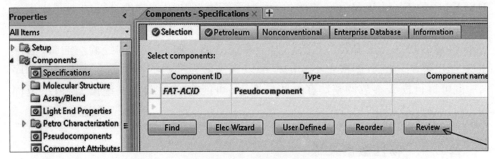

图 2.17　检查未知参数

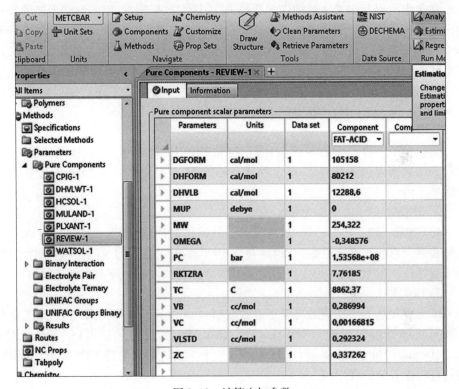

图 2.18　计算未知参数

2.2　物性方法和相平衡

选择合适的物性方法是流程模拟中的关键步骤。模拟结果的准确性和可信度取决于所采用物性方法的适用性。流程模拟器包含用于计算纯组分和物流物性以及确定相平衡的工具。Aspen Plus 中的 ***PropertyMethod***（物性方法）或 Aspen

HYSYS 中的 ***Fluid Package***(流体包)由相平衡模型和用于物性计算的不同模型组成,要求用户必须要选择一种物性方法或为流体包提供足够准确的系统表示形式。选择合适的物性方法需要对系统热力学有充分的了解和丰富的经验。通常,必须是对照已经测得的数据检查不同的模型以选择最为准确的模型。在流程模拟程序中,也可进行模型参数调整。在某些情况下,可能有必要调整一些模型参数,进而获得对被测量数据的更好描述。

2.2.1 物性数据来源

在化学工程及相关领域的许多教科书、手册和数据库中,以图形和表格的形式给出了数千种纯组分的物理性质。关于物性的研究工作的结果发表在各种工程杂志上,其中《化学工程数据》杂志专门针对化学工程设计发布物性数据。但是,计算机化学的物性数据库是该数据的最佳来源。这些数据库可兼容到流程模拟软件中,并为化学过程的设计提供已经经过评估的物性数据。下面介绍已经集成到 Aspen Plus 和 Aspen HYSYS 中的一些较大的物性数据库。

1. DIPPR

美国化学工程师学会物性设计研究所(DIPPR)成立于 1978 年。目前,DIPPR$^®$ 801 数据库包含针对 2200 多种化合物的 34 种恒定性质和 15 种温度依赖物性的推荐值。

2. PPDS

物性数据服务(PPDS)库可轻松访问,其提供物理、热力学和传输特性以及纯组分和混合物的相平衡数据。PPDS 包含 1500 多种纯组分的 30 种固定物性和 26 种可变物性。PPDS 最初是由英国化学工程师协会和国家物理实验室开发的。

3. IK-CAPE

IK-CAPE 热力学模块源自于工业联盟(Industrie Konsortium)和 CAPE(工业合作计算机辅助过程工程)的德语单词。IK-CAPE 的成员包括 BASF、Bayer、Hoechst、Degussa-Huls 和 Dow,创建 IK-CAPE 热力学模块的目的是为热力学计算设计高效且功能齐全的程序包。

4. DECHEMA

DECHEMA 化学工程与生物技术学会成立于 1926 年,是位于法兰克福的非营利组织。该组织提供的 DETHERM 数据库包含约 41500 种纯化合物和 135000 种混合物的热物性数据。DETHERM 具有文献价值,提供了书目信息、主题词和摘要。最初其包括 854 万个数据集,之后该数据库每年更新一次,其所包含的数据以每年约 8% 的速度持续增长。目前,面向数千个二元系统和许多三元系统,DECHEMA 数据库收集了大量通过实验测量得到的气-液和液-液平衡数据。

5. NIST

美国国家标准技术研究院(NIST)是美国商务部的测量标准实验室。NIST热力学研究中心(TRC)的SOURCE数据归档系统目前包含超过300万个实验数据点。热数据引擎是用于存储实验热物理和热化学性质数据的综合存储设备。实验数据库包含大量组分(超过17000种化合物)的原始物性数据。

Aspen Plus 提供了一种称为 TDE(Thermo Data Engine)的热力学数据关联、评估和预测工具。Aspen Plus-TDE 界面包含化合物的单值性质,如正常沸点、临界压力、临界温度、三点温度、生成焓和吉布斯自由能等。对于新化合物,可以采用不同的相关性,并根据分子结构估算其性质。例如,正常沸点、临界压力和临界温度可通过文献[3-5]中给出的相关性进行计算,生成焓和吉布斯自由能可根据文献[10]中的 Benson 和 Buss 方程计算。与温度有关的参数,可以采用以下方法:对于理想的气体热容量,基于 Joback 和 Reid 方程[3];对于蒸汽压力,基于 Ambrose 和 Walton 方程[7];对于液体热容量,基于改进的 Bondi 方程[11];对于密度,基于改进的 Rackett 方程[8]和 Riedel 方程[9];对于液体黏度,基于 Sastri 和 Rao 方程[12];对于气体黏度,基于 Lucas 方程[14];对于液体热导率,基于 Chung 等方程[13];对于气体热导率,基于 Chung 等方程[15]。

6. Aspen

Aspen 物性系统从许多数据库收集数据,包括上节所列出的数据库。物性数据被分类到多个数据库中,并根据系统特性和模拟类型进行应用。Aspen 物性数据库的详细信息见表2.2,其源于 Aspen 的帮助文件。

表2.2 Aspen 物性数据库[16]

数据库	内容	用途
PURE32	多种数据来源,包括 DIPPR®、Aspen、PCD,和 Aspen 技术	Aspen 物性系统中首选的纯组分数据库
NIST-TRC	数据源自国家标准和技术协会(NIST),标准参考数据程序(SRDP)	大量组分数据仅适用于 Aspen 物性企业数据库
AQUEOUS	水溶液中离子和分子的纯组分参数	包含电解质计算
ASPENPCD	Aspen Plus 8.5-6 版本自带数据库	用于向上兼容
BIODISEL	生物柴油生产过程中通常存在组分的纯组分参数	生物柴油工艺
COMUST	燃烧产物中通常存在的组分(包括自由基)的纯组分参数	高温气相计算
ELECPURE	胺化工艺中常见的某些组分的纯组分参数	胺化工艺
ETHYLENE	用于 SRK 物性方法的乙烯工艺中,通常存在组分的纯组分参数	乙烯法
FACTPCD	FACT 种类(在特定纯相或溶液相中引用的组分,仅用于 Aspen Plus 中与 Aspen/FACT/Chemapp 对接)	高温冶金工艺

续表

数据库	内容	用途
HYSYS	Aspen HYSYS 物性方法所需的纯组分和二进制参数	采用 Aspen HYSYS 物性方法的模型
INITIATO	聚合物引发剂种类的物性参数和热分解反应速率参数，在 Aspen Polymers 和 Aspen Properties 中提供	聚合物引发剂
INORGANIC	气态、液态和固态无机成分的热化学物性	固体、电解质和冶金领域应用
NRTL-SAC	纯组分参数 XYZE 包含常用溶剂的链段表示	采用 NRTL-SAC 物性方法计算
PC-SAFT,POLYPCSF	基于 PC-SAFT 物性方法的纯物性和二进制物性	短烃和普通小分子
POLYMER	聚合物种类的纯组分参数，在 Aspen Polymers 和 Aspen Properties 中提供	聚合物
PPDS	客户安装的 PPDS 数据库，由从国家工程实验室（NEL）获得 PPDS 数据库许可的客户采用	纯组分数据

Aspen 物性系统允许采用不同的子模型建立纯组分的温度依赖物性。在 Aspen Plus 物性系统中，支持采用不同方程式的通用模型，但实际采用哪个方程式计算给定组分的物性取决于可用参数。如果可用参数能够用于多个方程，则 Aspen 物性系统将采用最先从数据库输入或检索的参数。子模型选择由数据层次结构和子模型选择参数进行驱动和控制。针对不同物性可用的子模型如表 2.3 所列。

表 2.3 Aspen Plus 中提供的能够用于确定纯组分温度相关物性的子模型

性质	可用子模型
固体体积	Aspen、DIPPR、IK-CAPE、NIST
液体体积	Aspen(Rackett)、DIPPR、PPDS、IK-CAPE、NIST
液体蒸汽压	Aspen(Extended Antoine)、Wagner、BARIN、PPDS、PML、IK-CAPE、NIST
汽化热	Aspen(Watson)、DIPPR、PPDS、IK-CAPE、NIST
固体热容	Aspen、DIPPR、BARIN、IK-CAP、NIST
液体热容	DIPPR、PPDS、BARIN、IK-CAPE、NIST
理想气体热容	Aspen、DIPPR、BARIN、PPDS、IK-CAPE、NIST
第二维里系数	DIPPR
液体黏度	Aspen(Andrade)、DIPPR、PPDS、IK-CAPE、NIST
气体黏度	Aspen(Chapman-Enskog-Brokaw)、DIPPR、PPDS、IK-CAPE、NIST
液体热导率	Aspen(Sato-Riedel)、DIPPR、PPDS、IK-CAPE、NIST
气体热导率	Aspen(Stiel-Thodos)、DIPPR、PPDS、IK-CAPE、NIST
液体表面张力	Aspen(Hakim-Steinberg-Stiel)、DIPPR、PPDS、IK-CAPE、NIST

Aspen Plus 和 Aspen HYSYS 都包含子程序,相应地其可预测纯组分和混合物的不同物性以及用户自定义组分的温度、压力和组分依赖性等。

在主要模拟情景下,在流程模拟器中设置为默认计算物性的模型可提供准确结果。但是,在存在实验数据的情况下,将采用不同模型计算获得的数据与实验数据进行比较,能够进一步得到更为准确的模型。

2.2.2 相平衡模型

相平衡计算是选择热力学计算方法的关键操作。基本相平衡的条件是每个相中各个组分的逸度是相等的。如果 f_i^l 表示组分在液相中的逸度,f_i^g 表示组分在气相中的逸度,则以下关系在平衡状态下是成立的,即

$$f_i^l = f_i^g \tag{2.1}$$

通常可采用两种方法表示式(2.1)中的逸度关系,即状态方程方法和活度系数方法。状态方程方法为

$$f_i^g = \phi_i^g y_i P \tag{2.2}$$

$$f_i^l = \phi_i^l x_i P \tag{2.3}$$

$$y_i = K_i x_i = \frac{\phi_i^l}{\phi_i^g} x_i \tag{2.4}$$

式中:ϕ_i^g 为气相中组分 i 的逸度系数;ϕ_i^l 为液相中组分 i 的逸度系数;y_i 为组分 i 在气相中的摩尔分率;x_i 为组分 i 在液相中的摩尔分率;P 为总压力。

逸度系数 ϕ_i 由状态方程获得,其由式(2.5)中的 P 进行表征,即

$$\phi_i = \frac{1}{RT} \int_V^\infty \left[\left(\frac{\partial P}{\partial n_i}\right)_{T,V,n_{j \neq i}} - \frac{RT}{V} \right] dV - \ln Z_m \tag{2.5}$$

式中:V 为系统的体积;R 为气体常数;T 为绝对温度;n_i 为组分 i 的摩尔数;Z_m 为混合物的可压缩因子。

通常,立方型或维里状态方程能够用于计算逸度系数。参考文献[17]中的 Peng-Robinson 方程是经常采用的立方型状态方程的一个示例,表达式为:

$$p = \frac{RT}{V_m - b} - \frac{a}{V_m(V_m + b) + b(V_m - b)} \tag{2.6}$$

式中:V_m 为摩尔体积;a 和 b 为由 Peng-Robinson 立方型方程所定义的非理想气体常数。

这些参数是温度、成分、临界温度和电阻以及不对称因素的函数,有关详细信息可参见文献[16-17]。

在活度系数法中,气相的组成逸度可通过式(2.2)进行计算,而液体混合物中组分 i 的逸度可计算为

$$f_i^l = x_i \gamma_i f_i^{*1} \tag{2.7}$$

式中：γ_i 为组分 i 的活度系数；f_i^{*1} 为混合温度下纯组分的逸度。

采用状态方程方法可从状态方程中得出液相和气相下的所有物性。与状态方程方法相同，采用活度系数方法可从状态方程中导出气相特性。但是，液体物性是由添加了混合项或过量项的纯组分物性的总和确定的。对于平衡比，表达式为

$$K_i = \frac{\gamma_i f_i^{*1}}{P \phi_i^g} \tag{2.8}$$

1. 状态方程物性方法

状态方程的两种主要类型用于相平衡计算，即：
（1）立方型状态方程；
（2）维里状态方程。

Aspen Plus 和 Aspen HYSYS 中采用的基于立方型状态方程的物性方法是 Redlich-Kwong-Soave 方程或 Peng-Robinson 方程的改进版。表 2.4 给出了在 Aspen Plus 和 Aspen HYSYS 中的一些基于立方型方程的物性方法的实现。

表 2.4 Aspen 物性系统和 Aspen HYSYS 中的某些立方型状态方程

基于 Peng-Robinson 状态方程的模型	基于 Redlich-Kwong-Soave 状态方程的模型
Standard Peng-Robinson	Redlich-Kwong
Peng-Robinson	Standard Redlich-Kwong-Soave
HYSYS Peng Robinsson(HYSPR)	HYSYS Redlich-Kwong-Soave(HYSSRK)
Peng-Robinson-MHV2	Kabadi Danner
Peng-Robinson-WS	Zudkevitch Joffee
Peng-Robinson Stryjek-Vera(PRSV)	Redlich-Kwong-Aspen
Sour PR	Schwartzentruber-Renon
PR-Twu	Predictive SRK

Aspen 物性系统中的维里状态方程包括：
- Hayden-O'Connell；
- BWR-Lee-Starling；
- Lee-Kesler-Plöcker。

上述状态方程是基于展开幂级数进行选择的，表达式为

$$p = RT \left(\frac{1}{V_m} + \frac{B}{V_m^2} + \frac{C}{V_m^3} + \cdots \right) \tag{2.9}$$

显然，详细地描述 Aspen Plus 和 Aspen HYSYS 中所采用的所有物性方法超出了本书的范围。表 2.5 给出了基本物性状态方程的模型及其应用领域。

表 2.5　状态模型方程

物性方法	模型	应用
Peng-Robinson	面向所有热力学物性的标准 Peng-Robinson 立方型状态方程,包括蒸气混合物逸度系数和液体混合物逸度系数,除了液体摩尔体积 API 方法(用于虚拟组分的液体摩尔体积)和 Rackett 模型(用于真实组分)外,一般纯组分温度相关物性模型用于蒸汽压、汽化热、热容、黏度、密度、热导率、表面张力、焓、熵、吉布斯能量等物性	天然气加工、炼油与石化应用、原油塔和乙烯装置。非极性或中等极性的混合物,如碳氢化合物和轻质气体如二氧化碳、硫化氢和氢气等,特别适用于高温和高压区域。如果采用了适当的 alpha 函数和混合规则,则可将此物性方法用于极性和非理想化学混合物
SRK	面向蒸气混合物逸度系数和液体混合物逸度系数的 Soave-Redlich-Kwong 状态方程。修正液体摩尔体积的 Peneloux-Rauzy 方法可产生更精确的液体摩尔体积。NBS 蒸汽表,用于计算水的物性以实现更高精度水-烃系统的 Kabadi-Danner 混合规则。蒸汽压、汽化热、热容、黏度、热导率、表面张力、焓、熵、吉布斯能的纯组分温度相关物性模型	天然气处理、炼油与石化应用、原油塔和乙烯装置。非极性或中等极性的混合物,如碳氢化合物和轻质气体如二氧化碳、硫化氢和氢气,特别适用于高温和高压区域。如果采用了适当的 alpha 函数和混合规则,则该物性方法可用于极性和非理想化学混合物。采用 SRK 方法时,选择 STEAMNBS 作为 free-water 方法
HYSPR(HYSYS 中的 Peng-Robinson 物性包)	Aspen Plus 中的 HYSPR 实现了在 AspenHYSYS 中采用 Peng-Robinson 物性包。Aspen Plus 中的标准 PR(Peng-Rob 模型)物性包与 Aspen HYSYS 中的 Peng-Robinson 物性间的区别在于:HYSYS 物性包包含所有烃-烃对数据库的增强二元相互作用参数(已拟合和生成的相互作用参数的组合),以及大多数烃-非烃二元化合物	面向石油、天然气或石化应用: • TEG 脱水 • TEG 与芳烃的脱水 • 低温气体处理 • 空气分离 • Atm 原油塔 • 真空塔 • 高 H_2 系统 • 储存系统 • 抑制化合物 • 原油系统
HYSSRK(HYSYS 中的 SRK 物性包)	Aspen Plus 中的 HYSSRK 实现了 HYSYS 中的 Soave-Redlich-Kvong(SRK)物性包。Aspen HYSYS 中的 SRK 物性包还包含所有烃-烃对数据库(已拟合和生成的相互作用参数的组合)以及大多数烃-非烃二元的增强二元相互作用参数。但是,其应用范围更有限	与 HYSPR 相似,但温度范围不小于 143℃,压力范围小于 35000kPa

续表

物性方法	模型	应用
LK-PLOCK （Lee-Kesler-Plöcker）	Lee-Kesler-Plöcker 状态方程用于计算除以下各项之外的所有热力学性质：混合物的液体摩尔体积、虚拟组分的液体摩尔体积的 API 方法、混合物中真实组分的 Rackett 模型。纯组分温度相关物性模型用于蒸气压、气化热、热容、黏度、密度、热导率、表面张力、焓、熵和吉布斯能等物性	LK-PLOCK 可用于天然气加工和精炼应用,但对于非极性或轻极性混合物,首选 SRK 或 PENG-ROB 物性方法;还可用于估算组分 CO、CO_2、N_2、H_2、CH_4、醇和碳氢化合物等二元参数间的内置相关性。在所有温度和压力下均能获得合理的结果,但在混合临界点附近区域的结果准确性较差

由于 Aspen HYSYS 的 Peng-Robinson 物性包中采用了增强二元交互作用,因此该模型提供的结果与在 Aspen 中采用标准 Peng-Robinson 状态方程所得到的结果略有不同。这些差异在某些非理想系统中是可见的。图 2.19 和图 2.20 显示了在 Aspen Plus(Peng-Rob)和 Aspen HYSYS(Peng-Robinson)中采用 Peng-Robinson 模型计算得到的正庚烷/甲苯二元混合物的等压相平衡数据(x/y 和 $t-x/y$)图。这种差异主要体现为温度值的不同。

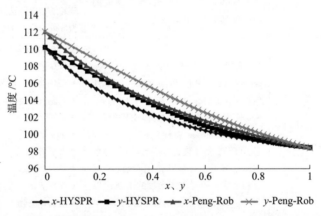

图 2.19　正庚烷/甲苯二元混合物的等压 $t-x,y$ 图比较

2. 活度系数物性方法

活度系数物性方法采用式(2.7)计算液相中各组分的逸度和气相中不同的状态方程。这些方法适用于极性非理想液体混合物,并适用于采用亨利定律对液体溶液中的永久性气体进行建模。

Aspen Plus 和 Aspen HYSYS 中采用的活度系数模型可分为 3 类:
(1) 分子模型(非电解质溶液的相关模型);
(2) 基团贡献模型(非电解质溶液的预测模型);
(3) 电解质活度系数模型。

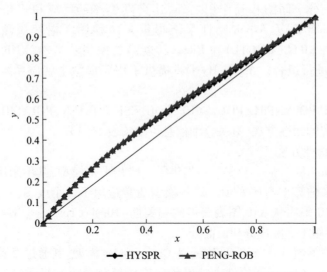

图 2.20　正庚烷/甲苯二元混合物的等压 t-x,y 图比较

Aspen HYSYS 和 Aspen Plus 中包含了不同的分子活度系数模型。Margules 和 van Laar 等模型比较简单,通常适用于二元系统。Wilson 威尔逊模型适用于许多类型的非理想系统,但不能用于模拟液-液分离。NRTL(非随机,液-液)和 UNIQUAC(通用准化学)模型可用于描述高度非理想系统的气-液平衡(VLE)、液-液平衡(LLE)和焓。Wilson、NRTL 和 UNIQUAC 模型已被广泛接受,并且经常用于在低压下对高度非理想系统进行建模。

每个活度系数模型都能够与各种状态方程相结合以计算气相逸度。在 Aspen Plus 中,这些组合可表示为单独的物性方法。例如,NRTL-RK 物性方法将 NRTL 模型用于液相,将 Redlich-Kwong 状态方程用于气相。对气相采用理想气体状态方程,仅将其标记为 NRTL 物性方法。在 Aspen HYSYS 中,选择活度系数物性包后的下一步即是选择状态方程。

Aspen Plus 中的 IDEAL 物性方法和 Aspen HYSYS 中的 ANTOINE 物性包也可视为活度模型的一种特殊形式。这些模型采用拉乌尔定律(液相的理想活度系数模型,其中 $\gamma_i = 1$,气相的理想气体状态方程)、液体摩尔体积的拉克特模型和不可凝气体的亨利定律。

预测性基团贡献模型还包括 UNIFAC 模型及其改进版,这是 UNIQAC 方法针对基团的扩展。最初的 UNIFAC 方法由 Fredenslund 等[18]提出。UNIFAC 采用从有限的、精心选择的实验数据中确定组间相互作用,用于预测几乎任何一对组分之间的活度系数。与 VLE 相比,应采用不同数据集对 LLE 的活度系数进行预测。

上面介绍的活度系数模型不适用于电解质系统。在电解质中,除了物理和化学分子-分子间的相互作用之外,还会发生离子反应和相互作用(分子-离子和离子-离子)。Aspen 物性系统提供了两种用于电解质预测的基本模型,即电解质 NRTL(ENRTL)和 Pitzer 活度系数模型。当然,ENRTL 可与不同的状态方程进行组合。Aspen HYSYS 提供了用于模拟电解质系统的 OLL 电解质物性包。

POLYFH、POLYNRTL、POLYSAFT、POLYCSF POLYSK、POLYSRK 和 POLYUF 是聚合物系统的物性方法(有关详细信息可参阅表 16.1)。

3. 其他物性方法

Aspen Plus 和 Aspen HYSYS 均提供了一些相平衡模型,其不采用状态方程或活度系数模型估算平衡比 K 值。这些模型通常适用于一个或多个特定过程。例如,Braun K-10 采用从 K10 图表获得的相关性(10psia(1psia≈6.89kPa)的 K 值)计算 K 值,并用于实际成分和油馏分。

为了模拟油馏分,还经常采用的是 Chao-Seader 模型,其通过经验相关性计算液相中的逸度。Chao-Sea 物性方法是为含有碳氢化合物和轻质气体的系统开发的,如二氧化碳和硫化氢,但是氢除外。如果系统中包含氢,则需采用 GREYSON 物性方法。

对于胺过程(通过胺水溶液进行气体脱硫),Aspen Plus 提供了一种胺的物性方法,其采用 Kent-Eisenberg 方法[19]确定 K 值和焓。Aspen HYSY 为胺物性包提供了由 D. B. Robinson 和 Associates 基于 Kent-Eisenberg 方法开发的热力学模型,主要用于其研发的专有胺工厂模拟器 AMSIM。

对于只有水的过程,可采用能够提供不同条件下的水蒸气物性的 STEAM-表模型。

2.2.3　Aspen Plus 中的物性选择方法

例 2.6　要求:在 Aspen Plus 中选择适当的物性方法模拟乙酸乙酯流程。
解决方案:
物性方法的选择是进行任何流程模拟的关键所在。对于严谨的模拟,应在纯组分物性分析(参阅 2.2.5 节)和二元与三元交互作用分析(参阅 2.2.6 节和 2.2.7 节)之后再进行模拟操作步骤。

本例中采用物性助手工具。

- 选择 *Methods Assistant* 工具,如图 2.21 所示,则出现 *Property Method Selection Assistant* 页面。
- 在下一步中,选择 *Specify component type* 项,然后在下一页面中选择 *Chemical system* 项,如图 2.22 所示。

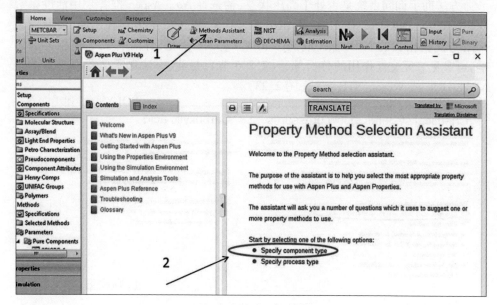

图 2.21　选择方法助手

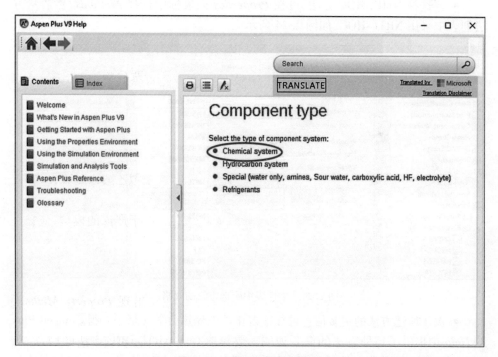

图 2.22　选择组分系统类型

方法助手询问系统是否处于高压状态,请选择 ***No***。Aspen 推荐采用活度系数法,如 Wilson、NRTL、UNIQUAC 或 UNIFAC;但是,由于系统中存在乙酸,因此应该采用与气相相关的 Nothnagel 或 Hyden-O'Connell 模型;针对有关气相相关的影响,可参见二元交互作用的分析部分(2.2.6 节);最终,方法助手工具所推荐的是 NRTL-HOC 或 Wilson-NTH 方法(图 2.23)。

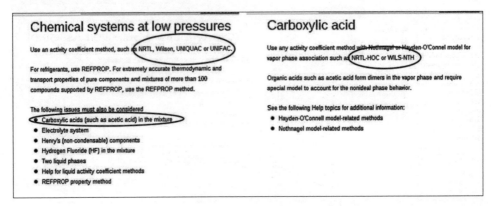

图 2.23　方法助手建议

- 要选择 NTRL-HOC 方法,可在 ***Properties*** 列表框中选择 ***Methods***,然后从方法列表中采用 NRTL-HOC,如图 2.24 所示。

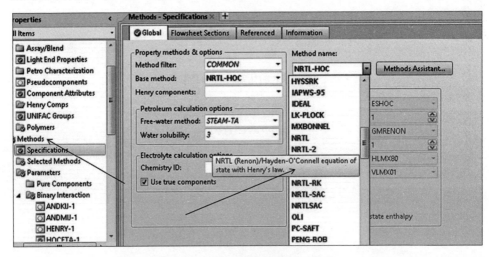

图 2.24　物性表中所选方法的规格

- 关于所选方法的更多信息可在很多化学工程热力学文献中获得。Aspen Plus 的 ***Help*** 中提供了每种方法的简要说明。要提取有关 NRTL-HOC 方法的信息,需要在所选方法的名称上按住鼠标,然后按键盘上的 F1 键。在 Aspen Plus 的 Help 中分别查找液相和气相的 NRTL 和 HOC 模型(图 2.25 和图 2.26)。

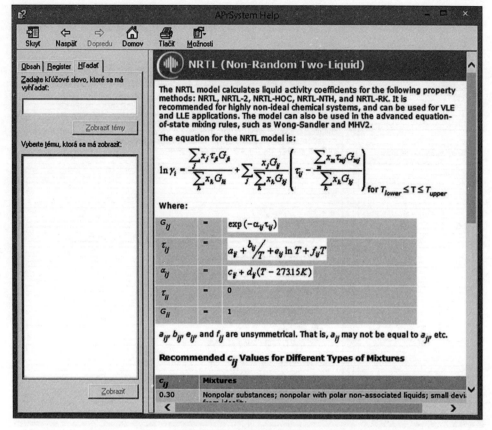

图 2.25 NRTL 方法描述

要检查 NRTL 方程的二元交互作用参数,可选择 **Binary Interaction** 下的 ***NRTL*** 项,如图 2.27 所示。Aspen 数据库包含许多对优化的二元交互参数,但其并非包含了所有的二元交互参数对。用户可以通过输入二元交互参数或者通过 UNIFAC 方法计算缺少的参数。

气相的 Hyden-O'Connell 模型具有很强的相关效应,若要检查 HOC 方程的二元参数,需选择 **Binary Interaction** 下的 ***HOCETA*** 项,如图 2.28 所示。

2.2.4　Aspen HYSYS 中的物性包选择

例 2.7　烷烃 C5-C8 的混合物必须在精馏塔中进行处理。要求:在 Aspen HYSYS 中选择合适的物性包模拟该过程。

解决方案:

● 选择 ***Methods Assistant*** 工具,如图 2.21 所示,则出现 ***Property Package Selection Assistant*** 界面。

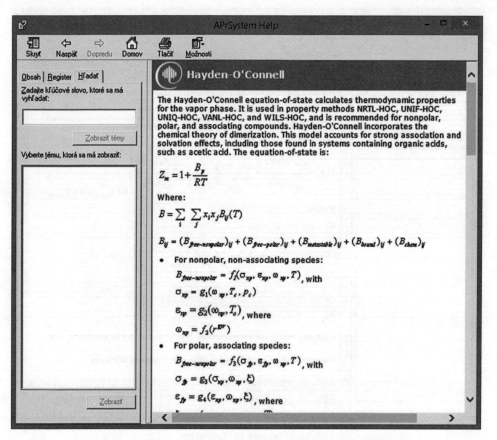

图 2.26　Hyden-O'Connell 状态方程描述

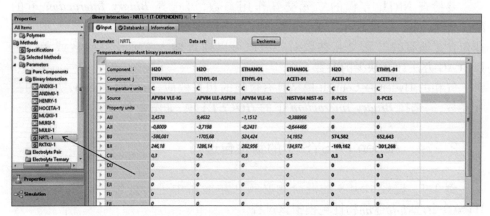

图 2.27　NRTL 方程的二元交互作用参数

- 在下一步中,选择 **Specify component type** 项,然后在下一页选择 **Hydrocarbon system** 项。

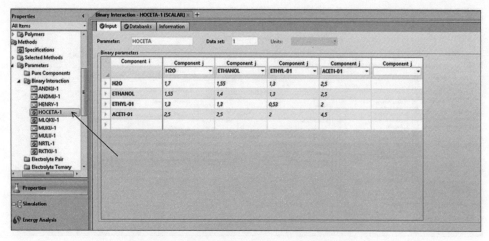

图 2.28　HOC 状态方程的二元交互作用参数

- 在下一步中,方法助手询问系统是否包含石油分析或次组分,选择 *No* 项。
- Aspen HYSYS 推荐采用基于状态的物性包方程,如 Peng-Robinson、LKP 或 SRK 状态方程(图 2.29)。

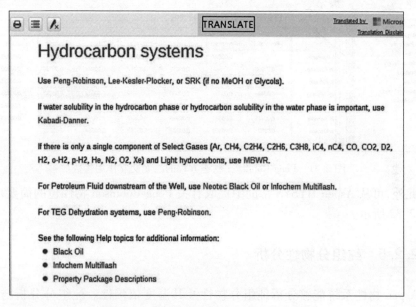

图 2.29　碳氢化合物系统方法助手的建议

- 要在 *Fluid Packages* 数据表中选择 Peng-Robinson 物性包,可单击 *Add* 图标,然后从方法列表中选择 *Peng-Robinson* 项,如图 2.30 所示。
- 要检查状态方程的交互作用参数,可选择 *Binary Coeffs* 选项卡,如图 2.31 所示。

041

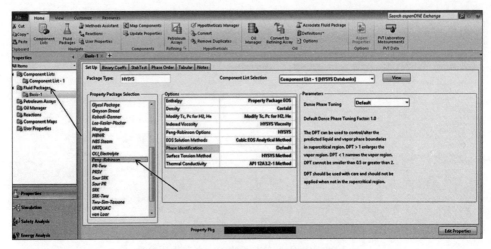

图 2.30　在 Aspen HYSYS 中选择物性包

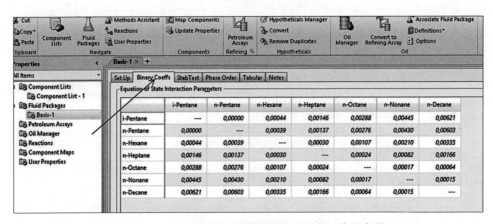

图 2.31　Peng-Robinson 状态方程的二元交互作用参数

此外,可从 Aspen HYSYS 帮助中提取有关 Peng-Robinson 物性包的简要信息,如图 2.32 所示。

2.2.5　纯组分物性分析

Aspen 物性系统能够分析纯组分物性及其温度依赖性。纯组分分析与二元分析、三元图、残留曲线、混合物分析和 PT 包络均在 Aspen Plus 中创建了分析工具。纯组分分析工具能够计算不同热力学性质的温度依赖性和纯组分传输物性。

例 2.8　在 20~150℃ 温度范围内,计算乙酸乙酯流程中所有组分在 20~150℃ 温度范围内的汽化焓的温度依赖性和 0~100℃ 温度范围内的动态黏度。

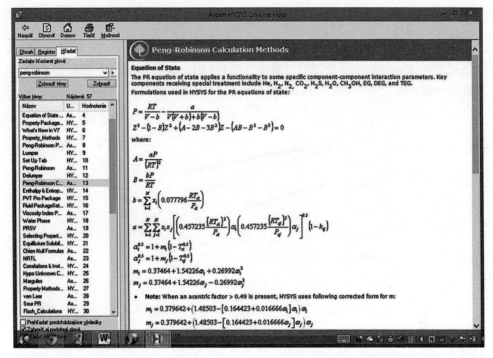

图 2.32　Aspen HYSYS 帮助中的 Peng-Robinson 状态方程描述

解决方案：
- 从分析工具中选择 **Pure** 项，如图 2.33 中的步骤 1 所示。

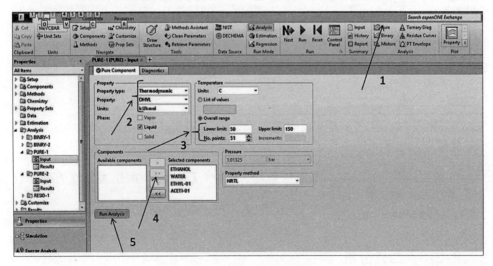

图 2.33　纯组分物性分析表

- 作为物性类型，选择 **Thermodynamic** 项，然后选择 **DHVL** 项和相应的单位，如 kJ/kmol。

- 选择温度范围和点数或增量。
- 在可用组分列表中选择必须计算汽化热的组分。
- 单击 ***Run Analysis*** 按钮以计算所选物性，则所选物性的温度依赖关系图由软件自动绘制并显示，如图 2.34 所示。

图 2.34　乙酸乙酯流程组分的摩尔蒸发热的温度依赖性

- 若要以表格的形式查看结果，可单击 ***Results*** 项，如图 2.35 所示。

TEMP	PRES	LIQUID DHVL ETHANOL	LIQUID DHVL WATER	LIQUID DHVL ETHYL-01	LIQUID DHVL ACETI-01
C	bar	kJ/kmol	kJ/kmol	kJ/kmol	kJ/kmol
20	1	42838,6	44184,6	35975,8	24403,1
22,6	1	42695,8	44079,5	35814,1	24355,7
25,2	1	42551,7	43974	35651,4	24310
27,8	1	42406,2	43868,1	35487,6	24266
30,4	1	42259,3	43761,8	35322,6	24223,5
33	1	42110,8	43655	35156,5	24182,6
35,6	1	41960,7	43547,8	34989,3	24143,2
38,2	1	41809	43440,1	34821	24105,3

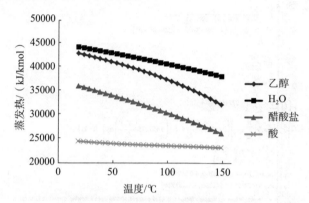

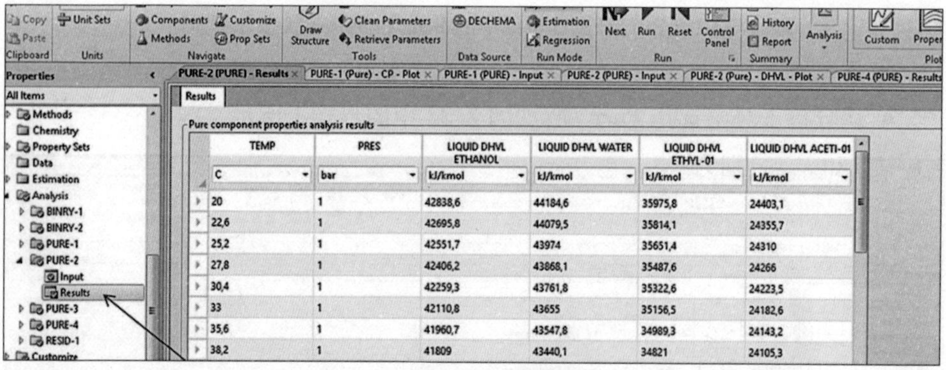

图 2.35　查看纯组分物性分析结果

- 可将数据复制到 Excel 表中以便进一步分析。
- 若要计算动态黏度的温度依赖性，需选择 ***Transport*** 项作为物性类型并且选择 ***MU*** 项作为黏度。
- 结果如图 2.36 所示。

2.2.6　二元分析

2.2.3 节中所描述的相平衡模型结果，通常以 P、T、x_i、y_i、k_i 和 γ_i 间依赖关系

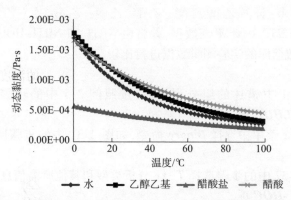

图 2.36　乙酸乙酯流程组分动态黏度的温度依赖性

的形式呈现。在许多情况下,相平衡模型方程包含着通过拟合二元系统测量的实验数据的模型所估计得到的参数。混合物的非理想性可通过混合物中不同成分对的二元交互作用参数进行表征。在许多分离单元的设计和模拟计算中,常采用的是平衡塔板计算。在气-液平衡的情况下,平衡塔板的分离能力由下式所定义的相对挥发性给出,即

$$\alpha_{ij} = \frac{K_i}{K_j} \quad (2.10)$$

在液-液平衡的情况下,分离因子是定义为下式的相对选择性,即

$$\beta_{ij} = \frac{K_{Li}}{K_{Lj}} \quad (2.11)$$

式中:K_{Li} 和 K_{Lj} 分别为组分 i 和组分 j 的液-液平衡比。

针对二元系统,实验的气-液数据是普遍可用的。最常见的等压 $T\text{-}xy$ 数据被制成表格,并且还能够提供等温 $P\text{-}xy$ 数据。对于由组分 A 和 B 所组成的二元系统,由于 $x_A = 1-x_B$ 和 $y_A = 1-y_B$ 关系的存在,进而这些数据可采用 T、P、x_A 和 y_A 的形式进行呈现,其中 A 为更易挥发的组分;但是,如果形成共沸物,则 B 将会成为更易挥发的组分。基于吉布斯相位规则可知,$F = N-p+2 = 2-2+2 = 2$,其中 N 和 p 是组分数和相位数。因此,如果压力和温度是固定的,则两相的组成和相对挥发性也都是确定的。

在分离装置设计和模拟计算中,进行二元分析的目的是选择最合适的相平衡模型。每个包含分离单元的严谨的流程模拟,均必须包括该步骤。

集成在 Aspen Property System(Aspen 物性系统)中的 NIST 数据库中,已经包含了大量由实验测量得到的二元平衡数据集。二元平衡数据的另一个重要来源是 DECHEMA 数据库。Aspen Plus 二元分析工具能够采用 Aspen 中可用的不同类别的相平衡模型,计算等压 $T\text{-}xy$、等温 $P\text{-}xy$ 和平衡数据,进而通过与实验测量数据的比较获得最终结果。

例 2.9 要求:计算乙酸乙酯-乙醇、乙醇-乙酸、水-乙酸二元系统在 101.325kPa 下的等压 $T-xy$ 平衡数据,并将由 NRTL 和 NRTL-HOC 模型获得的结果与源自 NIST 数据库的实验测量数据进行比较。

解决方案:

● 选择例 2.1 中描述的组分列表后,按照例 2.5 中的步骤选择物性方法 **NRTL** 项和 **NRTLHOC** 项。

● 从 **Analysis** 菜单中选择 **Binary** 命令,如图 2.31 中的步骤所示;接着,出现二元分析页面。

● 按照图 2.37 中的步骤选择 **T-xy** 分析类型和其他所需信息;作为首个平衡模型,选择 **NRTL-HOC** 项。

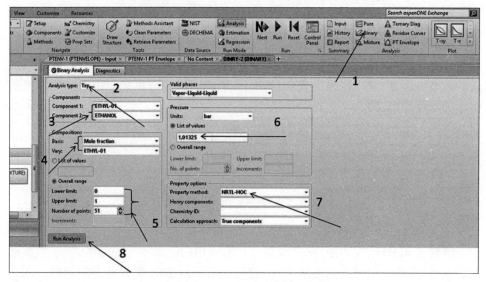

图 2.37 二元分析数据输入页面

● 单击运行分析按钮后,将出现图 2.38 所示的乙酸乙酯-乙醇二元系统的 $T-xy$ 图。

● 若要以表格格式查看完整的结果,可单击 **Binary Analysis** 项下的 **Results** 项,如图 2.39 所示。

● Aspen 能够显示不同类型的图表;若要显示其他类型的图形,如 xy、$K_i = f(x_i)$、$\gamma_i = f(x_i)$,需要采用 **Plot** 工具栏,如图 2.40 所示。

● 将结果传输到 Excel 表格以供进一步分析或采用 Aspen 中的 **Merg Plot** 项组合不同的结果图,并比较不同模型的结果。

● 采用 NRTL 模型计算乙酸乙酯-乙醇二元系统的等压平衡数据,与 NRTL-HOC 不同的是,后者将气相视为理想气体;若要采用 NRTL 模型计算平衡数据,只需更改二元分析数据输入页面上的物性方法即可(图 2.37 中的步骤 7)。

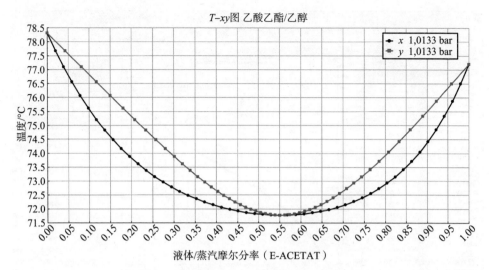

图 2.38　乙酸乙酯-乙醇混合物的 $T-xy$ 图

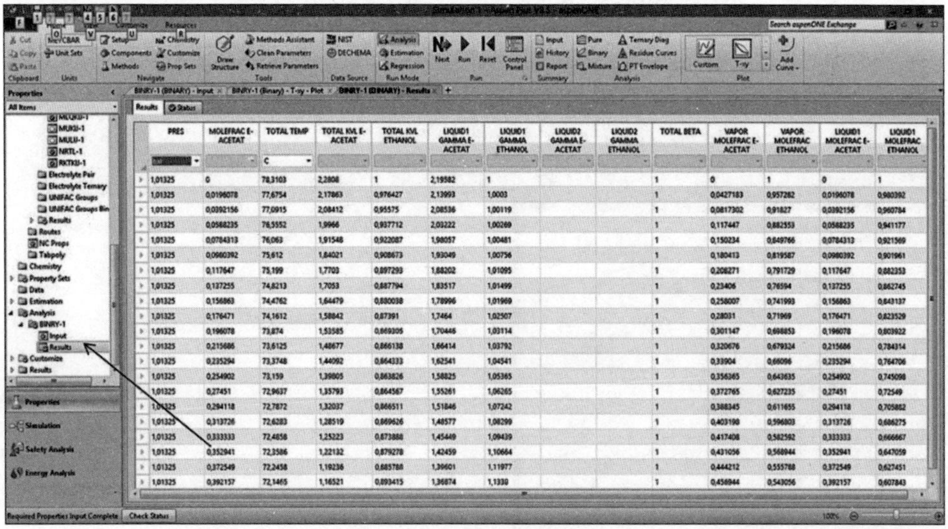

图 2.39　显示完整等压平衡数据

- 将计算数据传输到与 NRTL-HOC 模型相同的 Excel 表格中并比较两种模型的结果，也可在 Aspen Plus 中采用 **Merg Plot** 项组合不同的图，进而直接进行结果的比较（图 2.40）。

乙酸乙酯-乙醇二元系统的实验数据可从 NIST 数据库中提取。若要采用 NIST 热力学数据引擎，可按照图 2.41 所示的步骤进行操作。

NIST 热力学数据引擎为乙酸乙酯-乙醇二元系统提供了许多不同类型的数据，包括众多等压气-液平衡（VLE）数据集（图 2.42）；其中的一些数据是在

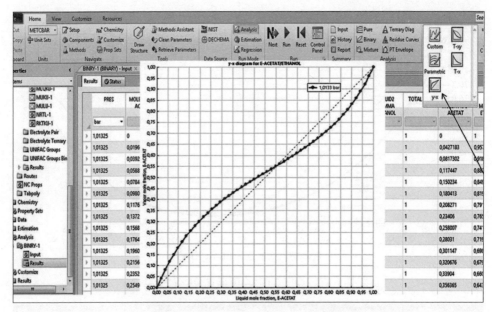

图 2.40　采用绘图工具栏显示其他图形

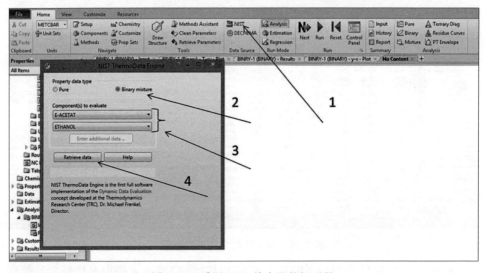

图 2.41　采用 NIST 热力学数据引擎

101.325kPa 的压力下测量得到的（这也是本书示例所施加的压力），如 Li 等[20]所发表的数据也是可以采用的；如有必要，可对不同组的实验数据进行比较。

　　实验数据也可传输到同一个 Excel 表格中，或者直接在 Aspen Plus 中与模型数据进行比较。NRTL 和 NRTL-HOC 模型计算的 VLE 数据与实验测量的 VLE 数据的比较曲线如图 2.43 所示。对于乙酸乙酯-乙醇二元体系，NRTL 模型计算的

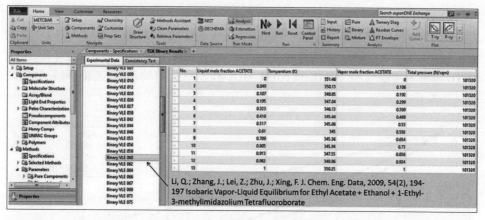

图 2.42　在 NIST 热力学数据引擎中选择等压 VLE 数据

数据与 NRTL-HOC 模型计算的数据是非常相似的，并且两种模型的数据与实验测量的数据也具有很好的一致性。根据实验测量和模型计算，这种二元混合物的数据创造出了沸点为 72℃、乙酸乙酯摩尔分率为 0.55 和乙醇摩尔分率为 0.45 的共沸物。

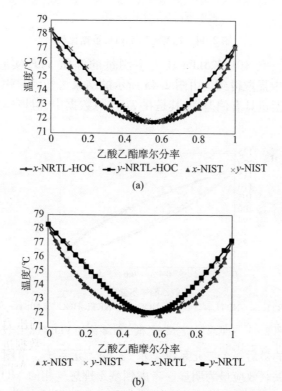

图 2.43　乙酸乙酯-乙醇二元体系的 VLE 数据比较

对于其他二元系统,可采用与乙酸乙酯-乙醇系统相同的程序。

图 2.44 显示了乙醇-乙酸二元系统在压力为 101.325kPa 下的等压 VLE 数据的比较曲线。这些 T-xy 图能够在 Aspen Plus 中直接生成和进行比较,可知,由于 NRTL 模型未考虑气相,NRTL 和 NRTL-HOC 模型所计算的乙醇-乙酸 VLE 数据之间存在差异。

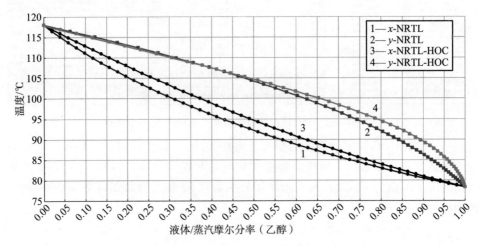

图 2.44　乙醇-乙酸 VLE 数据比较

Amezaga 等[21]在 101.325kPa 压力下测量的等压 VLE 实验数据可直接从 NIST 热力学引擎中提取得到。由图 2.45 所示的结果可知,与 NRTL 模型相比,尽管 NRTL-HOC 模型也具有偏差,尤其是在 $T=f(x)$ 数据中,但该模型更好地描述了实验数据。

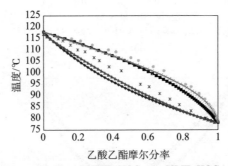

图 2.45　(见彩图)乙醇-乙酸二元系统的 VLE 数据比较

本例中分析的最后一个二元系统是水-乙酸二元系统。由图 2.46 可知,该二元系统中的气相关联效应最为明显。考虑到基于理想气相的 NRTL 模型计算出的 VLE 数据,其与 NRTL-HOC 模型的计算数据和实验数据具有明显偏差。NRTL 模型显示共沸物的最低沸点约为98℃,水的摩尔分率为0.85。但是,Chang等[22]提供的实验并未记录得到这种共沸物。这是一个非常重要的发现,原因在于许多水-乙酸分离的计算中通常都采用 NRTL 模型。

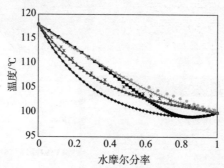

图 2.46 （见彩图）水-乙酸二元系统的 VLE 数据比较

NRTL-HOC 模型对 VLE 数据描述得很好,其并未显示出这种二元混合物的任何共沸物。作为例2.9的结论,可认为 NRTL-HOC 模型是模拟乙酸乙酯生产过程的合适模型。

2.2.7 三元体系的共沸搜索与分析

Aspen Plus 中整合了被称为 Aspen 蒸馏合成的强大工具,其主要用于执行共沸搜索和构建三元图。蒸馏合成工具所具有的功能使用户能够完成以下的工作:
- 识别任何多组分混合物中存在的所有共沸物(均质和异质);
- 计算三元混合物的蒸馏边界和残留曲线图;
- 计算三元混合物的多个液相包络(液-液和气-液-液);
- 确定分流精馏塔的可行性。

此外,Aspen Plus 的三元图和残留曲线也可用于绘制三元图和残留曲线图。

例 2.10 要求:采用 Aspen 蒸馏合成工具,通过 NRTL-HOC 模型,找出在 101.325kPa 压力下形成乙酸乙酯、乙醇和水混合物的所有共沸物,需指定共沸物和奇异点的类型,给出此三元混合物的蒸馏边界和残留曲线图;在合成三元图的基础上,提出采用分馏塔分离乙酸乙酯的方案。

解决方案:
- 从 *Analysis* 工具栏中选择 *Ternary Diag* 项,即图 2.47 中的步骤1)。
- 从出现的 *Distillation Synthesis* 菜单中单击 *Use Distillation Synthesis ternary maps* 按钮,如图 2.47 中的步骤 2 所示。

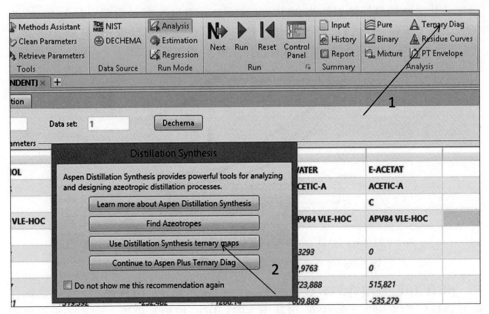

图 2.47 选择蒸馏合成三元图

- 在出现图 2.48 所示的页面后,按照图中所示步骤选择物性模型,组分 1、2 和 3 以及压力。

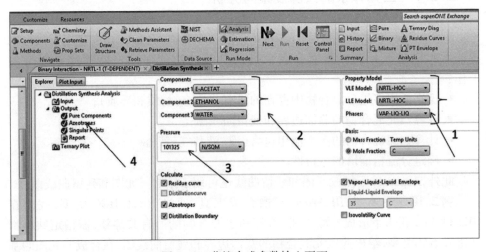

图 2.48 蒸馏合成参数输入页面

- 检查共沸物、蒸馏边界和残留曲线的计算是否已激活。
- 要查看有关共沸物的信息,可单击 *Azeotropes* 项,如图 2.48 中的步骤 4 所示。

在 Aspen 蒸馏合成工具中,发现了 4 种不同的共沸物,包括 3 种均相物和 1 种非均相物,依次为乙醇和水的均相二元共沸物、乙酸乙酯和乙醇的均相二元共沸物、乙酸乙酯和水的非均相二元共沸物以及水、乙酸乙酯和乙醇的均相三元共沸物。除了作为不稳定节点的三元共沸物外,所有二元共沸物都是鞍点。表 2.6 给出了所有共沸物的详细信息。也可通过选择 **Singular Points** 项显示其完整列表,其结果如表 2.7 所列。

表 2.6　乙酸乙酯-乙醇-水混合物的共沸物

序号	温度/℃	分类	类型	组分数量	E-醋酸盐	乙醇	水
1	71.78	鞍点	均相	2	0.5524	0.4476	0.0000
2	70.33	非稳定节点	均相	3	0.5403	0.1658	0.2939
3	71.39	鞍点	非均相	2	0.6731	0.0000	0.3269
4	78.15	鞍点	均相	2	0.0000	0.8952	0.1048

表 2.7　乙酸乙酯-乙醇-水混合物的鞍点

序号	温度/℃	分类	类型	组分数量	E-醋酸盐	乙醇	水
1	77.20	稳定节点	均相	1	1.0000	0.0000	0.0000
2	78.31	稳定节点	均相	1	0.0000	1.0000	0.0000
3	100.02	稳定节点	均相	1	0.0000	0.0000	1.0000
4	71.78	鞍点	均相	2	0.5524	0.4476	0.0000
5	70.33	非稳定节点	均相	3	0.5403	0.1658	0.2939
6	71.39	鞍点	非均相	2	0.6731	0.0000	0.3269
7	78.15	鞍点	均相	2	0.0000	0.8952	0.1048

在输入页面选择 **Ternary Plot** 项(图 2.48),即可显示乙酸乙酯-乙醇-水体系的三元图,其能够以直角三角形或等边三角形的形式予以显示(图 2.49)。选用图表右侧的适当图标能够很容易地更改图表的形式。Aspen 蒸馏合成工具提供了 VLE 和 LLE 数据,以及指定形成两个液相区域的 LLE 曲线图。此外,共沸物的位置和蒸馏边界也是可显示的。如图 2.49 所示,蒸馏边界将该图划分为 3 个蒸馏区域。进而,可根据进料的初始浓度对不同的蒸馏产品进行浓度预测。

通过采用显示图表右侧的 **Add curve** 项或 **Add curve by value** 项,可将残留曲线(或蒸馏曲线)添加至图表中,也可在异构区域中添加任意数量的曲线和连接线。图 2.50 是添加了残留曲线的三元图。

利用带有蒸馏边界和残留曲线图的三元图,能够确定精馏塔的配置。考虑具有区域 1 内浓度的混合物,当这种混合物作为进料送入精馏塔后,可根据残留曲线图将乙酸乙酯-乙醇-水的三元共沸物或其与乙酸-乙醇共沸物的混合物作为馏出物,底部产物为乙醇和水的混合物。通过向蒸馏产物中加入特定量的水,可得到分离成水相和乙酸盐相的多相三元混合物。将醋酸盐相进行蒸馏,产生几乎纯净的

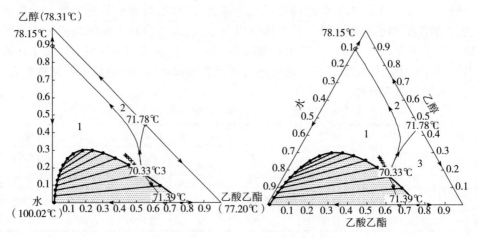

图 2.49 乙酸乙酯-乙醇-水体系的三元图

乙酸乙酯以作为蒸馏塔的底部产物。馏分产物的组成已经接近三元共沸物的组成,其可循环至液-液分离器。上述步骤在图 2.51 所示的残留曲线图中进行了展示,其过程方案如图 2.52 所示。

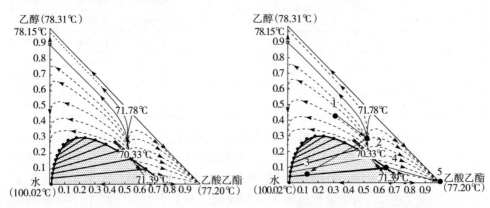

图 2.50 乙酸乙酯-乙醇-水体系的残留曲线图   图 2.51 乙酸乙酯的分离途径

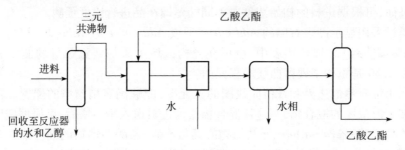

图 2.52 从三元混合物中分离乙酸乙酯的工艺方案

2.2.8 PT 包络分析

PT 包络分析能够生成表格和图形,能够显示具有不同成分的混合物的温度、压力和蒸气分率间的关系。默认设置下,PT 包络分析能够计算不同压力下的露点温度(蒸气分率为 1)和泡点温度(蒸气分率为 0)。此外,用户也可指定额外的蒸气分率。Aspen Plus 中的这种分析仅限于气相-液相,若存在两个液相则应该采用另一种类型的分析。

例 2.11 要求:计算含有 0.51kmol/h 乙醇、0.21kmol/h 乙酸乙酯和 0.18kmol/h 醋酸的混合物的泡点/露点温度和压力之间的关系;除了蒸气分率为 0 和 1 外,还要对蒸气分率为 0.25、0.5 和 0.75 的情况进行计算。

解决方案:
- 从 *Analysis* 工具栏中选择 *PT Envelope* 项。
- 在 *PT Envelope Analysis* 页面中指定混合物成分、附加蒸气分率和最大值点,如图 2.53 所示。

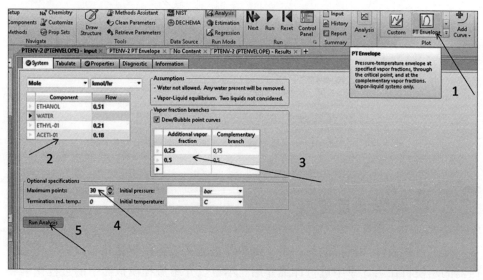

图 2.53 PT 包络分析页面

- 单击 *Run Analysis* 按钮后,显示图 2.54 所示的图形关系。
- 此处要给出温度和压力从 49℃ 和 0.3bar 到它们各自的临界值的液-气三元混合物的温度和压力之间的关系,若要在定义的温度和压力范围内绘制显示上述关系的图表,则需将分析结果表传输到 Excel 表格。图 2.55 给出了温度 49~170℃ 和压力 0.3~10bar 时所获得的结果。

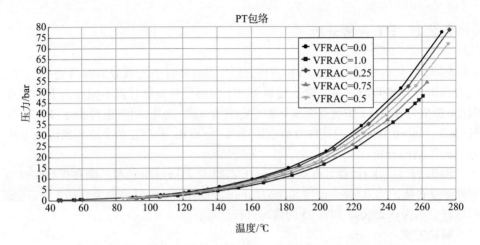

图 2.54 （见彩图）在温度和压力整体范围内的 PT 包络分析结果

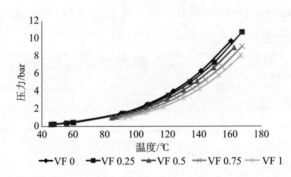

图 2.55 （见彩图）在温度和压力特定范围的 PT 包络分析结果

2.3 化学和反应

化工过程设计和模拟的另一个关键步骤是定义过程化学和化学反应。化学反应器的建模将在第 5 章中进行详细介绍。本章仅介绍流程模拟器中的过程化学和化学反应的定义。如果采用 Aspen HYSYS 进行模拟，化学反应在进入 *Simulation Enviroment*（模拟环境）之前在 *Properties Enviroment*（物性环境）中完成定义。

Aspen Plus 支持在模拟环境中定义化学反应，但电解质过程的化学反应是需要在物性环境中进行定义的。

例 2.12 采用甲烷的部分氧化反应生产乙炔，其发生在 1500℃。通常，通过甲烷的放热氧化达到反应温度。当氧气完全反应并且在反应器的温度达到所需的值时，甲烷会发生热解产生乙炔。但是，反应产物必须立即进行冷却，因为乙炔分解成碳的速度相当快;显然,乙炔分解为碳是该过程中所不需要的副反应。当氧气转化率必须达到100%时,甲烷转化为乙炔的转化率为35%,乙炔转化为碳的转化率为5%左右。此外,还发生了平衡水煤气变换反应。在该过程中发生的化学反应概述如下:

- $CH_4 + O_2 \rightarrow CO + H_2 + H_2O$　　氧气转化率100%;
- $2CH_4 \rightarrow C_2H_2 + 3H_2$　　CH_4 转化率35%;
- $C_2H_2 \rightarrow 2C + H_2$　　C_2H_2 转化率5%;
- $CO + H_2O \leftrightarrow CO_2 + H_2$　　平衡转化率。

要求:在 Aspen HYSYS 中定义这些反应。

解决方案:

Aspen HYSYS 能够定义以下5种反应类型。

(1) **转化**:如果转化已知,则采用这种反应类型。需要注意的是,可采用转化反应器模型对转化反应进行建模。

(2) **平衡**:如果需要计算平衡转化率,则将该反应定义为平衡反应。当平衡常数 Ke 的值或其温度依赖性未知时,Aspen HYSYS 支持根据 Gibbs 自由能 $\Delta_r G$ 采用式(2.12)计算 Ke。如果已知 Ke 的值或以相关性或表格形式已知了温度依赖性,Aspen HYSYS 支持输入此信息并计算 Ke 的值。

$$\ln Ke = \frac{\Delta_r G}{RT} \tag{2.12}$$

(3) **动力学**:如果反应速率 r 是基于式(2.13)计算的并且其动力学参数是已知的,则能够采用此类反应类型:

$$r = k_+ f(\text{conc.}) - k_- f'(\text{conc.}) \tag{2.13}$$

式中:函数 f 和 f' 为浓度的乘积;k_+ 和 k_- 分别为由阿伦尼乌斯方程定义的正反应和逆反应的速率常数,即

$$k_+ = A e^{\frac{-E}{RT}} T^d \tag{2.14}$$

$$k_- = A' e^{\frac{-E'}{RT}} T^{d'} \tag{2.15}$$

式中:A 和 A' 分别为正反应和逆反应的频率因子;E 和 E' 分别为正反应和逆反应的活化能;T 为开尔文温度;d 和 d' 为温度指数。

(4) **简单速率**:如果正向反应的活化能和频率因子以及反向反应的平衡表达式常数是已知的,则选择该类型的反应。相应地,速率方程式可表达如下:

$$r = k \left[f(\text{conc.}) - \frac{f'(\text{conc.})}{K'} \right] \tag{2.16}$$

(5) **多相催化**:如果速率方程由 Langmuir-Hinshelwood-Hougen-Watson 方法给出,则采用该反应类型对多相催化反应进行建模,即

$$r = \frac{k_+ f(\text{conc.}) - k_- f'(\text{conc.})}{(1 + k_1 f_1(\text{conc.}) + k_2 f_2(\text{conc.}) + \cdots)^n} \quad (2.17)$$

式中：k_1、k_2、$\cdots$、k_n 为吸附常数，均由阿伦尼乌斯方程给出。

本例中的前 3 个反应必须定义为**转化**类型，最后一个反应必须定义为**平衡**类型。因为要采用不同的反应器模型用于转化和平衡反应，所以必须创建两个不同的反应组。要在 Aspen HYSYS 中定义反应组并将其添加到**流体包**中，需要执行以下步骤：

（1）创建一个反应组；
（2）向反应组添加反应；
（3）定义反应的化学计量和其他参数；
（4）将反应组加入流体包（FP）。

要创建反应和反应组并将它们添加到本例中的流体包，可按照以下步骤操作。

- 打开 Aspen HYSYS，创建一个新的组分列表，并将化学反应中的所有组分添加到列表中（详见例 2.1）。
- 选择合适的流体包，如例 2.6 中所述。
- 在列表中选择 *Reactions* 项，单击 *Add* 按钮，如图 2.56 所示，出现 *Reaction Set Info sheet* 项。
- 单击 *Add Reaction* 按钮（图 2.57 中的第 3 步）后，将出现 *Reaction Type* 项菜单；用户可为反应选择默认的 HYSYS 物性或 Aspen 物性，此处默认选择 HYSYS 物性并选择 *Conversion* 项类型的反应（图 2.57 中的步骤 4）。
- 通过双击 *Reaction name* 项输入反应表（图 2.57 中的步骤 5）。
- 定义反应的化学计量和转化率，如图 2.58 所示；HYSYS 允许采用以下形式输入转换的温度依赖性：转化率(%) = $C_0 + C_1 T + C_2 T^2$；若转换的温度依赖性未知，则仅输入 C_0 作为转换的常数值。
- 采用相同的步骤，定义其他两个转化反应（甲烷和乙炔的热解）。
- 将反应组添加到 *FP* 相，如图 2.57 中的步骤 6 所示。
- 为平衡水变换反应添加新的反应组（图 2.56）。

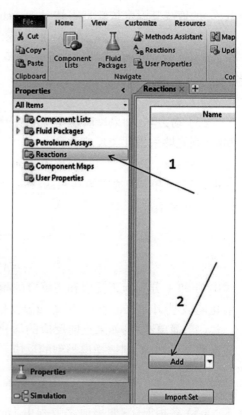

图 2.56 在 Aspen HYSYS 中添加反应组

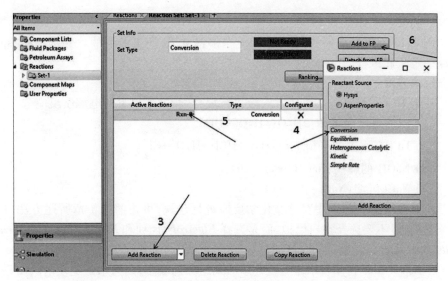

图 2.57　将反应添加到反应组中并将反应组添加到流体包中

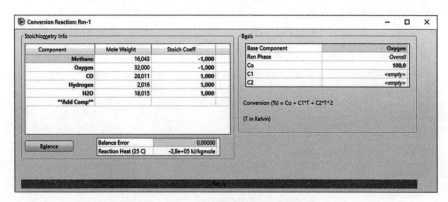

图 2.58　定义化学计量和反应转化率

- 按照图 2.57 中的步骤，选择反应的平衡类型。
- 在 *Reactions* 页面中定义化学计量和 K_e 计算方法，如图 2.59 所示。

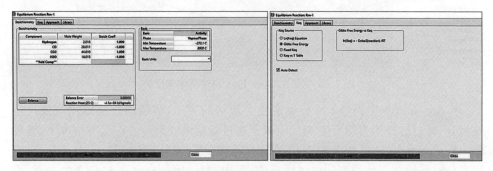

图 2.59　定义化学计量比和 K_e 计算方法

- 将反应组添加到 *FP* 项。

例 2.13 在洗涤器中采用 NaOH 水溶液中和 HCl 水溶液。要求：在 Aspen Plus 中定义此过程的电解质反应。

解决方案：

如果 HCl 水溶液与 NaOH 水溶液进行混合，会发生以下的电解质反应。

（1）水的自电离平衡：$2H_2O \leftrightarrow H_3O^+ + OH^-$。

（2）HCl 在水中的平衡电离：$H_2O + HCl \leftrightarrow H_3O^+ + Cl^-$。

（3）NaOH 的解离：$NaOH \leftrightarrow Na^+ + OH^-$。

（4）NaCl 沉淀：$NaCl \rightarrow Na^+ + Cl^-$。

- 若在 Aspen Plus 中对这些化学反应进行建模，可按照第 1 章所述方法打开一个案例，但不要选择空白模拟，而是选择 *Electrolytes* 项和 *Electrolytes with metric units* 项中具有公制单位的电解质。

- Aspen Plus 自动将水作为组分添加到组分列表中，因为水是建模电解质系统的必备组分。此外，ELECNRTL 模型被自动选择为热力学方法，这可在 *Methods→Specificarions* 页面进行查看。

- 检查二元相互作用参数以及电解质对参数（有关详细信息可参见第 15 章）。采用图 2.60 所示的步骤创建新的化学反应。

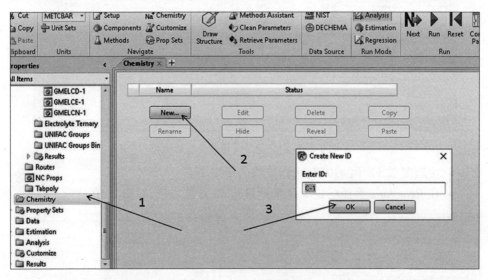

图 2.60 采用 Aspen Plus 创建新化学反应

- Aspen Plus 中提供了 4 种确定化学规格的方法，包括通过指定反应或反应性组分、通过选择所有组分参加反应以及通过指定惰性组分。在这种情况下，选择 *Specify Reactions* 项并按照图 2.61 所示的步骤进行操作；进一步，可定义平衡、盐析和分解反应共 3 种类型的电解质反应，其中：对于水的自电离和 HCl 的电离，采

用 ***Equilibrium*** 项反应类型；对于 NaOH 的解离，采用 ***Dissociation*** 项类型；对于 NaCl 的沉淀，采用 ***Salt*** 项类型。

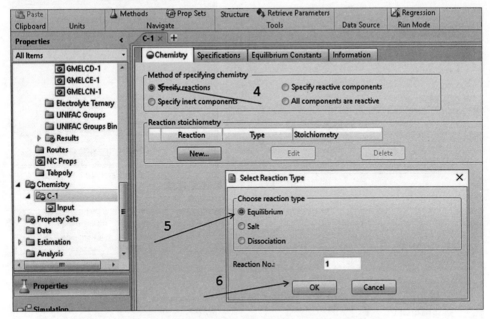

图 2.61 通过指定方法和反应类型选择化学反应

- 定义两个平衡反应的化学计量，如图 2.62 所示。

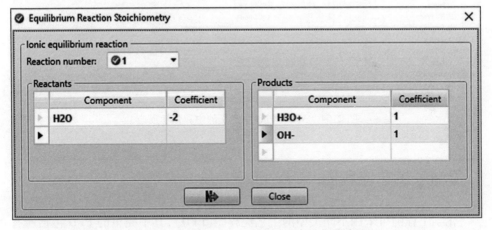

图 2.62 在 Aspen Plus 中定义反应的化学计量

- 要定义盐沉淀和解离反应的化学计量，首先选择解离电解质的沉淀盐，然后定义离子的化学计量系数，如图 2.63 所示；进一步，定义一组电解质反应，如图 2.64 所示。

061

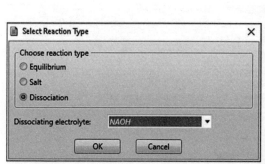
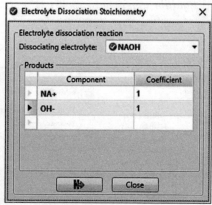

图 2.63　电解质解离的化学计量

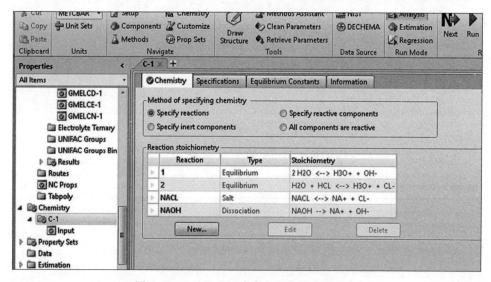

图 2.64　Aspen Plus 中定义的中和化学反应

2.4　工艺流程图

化学工程师可采用不同类型的工艺流程图(PFD),其中完整的 PFD 包括所有过程设备并能够显示所有的过程和公用物流,也包括过程控制系统。更为详细的 PFD 被称为管道和仪表流程图(P&ID),但这些图因过于复杂而无法用于模拟和优化计算。另外,在所有类型的模拟计算中,包含所有的图表组件也是不必要的。

在对现有工艺进行模拟的情况下,首先要在工艺技术方案中明确可能影响模拟的单元和设备,然后创建仅包含需要遵循目标模型的计算方案。此外,在设计新流程的情况下,更多的替代方案是先采用非常简单的框图,再制定更为详细的计算方案策略,在项目开发的后续步骤中逐步创建 PFD 和 P&ID。

例 2.14 在第 8 章的乙酸乙酯流程技术概念中描述了 3 种可能的连续工艺,即液相连续搅拌釜反应器工艺、反应蒸馏工艺和气相管式反应器工艺。要求:绘制液相连续搅拌釜反应器工艺的简单方框图,并为该工艺准备 Aspen Plus 流程图。

解决方案:

在液相搅拌釜反应器工艺中,乙醇和乙酸混合并进料到 CSTR 反应器,其反应产物首先在精馏塔(C1)中进行处理以蒸馏出三元共沸混合物。以乙酸和乙醇为主的底部产物在精馏塔(C2)中蒸馏,以便分离出其底部产物中的乙酸并将其循环回反应器。如例 2.9 所述,从共沸混合物中分离出乙酸乙酯的 PFD 如图 2.65 所示。

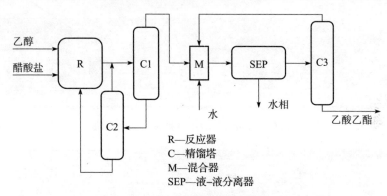

图 2.65 液相 CSTR 乙酸乙酯流程的 PFD

- 在 Aspen Plus 中创建 PFD,首先在 ***Properties Environment*** 中选择一个组分列表(例 2.1)和一个合适的物性方法(例 2.6);接下来,切换到 ***Simulation Environment*** 中;进一步,出现 ***Model Palette*** 项;Aspen Plus 提供了通常被称为 ***Blocks*** 项的许多预定义的单元操作模型,其被分为不同的功能组,如交换器、反应器、塔、分离器、压力转换器等。

- 单击 ***Reactors*** 项并选择 CSTR 模型,如图 2.66 所示,其中,在此处的 PFD 中包括 3 个精馏塔,比较合适的模型是 ***RadFrac*** 模型,其可用于严格模拟所有类型的多级气-液分馏操作,如精馏塔、吸收塔、气提塔等;若要选择 ***RadFrac*** 模型,先单击塔,再选择 ***RadFrac*** 项,然后在该区域上单击 3 次;每次单击后都会将 ***RafFrack*** 模型添加到该区域中;通过单击模型面板左上角的箭头停止添加模型,上述步骤的顺序如图 2.67 所示;完成流程框图方案,还要添加一个混合器和一个滗析器模型。

- PFD 是由模块和物流组成的,Aspen Plus 提供了 3 种类型的物流,即材料物流、热物流和工作物流;为了继续进行流程模拟,应绘制出所需的所有材料物流;通过单击

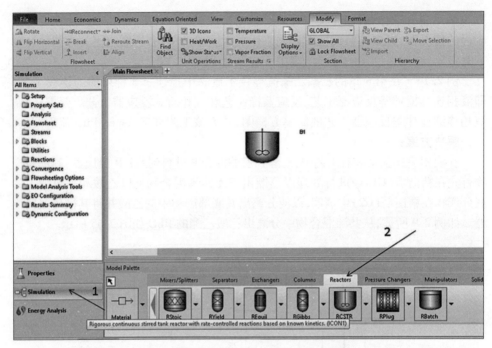

图 2.66　Aspen Plus 中选择预定义模型块

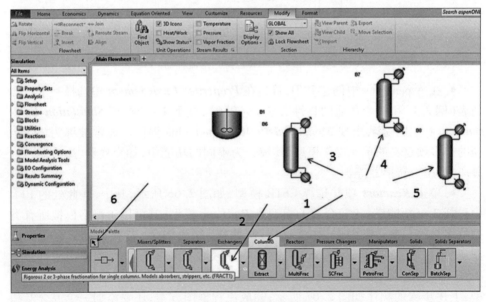

图 2.67　Aspen Plus 中模型块的多元选择

Material Streams Model 项,强制所有发热材料物流都用箭头显示(图 2.68)。特别提出的是,蓝色箭头代表的是自由水物流,若工艺中存在自由水则需要绘制该物流。

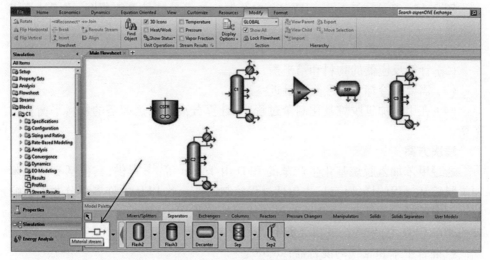

图 2.68 （见彩图）选择材料物流

- 要完成 PFD,需要首先单击相应的红色箭头,然后再分别单击目标或源点,进而连接所有必需的材料物流。其中,物流的目标或源点可以是另外一个红色箭头(如果物流连接两个块)或任意其他点(如果物流是工艺过程的进口物流或出口物流)。
- 在精馏塔的示例中,当采用部分冷凝器时,应抽取蒸气物流和液体物流;然而,在所有 3 个精馏塔中都带有全部冷凝器的乙酸乙酯流程中,仅需抽取液体馏出物流。
- 用户可以重命名所有物流模块;若要重命名模块或物流,需要双击模块或物流名称并重写默认名称,图 2.69 给出了为下一步操作准备的乙酸乙酯流程图。

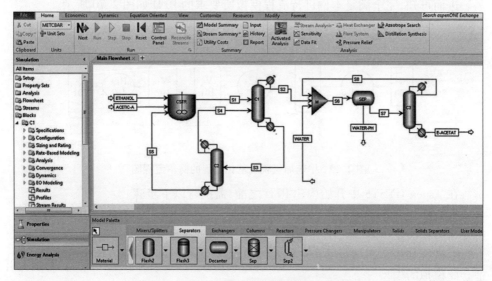

图 2.69　Aspen Plus 中乙酸乙酯流程的 PFD

例 2.15 要求：在 Aspen HYSYS 中开发一个简单的计算流程图，用于计算以下事项：

(1) 将进料预热至反应温度所需的热量；

(2) 计算反应器的物料和焓平衡；

(3) 需要将冷却水温度降至接近室温；

(4) 在甲苯加氢脱烷基化制苯过程中，计算分离器和蒸馏塔的物料平衡和焓平衡。

解决方案：

通过甲苯加氢脱烷基化生产苯的 PFD 由 Turton 等[23]提供，其包括有关甲苯加氢脱烷基过程的详细信息，也包括过程控制组件。此 PFD 的许多部分并不影响此示例中所指定的任务，可将这些部分从模拟流程图中排除。在满足本示例所要求的简单 PFD 中，应考虑的单元如下。

- 混合甲苯和氢气的混合器：M-100。
- 预热反应物的加热器：HE-101。
- 反应器：R-101。
- 冷却产品的冷却器：HE-102。
- 高压分离器：V-101。
- 减压阀。
- 低压分离器：V-102。
- 热交换器：E-103。
- 精馏塔：C101。

进而可知，完全满足本例进行流程模拟所要求的 PFD 如图 2.70 所示。

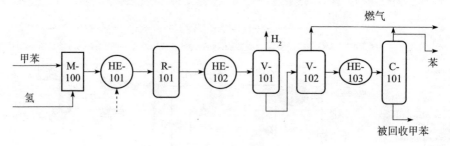

图 2.70 甲苯加氢脱烷基化过程的简单流程图

在 Aspen HYSYS 中开始构建 PFD 之前，需执行以下步骤。

- 按照例 2.1 中的说明创建流程组分列表，甲苯加氢脱烷基化过程中存在的主要化学物质是甲苯、苯、甲烷氢和水。

- 选择如例 2.7 所示的合适的流体包，此处 Peng-Robinson 流体包可能是比较适合此模拟的模型。

- 定义甲苯加氢脱烷基化的化学反应,如例 2.12 中所述。

在 *Properties environment* 中定义流程后,切换到 *Simulation enviroment* 中,PFD 可通过从 *Model Palette* 项中选择模块模型进行创建,如图 2.71 所示;在 Aspen HYSYS 中创建 PFD 包括以下两种模式:

(1) 求解器 *Active*(激活)模式;
(2) 求解器 *On Hold*(保持)模式。

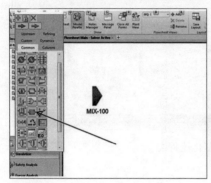 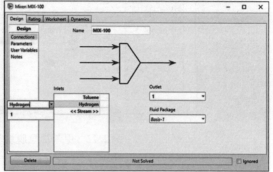

图 2.71 选择和定义预定义模型连接

如果求解器处于 *Active* 模式,则 Aspen HYSYS 会在连接模型并定义其参数后进行模型的自动求解;反之,在 *On Hold* 模式下,首先必须创建所有连接并定义模型和物流的参数,然后才能切换到 *Active* 模式开始计算。图 2.71 显示了如何选择单个模型以及定义它们之间的连接,可知从 *Model Palette* 项中选择模型并双击其名称后,将出现 *Model Page* 项;进一步,模型的输入物流和输出物流是从现有物流中选择,或者通过输入物流的名称直接在此页面上进行定义。

除了图 2.71 所示的混合器外,此过程中还必须包括以下模型。
- 加热器模型:计算将进料预热至反应温度所需的热负荷。
- 转化反应器模型:计算反应器的物料和焓平衡,并考虑反应转化率为已知的情况。
- 换热器模型:计算冷却水需求。
- 分离器模型:模拟高压下平衡相分离。
- 阀门模型:模拟减压。
- 分离器模型:模拟低压平衡相分离。
- 加热器模型:模拟精馏塔进料预热。
- 精馏塔子流程:模拟从甲苯中分离苯。

在 Aspen HYSYS 中所创建的 PFD 如图 2.72 所示,其中也显示了所采用的各个模型的位置。

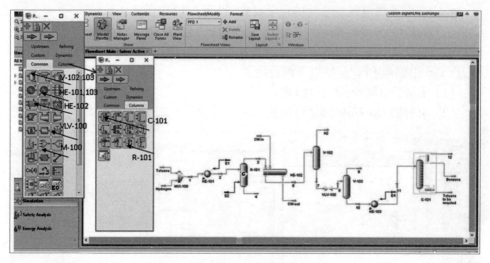

图 2.72 甲苯加氢脱烷基化流程图

参考文献

[1] Frenkel M, Chirico RD, Diky V, Yan X, Dong Q, Muzny C. ThermoData engine (TDE): Software implementation of the dynamic data evaluation concept. J. Chem. Inf. Model. 2005, 45(4): 816-838.

[2] Diky V, Muzny C, Lemmon EW, Chirico RD, Frenkel M. ThermoData engine (TDE): Software implementation of the dynamic data evaluation concept 2, Equations of state on demand and dynamic updates over the web. J. Chem. Inf. Model. 2007, 47(4): 1713-1754.

[3] Joback KG, Reid RC. Estimation of pure component properties from group contributions. Chem. Eng. Commun. 1987, 57(1-6): 233-243.

[4] Constantinou L, Gani R. New group-contribution method for estimating properties of pure compounds. AIChE J. 1994, 40(10): 1697-1710.

[5] Marrero-Morejon J, Pardillo-Fontdevila E. Estimation of pure compoundproperties using group-interaction contributions. AIChE J. 1999, 45(8): 615-621.

[6] Wilson GM, Jasperson LV. Critical constants Tc, Pc. Estimation based on zero, frst, second-order methods. In AIChE Meeting, New Orleans, LA; 1996.

[7] Ambrose D, Walton J. Vapour pressures up to their critical temperatures of normal alkanes and alkanols. Pure Appl. Chem. 1989, 61(8): 1395-1403.

[8] Yamada T, Gunn RD. Saturated liquid molar volumes. The Rackett equation. J. Chem. Eng. Data 1973, 18: 234-236.

[9] Riedel L. Die Flussigkeitsdichte im Sattigungszustand. Chem. -Ing. -Tech. 1954; 26:259-264. As modifed in J. L. Hales, R. Townsend. Liquid Densities from 293 to 490 K of Nine. Aromat-

ic Hydrocarbons. J. Chem. Thermodyn. 1972, 4(15): 763-772.

[10] Benson SW, Buss J H. Additivity rules for the estimation of molecular properties. Thermodynamic properties. J. Chem. Phys. 1958, 29(3): 546-572

[11] Bondi, A. Physical Properties of Molecular Crystals, Liquids and Glasses. New York: Wiley; 1968.

[12] Sastri SRS, Rao KK. A new group contribution method for predicting viscosity of organic liquids. Chem. Eng. J. 1992, 50(21): 9-25.

[13] Chung TH, Ajlan M, Lee MM, Starling KE. Generalized multiparameter correlation for nonpolar and polar fluid transport properties. Ind. Eng. Chem. Res. 1988, 27(4):671-679.

[14] Poling BE, Prausnitz JM, O'Connell JP. The Properties of Gases and Liquids, 5th ed. New York: McGraw-Hill; 2001. See p. 9.9 for low-pressure gas and p. 9.35 the Lucas model for high pressure.

[15] Chung TH, Lee LL, Starling KE. Applications of kinetic gas theories and multiparameter correlation for prediction of dilute gas viscosity and thermal conductivity. Ind. Eng. Chem. Fundam. 1984, 23(1): 8-13.

[16] Aspen PlusV9 Help; Bedford, MA: AspenTech; 2016.

[17] Peng DY, Robinson DB. A new two-constant equationof-state. Ind. Eng. Chem. Fundam. 1976, 15(1): 59-64.

[18] Fredenslund AA, Jones RL, Prausnitz JM. Groupcontribution estimation of activity coefcients in nonideal liquid mixtures. AIChE J. 1975, 21(6): 1086-1099.

[19] Kent RL, Eisenberg B. Better data for amine treating. Hydrocarbon Process. 1976, 55(2): 87-92.

[20] Li Q, Zhang J, Lei Z, Zhu J, Xing FJ. Isobaric vapor-liquid equilibrium for ethyl acetate + ethanol + 1-ethyl-3-methylimidazolium tetrafluoroborate. Chem. Eng. Data 2009, 54(2): 194-197.

[21] Amezaga SA, Biarge JF. Comportamiento Termodinamico de Agunos Sistemas Binarios Acido Acetico-Alcohol en Equilibrio Liquido Vapor. J. An. Quim. 1973, 69: 569-586.

[22] Chang W, Xu X, Li X, Guan G, Yao H, Shi J. Isobaric vapour-liquid equilibria for water + acetic acid +n-pentyl acetate. Huagong Xuebao 2005, 56(8): 613-679.

[23] Turton R, Bailie RC, Whiting WB, Sheiwitz JA. Analysis, Synthesis and Design of Chemical Processes. New York: Prentice Hall, PTR; 1998.

第 2 篇　单元操作设计与模拟

第 3 章
换热器

换热器和换热器网络的设计在化学工程设计中占据了相当大的比例。许多化学工程教科书、传热和换热器教科书中都给出了换热器的分类及其应用和计算方法[1-3]。

Aspen Plus 和 Aspen HYSYS 都可用于设计和模拟不同复杂程度的换热器。

1. Aspen Plus 换热器组的单元运行模型

Heater：如果研究主题或重要性只是在其一侧，则 *Heater* 模块能够用于模拟换热器。加热器、冷却器或其他设备(如罐、混合器和阀门)也可以由 *Heater* 进行建模，该模块允许指定单元的温度或热负荷，但它不遵循严格的热交换方程。此外，可为 *Heater* 模块指定任意数量的进口物流。

HeatX：可用于模拟不同类型的双物流换热器，可在 3 个不同的复杂级别上进行设计、评级和模拟设计计算，其包括：

(1) 简捷方式；
(2) 详细(旧版本)；
(3) 管壳式；
(4) 釜式再沸器；
(5) 热虹吸式；
(6) 空冷器；
(7) 板式。

其中，简捷方式方法是利用换热器的焓平衡，在模拟计算时始终采用的是用户指定(或默认)的总传热系数值；详细方法是采用壳管侧膜引起的阻力和器壁阻力计算总传热系数，壳管两侧的膜系数是采用严格的传热相关性和定义的热交换器几何尺寸进行计算的。

基于 EDR(Aspen Design and Rating)程序，针对管壳式、空冷器或板式换热器提供了严格的方法进行设计、评级或模拟计算，该模块包括各种壳管式换热器类型，与进行不同类型换热器完整设计和模拟的详细方法相比，包括单相、沸腾或冷凝传热之间的所有组合,以及相关的压降计算、机械振动分析以及最大污垢热阻估算。

MHeatX:能够对多个冷、热物流之间的热传递进行建模,如LNG(液化天然气)热交换器,其确保了整体的能量平衡,但不考虑热交换器的几何尺寸。

HxFlux:可采用对流热传递方式计算散热器和热源之间的传递热,采用对数平均温差函数计算对流传热的驱动力。

2. Aspen HYSYS 包括的换热器模型

Heater 与 **Cooler**:Aspen HYSYS 中的 *Heater* 模块与 *Cooler* 模块用于与 Aspen Plus 中的 *Heater* 模块相同的情况;但是,与 Aspen Plus 不同的是:在加热物流时采用 *Heater* 模块,在冷却物流时采用 *Cooler* 模块。

Heat Exchanger:Aspen HYSYS 的 *Heat Exchanger* 模块与 Aspen Plus 的 *HeatX* 模块相似,其包括严格管壳式、简单端点式、简单加权式、简单稳态评级和动态评级等子模型。

Air Cooler:该空冷器模型用于通过采用理想的空气混合物作为传热介质冷却(或加热)入口的工艺物流。

FiredHeater:可用于模拟直接加热的工业炉,其中的热量由燃料燃烧产生并传递到工艺物流之中。

3.1 加热器和冷却器模型

加热器和冷却器单元操作模块的数学模型由物料和能量平衡以及相热力学计算组成。物料平衡非常简单,如果考虑质量流(m),物料平衡可表示如下:

$$\sum_{i,j} m_{i,\text{in}}^{j} = \sum_{i,j} m_{i,\text{out}}^{j} = m_{\text{in}} = m_{\text{out}} = m \tag{3.1}$$

式中:i 为物流;j 为组分;in 为输入物流;out 为输出物流。

对于焓平衡,其可写为下式,即

$$q = m(h_{\text{out}} - h_{\text{in}}) + q_{\text{loss}} \tag{3.2}$$

$$h_{\text{in}} = \int_{T_{\text{ref}}}^{T_{\text{in}}} c_{p_{\text{in}}} dT + \Delta v h_{\text{in}} \tag{3.3}$$

$$h_{\text{out}} = \int_{T_{\text{ref}}}^{T_{\text{out}}} c_{p_{\text{out}}} dT + \Delta v h_{\text{out}} \tag{3.4}$$

式中:m 为总进料质量流量;q 为热负荷(需要或脱除的热物流);q_{loss} 为热损失;$c_{p_{\text{in}}}$ 和 $c_{p_{\text{out}}}$ 为输入和输出物流的热容量;$\Delta v h_{\text{in}}$ 和 $\Delta v h_{\text{out}}$ 分别为由输入物流和输出物流的相变引起的总焓变。

第2章介绍了温度相关参数的计算,如纯组分和混合物的热容和潜热。

Aspen Plus 采用单个单元操作模块进行加热和冷却过程的模拟,两个过程间的差异仅是通过热负荷的符号进行区别。Aspen HYSYS 对加热器和冷却器则采用了不同的单元操作模块进行模拟。另一个区别是:在 Aspen HYSYS 中需要定义能量物流;在 Aspen Plus 中能量物流定义却是可选的。

例 3.1 流量为 5000kg/h 的等摩尔乙醇和乙酸二元混合物在 101.3kPa 下进行加热,混合物的初始温度为 20℃,进口物流的压力为 110kPa。

要求:采用 Aspen Plus 计算下列条件下的热量需求。

(1) 将混合物加热至 40℃。

(2) 将混合物加热至产生饱和蒸汽。

解决方案:

- 打开 Aspen Plus,选择组分列表和合适的热力学方法(在本例中为 NRTL-HOC 模型),如第 1 章和第 2 章所述。

- 切换到 *Simulation Environment* 中,按照例 2.14 的方法制作工艺流程图;此处只需要一个 *Heater* 模块,其可从 *Exchanger* 菜单中选择;该流程图通过绘制一个输入物流和一个输出物流完成;将模块名称从 B1 改为 HEATER(图 3.1)。

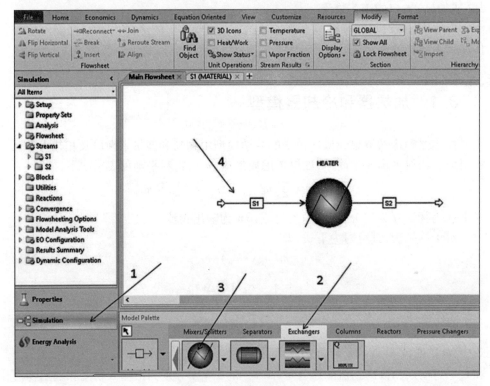

图 3.1 加热器模型流程图

- 通过单击 *NEXT* 按钮或从左侧的主导航面板中选择物流名称或双击物流 S1,打开进料物流的规格表。

- 输入进料的规格(温度为20℃、压力为110kPa),需要注意的是不要忘记更改压力和温度的单位。
- 将流量单位从摩尔改为质量,并以 kg/h 为单位输入进口物流的质量流量;物流组分的默认规格是摩尔流量,此处将其更改为摩尔分率,然后输入各个组分的值。图 3.2 显示了进料物流的规格。

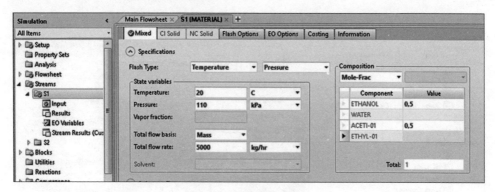

图 3.2　进料物流规格

- 通过单击 *NEXT* 按钮或从左侧的主导航面板中选择模块名称或双击 *HEATER* 模块,打开模块(HEATER)的规格表。

案例 a:
如图 3.3 所示,设置指定模块的输出温度和输出压力。

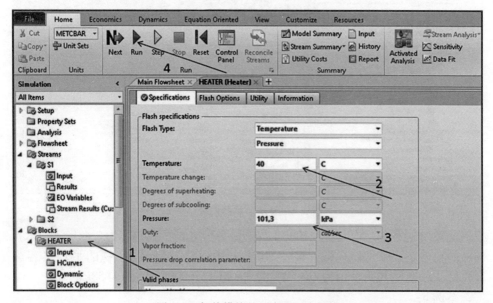

图 3.3　加热模块的温度和压力规格

- 如图 3.3 中步骤 4 所示运行模拟;在模拟计算完成后,Aspen 会提示激活经济分析,此处应关闭该对话框,因为本示例不包含经济分析。
- 检查结果:如图 3.4 所示,结果在 ***Results*** 项和 ***Stream Results*** 项中给出,其表明:将乙醇和乙酸的等摩尔二元混合物加热 20℃ 需要大约 58kW 的热量;当然,该模拟是非常简单的,其结果也可通过手工计算获得。

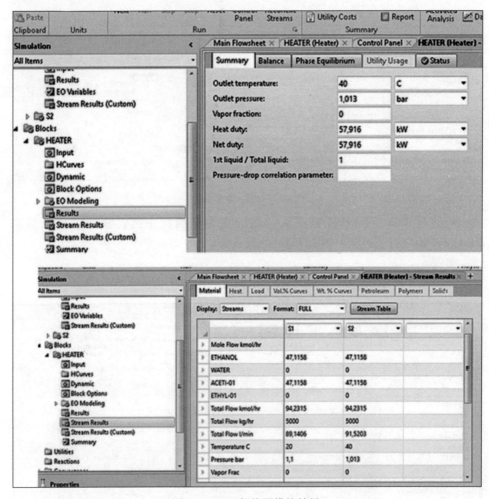

图 3.4　显示加热器模块结果

此外,该过程的平均温度为 30℃。在该温度下,乙醇的比热容为 2.4kJ/(kg·K),醋酸的比热容为 2.0kJ/(kg·K)。基于上述值,该二元混合物的平均热容为 2.1kJ/(kg·K),热负荷值为 $Q = 5000 \times 2.1 \times 20 = 210000$kJ/h,约为 58kW。

案例 b:

通过设置压力和蒸汽分率(VF)进行模块设置,如图 3.5 所示,其中:关于 VF

值的设置存在 3 种情况：如果为 1，则出口物流是混合物沸点和系统压力下的蒸汽；如果为 0，则出口物流为沸腾液体；如果介于 0~1 之间，则出口物流为液体-蒸气混合物；

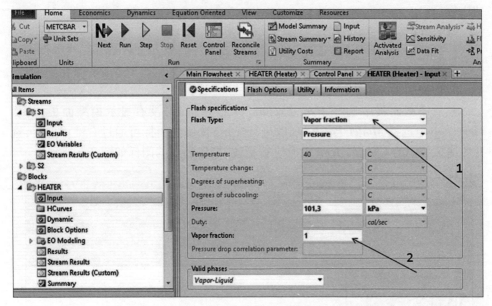

图 3.5　设定压力和 VF 后加热器模块的规格

运行模拟，并以与案例 a 相同的方式显示案例 b 的结果，表明：热负荷计算值为 1098.7kW，其值远高于案例 a 的 58kW；出口物流的温度为 104.7℃，是二元混合物在 101.3kPa 时的平衡沸点温度。

3.2　简捷换热器模型

3.1 节中描述的加热器和冷却器模型不能实现单一操作模块对两股物流的换热以进行建模。为了达到计算换热器两侧的条件，应同时面向换热器的热物流和冷物流求解式(3.1)~式(3.4)。从热物流中脱除的热量等于提供给冷物流的热量加上热损失。在这种情况下，应采用至少支持两个进口物流和两个出口物流的模型。管壳式换热器是流程工业中最常用的换热器类型。Aspen Plus 中的 *HeatX* 模块和 Aspen HYSYS 中的 *Heat Exchanger* 模块是对管壳式换热器建模的高效单元操作模块。如果只需要能量平衡，可以采用 Aspen Plus 中的 *Shortcut-Design* 模型或 Aspen HYSYS 中的 *End Point* 模型。但是，在 *HeatX* 模块的计算中，必须选择 *Design* 项和 *Shortcut* 项。在 Aspen HYSYS 的热交换器中，必须选择 *Simple End Point* 模型。另一种选择是，同时采用加热器和冷却器模型以及与其相连的能量物流。

例3.2 流量为 6000kg/h 含有 44%(摩尔分数)苯的苯和甲苯混合物被冷却水从 101kPa 的沸点冷却到 30℃。要求:如果初始水温为 15℃ 且在 HE 中温度增加到 25℃,采用 Aspen HYSYS 计算所需水的质量流量,其中忽略 HE 中的热损失和压降。

解决方案:

• 打开 Aspen HYSYS,选择一个组分列表和一个合适的 Fluid 包(在本例中为 Peng-Robinson),如第 1 章和第 2 章中所述。

• 切换到 *Simulation Environment* 中。

• 从模型面板中选择 *Heat Exchanger* 模型;如果没有显示模型面板,可从 *View* 菜单中选择 *Model Palette* 项以进行显示;选用的图标可通过右键单击后,选择快捷菜单中的 *Change Icon* 命令进行更改,能够采用的图标如图 3.6 所示。

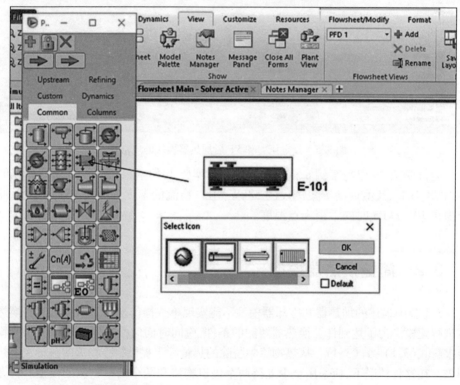

图 3.6 在 Aspen HYSYS 中选择换热器模型

• 双击 HE 图标打开换热器连接和规格表,出现如图 3.7 所示的页面。

• 可在此页面上直接定义输入和输出物料物流并将其连接到 HE,可在适当的位置写下进口物流和出口物流的选定名称,其中,为烃混合物选择管侧即热物流,为冷却水选择壳侧。需要提出的是,由于目的只是获得工艺流程的焓平衡,所以在本例中这点并不重要。

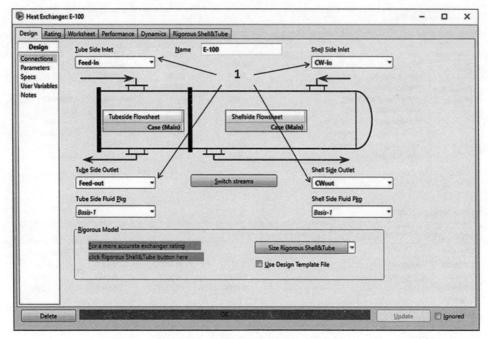

图 3.7 换热器模型中的物流连接

● 在 *Design* 选项卡的 *Parameters* 页面,必须选择 *Simple Endpoint* 模型,并且必须将 *Heat leak/loss* 项设置为 *None* 项。

● 打开 *Worksheet* 选项卡定义物流参数,如图 3.8 所示,其中:用户自定义的参数以蓝色表示,HYSYS 计算的参数以黑色表示;在 Aspen HYSYS 中,系统不出现超规格参数的提示是非常重要的,原因在于若系统提示 *Over specified* 项,则 Aspen HYSYS 就无法完成模拟计算;在参数温度、压力和 VF 中,用户只能定义其中的 2 个,因为第 3 个依赖自定义的 2 个,其中:如果 VF=0,则物流是沸点液体;如果 VF=1,则物流是饱和蒸汽;与上述只是需要定义部分参数相同,针对物流流量也只能由单个值进行定义。例如,如果定义了摩尔流量,则无法定义质量流量或标准体积流量。

● 移至 *Worksheet* 选项卡下的 *Composition* 页面定义两个输入物流的组成,输出物流的组成由 Aspen HYSYS 计算完成,即当写入组成的第一个数字后就会出现图 3.9 所示的页面;在此处,可对物流组成的基进行选择。

● 在定义完成最后一个需要的值后,Aspen HYSYS 会自动对换热器进行模拟计算,并在 *Worksheet* 页面显示得到的物流结果,最终冷却水的需量计算值为 15130kg/h。

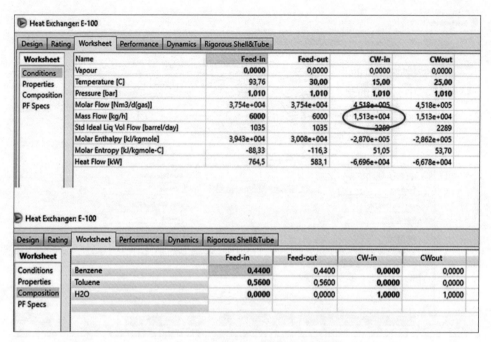

图 3.8　采用工作表页面输入进料参数

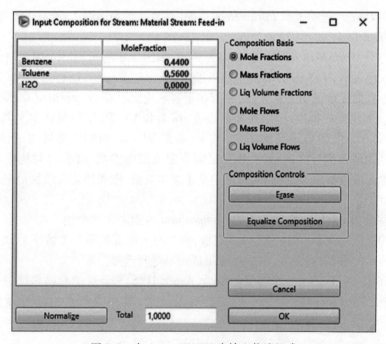

图 3.9　在 Aspen HYSYS 中输入物流组成

3.3 换热器简捷设计与评价

如果设计或模拟的目标不仅仅是能量平衡,则应考虑对传热方程进行求解。在微分形式中,传递的热量 dq 与以下 3 项成正比,即垂直于传热方向的等温表面积 dA、热物流 T_h 和冷物流 T_c 之间的传热方向温差 $T_h - T_c$ 以及整体局部传热系数 U,即

$$dq = U(T_h - T_c)dA \tag{3.5}$$

通过综合考虑传热驱动力和总传热系数随换热器位置的变化,进而对式(3.5)进行求解。当总传热系数和设备中液体的热容量假定为常数时,传热方程的形式为

$$q = UA\Delta T_{lm} \tag{3.6}$$

式中:ΔT_{lm} 为考虑其在换热器入口处的值 ΔT_1 和换热器出口处的值 ΔT_2 时的驱动力的对数平均值,由下式计算获得,即

$$\Delta T_{lm} = \frac{\Delta T_1 - \Delta T_2}{\ln \dfrac{\Delta T_1}{\Delta T_2}} \tag{3.7}$$

式中:$\Delta T_1 = T_{h,in} - T_{c,in}$ 和 $\Delta T_2 = T_{h,out} - T_{c,out}$ 为平行流;$\Delta T_1 = T_{h,in} - T_{c,out}$ 和 $\Delta T_2 = T_{h,out} - T_{c,in}$ 为逆流。

对于具有多个管侧和(或)壳侧通道的换热器,采用修正系数 F 对式(3.7)进行修正,即

$$q = UAF\Delta T_{lm} \tag{3.8}$$

参数 F 的计算式为:

$$F = \frac{\sqrt{R^2+1}\ln\dfrac{(1-S)}{(1-RS)}}{(R-1)\ln\dfrac{2-S(R+1-\sqrt{R^2+1})}{2-S(R+1+\sqrt{R^2+1})}} \tag{3.9}$$

$$R = \frac{T_{in}^h - T_{out}^h}{T_{out}^c - T_{in}^c} \tag{3.10}$$

$$S = \frac{T_{out}^c - T_{in}^c}{T_{in}^h - T_{in}^c} \tag{3.11}$$

将式(3.7)~式(3.11)与换热器的能量平衡相结合,即可估算出 UA 的值。对于已知的 U 值,可计算热交换面积。如果设置了模型类型为 **Rating** 项和计算类型为 **Shortcut** 项,则 Aspen Plus 中的 **HeatX** 单元操作模块能够为指定的 U 计算出 UA 和 A 的值。为了能在 Aspen HYSYS 中模拟计算 UA 的值,可采用 **Heat Exchanger**

单元操作模块和 *Simple rating* 或 *Simple weighted* 模型。

例 3.3　流量 5000kg/h 的等摩尔乙醇和乙酸二元混合物在 101.3kPa 下被酯化反应产物加热,其中:反应产物的温度为 200℃,热物流的压力为 115kPa;乙醇-乙酸混合物的初始温度为 20℃,该物流的压力为 110kPa;热物流(反应产物)含有 40%(摩尔分数)的乙酸乙酯、40%(摩尔分数)的水、10%(摩尔分数)的乙醇和 10%(摩尔分数)的乙酸。要求:采用 Aspen Plus 计算将二元混合物加热到 80℃ 所需的热交换面积;在考虑平均整体传热系数 $U = 200W/(m^2 \cdot K)$ 的情况下,计算出口热物流温度。

解决方案:

- 采用与例 3.1 相同的操作,区别是采用 *HeatX* 模型代替 *Heater* 模型;由上文描述可知,该流程至少需要两个入口和两个出口的质量物流,同时需要在适当的位置对热物流和冷物流进行连接。
- 定义两个进口物流,如例 3.1(图 3.2)所示。
- 通过单击 *NEXT* 项或从左侧的主菜单中选择模块名称或双击 HE 模块,打开 HE 模块的规格表,进而出现图 3.10 所示的页面。

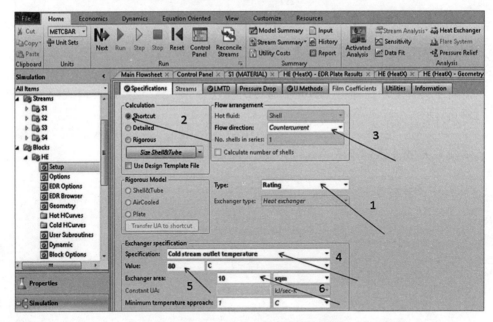

图 3.10　Aspen Plus 中的换热器规格

- 选择模型类型为 *Rating* 项(图 3.10 中的步骤 1)、计算类型为 *Shortcut* 项(步骤 2)和物流布置为 *Countercurrent* 项(步骤 3)。
- 设置冷物流出口的温度为 80℃(步骤 4 和步骤 5)。
- 输入换热器表面积的初始值(步骤 6)。

- 打开 **U methods** 选项卡,选中 **Constant U value** 单选钮,然后输入 U 的值(图 3.11);通常的默认设置方法为选中 **Phase specific values** 单选钮,但由于此例中 U 的平均常数值是已知的,因此选中 **Constant U value** 单选钮;

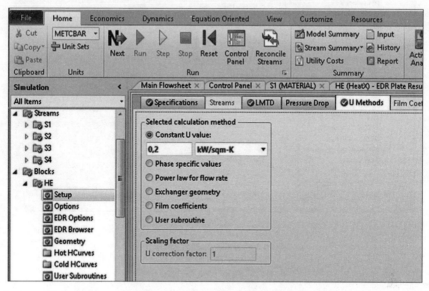

图 3.11 整体传热系数法规格

- 检查结果:在 **Thermal Results** 和 **Stream Results** 页面会显示模拟计算得到的结果,打开 **Thermal Results** 页面的 **Summary** 选项卡和 **Exchanger Details** 选项卡得到此示例的结果,其如图 3.12 所示。可知,热物流的最终温度为 130℃,所需换热面积为 7.9m^2。

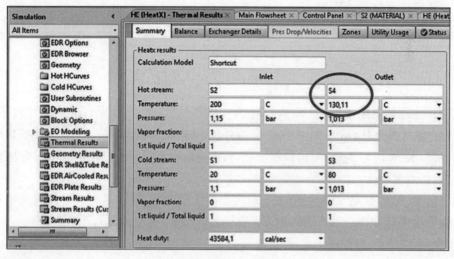

(a)

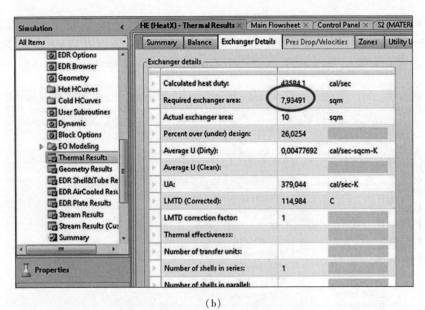

(b)

图 3.12　简单等级计算结果

3.4　换热器详细设计与模拟

换热器的严格设计、模拟和评级均需要计算换热器两侧的传热系数,即膜系数。热物流在由热端流向冷端的过程中,必须要克服热物流边界层的阻力、分隔层的阻力和冷物流边界层的阻力。

总传热系数可计算为

$$U = \frac{1}{r} = \frac{1}{\dfrac{1}{h_s \eta_i} + f_s + \dfrac{d_o \ln\left(\dfrac{d_o}{d_i}\right)}{2k} + A_r\left(f_t + \dfrac{1}{h_t}\right)} \quad (3.12)$$

式中:r 为总传热阻力($m^2 \cdot K/W$);h_s 为壳侧膜系数($m^2 \cdot K/W$);η_i 为翅片效率;f_s 为壳侧污垢系数($m^2 \cdot K/W$);d_o 为管外径(m);d_{in} 为管内径(m);k 为管壁热导率($m^2 \cdot K/W$);A_r 为管外/内面积比;f_t 为管侧污垢系数($m^2 \cdot K/W$);h_t 为管侧膜系数($m^2 \cdot K/W$)。

通常,膜系数 h_s 和 h_t 的值主要取决于流体动力学条件、热交换器几何尺寸和所传输液体的特性。上述这些相关性常以公式的形式进行表示,即

$$Nu = \frac{\alpha l}{k_f} \quad (3.13)$$

$$Re = \frac{lw\rho}{\mu} \tag{3.14}$$

$$Pr = \frac{c_p \mu}{k_f} \tag{3.15}$$

式中:Nu、Re 和 Pr 分别为努塞尔(Nusselt)、雷诺(Reynolds)和普朗特(Prandtl)数;l 为换热器区域的特征尺寸(如果是管,则为管直径);ρ(kg/m³)为流体密度;μ 为动力黏度(Pa·s);c_p 为比热容(kJ/(kg·K));k_f 为管内流动的流体的热导率(W/(m·K))。

取决于流动特性和换热器几何尺寸的不同经验相关性可用于计算努塞尔(Nusselt)数。Aspen Plus 和 Aspen HYSYS 中所采用的相关性汇总信息如表 3.1 和表 3.2 所列。

表 3.1 管侧传热系数的相关性[4]

机理	流态	相关性	参考文献
单相	层流	Schlunder	[5]
	湍流	Gnielinski	
沸腾-垂直管		Steiner/Taborek	[6]
沸腾水平管	层流	Shah	[7-8]
冷凝垂直管	层流波浪	Kutateladze	[9-12]
	湍流	Labuntsov	
	剪切为主	Rohsenow	
冷凝水平管	环形传输	Rohsenow Jaster/Kosky 方法	[9,13]

表 3.2 壳侧传热系数的相关性[4]

机理	流态	相关性	参考文献
单相段		Bell-Delaware	[14-15]
单相 ROD		Gentry	[16]
沸腾		Jensen	[17]
冷凝垂直	层流	Nusselt	[9-12]
	层流波浪	Kutateladze	
	湍流	Labuntsov	
	剪切为主	Rohsenow	
冷凝水平		+Kern	[13]

如果设置了 *Detailed Rating* 或 *Detailed Simulation* 模式[18],Aspen Plus 中的 **HeatX** 单元操作模块能够提供换热器的严格设计评级和模拟。此外,**HeatX** 模块中还集成了 Aspen *EDR*(*Exchanger Design and Rating*)工具,其也同时集成在 Aspen HYSYS 的热交换器模型中。如果设置了 *Rigorous Shell and Tube* 项或 *Dynamic Rating* 项和 *Detailed rating parameters* 项,Aspen HYSYS *Exchanger* 模型还可以对热交换器进行严格模拟。

例 3.4 例 3.2 中描述的甲苯和苯混合物的冷却是在现有的管壳式换热器中实现的,其几何结构在表 3.3 中给出。此外,热交换器的示意图如图 3.13 所示,冷却水的初始温度和质量流量为 15℃ 和 15000kg/h。要求:计算壳程和管程出口物流的温度、总传热系数及压降。

表 3.3 例 3.4 所用换热器的几何尺寸

换热器类型	AEL(A—通道可拆卸盖,E—单通壳,L—可拆卸通道带平盖)
位置	水平
挡板数量/个	5
挡板-挡板间距/mm	480
外壳/mm	520
壳内径/mm	500
管数/个	112
管长/m	3.5
管程数/个	2
管外径/mm	18
管内径/mm	14
管距/mm	42
管形	60°三角形
喷嘴外径/内径/mm	所有喷嘴为 114.3/102.26

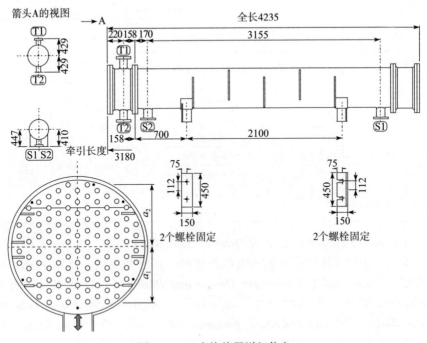

图 3.13 已有换热器详细信息

解决方案:
Aspen HYSYS 提供了两种换热器的详细模拟方法。
(1) 采用原始的 HYSYS *Dynamic Rating* 模型。
(2) 采用 *EDR*(*Exchanger Design and Rating*)工具进行严格壳管式换热器设计。
下面提供了它们在本例解决方案中的应用。

3.4.1 Aspen HYSYS 动态评级

• 通过改变进口物流的规格继续实施例 3.2 的解决方案。去除出口物流的所有规格,仅指定进口物流,其中:烃进料 VF = 0,压力为 101kPa,质量流量为 5000kg/h;冷却水温度为 15℃,压力为 101kPa,质量流量为 15000kg/h。

• 打开 *Design* 选项卡,选择 *Parameters* 页面,选择 *Dynamic Rating* 项作为换热器模型,如图 3.14 所示。

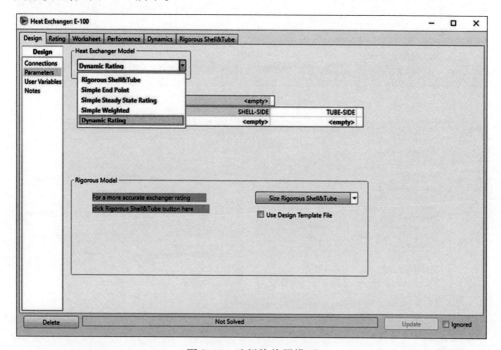

图 3.14 选择换热器模型

• 打开 *Rating* 选项卡,选择 *Parameters* 页面,将模型从 *Basic* 单选钮切换到 *Detailed* 单选钮;为更准确地计算传热系数,将壳分成 10 个区域(图 3.15)。

• 换热器的整体尺寸可在 *Rating* 选项卡的 *Sizing* 页面、*Shell* 或 *Tube* 子页面上进行,如图 3.16 所示。

085

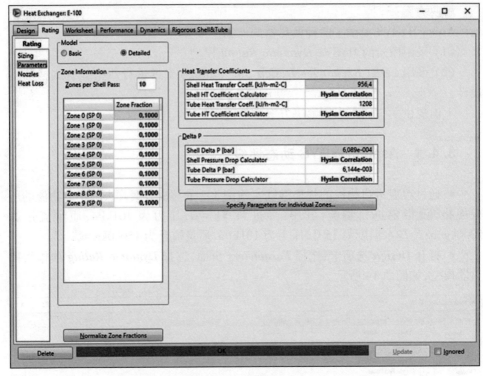

图 3.15 将外壳分区

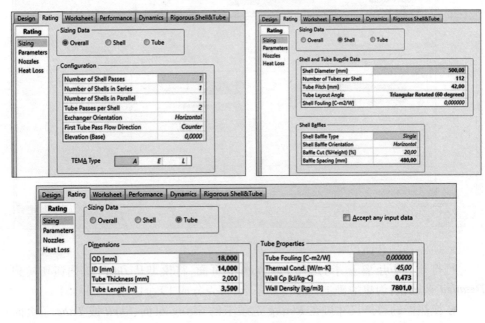

图 3.16 换热器详细尺寸

- 检查结果；对于出口物流温度，检查 *Worksheet* 选项卡可知，模拟计算得到的热物流出口温度为 38.5℃，冷物流出口温度为 20.3℃；对于传热系数和压降，查看 *Rating* 选项卡的 *Parameters* 页面可知，壳传热系数为 265W/(m² · K)，管传热系数为 359W/(m² · K)，管侧压降约为 0.5kPa，壳侧压降几乎为零（约 0.04kPa）。此外，有关对数平均值和热交换器的曲线，查看 *Performance* 选项卡；查看 *Dynamic* 选项卡可知，等效的总传热系数 U 的值为 137W/(m² · K)。

3.4.2 采用 EDR 的管壳式换热器设计

对于具有表 3.3 所示几何结构的热交换器，可在 Aspen Plus 和 Aspen HYSYS 中均已实现的 Aspen *EDR* 工具中进行更为详细的评级。若采用 Aspen HYSYS 中的 *EDR* 工具，需要选择的换热器模型为 *Rigorous Shell & Tube* 选项卡，如图 3.17 所示，具体如下：

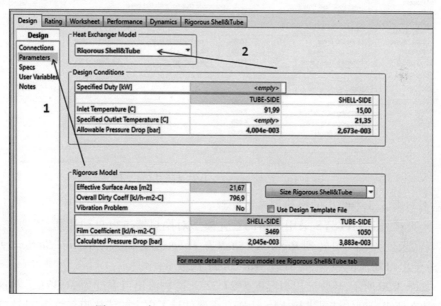

图 3.17 在 Aspen HYSYS 中选择严格的管壳模型

- 继续在 *Rigorous Shell & Tube* 选项卡上选择 *Tube Side* 项进行热物流分配，如图 3.18 所示。
- 换热器的几何尺寸可在 *Rigorous Shell & Tube* 选项卡下的 *Exchanger* 页面中进行定义，或者基于先前定义由 HYSYS 传输获得（图 3.19）；进一步，通过 *Export* 项导出所创建的 *EDR* 文件，进而可对换热器几何尺寸进行更为详细的定义。在此例中，仅采用通过动态评级模型获得先前计算的传输数据，该方式对解决方案有所限制；单击 HYSYS 中的 *Transfer Geometry from HYSYS* 按钮，并检查数

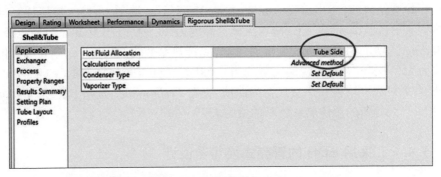

图 3.18　选择热流体分配

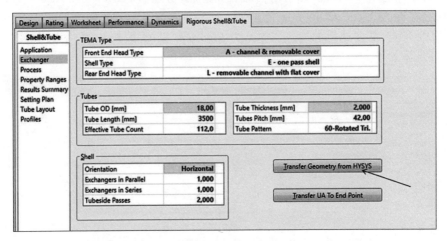

图 3.19　传输 HYSYS 中定义的几何尺寸

据是否与表 3.3 中给出的换热器参数一致。

- 此操作后，HYSYS 采用严格的管壳模型对换热器进行自动计算。

若要显示结果，可转到 Rigorous Shell & Tube 选项卡下的 Results Summary 页面，对于出口物流的条件，可查看 Worksheet 选项卡。

如图 3.20 所示，热物流出口温度为 27.32℃，冷物流出口温度为 21.35℃。将这些值与动态评级模型的结果进行比较，由于在壳侧估计了更大的传热膜系数，因此严格的壳管模型提供了更高强度的传热。EDR 工具计算出的值为 3464kJ/(h·m²·K)，相当于 962W/(m·K)，比通过动态评级模型中的 Hysim Relations 项计算的值 265W/(m·K) 高了 3.6 倍。此外，EDR 工具计算的管侧膜系数比 Hysim Correlations 项计算的系数略低。最后，EDR 工具计算的整体传热系数 221.4W/(m·K) 是动态评级模型计算的 1.6 倍。

- 要检查 EDR 工具计算出的温度曲线（图 3.21），可参阅 Rigorous Shell & Tube 选项卡中的 Profiles 页面，可知温度曲线是单壳程双管程换热器的典型曲线。

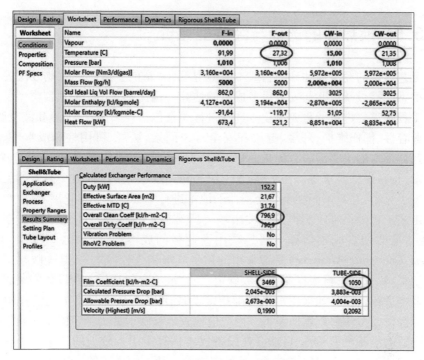

图 3.20　严格的管壳模型结果

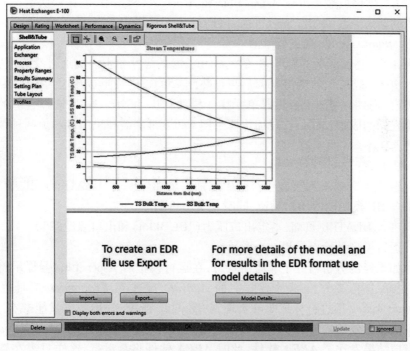

图 3.21　通过 EDR 计算的换热器温度曲线

089

3.5 换热器的选择与经济型评价

工艺设计的经济评估和项目成本估算是第12章的主题。本章此处仅关注换热器类型选择以及采购与安装设备成本的估算。选择要采用的换热器类型是工艺设计工程师需要进行的重要决定。选择过程通常包括许多因素,如热和液压要求、材料兼容性、操作维护、环境、健康和安全考虑因素、法规、可用性和成本[19]。影响换热器成本的主要因素有传热面积、结构材料、管长、管径和厚度、流体压力、挡板要求、特殊设计要求等。在文献[20]中,Peters等对初步选择热交换器的关键标准进行了总结,并对不同类型热交换器的成本进行了很好的图形化展示。

工艺工程师很难收集得到有关市场上所有类型换热器成本的最新数据。进而,最常见的初步成本估算方法是采用商业版的成本估算软件。APEA(*Aspen Process Economic Analyzer*)是最常用的初步成本估算软件之一,其先映射工艺流程中所采用的设备,再根据流程参数确定尺寸,最后对包括设备和设备安装成本的工艺成本进行估算。如果用户未准确指定设备,APEA软件会将工艺流程中采用的单元操作模型映射到默认设备。用户应检查默认映射并为给定的单元操作模型选择合适的设备类型;否则可能会在设备成本估算中引入较大的误差。所有传热设备的默认映射是 *TEMA* 换热器,其可定制为几种不同类型的换热器。

APEA 软件虽然集成在 Aspen Plus 和 Aspen HYSYS 中,但在默认情况下却是被禁用的状态。在开始经济分析前,可通过从工具栏中选择 *Economics* 项并通过标记 *Economic Active* 项进行激活。

例 3.5 将流量为 5000kg/h 的乙醇和乙酸的等摩尔混合物通过反应产物(见例 3.3)进行加热,先加热到 80℃后再加热到 250℃,进而形成压力为 101.3kPa 的预热蒸汽。要求:为两个换热器单元操作模块(HE 和 HEATER)选择合适的设备并计算它们的成本;同时,比较加热器采用 Kettle 再沸器和采用 Box 炉两种情况下的加热器成本。

解决方案:
- 继续实施例 3.3,要在主流程中添加一个加热模块(HEATER),其进口物流采用来自 HE 模块的冷出口物流,同时定义出口物流。
- 进入 HEATER 页面,指定出口压力(101.3kPa)和出口温度(250℃)。
- 运行模拟并检查结果。
- 如果经济分析器处于非激活状态,在运行模拟后 Aspen Plus 会提示将其激活,通过单击经济分析器对话框中的 *Activate* 项或在 *Economics* 工具栏中对 *Economic Active* 项进行标记即可实现,如图 3.22 所示;采用该方式能够在 Aspen Plus 中快速有效地采用 *APEA* 软件的功能,另一种选择是采用 *Send to Economics* 项将模拟结果发送至 *APEA* 软件,此时 *APEA* 软件将会运行,这样只需在软件内进行相关必要的操作也可实现经济分析。

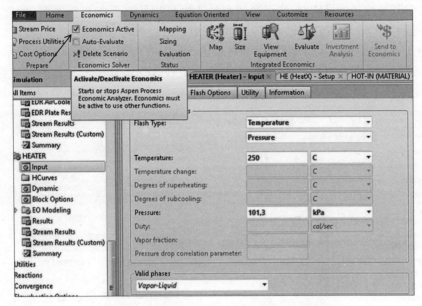

图 3.22　在 Aspen Plus 中激活经济分析器

- 当经济分析器被激活时,通过单击 *Economics* 工具栏中的 *Map* 项,在出现 *Map Options* 页面后单击 OK 按钮。
- 在出现的 *Map Preview* 页面中选择 *HEATER* 模块(图 3.23 中的步骤 1); 通常默认的设备类型是 *TEMA* 换热器(*DHE TEMA EXCH*),需要将此交换器类

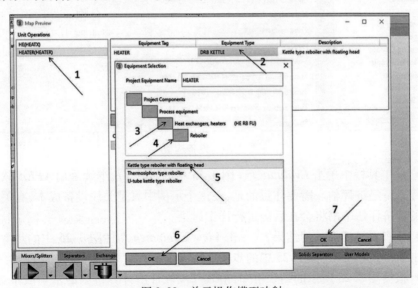

图 3.23　单元操作模型映射

091

型更改为带有浮头的 Kettle 再沸器,请按照图 3.23 中所示的步骤操作;对于 HE 模块,通常默认选择的 *TEMA* 热交换器也是本次模拟所需要的正确类型,此处无需更改;接着,单击 *OK* 按钮(步骤 7),进而完成映射过程。

- 下一步是进行尺寸调整,可通过单击 *Size* 项予以实现,如图 3.24 所示。具体为:选择设备名称(图 3.24 中的步骤 2)并检查 *APEA* 软件所计算的尺寸参数;如认定尺寸不合适,可通过简单地重新改写这些尺寸参数的值实现更改。

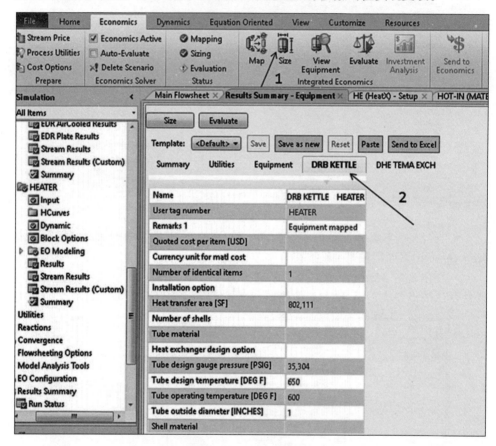

图 3.24 设备选型

- 从工具栏中单击 *Evaluate* 项(图 3.25 中的步骤 1),继续采用 *APEA* 软件对该流程进行经济评估。需要注意的是,在这个示例中只是关注设备成本,有关其他组分的经济评估本书将会在后面进行详细讨论。

- 要查看经济评估的结果,先单击 *View Equipment* 项(图 3.25 中的步骤 2),再单击 *Equipment* 项(图 3.25 中的步骤 3)。

- 根据图 3.25 所示的结果可知,由 *APEA* 软件所计算得到的基本成本为:针对 HE 和 Kettle 再沸器分别为 10200 美元和 28900 美元,HE 和 Kettle 再沸器的安

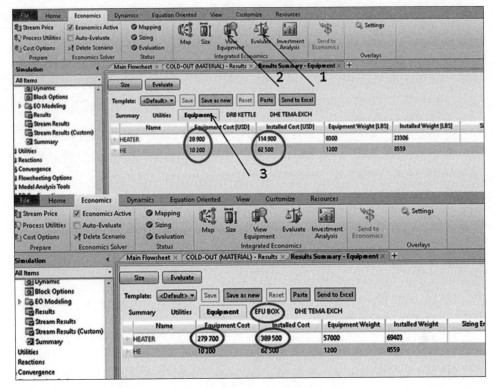

图 3.25 经济评价与设备成本

装成本分别为 62500 美元和 114900 美元。

- 将 *HEATER* 模块的设备类型从 Kettle 再沸器更改为 Box 炉,需要重复上述从映射到尺寸调整再到评估的所有步骤;不同的是,需要在映射步骤中将 Kettle 再沸器更改为 Box 炉。

如图 3.25 所示,如果将 *HEATER* 模块映射到 Box 炉,由 *APEA* 软件所计算得到的基本成本为:设备价格为 279700 美元,安装成本为 389500 美元。可见,Box 炉成本是 Kettle 再沸器成本的 3.4 倍,其设备成本要比 Kettle 再沸器高 10 倍左右。

参考文献

[1] Rohsenow W M, Hartnett J P, Cho Y I. Handbook of Heat Transfer, 3rd ed. New York:McGraw-Hill; 1998.

[2] Lienhard J H, IV, Linhard J H, V. A Heat Transfer Textbook, 3rd ed. Cambridge, MA:Phlogiston Press; 2008.

[3] Green D W, Perry R H. Perry's Chemical Engineers' Handbook, 8th ed. NewYork:McGraw-Hill; 2008.

[4] Aspen HYSYS V9 Help. Bedford, MA: AspenT ech. Inc. ; 2016.

[5] Gnielinski V. Forced Convection in Ducts. In Heat Exchanger Design Handbook. New York: Hemisphere Publishing Corporation; 1983.

[6] Steiner D, Taborek J. Flow boiling heat transfer in vertical tubes correlated by an asymptotic model. Heat Transfer Eng. 1992, 13(2): 43-69.

[7] Shah M M. A new correlation for heat transfer during boiling flow through pipes. ASHRAE Trans. 1976, 82(2): 66-86.

[8] Shah M M. Chart correlation for saturated boiling heat transfer: Equations and Further study. ASHRAE Trans. 1981, 87(1): 185-196.

[9] Nusselt W. Surface condensation of water vapor. Z. Ver. Dtsch, Ing. 1916, 60(27): 541-546.

[10] Kutateladze SS. Fundamentals of Heat Transfer. New York: Academic Press; 1963.

[11] Labuntsov D A. Heat transfer in film condensation of pure steam on vertical surfaces and horizontal tubes. Teploenergetika 1957, 4(7): 72-80.

[12] Rohsenow W M, Webber JH, Ling AT. Effect of vapor velocity on laminar and turbulent film condensation. Trans. ASME 1956; 78: 1637-1643.

[13] Jaster H, Kosky P G. Condensation heat transfer in a mixed flow regime. Int. J. Heat Mass Transfer 1976, 19:95-99.

[14] Taborek J. Shell-and-tube heat exchangers: Single phase flow. In Heat Exchanger Design Handbook. NewYork: Hemisphere Publishing Corporation; 1983.

[15] Bell K J. Delaware method for shell side design. In Kakac S, Bergles AE, Mayinger F, editors, Heat Exchangers: Thermal-Hydraulic Fundamentals. Berlin: Springer; 1985.

[16] Gentry C C. RODBaffle heat exchanger technology. Chem. Eng. Prog. 1990, 86(7): 48-57.

[17] Jensen MK, Hsu JT. A parametric study of boiling heat transfer in a tube bundle. In 1987 ASME-JSME Thermal Engineering Joint Conference, Honolulu, HI, 1987, pp. 133-140.

[18] Aspen Plus V9 Help. Bedford, MA:AspenTech. Inc. ; 2016.

[19] Kakac S, Liu H, Pramuanjaroenkij A. Heat Exchangers: Selection, Rating, and Thermal Design, 3rd ed. Boca Raton, FL: CRC Press; 2012.

[20] Peters M, Timmerhaus K, West R. Plant Design and Economics for Chemical Engineers, 5th ed. NewYork: McGraw-Hill; 2004.

第4章 调压设备

4.1 泵、水轮机和阀门

从原理上讲,泵能够将其入口和出口之间的液体压力增加 ΔP,可表示为

$$P_2 = P_1 + \Delta P \tag{4.1}$$

式中:P_1 为入口压力;P_2 为出口压力;ΔP 为压力变化。

考虑泵内流体进行平稳流动并忽略与流体相关的黏性效应,ΔP 的伯努利方程可表示为

$$\Delta P = P_2 - P_1 = H\rho g \tag{4.2}$$

式中:H 为液体高度;ρ 为液体密度;g 为重力加速度。

通常,将泵提供给流体的功率称为液体功率或输出功率,其计算公式为

$$P_w = \rho g Q H \tag{4.3}$$

式中:Q 为液体的体积流量。

由驱动电机提供给泵的机械功率称为控制功率或轴功率,其可表示为

$$P_f = \omega T = \frac{2\pi}{60} f T \tag{4.4}$$

式中:ω 为角速度(rad/s);f 为旋转频率(r/min);T 为转矩(N·m)。

泵送效率 η 被定义为液体功率(输出功率)P_w 与机械功率(轴功率)P_f 之间的比率,其定义式为

$$\eta = \frac{P_w}{P_f} \tag{4.5}$$

液体体积流量与扬程、泵效率、流体动力或轴功率之间的关系可由泵的特性曲线表示,即所谓的泵性能曲线。离心泵的性能曲线如图4.1所示。

针对泵而言,其有效汽蚀余量(NPSH_A)的定义为

$$\text{NPSH}_A = P_1 - P^o + \frac{w^2}{2g} + H_s \tag{4.6}$$

式中:P_1 为入口压力;P^o 为入口条件下液体的蒸气压;w 为速度;H_s 为液压静压头。

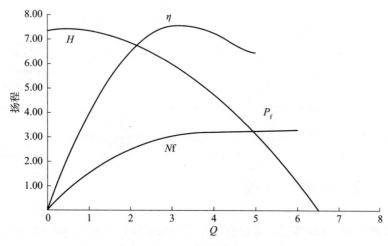

图 4.1　离心泵性能曲线示例

在 Aspen Plus 和 Aspen HYSYS 中,其必需汽蚀余量($NPSH_R$)由以下经验公式计算得到,即

$$\text{NPSH}_R = \left(\frac{fQ^{0.5}}{n_{ss}}\right)^{3/4} \quad (4.7)$$

式中:n_{ss} 为特定吸入速度(r/min)。

对于水轮机,ΔP 具有负值,并且水轮机的效率与泵的效率相反,为轴功率 P_f 与液体功率 P_w 之比。

Aspen Plus 提供了一个独立单元操作模块 **Pump**,用于对泵和水轮机进行建模。该单元操作模块可通过指定以下参数的其中一个实现对泵和水轮机的建模,这些参数包括排放压力、压差、压力比、功率或确定排放条件所需的性能曲线。

要模拟液体物流的压力降低,需要采用 Aspen Plus 中的 **Valve** 模型操作模块。阀门假设流动是绝热的,并确定阀门出口处流体的热和相条件。**Valve** 可执行一相、两相或三相计算,并且可应用于以下 3 种不同模式:

(1) 给定出口压力的绝热闪蒸(压力转换器);
(2) 计算指定出口压力(设计)的阀门流量系数;
(3) 计算指定阀门(额定值)的出口压力。

要增加 Aspen HYSYS 中 **Pump** 模型的液体物流压力和降低液体物流压力,可采用 **Control Valve** 模型,其工作方式类似于 Aspen Plus 中的 **Pump** 和 **Valve** 模型。

需注意:当研究 Aspen Plus 中的状态模拟时,如果压差已知,则无需将泵和阀模块添加到流程图中。例如,如果设备 A 的工作压力低于设备 B,在实际过程中通常需要在这两个设备之间安装泵以实现压力平衡,但在模拟中不再需要安装泵模块,这两个设备之间压差已知,则可在设备 B 中直接进行设定。但是,在 Aspen HYSYS 中,流程中的任何压力变化都需要通过压力转换器或设定设备压降来实现。

例 4.1 流量为 40t/h 和温度为 20℃ 的水需要从 1bar 加压到 6bar。要求如下:

① 如果泵的效率为 70%,则计算泵的用电量;

② 生产商提供的泵特性曲线 $H=f(Q)$ 如表 4.1 所列,考虑与情况①相同的泵效率,计算泵的排放压力、产生的压头和有效汽蚀余量。

同时,在该模拟中要求采用 Aspen Plus。

表 4.1　泵性能曲线数据

$Q/(m^3/h)$	10	20	30	40	50	60	70	80
H/m	60	57.5	55	53	50	47	42.5	37

解决方案:

- 打开 Aspen Plus,采用如第 1 章和第 2 章中所述的步骤,选择组分列表和适当的热力学方法。
- 切换到 *Simulation* 环境,按照例 2.12 的步骤绘制工艺流程图,其包括进口物流和出口物流各 1 个,所采用的一个泵模块从 *Pressure Changers* 选项卡中进行选择。此处,将泵模块的名称从 B1 改为 PUMP(图 4.2)。

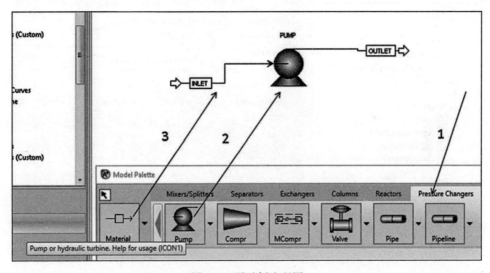

图 4.2　泵示例流程图

- 采用与例 3.1 中相同的步骤指定进口物流。
- 在 *Pump* 模块的 *Setup* 页面中找到要求①的解决方案,需要选择 *Discharge Pressure* 项并填写要求中指定的值,如图 4.3 所示;同时,在同一页面上填写泵的效率值。

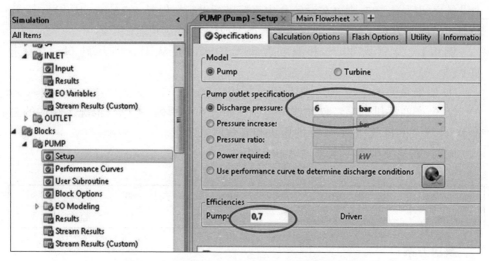

图 4.3 排出压力已知时 Aspen Plus 中泵的规格

- 运行模拟并完成计算后，在 **Results** 页面的表中检查情况①的结果(图 4.4)，可知，该情况下所需要的电量与轴功率是相同的，约为 8kW。

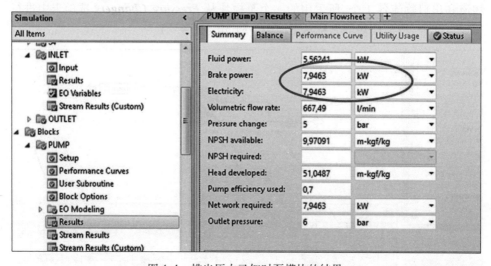

图 4.4 排出压力已知时泵模块的结果

- 要获得情况②的结果，选中 **Setup** 页面上的 *Use Performance Curve to determine discharge conditions* 单选，进而确定泵的相关排出条件。
- 采用模拟情况①时泵的效率值。
- 选择 *Performance Curve* 页面后，在 *Curve Setup* 选项卡进行相关选择，其中：性能变量为 *Head* 项，流量变量为 *Vol-Flow* 项，*Tabular data* 项为曲线格式，*Single Curve at Operating Speed* 项为曲线类型。

- 在 **Curve Data** 选项卡中选择扬程和流量的单位为 m 和 m^3/h，然后在相应位置输入表 4.1 中给出的曲线数据，如图 4.5 所示。

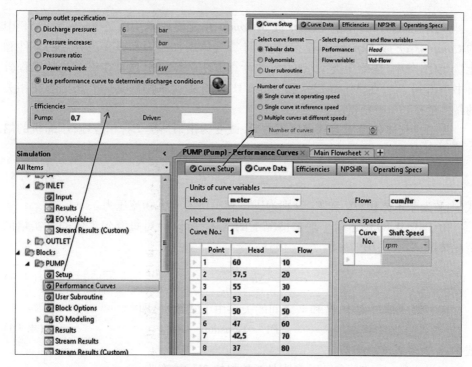

图 4.5　泵性能曲线规格

- 运行模拟并检查 **Results** 页面上所显示出的结果。
- 如图 4.6 所示，最终的模拟结果为：出口压力约为 6.2bar，扬程接近 53m，有效汽蚀余量为 9.97m。

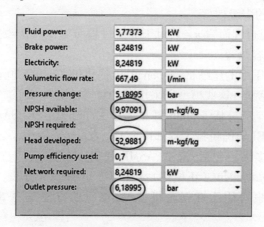

图 4.6　Aspen Plus 中的泵模拟结果

4.2 压缩机和燃气轮机

采用 Aspen Plus 中的 **Compr** 或 **MCompr** 单元操作模块以及 Aspen HYSYS 中的 **Compressor** 或 **Expander** 模型,能够计算气体增加压力和减少压力后的条件和能量变化,其中,压缩机类型、热力学和计算方法的详细信息可在许多化学工程教科书中得到[1-2];在 Aspen Plus 和 Aspen HYSYS 中所采用的具体方法能够在相关的帮助链接[3-4]中获得。

为了将气体物流压力从进口压力 P_1 改变为出口压力 P_2,相应地,压缩机的焓变可表达如下:

$$H_{com} = \int_{P_1}^{P_2} V dP \tag{4.8}$$

式中:V 为摩尔体积;P_1 和 P_2 分别为进口和出口的气体物流压力。

由式(4.8)仅适用于理想情况下的气体,所以针对每摩尔气体的真实焓的变化情况,需要采用效率因子 η_h 表达:

$$\Delta h = \frac{H_{com}}{\eta_h} \tag{4.9}$$

在多级压缩过程中,P 和 V 之间的关系由下式给出,即

$$PV^n = \text{Constant} \tag{4.10}$$

式中:n 为多级压缩指数。

假设常数 n 已知,多级压缩情况下的气体实际焓变为

$$\Delta h = \frac{P_1 V_1}{\eta_p \left(\frac{n-1}{n}\right)} \left[\left(\frac{P_2}{P_1}\right)^{\frac{n-1}{n}} - 1 \right] \tag{4.11}$$

式中:η_p 为压缩机的多级效率。

通常,对于等温过程而言 $n=1$,对于等熵过程而言 $n=k$,$k=c_p/c_v$,相应地 c_p 和 c_v 分别为等压和等容热容。

针对仅有一级压缩的压缩机,Aspen Plus 提供的 **Compr** 单元操作模块包括等熵、多级和正位移模型。这些模型所采用的计算方法具体如下。

• **Isentropic**(等熵):基于 Mollier(相当于 Mollier 图)、GPSA(气体处理器供应商协会)[5]和 ASME(美国机械工程师协会)[6]方法。

• **Polytropic**(多级):包括 GPSA、ASME 和积分方法。

• **Positive displacement**(正位移):包括 GPSA 和积分方法。

同时,**Compr** 也可用于燃气轮机模型,相应的方法是在 **Setup** 页面上选择 **Turbine** 项。

若要在 Aspen Plus 中模拟多级压缩机,可以采用 **MCompr** 单元操作模块。

不同于 Aspen Plus，在 Aspen HYSYS 中，对压缩机和燃气轮机的建模采用的是两种不同的模型，其中：*Compressor* 模型用于模拟一级压缩机，*Expander* 模型用于模拟燃气轮机和膨胀机。此外，*Compressor* 能够同时用于模拟离心式和往复式压缩机。对于离心式压缩机，可采用绝热（等熵）效率或多变效率。针对多变方法，可以选择 *Schultz*[7]、*Huntington*[8] 或 *Reference*（分段积分）方法。

例 4.2 离心式压缩机用于弥补天然气运输过程中两个压缩机站之间的压降，其中，天然气的进口温度为 25℃，出口压力为 5.5MPa，处理量为每天 $1\times10^6 Nm^3$，其组成如表 4.2 所列，压缩机的压比为 1.5。要求：如果压缩机的多级效率为 0.76，采用 Aspen HYSYS 计算压缩机出口处的气体温度、多级流体压头和所需功率。

表 4.2 例 4.2 所用天然气组成

组分	CH_4	C_2H_6	C_3H_8	N_2	CO_2
摩尔分数/%	92	3	2	2.5	0.5

解决方案：

● 打开 Aspen HYSYS，采用如第 1 章和第 2 章所述步骤，选择组分列表和适合的流体包（在本例中为 Peng-Robinson）。

● 切换到 *Simulation* 环境。

● 从模型面板中选择两个物流，如图 4.7 所示，通过双击打开第 1 个物流，输入其规格，具体包括进口物流名称、温度、压力和摩尔流量（图 4.8）。

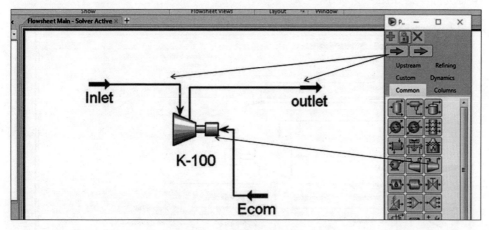

图 4.7 压缩机流程图

● 打开 *Composition* 页面，输入如例 3.2 中所述的气体组成，其中页面底部表示该物流的规格输入已经完成。

● 对于第 2 个物流，只需要指定出口物流的名称即可。

● 选择压缩机型号，将 *Design-Connection* 页面上的进口物流连接到 *Inlet* 位置，将出口物流连接到 *Outlet* 位置，并在此页面上直接定义能量物流。

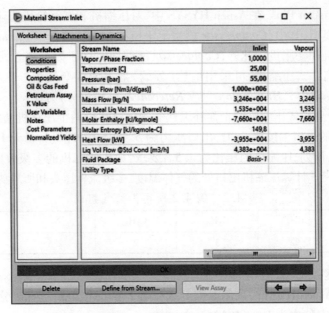

图 4.8　压缩机进口物流规格

● 在 *Design-Parameter* 表中，选择压缩机运行方式为离心，定义压力比，移除软件默认的绝热效率集合后写入压缩机多级效率值，将多变方法选为 *Shultz* 方法，详细执行步骤如图 4.9 所示。

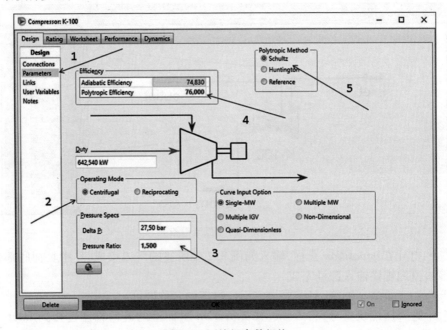

图 4.9　压缩机参数规格

- 模拟计算所获得的结果可在 *Worksheet* 选项卡和 *Performance* 选项卡中进行查看,如图 4.10 所示,具体为:气体出口温度为 62.7℃,所需功率(功耗)为 642.5kW,多变流体压头为 54.15KJ/kg。

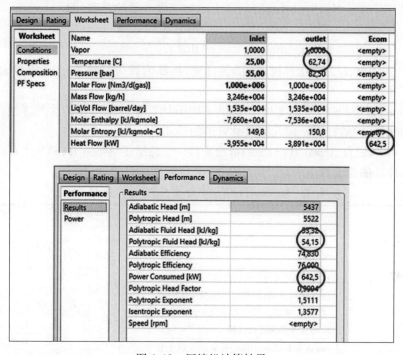

图 4.10 压缩机计算结果

上述结果表明,改变多变方法对模拟结果的影响可忽略不计。此外,Aspen HYSYS 计算得到的绝热效率约为 74.8%。

如果在 Aspen Plus 中采用 *Compr* 模块求解这个示例,并选择 GPSA 作为多变方法,则相应的结果为:出口温度为 58.2℃,所需功率为 647kW。考虑到 Aspen HYSYS 中所采用的 Peng-Robinson 流体包与 Aspen Plus 物性中 Peng-Rob 方法(见第 2 章)间的差异以及所处理天然气的量,Aspen Plus 和 Aspen HYSYS 结果之间的一致性还是相当好的。

4.3 管道中的压降计算

管道和不同液压配件中机械能的消耗(压降)是管道系统设计中最为重要的问题之一。流体特性、管道几何尺寸、流动状态和管道粗糙度都是影响管道摩擦压降的主要参数,同时局部配件也会显著影响机械能的消耗。目前已经开发了各种相关性算法用于计算管道系统中的压降。针对单相系统,多采用基于 Darcy-Weisbach 定律的相关性,如 Colebrook 等式[9]、Chen 方法[10]等。针对多相系统,由于必须要考虑每种流体的各自存在的特性,因此其压降的计算要显得更加复杂。

在 Aspen HYSYS 中,整个管道长度的总压力损失为重力引起的压力梯度、流体摩擦引起的压力损失以及压降的动力或加速度分量的总和,即

$$\frac{dP}{dL}=\rho_m g \sin\Theta + \left(\frac{dP}{dL}\right)_{f_r} + \rho_m w \frac{dw}{dL} \quad (4.12)$$

式中:P 为压力;L 为管道长度;ρ_m 为流体密度;Θ 为管道倾斜角;f_r 为摩擦力;w 为液体速度。

Aspen HYSYS 的帮助文件[4]提供了用于计算管道压降相关性的详细说明和参考,同时还包括针对不同几何尺寸管道的适用性。

表 4.3(取自 Aspen HYSYS 的帮助文件[4])总结了 Aspen HYSYS 中可用的管道压降计算的相关性。

表 4.3 Aspen HYSYS 中管道压降计算的相关性

相关性	描述	管道几何适用性				参考文献
		水平	向上倾斜	向下倾斜	垂直	
HTFS	HTFS 相关性是一种可应用于广泛环境中的通用方法,但其并不预测流体的流动状态,该相关性会与空气-水和汞系统的实验结果进行比较	是	是	是	否	
Beggs 和 Brill	Beggs 和 Brill 相关性是首个开发的适用于所有管道倾角的方法,其采用的是仅应用于水平流的凭经验获知的流态图。用于建立这种相关性的实验涉及空气和水流,其通过两个 45 英尺长、管径为 1 英寸和 1.5 英寸的透明管道进行的,目的是用于确定以任何角度倾斜的流动模式。这种相关性包括针对粗糙管道的摩擦压降校正和 Payne 等开发针对上坡与下坡物流的持液率校正[12]	是	是	是	否	[11-12]
Duns 和 Ros	Duns 和 Ros 相关性是基于由壳牌石油公司资助的一组实验室扩展实验获得的,其采用放射性示踪剂记录了实际的流动模式和液体滞留量。由于在实验过程中记录了流动模式,因此 Duns 和 Ros 方法针对不同的垂直流态(气泡、柱塞、过渡和雾流)具有单独的相关性。但是,不建议将这种相关性的结果用于水	否	否	否	是	[13]

续表

相关性	描述	管道几何适用性				参考文献
		水平	向上倾斜	向下倾斜	垂直	
Orkiszewski	Orkiszewski 对现有的相关性进行了严格的分析,并试图了解它们的准确性。依据 Orkiszewski 的计算,针对下述给定流态,该"相关性"算法是最准确的相关性。 ● 气泡流:格里菲斯相关。 ● 柱塞流:改良的格里菲斯-沃利斯。 ● 过渡流:邓斯和罗斯。 ● 雾流:邓斯和罗斯。 Orkiszewski 不仅确定了哪种相关性最适合特定流态,而且还修改了柱塞流态中的相关性	否	否	否	是	[14]
Aziz、Govier 和 Fogarasi	Aziz、Govier 和 Fogarasi 采用垂直井中的气体和凝析油流动数据建立了相关性,其解释了气泡、柱塞、过渡和雾流等垂直流动状态,并开发了气泡和柱塞流状态的原始相关性,但在过渡和雾流状态中采用了 Duns-Ros 方法	否	否	否	是	[15]
Hagedorn 和 Brown	Hagedorn 和 Brown 采用面向 1500 英尺深井的垂直流的实验数据建立了相关性。Hagedorn 和 Brown 对最初的相关性进行了修改以提高其准确性。实验测试了 3 种不同的管道尺寸(1 英寸、1.25 英寸和 1.5 英寸)和若干种不同的水-空气-原油混合物。Hagedorn-Brown 相关性不考虑流态,而是执行独立于流型的简化计算。由此获得的相关性计算已经广泛用于垂直流动系统	否	否	否	是	[16]
Lockhart 和 Martinelli	Lockhart 和 Martinelli 为水平两相流提出了首个经验相关性计算方法之一,但他们未考虑流动模式和压力梯度方程中的加速度项,并且只关联了从 1 英寸直径管道的实验中所获得的数据	是	否	否	否	[17]
Dukler	Dukler 基于不同管径的实验提出了一种新的水平管流相关性,其不考虑流态,但确定持液率提供了迭代式方案。该方法为水平流提供了一种新的流态图	是	否	否	否	

105

续表

相关性	描述	管道几何适用性				参考文献
		水平	向上倾斜	向下倾斜	垂直	
Gregory、Aziz 和 Mandhane	Gregory、Aziz 和 Mandhane 的方法为水平流引入了新的流态图	是	是(倾斜度小于30°)	是(倾斜度小于30°)	否	[18]
绝热气体	绝热气体方法是一种可压缩气体方法，它假定气体沿管道通过时会发生绝热膨胀，但该方法忽略了由于海拔变化所引起的压力损失	是	否	否	否	
等温气体	等温气体方法是一种可压缩气体方法，其假设气体沿管道通过时会产生等温膨胀，但该方法忽略了由于海拔变化所引起的压力损失	是	否	否	否	

注：1 英寸 = 2.54cm。

例 4.3 流速为 $40t \cdot h^{-1}$ 的水通过一根长为 250m 的材料为低碳钢的管道进行输送，其中，管道内径为 100mm，壁厚为 5mm；管道系统包括 1 个全开闸阀、1 个半开闸阀、2 个标准 Q 弯头、1 个圆盘水表和 1 个全开截止阀，具体如图 4.11 所示；管道的进口和出口均处于同一水平面上；管道系统开始处的水压为 5bar，温度为 25℃；环境的平均温度为 20℃；传热系数的平均值为 $20W/(m^2 \cdot k)$。要求：计算管道长度方向上的压降、压力和温度分布。

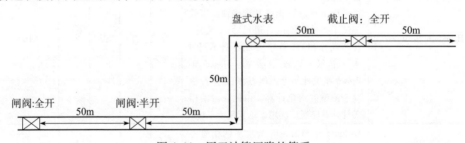

图 4.11 用于计算压降的管系

解决方案：

• 采用与例 4.2 中相同的初始步骤，不同之处是采用 *Pipe segment* 模型代替 *Compressor* 模型；在该模拟中，因只是采用水作为组分，因此可采用 Antoine 物性包。

• 在进行物流连接之后，进行管道流动相关性的选择，在此模拟中选择的是 *Beggs* 与 *Brill*[11] 方法。

- 对管段进行定义,具体如图4.12所示;针对每个管段和管件元素,依据它们在图4.11所示管系中的放置顺序,分别定义为单独的管段(共11个)。

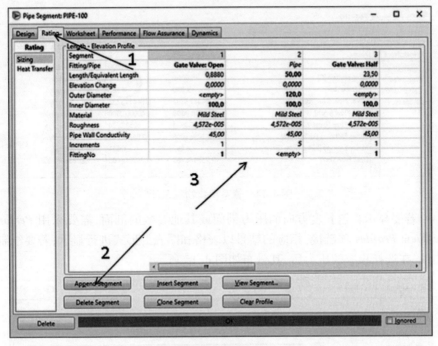

图4.12 管段定义

- Aspen HYSYS 软件中为指定系统和周围环境之间的传热提供了不同的可能性;在这个模拟中,环境温度和总传热系数均是已知的,此处选择 *Overall HTC* 项后,输入环境温度和总传热系数,具体如图4.13所示。

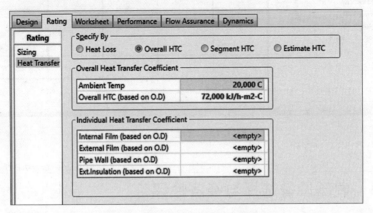

图4.13 管系传热条件规格

- 采用 Aspen HYSYS 模拟计算可得到进口物流以及沿管道系统不同剖面的

条件值,其中出口压力和出口温度值详见 ***Worksheet*** 表(图 4. 14),由结果可知,出口物流的压力为 4. 33bar,这也意味着管系中的压降为 0. 76bar。

Name	1	2	E1
Vapor	0,0000	0,0000	<empty>
Temperature [C]	25,0000	24,8167	<empty>
Pressure [bar]	5,000	4,332	<empty>
Molar Flow [Nm3/d(gas)]	1194411,3232	1194411,3232	<empty>
Mass Flow [kg/h]	40000,0000	40000,0000	<empty>
LiqVol Flow [barrel/day]	6050,3934	6050,3934	<empty>
Molar Enthalpy [kJ/kgmole]	-2,849e+005	-2,849e+005	<empty>
Molar Entropy [kJ/kgmole-C]	6,557	6,511	<empty>
Heat Flow [kW]	-1,75714e+05	-1,75724e+05	9,24340e+00

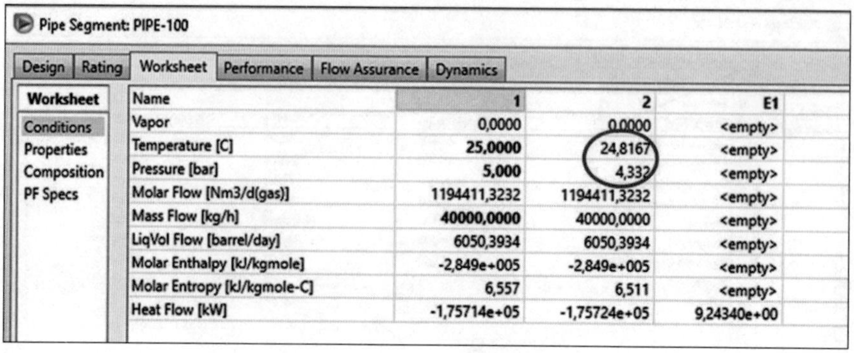

图 4. 14　管系出口物流条件

- 若要显示管道长度方向的压力剖面或其他参数的剖面,需要采用 ***Performance-View Profiles*** 项链接,相应的结果以表格和图表的形式进行显示;若要绘制压力曲线,在选择相应的压力后,其分布如图 4. 15 所示。

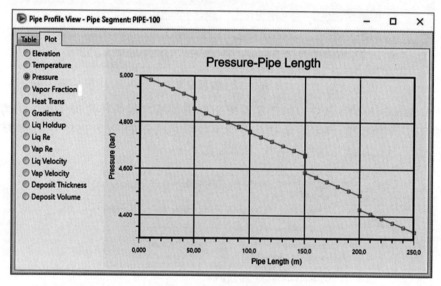

图 4. 15　管道压力分布

4. 4　调压设备选择与经济性评价

调压设备(泵、压缩机和阀门)存在多种类型和变体。为特定工艺选择合适的调压设备取决于许多因素,如输送流体的类型、流体流速、所需的出口压力等。

通常,泵的选择是基于所需的扬程和流体流速进行的。许多化学工程教科书[1,19]中均对泵的类型进行了详细介绍。Davidson 和 Bertele 在文献[20]中描述了进行泵的选择和安装的通用指南。泵可分为动力泵和容积泵两大类,其中最为常用的泵类型是属于动力泵类的离心泵。表4.4给出了一些泵的正常操作范围。

表4.4 某些类型泵的操作范围

类型	容量范围/(m³/h)	扬程/m
离心:一级	0.25~103	10~50
离心:多级	0.25~103	300
齿轮	0.05~500	60~200
往复	0.5~500	50~200
隔膜	0.05~50	5~60

通常,选择压缩机时需要考虑的最重要参数是流量和排气压力。压缩机类型及其特性在许多化学工程类书籍的常规部分都有叙述[1,19,21],其中 Hanlon 所编著的压缩机手册中给出了较为详细的描述[2]。

图4.16给出了压缩机的分类,其类似于 APEA(Aspen Plus Economic Analyzer)软件中对压缩机和鼓风机的分类模式。

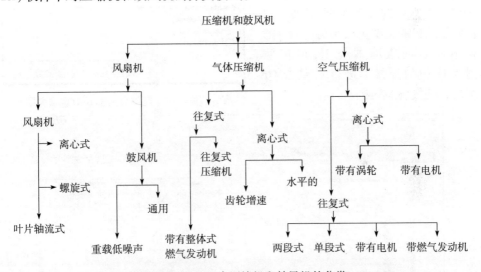

图4.16 APEA 中压缩机和鼓风机的分类

往复式、离心式和轴流式压缩机是最为常用的压缩机类型。对于高达8500m³/h 的流速和 1~5000bar 的排气压力,通常采用的都是往复式压缩机。对于1000~170000m³/h 的流速和 3~800bar 的排放压力,可以采用离心式压缩机。

泵和压缩机成本的详细图形化表述详见文献[19]。但是,通常很难收集所有类型的调压设备以及材料和工艺条件发生不同变化时的近期成本数据。在 APEA 软件中,允许先选择设备类型,再采用实际流速和工艺条件确定设备尺寸,最后进行包括设备成本和设备安装成本的工艺成本的估算。

例 4.4 要求:为例 4.2 中所采用的压缩机选择合适的类型,并对合适压缩机类型的成本进行比较。

解决方案: 对于在例 4.2 所述条件下的天然气输送,离心式和往复式压缩机均是可以采用的。通过 APEA 能够评估离心卧式压缩机、往复式压缩机以及具有整体式燃气发动机的往复式压缩机。

- 此处需要通过激活 APEA 继续对例 4.2 进行模拟,激活 APEA 的步骤是在 *Economics* 工具栏中标记 *Economic Activate* 项。

- 另一种进行模拟的方法是采用 *Send to APEA* 项将模拟发送到 APEA 软件,若选择该种方式则 APEA 软件将会运行,此时可执行该软件中所包含的相关必要操作。

- 当 APEA 被激活时,单击 *Economics* 工具栏中的 *Map* 项,在出现 *Map Options* 页面(图 4.17)后,单击 *OK* 按钮。

- 在出现的 *Map Preview* 页面上,由于 *Centrifugal-Horizontal* 压缩机被选为默认的设备类型,此处需要将此压缩机的类型更改为另一种本模拟中需要的压缩器类型,可按照图 4.18 中的步骤 1 进行),单击 *OK* 按钮,映射过程完成。

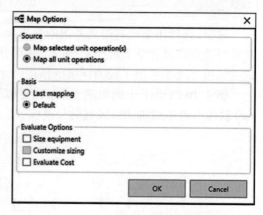

图 4.17 经济分析器映射选项

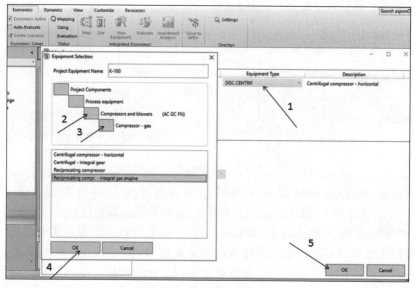

图 4.18 APEA 设备映射

- 通过单击 *Size* 项,提供压缩机的尺寸,其中最为重要的模拟映射和尺寸信息如表4.5所列;若要获取更为详细的信息,应该采用的是将该模拟发送到APEA软件并在该软件中进行工作的替代方法。

表4.5 模拟映射的设计信息

参数	取值
实际气体流量入口/(m^3/h)	735.38
入口设计表压/kPa	5398.67
入口设计温度/℃	25.00
出口设计温度/℃	62.74
出口设计表压/kPa	8148.67
驱动器功率/kW	642.76
分子量	17.46
比热容比	1.23
入口压缩系数	0.88
出口压缩系数	0.89
驱动类型	MOTOR

- 从工具栏中选择 *Evaluate* 项,以继续采用APEA软件对流程进行经济性评估。
- 通过单击 *View Equipment* 项,检查模拟计算结果。
- 针对往复式压缩机和具有整体式发动机的往复式压缩机,重复上述的映射、选型和评估过程。

APEA为设备、公用工程和单元运营成本提供选型和成本计算结果。表4.6给出了所有3种类型压缩机的成本、重量和公用工程成本。根据该表的结果可知,APEA软件认为具有整体式燃气发动机的往复式压缩机的成本最低。

表4.6 压缩机成本核算结果

压缩机类型	设备成本/美元	安装成本/美元	设备重量/lb	安装重量/lb	公用工程/(美元/h)
离心-卧式	1120100	1268100	18900	34588	52
往复式	975000	1097200	45400	64761	0
具有一体式燃气发动机的往复式压缩机	896500	1018500	55000	74629	0

注:1lb=0.454kg。

参考文献

[1] Green DW, Perry RH. Perry's Chemical Engineers' Handbook, 8th ed. New York: McGraw-Hill; 2008.

[2] Hanlon PC. Compressor Handbook. NewYork:McGraw-Hill; 2001.

[3] Aspen Plus ® V9 Help. Burlington, MA; Aspen Technology, Inc. ; 2016.

[4] Aspen HYSYS ® V9 Help. Burlington, MA: Aspen Technology, Inc. ; 2016.

[5] GPSA (Gas Processors Supplier Associations) Engineering Data Book. Tulsa, OK: Gas Processors Supplier Associations; 1979. Chapter 4. pp. 5-6 to 5-10.

[6] ASME (American Society of Mechanical Engineers) Power Test Code 10. New York City: American Society of Mechanical Engineers; 1965. pp. 31-32.

[7] Schultz JM. The polytropic analysis of centrifugal compressors. J. Eng. Power. 1962, 84(1): 69-82.

[8] Huntington RA. Evaluation of polytropic calculation methods for turbomachinery performance. J. Eng. Gas Turbine Power 1985, 107(4): 872-876.

[9] Colebrook CF. Turbulent flow in Pipes, with particular reference to the transition region between the smooth and rough pipe laws. J. ICE. 1939, 11(4): 133-156.

[10] Chen NH. An explicit equation for friction factor in pipe. Ind. Eng. Chem. Fundam. 1979, 18(3): 296-297.

[11] Beggs HD, Brill JP. A study of two-phase flow in inclined pipes. J. Pet. Technol. 1973, 25(5): 607-617.

[12] Payne GA, Palmer CM. Brill JP, Beggs HD. Evaluation of inclined pipe, two-phase liquid holdup and pressure-loss correlation using experimental data. J. Pet. Technol, 1979, 31(9): 1198-1208.

[13] Duns H, Ros NCJ. Vertical flow of gas and liquid mixtures in wells. In Proceedings of Sixth World Petroleum Congress, Frankfurt, Germany, June 1963. Section II, Paper 22-PD6, pp. 19-26.

[14] Orkiszenolwski J. Prediction two-phase pressure drops in vertical pipe. J. Pet. Technol. 1967, 19(6): 829-838.

[15] Aziz K, Govier GW, Fogarasi M. Pressure drop in wells producing oil and gas. J. Can. Pet. Technol. 1972, 11(3): 38-48.

[16] Hagedorn AR, Brown KE. Experimental study of pressure gradients occurring during continuous two-phase flow in small diameter vertical conduits. J. Pet. Technol. 1965, 17(4): 475-484.

[17] Lockhart RW, Martinelli RC. Proposed correlation of data for isothermal two-phase two-component flow in pipes. Chem. Eng. Prog. 1949, 45(1): 39-48.

[18] Mandhane JM, Gregory GA, Aziz K. Critical evaluation of friction pressure drop prediction methods for gas-liquid flow in horizontal pipes. J. Pet. Technol. 1977, 29(10): 1348-1358.

[19] Peters MS, Timmerhaus KD, West RE. Plant Design and Economics for Chemical Engineers, 5th ed. New York: McGraw-Hill; 2004.

[20] Davidson J, Bertele O. Process Pump Selection: A Systems Approach, 2nd ed. Chichester,UK: JohnWiley and Sons, Ltd. ; 2005.

[21] Towler G, Sinnott R. Chemical Engineering Design, Principle, Practice and Economics of Plant and Process Design, 2nd ed. Amsterdam, The Netherlands: Elsevier; 2013.

第5章 反应器

5.1 化学反应器热质平衡

在具有 j 个进口物流、k 个出口物流和 n 个稳态条件的反应器中,参与 n 个反应的组分 i 的物质平衡可表示为

$$\left(\sum_j n_{ij}\right)_{in} - \left(\sum_k n_{ik}\right)_{out} + \left(\sum_n v_{in}\xi_n\right)_R = 0 \tag{5.1}$$

式中:n_{ij} 为第 j 个进口物流中组分 i 的摩尔流量;n_{ik} 为第 k 个出口物流中组分 i 的摩尔流量;v_{in} 为第 n 个反应中组分 i 的化学计量系数;ξ_n 为第 n 个反应的反应系数。

式(5.1)中的最后一项表示的是所有化学反应中产生或消耗的组分 i 的总量,其可以采用下式计算,即

$$\sum_n v_{in}\xi_n = n_{i,in} - n_{i,out} \tag{5.2}$$

同时,在单个化学反应中,组分 i 的转化率可表示为

$$\alpha_i = \frac{n_{i,\text{reacted}}}{n_{i,0}} = \frac{n_{i,0} - n_{i,t}}{n_{i,0}} \tag{5.3}$$

式中:$n_{i,0}$ 为组分 i 的初始摩尔流量(在间歇式反应器的情况下为摩尔);$n_{i,\text{reacted}}$ 为组分 i 反应的摩尔流量;$n_{i,t}$ 为组分 i 在时刻 t 时反应混合物中的摩尔流量。

考虑在稳态条件下,反应器的通用能量平衡可写为

$$\left(\sum_j n_j h_j\right)_{in} - \left(\sum_k n_k h_k\right)_{out} + \sum_n \Delta_r H_n \xi_n + Q + W = 0 \tag{5.4}$$

式中:n_j 为进口物流 j 的摩尔流量;n_k 为出口物流 k 的摩尔流量;h_j 为进口物流 j 的焓;h_k 为出口物流 k 的焓;$\Delta_r H_n$ 为反应 n 的反应焓;Q 为加入或从系统中移除的热量(如果是向系统添加热量,则 Q 带加号;相反,如果热量是从系统中移除,则 Q 带减号);W 为外界对系统做功(带加号)或系统对外界做功(带减号)(在许多应用中,该项可忽略)。

与热容类似,相加规则也可应用于焓和温度相关参数的计算。

通常,采用 Aspen Plus 和 Aspen HYSYS 的化学反应器进行建模需要具有良好的化学反应工程的背景。研究不同化学反应器类型的化学反应工程详见文献[1-2]。

5.2 化学计量和产率反应器模型

化学计量模型(Aspen Plus 中的 **RStoic** 模型和 Aspen HYSYS 中的 **Conversion Reactor** 模型)基本上可用于每个化学反应,其前提是这些反应的化学计量和转化率或摩尔范围是已知的,并且反应动力学是未知的或不重要的。**RStoic** 模型和 **Conversion Reactor** 模型能够模拟同时或顺序发生的化学反应。此外,这些模型还可用于计算反应热。需要说明的是,化学计量反应器模型中的这些计算都是基于式(5.1)~式(5.4)所表征的物料和能量平衡进行的。

对 **RStoic** 模型进行连接需要至少 1 个进口物流和 1 个出口物流,更多的输入物流、任意数量的输入和输出能量物流以及 1 个自由水输出物流是可选择的。Aspen HYSYS 中 **Conversion Reactor** 模型的连接需要至少 1 个输入物流和 2 个输出物流,但如果对非绝热反应器进行模拟,则对能量物流的连接也是强制性的。

Aspen Plus 的 **RStoic** 模型能够直接在单元操作模型内对反应化学计量进行定义;但在采用 Aspen HYSYS 的 **Conversion Reactor** 模型的情况下,反应却应该在 **Properties** 项环境中进行定义,需要被分组为一组反应并将其添加到流体包中(详细参见例 2.12)。在单元操作模型中,仅是将所定义的反应集简单地添加到反应器模型中。

如果没有可用的关于反应及其化学计量的信息,但能够提供每单位质量或单位摩尔反应器进料所产生的单一组分的量,则需要采用 Aspen Plus 的 **RYield** 模型或 Aspen HYSYS 的 **Yield Shift Reactor** 模型。

RYield 模型提供两个主要的选项,即组分产量规格和组分映射规格。如果选择了组分收率选项,则需要在用户编写的 Fortran 子程序中对产品收率进行指定或计算。**RYield** 模型的本质是将收率标准化并保持反应中质量的平衡。通常,收率可指定为每单位总进料质量的组分摩尔数或每单位总进料质量的质量分数。需要注意的是,非常规组分的收率必须以质量为基础进行指定。

例 5.1 通过环氧乙烷的直接水合反应制备乙二醇,该反应在液相中进行,并且无需催化剂,环境温度为 20℃。除了乙烯水合成乙二醇的反应之外,随后还会发生羟烷基化形成二甘醇或更高级的二元醇的反应。为了防止后续所发生的反应,在该过程中需要在具有大量过量水的情况下进行。在本例中,需要考虑以下的具有给定转化率的主反应和副反应,即

$$C_2H_4O+H_2O \rightarrow HOCH_2-CH_2OH \tag{R5.1}$$

式中：C_2H_4O 转化率为 95%。

$$HOCH_2-CH_2OH+C_2H_4O+H_2O \rightarrow (HOCH_2-CH_2)_2O \tag{R5.2}$$

式中：C_2H_4O 转化率为 5%。

此处，设定环氧乙烷与水的摩尔比为 1∶12，环氧乙烷和水在 25℃ 和 3MPa 的条件下进入反应器，反应温度和压力为 200℃ 和 3MPa。

要求 采用 Aspen Plus 完成模拟并计算以下各项：

①反应产物的组成；

②在处理 100kmol/h 环氧乙烷时，计算反应器的热负荷；

③在参考温度为 25℃、参考压力为 101.325kPa 和参考相为液体时，计算两种反应的反应热。

解决方案：

• 如第 1 章和第 2 章中的步骤所述，打开 Aspen Plus，选择组分列表和合适的热力学方法（本例中为 NRTL-RK）。

• 切换到 *Simulation* 环境，按照例 2.14 所描述步骤搭建工艺流程图。其中，此处需要 1 个 *Rstoic* 模块，可在 *Reactors* 模型面板中直接进行选择，通过绘制 2 个进口物流和 1 个出口物流完成该流程的搭建（图 5.1）。

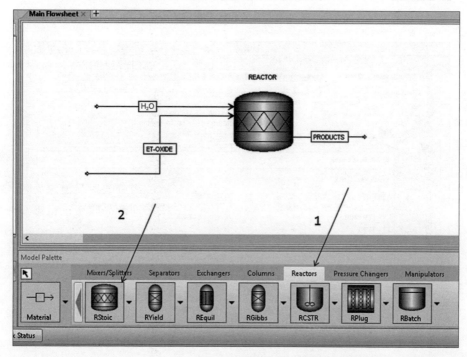

图 5.1 Aspen Plus 中的转换反应器模型流程

- 通过输入温度、压力、成分和摩尔流量指定进口物流的规格,其中采用的水的摩尔流量值是环氧乙烷的摩尔流量值的 12 倍。
- 通过输入压力和温度指定 **Rstoic** 模块的规格(图 5.2)。
- 在 **Reaction** 选项卡中对化学反应进行定义,具体步骤如图 5.3 所示:先定义第 1 个反应的化学计量和转化率,再按照相同的方法重复完成第 2 个反应。

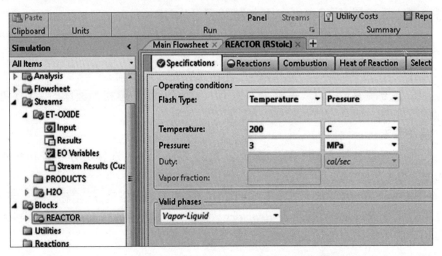

图 5.2　通过输入温度和压力指定 **Rstoic** 模块

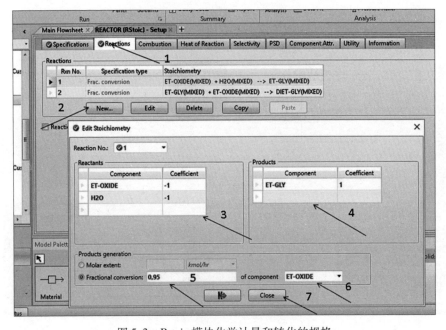

图 5.3　Rstoic 模块化学计量和转化的规格

- 在准备运行模拟之前,为获得任何其他的环氧乙烷摩尔流量所需的环氧乙烷与水摩尔流量的比值,需要对计算器模块进行定义,其在 **Flowsheeting Options** 下的 **Calculator** 项中完成,按照图 5.4 所示的步骤创建一个计算器模块。
- 在完成图 5.4 所示的步骤 4 之后,出现计算器模块的定义页面(图 5.5)。
- 通过单击 *New* 按钮开始进行参数定义,为环氧乙烷的摩尔流量选择名称,如 NETO(图 5.5)。
- 为 NETO 变量指定参数,此处采用鼠标的上下滚动键进行选择,其中,物流类型为 *Stream-Var* 项,物流为 *ET-OXIDE* 项,子物流为 *MIXED* 项,变量为 *Mole-Flow* 项(单位为 kmol/h)。
- 此处需要注意的是,对于总摩尔流量,类型应选择 *Stream-Vars* 项;对于各组分摩尔流量,类型应选择 *Mole-Flow* 项。

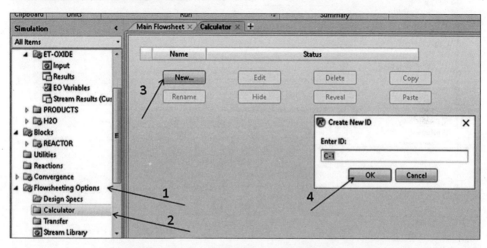

图 5.4 在 Aspen Plus 中创建计算器模块

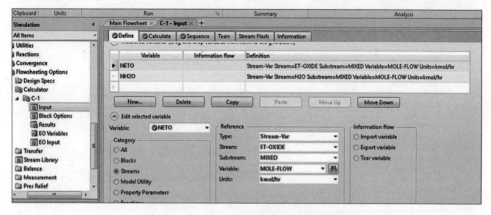

图 5.5 在 Aspen Plus 中定义计算器模块

- 采用同样的方法定义水物流的摩尔流量。
- 打开 *Calculation* 选项卡,基于 Fortran 的命令编写条件:NH$_2$O = 12 * NETO (图 5.6)。
- 指定计算器模块的执行顺序为 *Before* 项、*Unit operation* 项和 *REACTOR* 项,详见图 5.6。
- 在运行 *Report Options* 项中的模拟集之前,需要将作为物流报告中的一项的摩尔分率包含在报告表中,按照图 5.7 所示的步骤完成此操作。

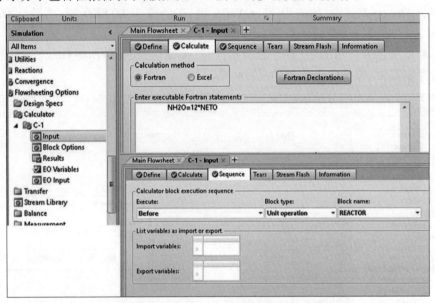

图 5.6　计算器模块中的计算公式和顺序

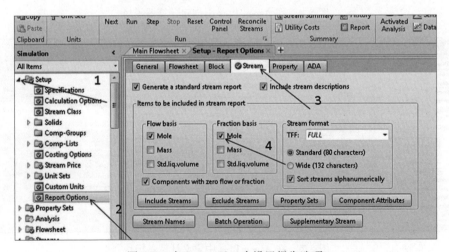

图 5.7　在 Aspen Plus 中设置报告选项

- 运行模拟计算,若要检查产品组成,需要基于 *REACTOR* 模块下的 *Stream Results* 项,相应的结果如图 5.8 所示。可知,产品中含有超过 92 mol% 的水、7.5 mol% 的乙二醇和大约 0.4 mol% 的二甘醇。
- 检查反应器的热负荷,通过查看 *REACTOR* 模块下的 *Results* 项可知,该流程需要 2562.5kW 的热量。
- 计算反应热需要按照图 5.9 所示的步骤在 *Setup* 页面的 *Heat of Reaction* 选项卡中激活该选项,并输入给定的参考温度、压力和相态信息。

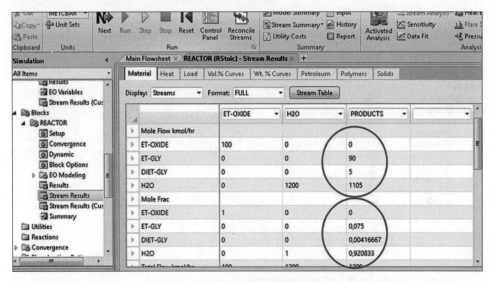

图 5.8 环氧乙烷水合产物的组成

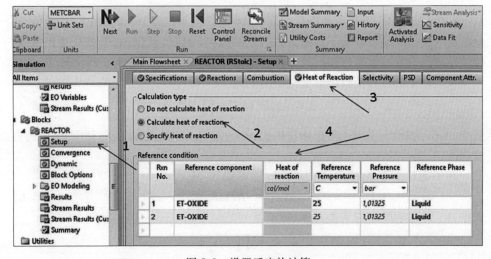

图 5.9 设置反应热计算

- 再次运行模拟计算,检查 **Results** 页面的 **Reactions** 选项卡中的结果,可知,环氧乙烷水合反应热约为-95kJ/mol,乙二醇与二甘醇反应热约为-96kJ/mol(图5.10);这些结果表明上述两种反应均为放热反应,但由于反应热不足以将反应物加热到需要的反应温度,必须将来自外部的额外热量引入到该流程中。

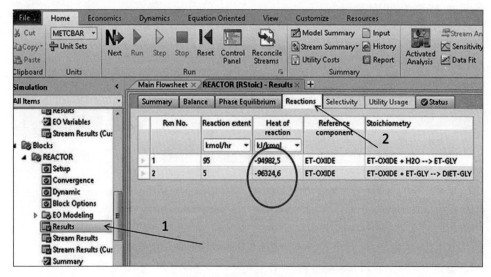

图5.10 反应热的计算结果

5.3 化学平衡反应器模型

在反应体系中,如果吉布斯自由能(Gibbs free energy of reaction,$\Delta_r G$)为负值,则化学反应会自发地沿着化学计量方程所示的方向(向右)发生;如果 $\Delta_r G$ 为正值,则化学反应会自发地发生在相反的方向上;如果 $\Delta_r G = 0$,则系统处于平衡状态。

反应体系的吉布斯自由能变化可由下式给出,即

$$\Delta_r G = \Delta_r G° + RT\ln \prod_i a_i^{v_i} \tag{5.5}$$

式中:$\Delta_r G°$ 为标准(参考)吉布斯自由能;a_i 为组分 i 的活度;R 为气体常数;T 为温度(K)。

在平衡状态下 $\Delta_r G = 0$,则由式(5.5)可知

$$\Delta_r G° = -RT\ln K_e \tag{5.6}$$

式中:K_e 为化学反应的平衡常数,即

$$K_e = \prod_i a_i^{v_i} \tag{5.7}$$

标准吉布斯自由能可由组分的标准生成吉布斯自由能 $\Delta_f G_i°$ 计算得到,即

$$\Delta_r G° = \sum_i v_i \Delta_f G_i° \qquad (5.8)$$

如果组分的标准生成焓 $\Delta_f H_i°$ 和标准绝对熵 $S_i°$ 可用,则计算 $\Delta_r G°$ 可表达如下:

$$\Delta_r G° = \sum_i v_i \Delta_f H_i° - T \sum_i v_i S_i° \qquad (5.9)$$

5.3.1　Aspen Plus REquil 模型

Aspen Plus 的 **REquil** 模型采用由吉布斯自由能确定的平衡常数计算产品流速,其中平衡常数是基于用户指定的反应化学计量和产率分布获得的。**REquil** 模型能够同时计算相平衡和化学平衡。当反应化学计量已知且部分或所有反应都已经达到化学平衡时,**REquil** 模型可用于模拟反应器。

针对每个化学反应都可选择一个受限制的平衡规格,将其作为化学反应的摩尔程度或接近平衡的温度。如果不提供这些规格,则 **REquil** 模型会假定化学反应达到化学平衡。如果为化学反应选择温度方法,则还可以提供摩尔范围的估计值,以提高化学平衡计算的收敛性。**REquil** 模型能够执行嵌套在化学平衡回路内的单相或两相闪蒸计算,但其却不能执行三相计算[3-4]。

5.3.2　Aspen HYSYS 平衡反应器模型

Equilibrium Reactor 模型为平衡常数的计算提供了不同的可能性。上述吉布斯自由能方法通常被设置为默认方法,若采用该默认选项,则平衡常数由默认的 HYSYS 纯组分吉布斯自由能数据库和相关性确定。通常认为,相关性和数据库值在 25~426.85℃的温度范围内是有效/准确的[5]。

如果上述数据库是可用的,用户可按照以下形式输入自己所需要的平衡常数信息。
- 固定值的 K_e:若已知 K_e 是与温度无关的常数值,则采用此选项。
- 假设 $\ln K_e$ 仅是温度的函数,则 K_e 的值由下式确定,即

$$\ln K_e = a + b \qquad (5.10)$$

其中,

$$a = A + \frac{B}{T} + C\ln(T) + DT \qquad (5.11)$$

$$b = JT^2 + FT^3 + GT^4 + HT^5 \qquad (5.12)$$

式中:A、B、C、D、J、F、G 和 H 为常数。
- 已知 K_e 与 T 表、温度和平衡常数数据,则 Aspen HYSYS 根据所提供的数据估算平衡常数,并在必要时对它们进行插值处理。

平衡反应器能够同时计算相平衡和化学平衡。因此,至少应将两个出口物料

流连接到模型。如果没有连接能量物流,Aspen HYSYS 就会假设这是一个绝热反应器;如果能量物流被连接到该模型,则应该指定热负荷或出口条件。

例 5.2 采用天然气生产合成气时,会发生以下的两个反应,即

$$CH_4+H_2O \rightleftharpoons 3H_2+CO \tag{R5.3}$$

$$CO+H_2O \rightleftharpoons H_2+CO_2 \tag{R5.4}$$

式中:第 1 个反应是重整反应;第 2 个反应是水煤气变换反应。

显然,通过上述反应能够产生更多的氢气并能够将 CO 转化为 CO_2。采用 Aspen HYSYS 将这些化学反应建模为平衡反应,并要求采用吉布斯自由能法计算平衡常数。

对于此模拟计算,将天然气视为在 400℃ 和 34bar 条件下向反应器供入的贫甲烷物流,其他的条件为:预热蒸汽在 280℃ 和 34bar 下进料,CH_4 的摩尔流量为 90kmol/h,蒸汽的摩尔流量为 235kmol/h。要求:在反应器温度范围为 350~900℃ 时,计算反应产物的组成。

解决方案:

- 按照如第 1 章和第 2 章所述步骤打开 Aspen HYSYS,选择组分列表和适当的 Fluid(流体)包(在本例中为 Peng-Robinson)。

- 按照例 2.12 所述步骤,基于本例的 2 个反应创建 1 组平衡反应,并将其添加到上述流体包中。

- 切换到 *Simulation* 环境中,选择平衡反应器模型,连接 2 个进口物流、2 个出口物流和 1 个能量物流。

- 输入进口物流的条件和成分,定义出口气体物流的温度,此处采用的是温度范围的最终值,即 900℃。

- 在 *Reactions* 选项卡中,将上述所定义的反应集添加到反应器模型中(图 5.11);此处需要注意的是,只有由平衡反应组成的反应组才能添加到平衡反应器模型中。

- 此处采用 1 个案例研究观察温度对产品成分的影响:首先从主工具栏中选择 *Case Study* 项(图 5.12),然后单击 *Add* 按钮创建案例研究,接着将出现 *Case study 1* 项页面。

- 单击 *Add* 按钮,选择待观察的参数和可变参数。

- 选择变量的过程如图 5.13 所示:依次选择 *Object* 项(气体出口物流)、*Variable* 项(主要组分摩尔分率)和 *Variable Specifics* 项(组分),然后单击 *Add* 按钮将所选参数添加到案例研究中;最后,添加所有组分的摩尔分率以及出口物流的温度。此处需要注意的是,仅当变量值由用户自定义时,Aspen HYSYS 才将变量标识为 *Independent* 项。

- 选择所有待观察的参数后,关闭 *Variable Navigator* 页面。

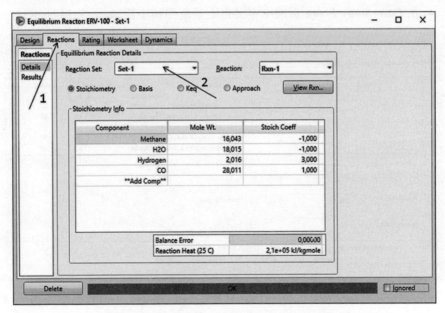

图 5.11　在 Aspen HYSYS 中将反应组添加到反应器模型

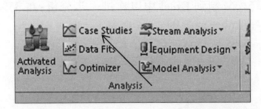

图 5.12　在 Aspen HYSYS 中启动案例研究

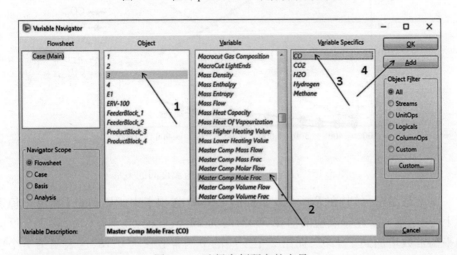

图 5.13　选择案例研究的变量

- 在 *Case Study Setup* 页面中定义自变量范围和步长，如图 5.14 所示。

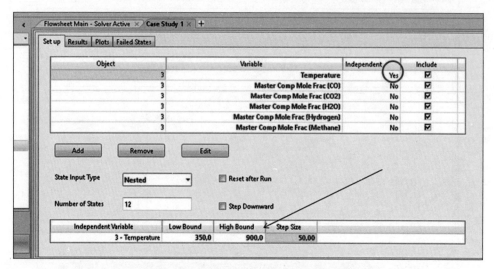

图 5.14　指定案例研究的自变量范围

- 运行案例研究并检查结果，可见结果是以表格和图表的形式进行呈现的，包括结果的表格可轻松复制到 Excel 中以作进一步分析；在 350~900℃的温度下，该模拟流程所产生气体的组成如图 5.15 所示。

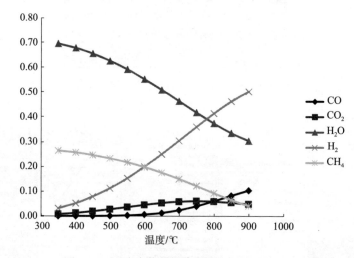

图 5.15　反应产物的组成与反应温度间的关系

由上述结果可知，在 *Reaction* 页面的 *Results* 选项卡中所显示的平衡常数值实际上为零，第 2 个化学反应的值在 350℃时为 22.6；然而，在 900℃时，第 1 个反应的平衡常数增加到了 1202，而第 2 个反应的平衡常数仅为 0.78，这表明第 1 个反应是在较高温度下发生，第 2 个反应是在较低温度下发生。因此，该流程的更准确模型是由2个反应器组成,其中,第1个反应发生在第1个反应器中,第2个反应发生在第2个反应器中。

5.3.3 Aspen Plus RGibbs 模型和 Aspen HYSYS Gibbs 反应器模型

这两个模型均考虑了化学反应系统的吉布斯自由能在平衡时处于最小值的条件,均进行了反应产物组成的计算。因此,这些模型不需要通过反应化学计量对产物组成进行计算。如果化学反应的化学计量未知,并且假设该反应达到了化学平衡,则可采用这些模型。

Aspen Plus 的 **RGibbs** 模型提供以下类型的计算。

(1)仅相平衡。
(2)相平衡和化学平衡。
(3)限制化学平衡条件下,指定温度方法或化学反应。
(4)限制化学平衡条件下,指定负荷和温度以及计算温度的方法。

Aspen Plus 的 **RGibbs** 模型的一个非常有效的应用是对非常规固体(如生物质、废弃物和煤)的燃烧或气化过程进行模拟(参见第14章)。

Aspen HYSYS 的 Gibbs 反应器模型可单独用作分离器,它是一种未附加反应组的最小化吉布斯自由能反应器,或采用平衡反应的反应器。当附加反应组时,Gibbs 反应器在计算中采用化学反应中所涉及的化学计量。

5.4 动力学反应器模型

如果采用动力学反应器模型,式(5.1)中的最后一项是采用化学反应的速率方程计算得到的。基本上存在以下两种类型的动力学表达式用于计算反应速率:

(1)幂律表达式;
(2)广义 LHHW(Langmuir-Hinshelwood-Hougen-Watson)模型。

如果选择了幂律动力学,则需要采用式(5.13)所示的幂律表达式对 Aspen Plus 中的动力学反应器模型(**RCSTR**、**RPlug** 和 **RBatch**)进行建模。如果反应类型选择 **Kinetic** 项,则 Aspen HYSYS 也采用相同的表达式,即

$$r = k \left(\frac{T}{T_0}\right)^u e^{-\left(\frac{E}{R}\right)\left(\frac{1}{T} - \frac{1}{T_0}\right)} \prod_{i=1}^{N} C_i^{\sigma_i} \qquad (5.13)$$

式中:k 为指前因子;E 为活化能;T 为绝对温度;T_0 为参考温度;C_i 为组分 i 的浓度;σ_i 为组分 i 的指数。

如果未指定 T_0,Aspen Plus 采用以下简化形式的幂律表达式,即

$$r = kT^u e^{-\left(\frac{E}{RT}\right)} \prod_{i=1}^{N} C_i^{\sigma_i} \tag{5.14}$$

如果选择反应器的体积作为 **Rate Basis** 项，则速率单位为 kmol/(s·(basis))，相应地 basis 单位为 m^3。如果选择催化剂重量作为 **Rate Basis** 项，相应地 basis 单位是 kg 催化剂。对于异源催化反应的建模，通常采用的是 LHHW 表达式。

通用形式的 LHHW 表达式为

$$r = \frac{(\text{Kinetic factor})(\text{Driving force expression})}{(\text{Adsorption term})} \tag{5.15}$$

式(5.15)中的各项由下式给出，即

$$\text{Kinetic factor} = k\left(\frac{T}{T_0}\right)^u e^{-\left(\frac{E}{R}\right)\left(\frac{1}{T} - \frac{1}{T_0}\right)} \tag{5.16}$$

$$\text{Driving force expression} = k_1 \prod_{i=1}^{N} C_i^{\sigma_i} - k_2 \prod_{j=1}^{N} C_j^{\beta_i} \tag{5.17}$$

$$\text{Adsorption term} = \left[\sum_{i=1}^{M} K_i \prod_{j=1}^{N} C_j^{v_i}\right] \tag{5.18}$$

式中：u、σ、β、v 和 m 为指数。

上述公式中，驱动力常数 k_1 和 k_2 以及吸附项常数 K_i 可能与温度有关。

在 Aspen Plus 中，温度依赖性由以下公式给出，即

$$\ln(K) = A + \frac{B}{T} + C\ln(T) + DT \tag{5.19}$$

式中：A、B、C 和 D 是常数。

在对连续搅拌釜反应器(CSTR)中的速率控制反应进行建模时，在 Aspen Plus 中需要采用 **RCSTR** 单元操作模块，在 Aspen HYSYS 中需要采用 **Continuous Stirred Tank Reactor** 模型。在对连续管式反应器中的动力学反应建模时，需要采用 Aspen Plus 的 **RPlug** 单元操作模块或者 Aspen HYSYS 中的 **Plug Flow Reactor** (PFR)模型。此外，Aspen Plus 还能够对间歇反应器中的速率控制反应进行建模，对间歇反应器进行建模需采用 **RBatch** 单元操作模块。

例5.3 乙酸乙酯反应，乙醇在液相中与乙酸反应生成乙酸乙酯和水，即

$$CH_3COOH + CH_3CH_2OH \rightarrow CH_3COOC_2H_5 + H_2O \tag{R5.5}$$

在反应器温度为50℃和压力为101kPa 的条件下，对 CSTR 反应器进行建模，其中，乙醇和乙酸物流的摩尔流量均为 50kmol/h，温度为20℃、压力为110kPa，反应器体积为 $3m^3$。要求：模拟计算以下各项。

① 产物的组分：假定反应速率由下式给出，即

$$r = k\left(C_A C_B - \frac{C_R C_S}{K_e}\right) \tag{5.20}$$

其中，

$$k = 1.206 \times 10^6 e^{-E/RT} \quad (5.21)$$

式中: $E = 54240 \text{kJ/kmol}$[6] 和 $K_e = 4.5$ 为基于摩尔浓度的平衡常数。

② 在 $0.5 \sim 6 \text{m}^3$ 的反应器体积范围内,确定乙醇转化率对反应器体积的依赖性。

解决方案:

- 依据第 1 章和第 2 章所述步骤,打开 Aspen Plus,选择组分列表和适当的热力学方法(本例中为 NRTL-HOC)。
- 切换到 *Simulation Environment* 中,并构建工艺流程图(图 5.16)。

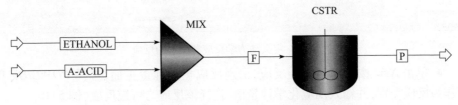

图 5.16　Aspen Plus 中的 CSTR 流程

- 对进口物流,输入给定的温度、压力、成分和摩尔流量值。
- 指定 *RCSTR* 模块后,输入压力和温度值,在 *Holdup* 项选择 *Liquid-Only* 项作为有效相,采用默认的 *Reactor Volume* 项作为规格类型并输入给定的反应器体积值(图 5.17)。

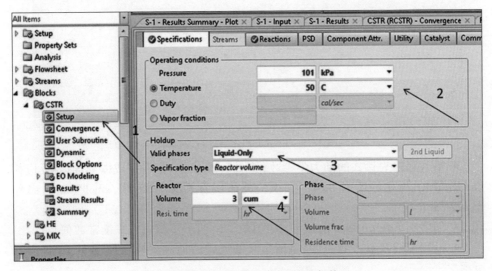

图 5.17　Aspen Plus 中 *RCSTR* 规格

- 对于动力学反应器模型(*RCSTR*、*RPlug*、*Rbatch*),首先在反应器规格页面之外定义化学反应,然后再添加至模型中;定义反应集时,要从主导航面板中选择 *Reaction* 项,然后按照图 5.18 所示步骤选择 *GENERAL* 项反应集类型。

127

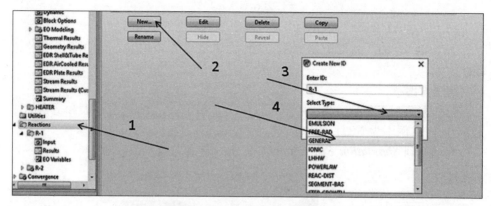

图 5.18　定义动力学反应器模型的反应

- 单击 *New* 按钮创建一个反应,出现反应化学计量页面,选择 *POWERLAW* 项作为反应类别,并输入反应化学计量值,选择该反应为可逆反应(图 5.19)。

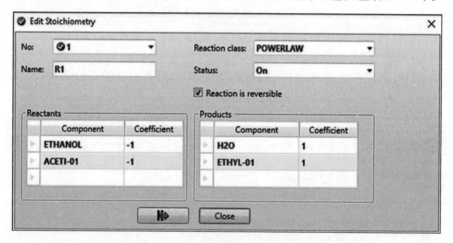

图 5.19　反应类和化学计量的选择

- 输入幂律表达式的动力学参数,如图 5.20 所示,接着完成以下选择:反应相为 *Liquid* 项,摩尔浓度为 *Basis* 项,反应器体积为 *Rate basis* 项,kmol/(m^3·s)作为 *Rate unit* 项。
- 切换到 *Equilibrium* 选项卡,按照图 5.21 所示步骤输入平衡常数值。
- 返回 *CSTR* 项设置页面,将所定义的反应添加到反应器模型中,如图 5.22 所示。
- 运行模拟计算并检查结果。

反应物和产物的组成如表 5.1 所列。

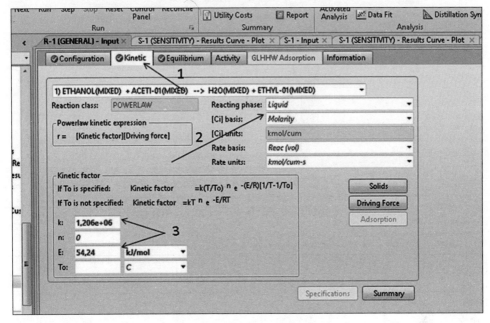

图 5.20　输入动力学参数

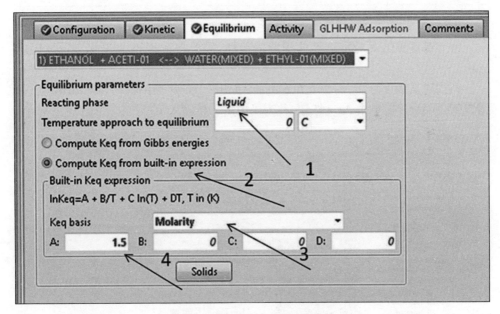

图 5.21　输入逆反应的平衡常数

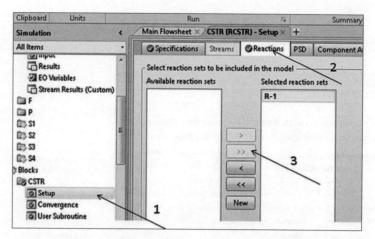

图 5.22 在 Aspen Plus 中添加反应到 CSTR 模型

表 5.1 乙酸乙酯流程反应物和产物组成（kmol/h）

物流	F	P
乙醇	50	26.03
水	0	23.97
醋酸	50	26.03
乙酸乙酯	0	23.97
全部	100	100

为了观察转化率对反应器体积的依赖性，需要按照以下的步骤进行灵敏度分析。

• 创建灵敏度分析，需要先在 *Model Analysis Tools* 项下选择 *Sensitivity* 项，如图 5.23 所示；接着单击 *New* 按钮，并为灵敏度分析输入 ID 号。

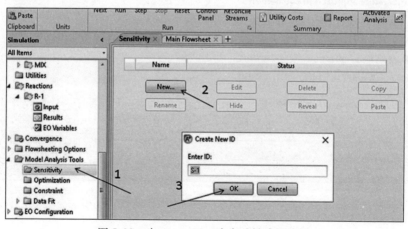

图 5.23 在 Aspen Plus 中启动敏感性分析

- 在灵敏度 *Input* 页面的 *Vary* 选项卡中定义操纵变量,将其指定为 *Block Variable-CSTR-VOL*,相应的体积单位为 m^3。
- 在灵敏度 *Input* 页面的 *Define* 选项卡中定义其他变量,其中,若要计算乙醇的转化率,则需要已知进料和产品物流中乙醇的摩尔流量;定义称为 *CON* 项的局部参数,定义乙醇摩尔流量,指定参数类型、物流、子物流、组分和单位,如图 5.24 所示;对于局部参数,仅需将其类型指定为 *Local-Param* 项即可。

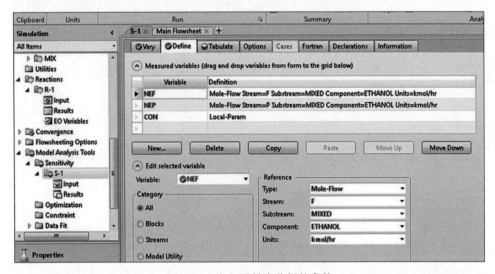

图 5.24 定义灵敏度分析的参数

- 在 *Fortran* 选项卡中写出乙醇转化率的计算公式,如图 5.25 所示。此处需要注意的是,慎用已在 *Define* 选项卡中定义的精确形式的符号。

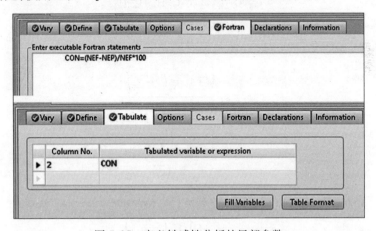

图 5.25 定义敏感性分析的局部参数

- 在 *Tabulate* 选项卡中指定需要显示乙醇转化率的相关表格的列。

• 运行模拟计算并检查,灵敏度的分析结果以表格的形式呈现,其中,结果曲线既可在 Aspen Plus 中直接生成,也可导出至 Excel 中再生成结果曲线,转化率对反应器体积依赖性曲线按图 5.26 所示(该曲线在 Aspen Plus 中采用工具栏中的 *Result Curve* 项生成)。

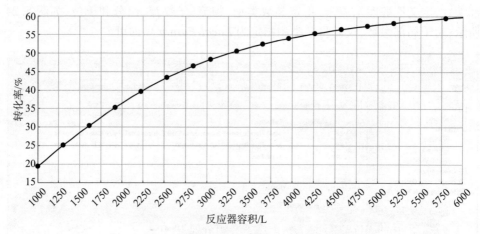

图 5.26　敏感性分析结果中转化率与反应器体积间的关系

例 5.4　苯乙烯是由乙苯在起始温度 630℃ 和压力略高于大气压的条件下,在水蒸气存在的情况下由催化脱氢反应生成(式(R5.6))。该过程还会发生两个主要的副反应,即乙苯热解为苯和乙烯(式(R5.7))反应以及乙苯加氢脱烷基(式(R5.8))反应,并相应地分别生成甲苯和甲烷。

$$C_6H_5-C_2H_5 \leftrightarrow C_6H_5-C_2H_3+H_2 \quad (R5.6)$$

$$C_6H_5-C_2H_5 \leftrightarrow C_6H_6+C_2H_4 \quad (R5.7)$$

$$C_6H_5-C_2H_5+H_2 \leftrightarrow C_6H_5-CH_3+CH_4 \quad (R5.8)$$

由文献[7]所获得的反应速率和动力学参数为

$$r_1 = k_1 \frac{\left(p_{EB} - \frac{1}{K_e} p_{ST} p_{H_2}\right)}{(1+K_{ST} p_{ST})} \quad (5.22)$$

$$r_2 = k_2 p_{EB} \quad (5.23)$$

$$r_3 = k_3 p_{EB} \quad (5.24)$$

$$k_1 = A_1 e^{\left(\frac{-E}{RT}\right)} \quad (5.25)$$

式中:$A_1 = 3524.4 \text{kmol}/(\text{m}^3 \cdot \text{s} \cdot \text{Pa})$;$E_1 = 158.6 \text{kJ/mol}$。

$$k_{1-} = \frac{k_1}{K_e} = \left(\frac{A_1}{A_e}\right) e^{\left(\frac{-(E_1-E_e)}{RT}\right)} \quad (5.26)$$

式中:$\ln A_e = 27.16 \text{Pa}$;$E_e = 124.26 \text{kJ/mol}$。

$$k_2 = A_2 \mathrm{e}^{\left(\frac{-E_2}{RT}\right)} \tag{5.27}$$

式中：$A_2 = 2.604 \times 10^3 \mathrm{kmol}/(\mathrm{m}^3 \cdot \mathrm{s} \cdot \mathrm{Pa})$；$E_2 = 114.5 \mathrm{kJ/mol}$。

$$k_3 = A_3 \mathrm{e}^{\left(\frac{-E_3}{RT}\right)} \tag{5.28}$$

式中：$A_3 = 71116 \mathrm{kmol}/(\mathrm{m}^3 \cdot \mathrm{s} \cdot \mathrm{Pa})$；$E_3 = 208 \mathrm{kJ/mol}$。

以 10∶1 的蒸汽∶乙苯的摩尔流量比（在本例中，蒸汽流量 150kmol/h，乙苯流量为 15kmol/h）两者进入多管反应器。反应器是由 500 根内径为 6cm、壁厚为 5mm、长为 4m 的管子组成，其中：管中填充有直径为 5mm 球形的催化剂颗粒，管内空隙率为 0.45，进料初始温度和初始压力分别为 630℃ 和 137.8kPa。要求：采用 Aspen HYSYS 进行以下的模拟计算：

① 成分、温度和压力分布；

② 若反应器在绝热条件下工作，对乙苯转化率和反应器对苯乙烯的选择性进行分析。

解决方案：

- 启动 Aspen HYSYS，打开新案例，选择组分列表（包括反应中的所有组分及水）。
- 添加适当的流体包，因本例的化合物是碳氢化合物，采用 Peng-Robinson 热力学包。
- 定义新反应集并添加全部 3 个反应，进行反应类型的选择，其中，主反应（式（R5.6））为 *Heterogeneous Catalytic Reaction* 类型；副反应为 *Kinetic* 类型。
- 输入主反应的化学计量：为 *Basis* 项选择 *Partial Pres* 项，为反应相选择 *Vapor Phase* 项。上述两个选项的单位分别是 Pa 和 $\mathrm{kmol}/(\mathrm{m}^3 \cdot \mathrm{s})$。
- 在 *Reaction Rate* 选项卡中，输入的参数包括正向反应和逆向反应的动力学参数以及吸附项参数，如图 5.27 所示；有关动力学参数定义的详细信息参见动力学帮助文件。
- 采用类似的方式对两个副反应的化学计量和动力学参数进行定义，因这两个反应被视为不可逆反应，故只需要输入正向反应的动力学参数。此处需要注意的是，速率方程 r_3 中氢的阶数为零。
- 添加一个反应集到流体包后，切换至 *Simulation* 环境中。
- 安装 *PFR* 模型，其工艺流程如图 5.28 所示。需要注意的是，因所模拟反应器为绝热反应器，故此处不需要进行能量物流的连接。
- 指定进口物流的相关参数，分别为温度（630℃）、压力（137.8kPa）、总摩尔流量（165kmol/h）和成分（15kmol/h 乙苯和 150kmol/h 水）。
- 在 *Parameters* 页面的 *Design* 选项卡中，选择用于压降计算的 *Ergun equation* 项。
- 切换到 *Reactions* 选项卡并将定义的反应集添加到反应器模型中。

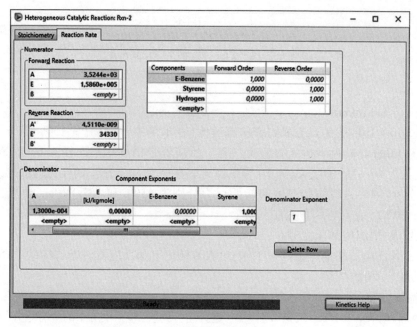

图 5.27　多相催化反应动力学参数

- 在同一选项卡中,定义积分信息和催化剂数据,如图 5.29 所示,需要输入的相关参数为颗粒直径(5mm)、颗粒球形度(1)和固体密度(2500kg/m³)。

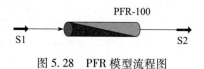

图 5.28　PFR 模型流程图

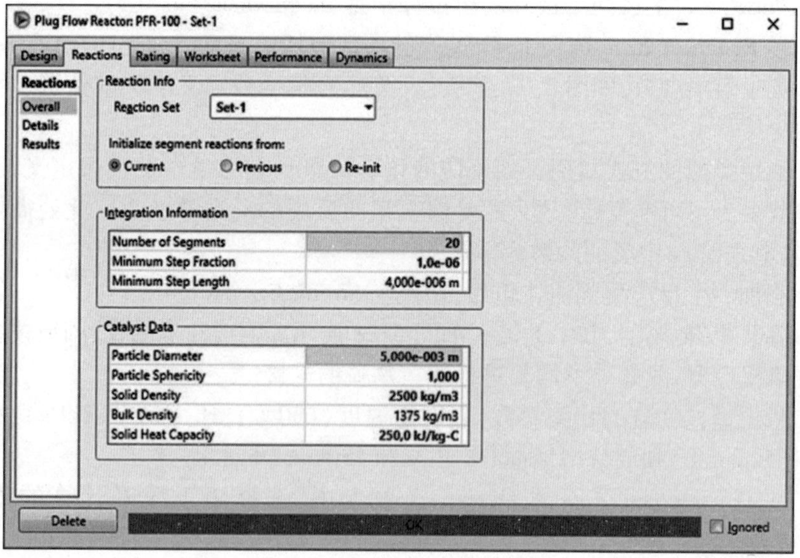

图 5.29　输入催化剂数据

- 在 *Sizing* 页面的 *Rating* 选项卡中定义管的尺寸和管的填充参数,如图 5.30 所示。

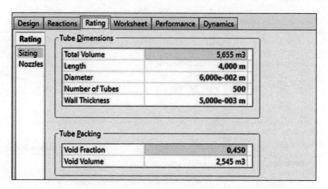

图 5.30　Aspen HYSYS 中的 PFR 尺寸

- 因 Aspen HYSYS 软件不直接计算选择性,因此需要创建一个 *Spreadsheet Block* 项用于计算针对苯乙烯的选择性。此处,如图 5.31 所示,从模型面板中选择 *Spreadsheet* 项,其允许从模拟中导入任何参数,计算在案例研究中采用的其他参数或将它们导出到模拟中的任何位置。

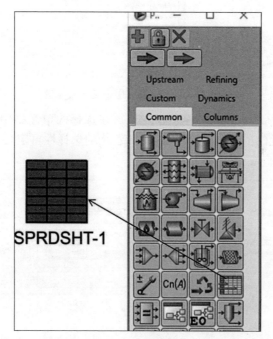

图 5.31　选择表格块

- 按照图 5.32 所示的步骤,添加所有的变量作为导入变量,具体包括进料中乙苯的摩尔流量、产品物流中乙苯的摩尔流量和产品物流中苯乙烯的摩尔流量。

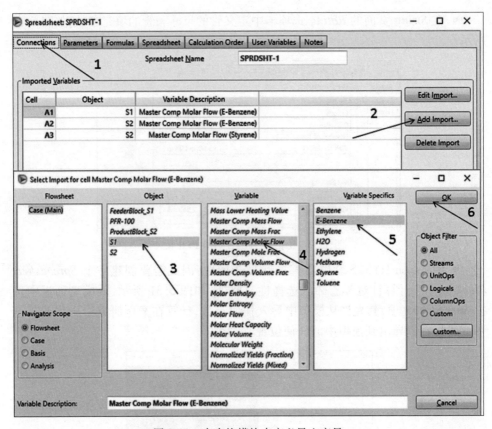

图 5.32 在表格模块中定义导入变量

- 切换到 *Spreadsheet* 选项卡(图 5.33),在选择的单元格中写入用于选择性计算的公式。此处的模拟中,乙苯反应对苯乙烯的选择性可定义为:每摩尔参加反应的乙苯所产生的苯乙烯的摩尔流量。

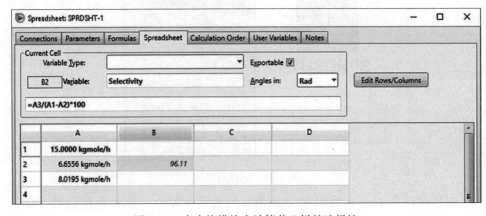

图 5.33 在表格模块中计算苯乙烯的选择性

- 在 ***Performance*** 项中,对温度、压力和成分的结果以表格和图表的形式进行呈现,其中:图 5.34 显示了 PFR 中的温度和压力曲线;在绝热条件下,由于反应器温度从 630℃ 降低到 536℃,所以该过程是吸热的;由 Ergun 方程计算所得到的总压降约为 16kPa。

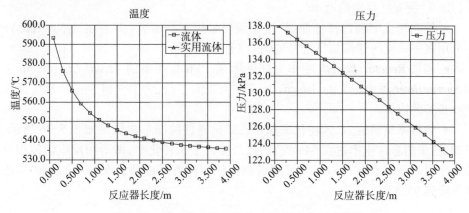

图 5.34　用于苯乙烯生产的 PFR 温度和压力曲线

- 沿 PFR 的成分分布如图 5.35 所示,其中:乙苯的摩尔流量从 15kmol/h 减

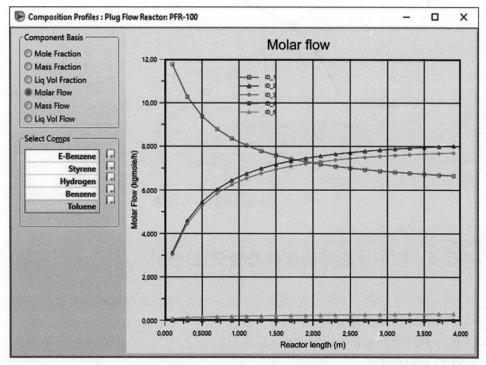

图 5.35　用于苯乙烯生产的 PFR 组成分布

少到 8kmol/h,这代表乙苯的总转化率为 53.5%;氢气的摩尔流量略低于苯乙烯的摩尔流量,原因是部分氢气用于式(R5.8)所表征的反应;副产品(甲苯、苯、乙烯、甲烷)的摩尔流量通常远低于主产品的摩尔流量,因此能够预期主反应具有良好的选择性。由组分分布的结果可知,第 2 副反应(式(R5.8))的速率要高于式(R5.7)所表征反应的速率。

- 绘制转化率和选择性曲线,这必须要采用案例研究(有关在 Aspen HYSYS 中采用案例研究的详细信息可参见例 5.2)予以实现。
- 添加 *Reactor Length* 项作为自变量,将 PFR 模块下的 *Actual Conversion* 项和 *Spreadsheet* 项中定义的 *Selectivity* 项作为观测参数,为案例研究选择反应器长度和步长的边界。
- 运行案例研究,乙苯转化率和苯乙烯选择性的图形化结果如图 5.36 所示。可知,乙苯的总转化率达到 54% 左右,已经接近平衡转化率,即增加反应器体积对转化率没有明显影响;然而,苯乙烯的选择性却随着反应器长度的增加从 97% 线性下降到 95.85%。

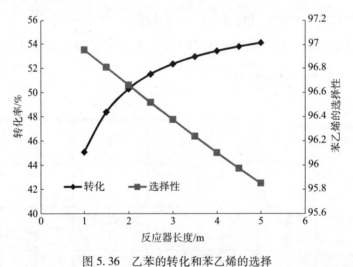

图 5.36 乙苯的转化和苯乙烯的选择

5.5 化学反应器的选择与经济性评价

为给定工艺选择合适的反应器取决于许多因素,其中最为重要的因素如下:
(1) 反应相和催化剂类型;
(2) 反应条件包括反应温度和反应压力;
(3) 反应速率;
(4) 连续或非连续的进料供给和产品移除;

(5) 所考虑的反应器类型的限制；

(6) 反应器成本；

(7) 安全因素；

(8) 环境因素。

此外,反应器的选择也不能独立于其他工艺部分进行。最佳反应器的类型可能会受到工艺其他部分(如工艺分离和热集成)条件和要求的影响。

为特定工艺选择反应器类型的途径不止一种,进行反应器类型选择所学习得到的经验和教训也是能够提供辅助的手段。但是,在为给定工艺选择反应器的过程中,也是存在一些可遵循的通用规则的。

通常,间歇式反应器用于小规模生产、反应器进料不能连续供应、反应非常缓慢等情况下,CSTR 反应器适用于缓慢的液相反应或泥浆反应,管式反应器(单管或多管)用于快速反应和气相多相催化反应,固定床反应器、移动床反应器和流化床反应器适用于多相催化反应。

在 5.4 节中讨论了在 Aspen Plus 和 Aspen HYSYS 软件中可用的动力学模型。反应器设计和模拟中的重要决定之一是如何为给定类型的实际反应器选择合适的模型。PFR 模型和充分混合反应器(WMR)模型代表了两种极端类型的反应器,但真正的反应器在实际上或多或少地接近理想反应器的性能。但是,某些真实反应器的性能是非常接近理想反应器的性能的。通常,对于性能接近 PFR 模型的真实反应器进行建模时,采用 PFR 动力学模型;而对于性能接近 WMR 模型的真实反应器进行建模时,也可以采用 CSTR 反应器模型。性能接近 PFR 模型的实际反应器的例子包括很多,如管式反应器、管式交换器反应器、盘管反应器、径向流反应器、固定床反应器、传输流化床反应器、火焰加热器反应器等。性能接近 WMR 模型的真实反应器的例子包括搅拌釜流动反应器、鼓泡床流化床反应器、鼓泡釜反应器等[8-10]。

在通过 APEA(Aspen Process Economic Analyzer)估算反应器成本时,必须要从可用列表中选择合适的设备。CSTR 反应器可映射为不同类型的搅拌罐或搅拌器,但在某些情况下也可被映射为搅拌机或捏合机。图 5.37 显示了可用于计算 CSTR 反应器成本的可用搅拌器和搅拌罐的列表。在 CSTR 反应器成本计算中,*Agitated tank-enclosed, jacketed* 项是最常被选择的合适设备,所以它也是 CSTR 映射的默认设备。对应地,PFR 模型可映射为填料塔、单管换热器、管壳式换热器或管式炉。

例 5.5 选择合适的设备用于乙酸乙酯工艺中 CSTR 反应器的映射(例 5.3)。要求:确定反应器的安装成本和公用工程成本,并相应地分别作为反应器体积和转化率的函数。

解决方案:

- 激活 APEA 后,继续对例 5.3 进行流程模拟。
- 将反应器映射为 *Agitated tank-enclosed, jacketed* 项,如图 5.37 所示。

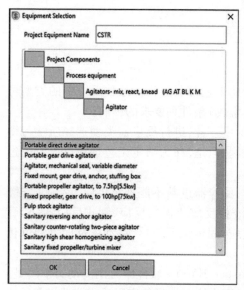
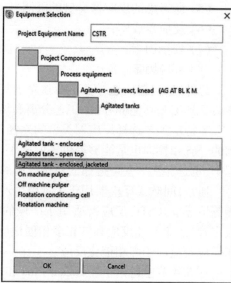

图 5.37　APEA 中可用的搅拌器和搅拌罐列表

按照与例 3.5 和例 4.4 相同的步骤,确定和评估设备的尺寸。

• 在 **Shell material** 项中,默认的材料类型是碳钢(CS)。在该模拟中,由于作为催化剂的硫酸和作为反应物的乙酸都存在腐蚀性,因此需要采用具有防腐蚀能力的材料,此处将材料类型更改为 SS304,如图 5.38 所示。

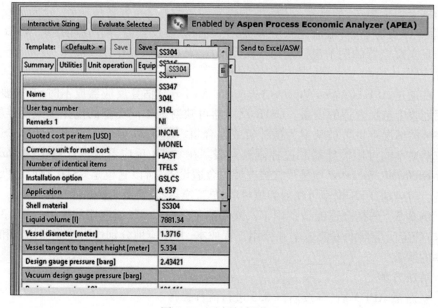

图 5.38　选择材料类型

- 对反应器尺寸进行调整后,采用新的材料类型后进行重新评估。
- 记录设备成本、安装成本和公用工程成本。
- 在 CSTR 模块的 *Input* 页面中更改反应器体积的值后,再次运行模拟。
- 基于新的反应器体积重新进行该流程的映射、调整和评估,并记录相关的设备成本、安装成本和公用工程成本。
- 以 $0.5m^3$ 为步距,将反应器的体积从 0.5 逐步增长到 $5m^3$,重复进行上文所述的两个步骤。
- 针对不同反应器体积和转化率的设备成本和安装成本,其结果如图 5.39 所示。可知,设备成本和安装成本在转换率超过 65% 时会快速增长,其原因在于当转化率高于 65% 后,转化率相对于反应器体积的变化要慢很多(图 5.26)。

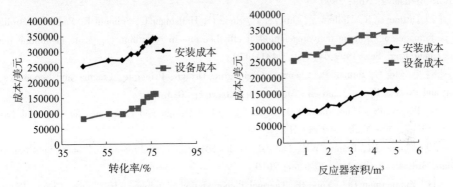

图 5.39 反应器体积、转化率与设备成本间的关系

- 公用工程成本与反应器体积和转化率之间的关系如图 5.40 所示。结果表明,随着反应器容积逐渐增加到 $3.5m^3$ 的过程,公用工程成本也随之增加;但在高于该反应器体积值后,公用工程成本变为恒定值。

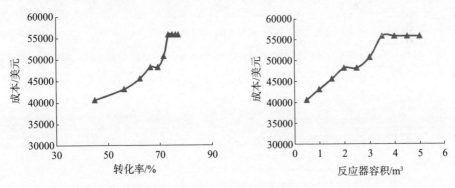

图 5.40 作为反应器体积与转化率函数的公用工程成本

参考文献

[1] Levenspiel O. Chemical Reaction Engineering, 3rd. ed. New York: JohnWiley & Sons; 1999.

[2] Missen RW, Mims CA, Saville BA. Introduction to Chemical Reaction Engineering and Kinetics. New York : John Wiley & Sons, Inc. ; 1999.

[3] Aspen Plus ® V9 Help. Burlington, MA: Aspen Technology, Inc. ; 2016.

[4] Schefflan R. Teach Yourself the Basic of Aspen Plus. Hoboken, NJ: John Wiley & Sons, Inc. ; 2011.

[5] Aspen HYSYS ® V9 Help. Burlington, MA: Aspen Technology, Inc. ; 2016.

[6] Ilavský J, Valtýni J, Brunovská A , Surový J. Aplikovaná chemická kinetikaat eória reaktorov I. Bratislava: Alfa; 1990.

[7] Dittmeyer R, Höllein V, Quicker P, Emig G, Hausinger G, Schmidt F. Factors controlling the performance of catalytic dehydrogenation of ethylbenzene in palladium composite membrane reactors. Chem. Eng. Sci. 1999,54(10): 1431-1439.

[8] Towler G, Sinnott R. Chemical Engineering Design, Principle, Practice and Economics of Plant and Process Design, 2nd ed. Amsterdam: Elsevier; 2013.

[9] Peters MS, Timmerhaus KD, West RE. Plant Design and Economics for Chemical Engineers, 5th ed. New York: McGraw-Hill; 2004.

[10] Couper JR, Penney WR, Fair JR, Walas SM. Chemical Process Equipment Selection and Design, 3rd. ed. Amsterdam: Elsevier; 2010.

[11] Zimmerman CC, York R. Thermal demethylation of toluene. Ind. Eng. Chem. Process Des. Dev. 1964, 3(3): 254-258.

第6章
分离设备

化工厂中的大部分设备都用于物质间的分离。通常情况下,首先,采用旋风分离器、离心机、过滤器等设备对来自反应器的非均相混合物进行固相分离;然后,对所得到的均相混合物作进一步的分离操作,进而获得需要的产品。图6.1所示的化工厂的分离流程表明,可采用不同的方法进行均相混合物的分离,其中最为常用的方法是通过创建或添加新的相的方式实现分离的目的。蒸馏、吸收、萃取、萃取与共沸蒸馏、解吸、结晶、干燥、升华、蒸发等都属于组分的分离过程。

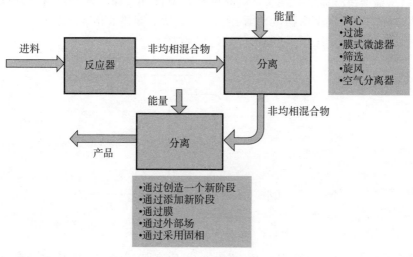

图6.1 化工厂的分离流程

上面所列出的分离方法的共同特点如下:
- 存在更多的相,即热力学相平衡;
- 相之间存在传质;
- 单相或多相间存在接触。

经常采用的两种描述传质的基本方法如下:
① 传质速率方程-1,采用部分和整体传质系数的Fick定律;
② 理论(平衡)塔板的概念,忽略相间的传质阻力,相间的传质速率由进入塔

板的组分速率决定。这种方法考虑了反应塔板上的理论混合概念。

在 Aspen Plus 中,主要的分离单元操作模型均可采用上述两种方法;但在 Aspen HYSYS 中,分离单元操作模型是基于平衡塔板概念建立的。在本书中,主要应用了平衡塔板的概念。在模拟含电解质的反应吸收系统时,主要讨论基于速率的建模(第 15 章)。

在 Aspen Plus 和 Aspen HYSYS 中,均实现了通过采用创建或添加新相的方式构建单级和多级分离模型。Aspen Plus 中的许多分离单元操作模型,如经常采用的 RadFrac 模型,能够支持三相(气-液-液)的计算。在 Aspen HYSYS 中,如果存在两个液相,则必须采用不同的单元操作模型。本章重点介绍在 Aspen Plus 和 Aspen HYSYS 中如何实现最常用的单相和多相单元操作模型。

6.1 单级相分离

连续的单级相分离过程在实际化工过程中存在许多应用,如连续单级蒸馏、部分冷凝、蒸馏塔再沸器中的蒸发、气/液进料的制备、单级液-液萃取等。连续单级相分离过程的数学模型由物质平衡、相平衡、能量平衡和求和方程组成。

图 6.2 给出了单级气-液连续分离过程的方案。

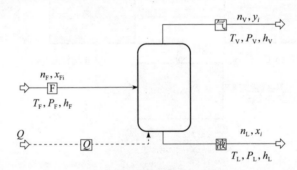

图 6.2 连续单级气-液分离方案

假设某个平衡塔板:在 $P_V = P_L$ 和 $T_L = T_V$ 成立时,单级气-液连续分离过程的数学模型由以下等式组成,即

$$n_F x_{Fi} = n_L x_i + n_V y_i \tag{6.1}$$

$$y_i = K_i x_i \tag{6.2}$$

$$K_i = f(T, P, x_i, y_i) \tag{6.3}$$

$$n_F h_F + Q = n_L h_L + n_V h_V \tag{6.4}$$

$$\sum x_{Fi} = 1, \quad \sum x_i = 1, \quad \sum y_i = 1 \tag{6.5}$$

$$h_F = f(T_F, P_F, x_{Fi}), \quad h_L = f(T_L, P_L, x_i), \quad h_V = f(T_V, P_V, y_i) \tag{6.6}$$

式中:n 为摩尔流量;h 为焓;T 为温度;P 为压力;x 为液相中的摩尔分率;y 为气相中的摩尔分率;Q 为热量;K 为平衡常数;下标 i 表示组分;F 表示进料;L 表示液体;V 表示蒸气。

在上述公式中,式(6.1)和式(6.2)表示的是组分 i 的物质平衡和气-液平衡,式(6.4)表示的是过程的焓平衡,相应地平衡常数由所选的热力学模型(参见2.2节)计算得到,采用纯组分的温度相关参数的相关性进行进料、液相和气相的焓值计算。

图 6.2 所示的工艺方案中,变量总数为 $3k+13$;方程总数为 $2k+9$;自由度为 $k+4$,其中 k 代表组分的数量。对于标准问题,n_F、x_{Fi}(对于 $i-1$ 个组分,其最后一个组分是由求和方程计算得到的)、T_F 和 P_F 均是已知的,相应的剩余自由度的数量为 2。因此,通过定义上述两个附加参数,系统就能够被求解。因此,T、P、n_V/n_F 和 Q 的不同组合,就可用于求解这个工艺流程。

在 Aspen Plus 中,建模单级液体-蒸汽流程需要采用 **FLASH2** 模型。在 Aspen HYSYS 中也能够对该相同流程进行建模,其需要采用 **Separator** 模型。Aspen Plus 的 **FLASH3** 模型和 Aspen HYSYS 的 **Three-Phase Separator** 模型均可用于气-液-液分离。对于单级的液-液分离,需要采用 Aspen Plus 中的 **DECANTER** 模型或 Aspen HYSYS 中的 **Three-Phase Separator** 模型。

例 6.1 某流量为 100kmol/h 混合物,分别含有 10%(摩尔分数)、20%(摩尔分数)、30%(摩尔分数)和 40%(摩尔分数)的丙烷、正丁烷、正戊烷和正己烷,其在进入蒸馏塔之前需要被预热,显然该混合物的液体摩尔分率为 80%。要求:计算液相和气相的组成以及压力为 700kPa 时气-液混合物的温度;模拟时将混合物的初始温度设置为 25℃,压降忽略不计。

解决方案:
- 按照第 1 章和第 2 章中所述步骤,打开 Aspen HYSYS,选择组分列表和适当的流体包(在本例中为 Peng-Robinson)。
- 切换到 *Simulation Enviroment* 中,采用 *Heater* 模型和 *Separator* 模型搭建的工艺流程图如图 6.3 所示。此处,仅将能量物流连接到加热器。需要说明的是,若对分离块的能量物流未进行连接,则其将被作为绝热分离器运行。

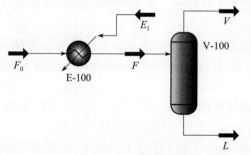

图 6.3 单级闪蒸流程图

- 输入进口物流(F0)的条件(25℃、700kPa 和 100kmol/h)和成分,设置源自加热器的出口物流(F)的蒸汽分率(0.2)和流体 F 的压力(700kPa)。
- 当输入给定的参数时,Aspen HYSYS 软件的配色方案能够表示该流程是否已被计算完毕,可在 *Worksheet* 选项卡中查看相关结果。
- 由 Aspen HYSYS 模拟计算得到的结果如表 6.1 所列。可知,预热混合物的温度为 97.3℃,气相是分别含有 25%(摩尔分数)、31%(摩尔分数)、26%(摩尔分数)和 18%(摩尔分数)的丙烷、正丁烷、正戊烷和正己烷,这些成分的液相值为 6%(摩尔分数)、17%(摩尔分数)、31%(摩尔分数)和 46%(摩尔分数)。需要说明的是,表 6.1 中的组分以组分摩尔分率(Comp Mole Frac)为度量方式进行表示的。

表 6.1 HYSYS 分离器模型结果

名称	F_0	F	V	L
蒸气分数	0	0.2	1	0
温度/℃	25.00	97.34	97.34	97.34
压力/bar	7.00	7.00	7.00	7.00
摩尔流量/(kmol/h)	100	100	20	80
质量流量/(kg/h)	7215.10	75215.10	1262.64	5952.46
液体体积流量/(m³/h)	11.5	11.5	2.113	9.389
热物流/kW	-4805.03	-4339.57	-698.96	-3640.61
组分摩尔分率(丙烷)	0.10	0.10	0.25	0.06
组分摩尔分率(正丁烷)	0.20	0.20	0.31	0.17
组分摩尔分率(正戊烷)	0.30	0.30	0.26	0.31
组分摩尔分率(正己烷)	0.40	0.40	0.18	0.46

例 6.2 气态反应器的出口物流中包含苯乙烯(175)、乙苯(70)、甲苯(55)、水(245)、甲醇(55)和氢气(175),总流量为 775kmol/h。要求:在 35℃ 和 300kPa 条件下,采用 Aspen Plus 计算平衡组分和所有相的数量。

解决方案:由于混合物中存在碳氢化合物、水和永久性气体,此处期望能够将混合物分为 1 股气相和 2 股液相。在创建组分列表时(见第 2 章),可选氢作为 Henry 组分。

- 需要选择氢作为 Henry 成分,先从主工具栏中选择 *Henry Comp* 项,再创建 1 个新的 Henry 组分集,并将 *Available Components* 项列表中的氢添加到 *Selected Components* 项。
- 该模拟选择通用准化学基团活度系数(UNIQUAC)物性方法,在物性方法规格页面,将所创建的 Henry 组分集添加到物性方法中。
- 在 *Binary Interactions* 的 *UNIQ-1* 页面上,通过 UNIQAC 功能组活度系数(UNIFAC)对缺失参数进行选择(估计)(图 6.4)。

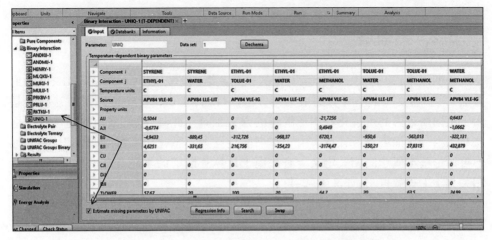

图 6.4　Aspen Plus 中的 UNIQAC 二元交互参数页面

● 搭建图 6.5 所示的工艺流程图,进一步采用 **FLASH 3** 单元操作模块对该过程进行模拟。

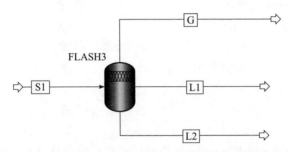

图 6.5　Aspen Plus 中的三相闪蒸单元模块

● 通过输入给定的温度(35℃)、压力(300kPa)和组分摩尔流量指定进口物流。
● 通过输入温度(35℃)和压力(300kPa)指定 **FLASH3** 模块。
● 进行模拟计算,所有相的组分和数值如表 6.2 所列。

表 6.2　Aspen Plus 的闪蒸模型(FLASH3)

成分	kmol/h			
	S1	G	L1	L2
苯乙烯	175	0.51	174.44	0.05
乙苯	70	0.25	69.75	0.01
甲苯	55	0.61	54.37	0.02
水	245	3.06	2.56	239.38
甲醇	55	3.00	21.00	31.00
氢	175	174.59	0.40	0.02
总摩尔流量	775	182.00	322.52	270.48

147

6.2 蒸馏塔

长期以来,20 世纪上半叶所开发的二元蒸馏图解方法,如 McCabe-Thiele 图形方法[1],一直是蒸馏塔计算的最常用方法。目前,McCabe-Thiele 图形方法仍然是用于蒸馏塔计算的可视化和图形解释的强大工具。此外,也可采用简捷法或严格法对多组分蒸馏塔进行计算。由于本书假定读者熟悉化学工程基础知识,故此处不再讨论基本概念的相关定义。有关用于计算蒸馏塔的不同参数的定义,可参见相关化学工程教科书,如文献[2-4]。

6.2.1 简捷蒸馏法

简捷蒸馏法,即 Fenske-Underwood-Gilliland 法,其可通过以下步骤实现对蒸馏塔的设计计算。

(1) 关键组分的选择。
(2) 非关键组分分布的估计。
(3) 估计塔中的压力并计算冷凝器和再沸器的温度。
(4) 采用 Fenske 方程计算最小理论塔板数 $N_{\min}$,即

$$N_{\min} = \frac{\ln\left(\left[\dfrac{x_{\mathrm{LKD}}}{x_{\mathrm{HKD}}}\right]\left[\dfrac{x_{\mathrm{HKB}}}{x_{\mathrm{LKB}}}\right]\right)}{\ln \alpha_{\mathrm{LKHK}}} \tag{6.7}$$

(5) 采用 Fenske 或 Hengstebeck 方程计算非关键组分分布,即

$$\ln \frac{x_{i\mathrm{D}}}{x_{i\mathrm{B}}} = N_{\min}\ln\alpha_{i\mathrm{HK}} + \ln\frac{x_{\mathrm{HKD}}}{x_{\mathrm{F}}} \tag{6.8}$$

(6) 根据以下两个方程的解,采用 Underwood 方法计算最小回流比 $R_{\min}$,即

$$\sum_i \frac{\alpha_{i\mathrm{HK}} x_{\mathrm{F}}}{\alpha_{i\mathrm{HK}} - v} = 1 - q \tag{6.9}$$

$$\sum_i \frac{\alpha_{i\mathrm{HK}} x_{\mathrm{D}}}{\alpha_{i\mathrm{HK}} - v} = 1 + R_{\min} \tag{6.10}$$

式中:变量 v 的取值范围为 $\alpha_{\mathrm{LKHK}} > v > \alpha_{\mathrm{HKHK}}$,其值采用式(6.9)计算得到;进而,将其值用于式(6.10)中,获得 $R_{\min}$ 的估计值。

(7) 采用能够代表回流比和理论塔板数间关系的 Gilliland 相关性对理论塔板数进行确定,即

$$\frac{100(N - N_{\min})}{N + 1} = f\left(\frac{100(R - R_{\min})}{R + 1}\right) \tag{6.11}$$

这种相关性的图形和数字表征形式已在各种化学工程出版物中发表。

（8）通过 Fenske 方程验证理论上的进料塔板，即

$$\frac{N_n}{N_m} \cong \frac{N_{n,\min}}{N_{m,\min}} \tag{6.12}$$

或通过 Kirkbridi 相关性进行验证，即

$$\log\frac{N_n}{N_m} = 0.206\log\left[\frac{n_B}{n_D}\left(\frac{x_{HK}}{x_{LK}}\right)_F\left(\frac{x_{LKB}}{x_{HKD}}\right)^2\right] \tag{6.13}$$

式中：$N_{\min}$ 为最小塔板数；$R_{\min}$ 为最小回流比；N 为实际塔板数；R 为外部回流比；$\alpha_{ij}=k_i/k_j$ 为组分 i 对组分 j 的相对挥发度；q 为液体通过供给单位进料而添加到进料塔板的液体量；下标 LK、HK、F、D、B、n 和 m 分别代表轻关键组分、重关键组分、进料、馏分、塔底、塔蒸馏段和塔汽提段。

通常，简捷蒸馏法仅能够提供近似的结果，其是通过采用蒸馏塔中相对波动率的平均值进行计算的。因此，上述的模拟结果仅是针对理想系统而言才是可靠的。通过简捷法对蒸馏塔进行计算，需要采用 Aspen Plus 中的 **DSTWU** 单元操作模块和 Aspen HYSYS 中的 **Short-Cut Distillation** 模型。

例 6.3 例 6.1 中的预热混合物（料流 F）需在蒸馏塔中进行分离，其底部产物中的正丙烷摩尔分率为 0.05，其馏出物中的正丁烷摩尔分率也为 0.05。要求：采用 Fenske-Underwood-Gilliland 法计算实现上述分离所需要的最小回流比和最小理论塔板数；假设回流比是最小回流比的 1.5 倍，并计算实际塔板数、最佳进料塔板、冷凝器和再沸器温度以及非关键组分在馏出物和底部产物中的分布。此处假定压力为 700kPa 的蒸馏塔内部的压力是均匀的。

解决方案：
- 继续模拟例 6.1，先定义与物流 F 具有相同参数的新物流（F1），在输入物流 F1 后选择 **Define FromOther Stream** 项，接着再选择物流 F 并单击 **OK** 按钮。
- 在 **Column Model Pallet** 页面上，选择 **Short-Cut Distillation** 模型。
- 连接物流 F1 并将其作为输入物流，并定义 2 个物料物流即 **D** 和 **W**、2 个能量物流即冷凝器负载 **Q_c** 和再沸器负载 **Q_w**，搭建的工艺流程如图 6.6 所示。
- 在 **Parameters** 页面的 **Design** 选项卡中，完成对蒸馏塔关键组分分布和塔内压力参数的指定，之后 Aspen HYSYS 将对最小回流比进行计算，通过将最小回流比与给定系数进行相乘计算外部回流比的值，并将其作

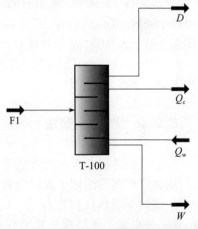

图 6.6 Aspen HYSYS 简捷模型流程图

为 *External Reflux Ratio* 项的值输入(图 6.7 中的步骤 4)。

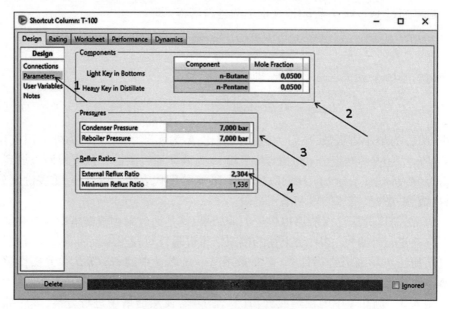

图 6.7 指定简捷蒸馏计算参数

● 在 *Performance* 选项卡中检查蒸馏塔参数;在 *Composition* 项上的 *Worksheet* 项下检查产品的成分。

对用于分离给定烃混合物的蒸馏塔,其中,馏出液中含有 95%(摩尔分数)的丙烷,底流含有 95%(摩尔分数)的正丁烷,蒸馏塔的最小回流比值为 1.54,最小塔板数为 5.65。模拟计算的结果表明:如果 $R=1.5R_{min}$,则实际塔板数为 10.74,最佳进料段为倒数第 7 级塔板,冷凝器的温度约为 56℃,再沸器温度约为 122℃,馏出物分别含有 35.92%(摩尔分数)、58.99%(摩尔分数)、5.00%(摩尔分数)和 0.09%(摩尔分数)的丙烷、正丁烷、正戊烷和正己烷,底部产物分别含有 0.03% (摩尔分数)、5.00%(摩尔分数)、39.62%(摩尔分数)和 55.36%(摩尔分数)的丙烷、正丁烷、正戊烷和正己烷;馏出液的摩尔流量为 27.79kmol/h,底流的摩尔流量为 72.21kmol/h(图 6.8)。

6.2.2 严格蒸馏法

N 个理论塔板串级系统的通用方案如图 6.9 所示。

通常严格蒸馏法用于求解由物料平衡、相平衡、能量平衡和各理论塔板求和方程所组成的非线性代数方程组。这个方程组,即 MESH(物料-相平衡-加和-热量)是一种根据平衡塔板概念对任何类型串级系统进行计算的通用工具。MESH 方程的通用形式如下。

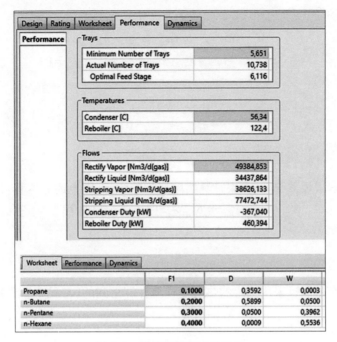

图 6.8 简捷蒸馏模型的结果

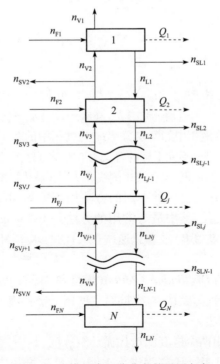

图 6.9 多塔板多组分分离的通用方案

M 方程为
$$M_{i,j} = n_{Lj-1}x_{i,j-1} + n_{Vj+1}y_{i,j+1} + n_{Fj}x_{Fi,j} \qquad (6.14)$$
$$-(n_{Lj} + n_{SLj})x_{i,j} - (n_{Vj} + n_{SVj})y_{i,j} = 0$$

或
$$M_{i,j} = n_{Lj-1} + n_{Vj+1} + n_{Fj} - n_{Li,j} - n_{SVi,j} \qquad (6.15)$$
$$-n_{SLi,j} + n_{SVi,j} = 0$$

E 方程为
$$E_{i,j} = y_{i,j} - K_{i,j}x_{i,j} = 0 \qquad (6.16)$$

如果考虑塔板效率,并需要计算实际塔板的数量,则上述 E 方程可改写为
$$E_{i,j} = y_{i,j} - \eta_j K_{i,j}x_{i,j} - (1-\eta_j)y_{i,j+1} = 0 \qquad (6.17)$$

其中,塔板 j 的效率为
$$\eta_j \frac{y_{i,j} - y_{i,j+1}}{K_{i,j}x_{i,j} - y_{i,j+1}} \qquad (6.18)$$

塔板效率是通过采用选定的热力学模型计算得到的(参见2.2节)。
$$K_{i,j} = f(T_j, P_j, x_{i,j}, y_{i,j}) \qquad (6.19)$$

S 方程为
$$S_{x,j} = \sum_{i=1}^{k} x_{i,j} - 1 = 0 \qquad (6.20)$$

$$S_{y,j} = \sum_{i=1}^{k} y_{i,j} - 1 = 0 \qquad (6.21)$$

H 方程为
$$H_j = n_{Lj-1}h_{Lj-1} + n_{Vj+1}h_{Vj+1} + n_{Fj}h_{Fj} \qquad (6.22)$$
$$-(n_{Lj} + n_{SLj})h_{Lj} - (n_{Vj} + n_{SVj})h_{Vj} - Q_j = 0$$

式中:n 为摩尔流量;x 为液相中的摩尔分率;y 为气相中的摩尔分率;K 为平衡常数;h 为摩尔焓;Q 为热量;相应地,不同下标的含义为 i 代表组分、j 代表塔板、L 代表液相、V 代表气相、SV 代表气相侧线、SL 代表液相侧线、F 代表进料、N 代表最后一块塔板。

目前,研究学者已开发出多种不同的方法用于求解 MESH 方程组,已经实现了蒸馏塔计算的平滑收敛,其中最为常用的方法是 Inside-out 法、牛顿-拉夫森法(同时校正,SC 法)、泡点(BP)法和总速率(SR)法。求解 MESH 方程的严格法的详细描述见文献[2]。

Aspen HYSYS 中的 ***Distillation Column*** 模型和 Aspen Plus 中的 ***RadFrac*** 模型均将 Inside-Out 算法设置为默认方法,同时这些单元操作模型还支持采用牛顿-拉夫森 SC 方法和其他算法。

Inside-out 算法是由两个嵌套的迭代循环组成的,其中,在内层循环中,采用一组近似的热力学参数对 MESH 方程进行求解;在外层循环中,采用精确的热力学

模型更新内层循环中所采用的经验方程的参数。这种由内向外的算法可用于求解所有的多级多组分操作过程,如蒸馏、共沸蒸馏、萃取蒸馏、吸收、解吸萃取等。

例 6.4 对例 2.1 中的预热混合物(物流 F)采用蒸馏塔进行分离,最终馏出物中含有 99%(摩尔分数)的轻组分(丙烷和正丁烷),同时丙烷和正丁烷的回收率也都在 99% 以上。要求:采用严格的 Inside-out 法,计算理论塔板数与回流比之间的相关性,其中,冷凝器采用 *Full Reflux* 类型,忽略蒸馏塔和热交换器间的压降。

解决方案:

- 在 Aspen HYSYS 中,采用 *Distillation Column Subflowsheet* 模块进行严格蒸馏计算;在安装 *Distillation ColumnSubflowsheet* 模块时,HYSYS 会创建一个蒸馏塔模块,包含与用户所选择的塔模块相关的所有操作和物流条件,其作为主流程中的单元操作模块进行操作;蒸馏塔模块所具备的优点较多,包括塔求解器的隔离、不同物性包的选择、自定义模板的构建、同时求解多个塔的能力等。

- 继续进行例 6.1 的模拟,此处不是替代原有的分离器,而是需要安装 *Distillation ColumnSubflowsheet* 项。

- 通过双击单元操作模块开始进行蒸馏塔的规格设定,进入 *Distillation column input expert* 界面,按步骤进行相关参数的输入;在完成最低要求参数的输入后,*Next* 按钮被激活,可进一步输入下一个选项卡中所需要输入的参数;在第 1 个选项卡中(图 6.10),定义理论塔板数(作为初始值,其可以采用通过简捷蒸馏法所计算得到的值)、理论进料塔板数和冷凝器类型,连接输入物流 *F*,定义输出物流 *D* 和 *W* 与能量流 Q_c 和 Q_w。在完成上述的这些参数后,*Next* 按钮被激活,可单击后以继续下一页。

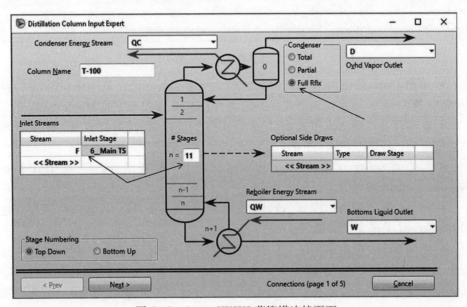

图 6.10　Aspen HYSYS 蒸馏塔连接页面

- 选择再沸器配置,此处采用系统默认选择的再沸器类型。
- 为冷凝器和再沸器均输入 700kPa 的压力。
- 在下一选项卡中,指定冷凝器和再沸器的最佳温度,但此步并不需要强制性完成;单击 *Next* 按钮,允许 Aspen HYSYS 估算冷凝器和再沸器的温度。
- 图 6.11,检查流量基准(Flow Basis)并设置为 *Molar* 项,输入分馏率(气相流率)和回流比的初值。需要说明的是,由于进料中丙烷和正丁烷的总量为 30kmol/h,故可选择该值作为气相流率。

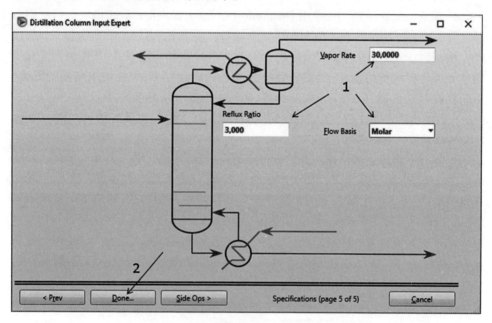

图 6.11　蒸馏塔输入最终选项卡

- 单击 *Done* 按钮(图 6.11 中的步骤 2),将会出现进行蒸馏塔设计的 *Connections* 选项列表,再次检查塔连接并切换至 *Design* 选项卡下的 *Monitor* 项。
- 在运行蒸馏塔的模拟之前,检查自由度的值是否为零,检查是否对蒸馏塔的规格值均选择了激活项(图 6.12)。
- 切换到 *Solver* 页面,在 **Parameters** 选项卡下检查是否已经将 **HISIM inside-out method** 项设置为求解方法。
- 运行针对蒸馏塔的模拟,若计算能够收敛,Aspen HYSYS 软件将通过绿色和 *Converged* 关键字予以指示。
- 由回流比和馏出率所决定的蒸馏塔规格并不能保证产品达到所期望的纯度和回收率,为了获得所期望的产品纯度和轻组分回收率,必须要进行新规格的定义,可采用的两种方法,即基于 *Design* 页面的 *Spec* 项和直接在 *Monitor* 页面添加规格。

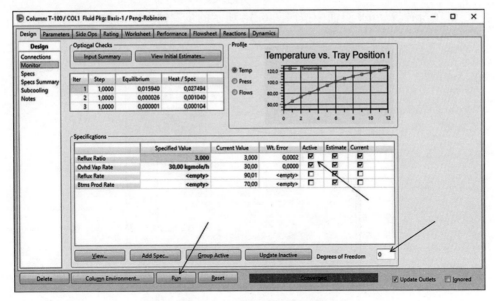

图 6.12　运行蒸馏塔的计算

- 要添加新的蒸馏塔规格,先在 *Monitor* 页面单击 *Add Spec* 按钮,然后再从列表中选择规格类型(图 6.13)。

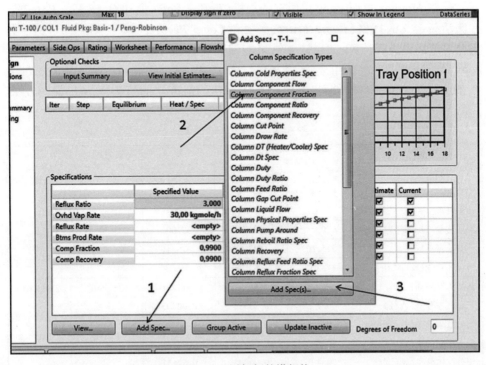

图 6.13　添加新的塔规格

- 在 *Specification* 页面中按照图 6.14 所示的步骤输入馏出物纯度的期望值。

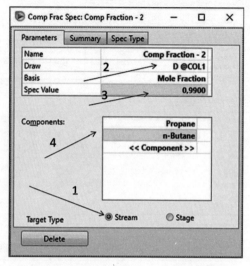

图 6.14　通过组分摩尔分率定义塔规格

- 为蒸馏塔组分的回收添加新的规格,采用与前文相同的步骤对塔规格进行定义。

- 在 *Monitor* 页面上,停用原有的规格(*Reflux Ratio* 项和 *Ovhd Vap Rate* 项)并激活新定义的规格(*Comp Fraction* 项和 *Comp Recovery* 项),Aspen HYSYS 会重新对蒸馏塔进行计算;如果计算结果能够达到收敛,采用 *Worksheet* 项或 *Databook* 项检查蒸馏产品的组成;当塔板数量为 15 时,进口物流和产品物流的质量平衡条件和组成如表 6.3 所列;模拟计算所得到的回流比的值为 4.307,如图 6.15 所示。

表 6.3　塔的热质平衡

名称	F	D	W	Q_c	Q_w
蒸气分数	0.2	1	0		
温度/℃	97.34	53.39	126.70		
压力/kPa	700	700	700		
摩尔流量/(kmol/h)	100	30.00	67.00		
质量流量/(kg/h)	7215.10	1607.68	2670.41		
液体体积流量/(m³/h)	11.50	2.87	8.63		
热物流/(kJ/h)	$-1.56×10^7$	$-3.52×10^3$	$-1.17×10^7$	$2.51×10^6$	$2.92×10^6$
组分摩尔分率(丙烷)	0.1	0.33333	0.00000		
组分摩尔分率(正丁烷)	0.2	0.65666	0.00429		
组分摩尔分率(正戊烷)	0.3	0.00995	0.42431		
组分摩尔分率(正己烷)	0.4	0.00005	0.57141		

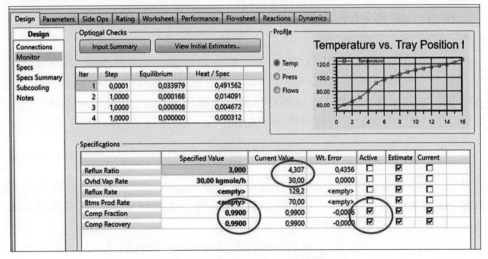

图 6.15　用新规格计算塔的参数

- 在 **Performance** 选项卡中对蒸馏塔的计算结果进行分析,主要包括全部温度、压力、组成和 K 值曲线。需要提出的是,新的规格不允许通过改变塔板数量的方式改变产品的组成,但允许在一定范围内改变蒸馏塔的回流比和馏出物的速率,这些规格可用于分析理论塔板数量与回流比之间的相关性。
- 为获得 N 和 R 之间的相关性,需要从 N_{min}(可通过简捷蒸馏模型获得)到 N_∞ 对应的从 $R=\infty$ 到 R_{min} 的范围内,对不同的 N 值(与进口物流的位置成比例地变化)进行重复计算。
- 在 **Monitor** 页面上获取每次计算的回流比值。
- 绘制 N 和 R 的关系图(图 6.16)。

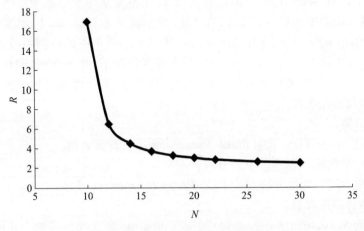

图 6.16　理论塔板数与回流比

6.3 共沸和萃取蒸馏

共沸和萃取蒸馏用于分离相对低挥发性的混合物或共沸混合物。在萃取蒸馏的情况下,将能够与原混合物中的一种组分形成氢键的新溶剂送入塔中。显然,选择合适的溶剂是萃取蒸馏工艺的关键问题。在萃取蒸馏中,必须要考虑到不同的标准,其中最为重要的就是选择性因子 β,即

$$\beta = \frac{\alpha_{ABC}}{\alpha_{AB}} \tag{6.23}$$

式中:α_{AB} 为 A 组分对 B 组分的原始相对挥发度;α_{ABC} 为加入溶剂 C 后 A 组分对 B 组分的相对挥发度。通常,新溶剂的沸点要高于混合物组分的沸点,其在塔顶部加入后会在塔底部的产品中获得。

在共沸蒸馏的情况下,新溶剂会削弱氢键并与原混合物的组分之一产生新的均相或非均相共沸物。溶剂通常被送入塔的底部并在馏出物中获得。

对于萃取蒸馏和共沸蒸馏,均可应用 Inside-out 法或 SC 严格法对 MESH 方程进行求解。Aspen Plus 的 **RadFrac** 单元操作模型和 Aspen HYSYS 的 **Distillation Column Subflowsheet** 模型均可用于模拟萃取和共沸蒸馏。

例 6.5 由正庚烷和甲苯组成的流量为 3.5kg/s 的等摩尔二元混合物,在常压下采用正庚烷和甲苯通过萃取蒸馏进行分离。以甲基吡咯烷酮(NMP)作为选择性溶剂,采用具有 10 个理论塔板分离能力的塔、塔顶冷凝器和塔釜再沸器。压力为 110kPa 的沸点进料由冷凝器开始从顶部进入第 8 塔板。选择性溶剂用于脱除甲苯,其能够在底部产物中获得。因此,必须在馏出液中回收正庚烷(气相流率等于进料中正庚烷的摩尔流量),其回流比为 3。在具有 6 个理论塔板的第 2 常压蒸馏塔中将甲苯与 NMP 分离,其回流比为 2.5,气相流率等于进料中甲苯的摩尔流量,进料进入塔的中间塔板。要求:在 NMP 摩尔流量为 630kmol/h、温度为 100℃、压力为 110kPa 的情况下,采用 Aspen Plus 计算上述两个塔的产物组成,并获得最优塔板;在考虑第 1 塔馏出物中正庚烷最大纯度情况下,寻找 NMP 的最佳进料塔板;寻找产品(正庚烷和甲苯)纯度和 NMP 具体要求(每千摩尔进料中包含的 NMP 千摩尔数)间的相关性。

解决方案:

- 启动 Aspen Plus,采用 **Blank Simulation** 项打开新案例。
- 为此处的模拟创建一个组分列表。
- 采用 NRTL 物性方法,在 NRTL **Binary Interactions** 项中,由 Aspen 软件通过 UNIFAC 估算缺失参数。
- 移到 **Simulation Enviroment** 中,采用 **Radfrac** 单元操作模块为萃取塔(C1)和再生塔(C2)搭建工艺流程图,如图 6.17 所示。

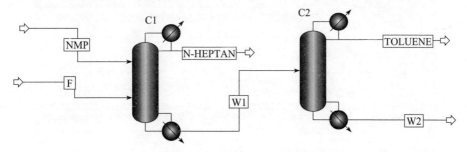

图 6.17　无溶剂回收萃取蒸馏流程图

● 按照气相分率(0)、压力(110kPa)、质量流量(3.3kg/s)和摩尔分率(x_{C7} = 0.5、x_T = 0.5)的参数指定进口物流的规格。

● 按照温度(100℃)、压力(110kPa)、摩尔流量(630kmol/h)和 NMP 摩尔分率 (x_{NMP} = 1)的参数指定 NMP 物流的规格。

● 如图 6.18 所示,采用以下参数对第 1 塔 C1 进行指定:选择计算方式(***Equilibrium*** 项)、输入塔板数(包括冷凝器和再沸器,为 10+2 = 12)、选择完全冷凝器的类型、选择再沸器类型(***Kettle*** 项)。

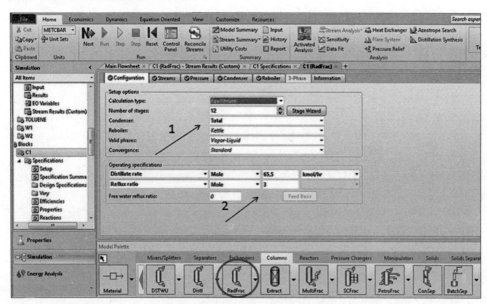

图 6.18　*Radfrac* 单元操作模块规格

● 输入气相流率和回流比的值。

● 在 ***Streams*** 选项卡中指定物流 F 和 NMP 的进料塔板,此处采用默认值(即上一塔板的值),如图 6.19 所示。

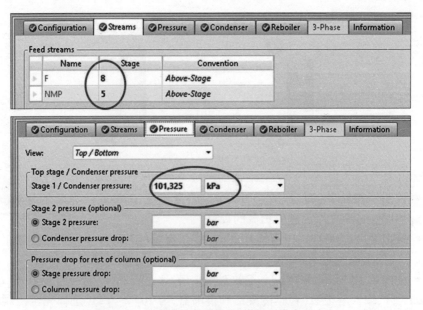

图 6.19　指定塔的进口物流、塔板和塔内压力

● 在 *Pressure* 选项卡中为 *Top stage/Condenser pressure* 项输入塔压力(图 6.19)。需要注意的是,如果冷凝器压降或第 2 塔板的压力已知,则可将该已知值作为输入;塔的压降可输入单级的压降或总的塔压降,在这案例中因单级压降未知,故输入 *Top stage/Condenser pressure* 项。

● 采用与塔 C1 类似的方式指定塔 C2 的规格。

● 运行模拟计算,分别检查每个单元操作模块 C1 和 C2 在 *Results* 项和 *Stream Results* 项中的结果,其中所有物流的摩尔流量和组成如表 6.4 所列。

● 进行灵敏度模块的定义(有关灵敏度模块定义的详细信息可参见例 5.3),采用 NMP 的 *FEED STAGE* 项作为可变参数并由 Aspen 将其在 2~8 间进行变化,将 C1 馏出物流中的正庚烷的摩尔分率作为被观测参数。

● 再次运行模拟并绘制灵敏度模块的结果,图 6.20 给出了正庚烷纯度与 NMP 进料塔板间的依赖性关系。需要说明的是,如果在塔顶附近进料,则部分溶剂会夹带在馏出液中并导致其含有杂质;另外,如果进料距离塔顶太远,则塔顶的分离效率会降低,即杂质是由于甲苯的存在引起的。显然,对于萃取蒸馏过程而言,最为重要的参数是获得溶剂的最佳进料塔板。

● 在灵敏度模块的 *Vary* 页面上定义新变量(NMP 物流的摩尔流量,即 Stream-Var-NMP- Mole Flow),并将其范围设置为 0~700kmol/h,这与规格所要求的 NMP 从 0 到 5.34 是相对应的;在 *Define* 项中,定义源自第 2 个塔 C2 的馏出物中的甲苯摩尔流量。

表6.4 萃取蒸馏中物料流的条件和组成

物流	F	NMP	C2		C1	
			正庚烷	W_1	甲苯	W_2
组分摩尔流量(正庚烷,kmol/h)	65.51	0.00	65.23	0.28	0.28	0.00
组分摩尔流量(甲苯,kmol/h)	65.51	0.00	0.04	65.47	63.82	1.65
组分摩尔流量(NMP,kmol/h)	0.00	630.00	0.24	629.76	1.40	628.37
组分摩尔分率(正庚烷)	0.50000	0.00000	0.99581	0.00041	0.00430	0.00000
组分摩尔分率(甲苯)	0.50000	0.00000	0.00056	0.09413	0.97436	0.00262
组分摩尔分率(NMP)	0.00000	1.00000	0.00363	0.90546	0.02134	0.99738
摩尔流量/(kmol/h)	131.01	630	65.5	695.52	65.5	630.02
质量流量/(kg/h)	12.600	62453.5	6562.81	68490.72	6047.25	62443.48
体积流量/(L/min)	307.91	1082.55	177.72	1309.15	128.80	1207.77
温度/℃	104.50	100.00	98047	175.56	111.19	202.94
压力/bar	1.100	1.100	1.013	1.013	1.013	1.013

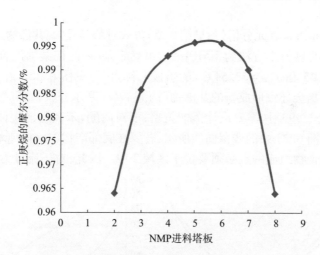

图6.20 正庚烷纯度与NMP进料踏塔板的关系

• 基于上述新定义重新运行模拟,绘制得到正庚烷和甲苯的摩尔浓度与 n_{NMP}/n_F 的结果曲线如图6.21所示。结果表明,增加 n_{NMP}/n_F 会导致正庚烷的纯度更高,但在高于 $n_{NMP}/n_F=2$ 后其增加速度并不是很快,并且甲苯的纯度开始下降。这意味着,为了获得更高的正庚烷纯度,若采用 $n_{NMP}/n_F>2$ 的条件,则再生塔

C2 应具有的理论塔板数至少在 6 个以上。

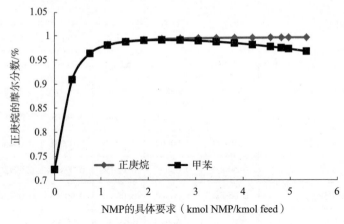

图 6.21　产品纯度与溶剂的特定要求

例 6.6　由苯和环己烷组成的流量为 50kmol/h 的共沸混合物通过采用丙酮作为溶剂的共沸蒸馏塔进行分离。在正常大气压下,共沸进料以液气混合物的形式进入塔中,其中液-气的摩尔比为 1∶1;丙酮在 50℃ 和正常大气压下进入蒸馏塔。要求:采用 Aspen HYSYS 进行模拟,设计蒸馏工艺时需考虑使苯的纯度和底部产物苯的回收率最大化。

解决方案:

采用 Aspen Plus 二元分析(参见第 2 章)方式对苯/环己烷共沸物进行识别并获取组成。采用的热力学方法为 UNIQUAC,可确定苯/环己烷共沸混合物($x_{Benzene}$ = 0.55、x_{Cyclo} = 0.45 和 T_{BP} = 77.54℃)的组成和沸点,详见图 6.22。在苯/环己烷共沸物中加入丙酮会导致形成新的共沸物(丙酮 77%(摩尔分数),环己烷 23%(摩尔分数)和沸点 53.59℃),需要设计蒸馏策略,要对丙酮、苯和环己烷体系的三元图进行分析。如图 6.23 中的残留曲线所示,若要在底部产物中获得纯苯,代表丙酮、苯和环己烷混合物组成的点必须要位于区域 2 中。因此,对于流量为 50kmol/h 的

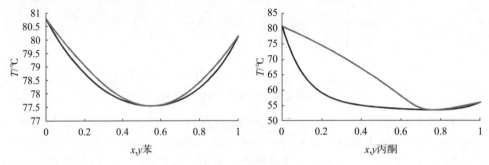

图 6.22　等压二元 t-xy 图

进料,必须添加至少流量为75.3kmol/h的丙酮;但是,如要在塔底产物中获得高回收率的纯苯,还应该加入更多的丙酮。在此模拟中。采用流量为85kmol/h的丙酮物流。

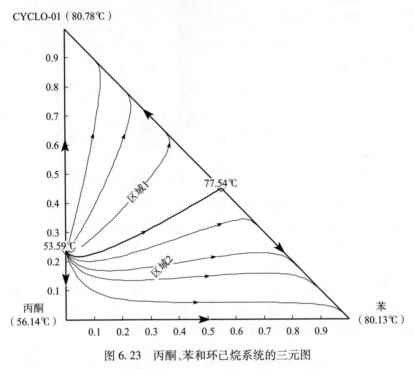

图 6.23　丙酮、苯和环己烷系统的三元图

- 启动 Aspen HYSYS,创建组分列表,选择 UNIQAQ 流体包。
- 切换到 *Simulation Enviroment* 中,所定义的两个质量物流分别为共沸进料和丙酮。
- 采用 *Distillation Column Subflowsheet* 项设置蒸馏塔。
- 采用与例 6.4 中所给出的相同步骤对蒸馏塔进行定义。需要指出的是,在这个例子中必须要考虑两个进口物流,即共沸进料进入顶部,其中一个塔板和丙酮进料进入塔底附近;对于初步估计的理论塔板数,采用了 22 个;对于共沸混合物,选择塔板 7 作为进料塔板;对于丙酮进料,采用塔板 18 作为进料塔板。图 6.24 给出了搭建的工艺流程图。
- 作为初始的塔规格,气相流率为 100kmol/h,回流比值为 5。
- 采用上述的初始规格运行模拟并检查结果,其中,馏出液包含丙酮/环己烷共沸物和剩余的丙酮,底部产品主要是苯;需要提出的是,在上述条件下可能无法获得苯的最大纯度和回收率。
- 定义两个新的塔规格(底部产品的苯摩尔分率和底部产品的苯回收率),其中回收率和纯度都采用充分接近 1 的最大值。

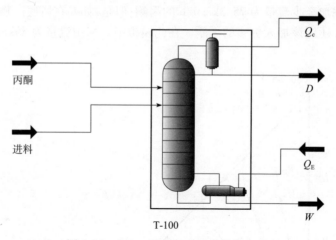

图 6.24 Aspen HYSYS 共沸蒸馏塔方案

- 重新开始进行塔的模拟计算。需要指出的是,如果在单击 **Run** 项运行模拟后的几秒内未能够收敛,则需要停止计算并降低对苯回收率和纯度的要求;苯纯度为 0.995 和苯回收率为 0.99 的结果详见表 6.5。在这些规格中,回流比为 6.6,馏出率为 107.64kmol/h,显然该蒸馏塔虽然也可收敛于较高的苯纯度值,但是其对回流比和理论塔板数的要求也较高。结果表明,如要达到 0.999 的苯摩尔纯度和 0.999 的苯摩尔回收率,蒸馏塔的相应参数为理论塔板数 50、塔回流比 5.4、共沸混合物的进料塔板 15 和丙酮的进料塔板 43。

表 6.5 共沸蒸馏结果

名称	丙酮	F	D	W
蒸气分数	0	0.5	0	0
温度/℃	50.00	77.05	53.85	78.40
压力/kPa	101.325	101.325	101.325	101.325
摩尔流量/(kmol/h)	85.00	50.00	107.64	27.36
质量流量/(kg/h)	4936.80	4041.63	6843.05	2135.38
液体体积流量/(m³/h)	6.25	4.86	8.68	2.42
组分摩尔分率(苯)	0.0000	0.5500	0.0026	0.9950
组分摩尔分率(环己烷)	0.0000	0.4500	0.2087	0.0012
组分摩尔分率(丙酮)	1.0000	1.0000	0.7887	0.0038

6.4 反应蒸馏

反应蒸馏是指在单一设备中同时结合化学反应和蒸馏。反应蒸馏用于分离共沸混合物或接近沸腾的混合物,新添加的组分会与混合物中的一种组分发生化学反应并产生新的具有不同物理性质的组分,后者能够很容易地从混合物中进行分离。反应蒸馏最有价值的应用是在平衡限制反应中连续脱除一种或多种形成的产物以实现高转化率。相应地化学反应通常发生在液体或固体催化剂表面。

在反应蒸馏的计算过程中,需要在反应段的物质和能量平衡方程中加入一个反应项,式(6.14)中的 $M_{i,j}$ 项进而转化为下式,即

$$M_{i,j} = n_{Lj-1}x_{i,j-1} + n_{Vj+1}y_{i,j+1} + n_{Fj}x_{Fi,j}
- (n_{Lj} + n_{SLj})x_{i,j} - (n_{Vj} + n_{SVj})y_{i,j} \quad (6.24)
- (V_{LH})_j \sum_{n=1}^{n_{Rx}} v_{i,n} r_{j,n} = 0$$

式中:$(V_{LH})_j$ 为塔板 j 的体积持液量;$v_{i,n}$ 为反应 n 中组分 i 的化学计量系数;$r_{j,n}$ 为反应 n 在塔板 j 的速率;n_{Rx} 为化学反应的次数。

塔板能量平衡的改进在式(6.22)的 Q_j 中进行了定义,其包括了反应热。

采用 Aspen Plus 的 **RadFrac** 单元操作模型或 Aspen HYSYS 的 ***Distillation Column Subflowsheet*** 模型对反应蒸馏过程进行建模。

例 6.7 反应蒸馏是前面几章所描述的乙酸乙酯制备流程中常用的方法。此处模拟的相关条件如下:含有摩尔分数为 85%乙醇和 15%水的流量为 60kmol/h 的溶液进入具有 12 个理论塔板的蒸馏塔的第 10 个理论塔板;含有摩尔分数为 96%乙酸和 4%水的流量为 50kmol/h 的乙酸流进入第 8 个理论塔板;两股进口物流均以压力为 1bar 的泡点进料形式进入蒸馏塔;反应塔板是第 8~10 塔板,在其上所涉及的化学反应为

$$CH_3COOH + CH_3CH_2OH \leftrightarrow CH_3COOC_2H_5 + H_2O \quad (R6.1)$$

上述反应均发生在液相中,进而形成乙酸乙酯、乙醇和水的三元共沸物;将底部产物的摩尔流量设置为 30kmol/h,来自塔顶的蒸汽被冷却到 25℃后被导入一个倾析器,之后加入流量为 120kmol/h 的水以形成两个液相,进而从系统中除去水相;在有机相中得到流量为 40kmol/h 的馏出产物,剩余部分作为回流返回塔顶。要求:采用 Aspen Plus 计算塔中产品的组成以及组成与温度间的曲线关系。

解决方案:
- 启动 Aspen Plus,创建组分列表,选择 NRTL-HOC 作为物性方法。
- 切换到 ***Simulation Enviroment*** 中,搭建图 6.25 所示的工艺流程图。
- 按照气相分率或温度、压力、摩尔流量与组分,对进口物流 AA、ET 和 H_2O 进行定义。

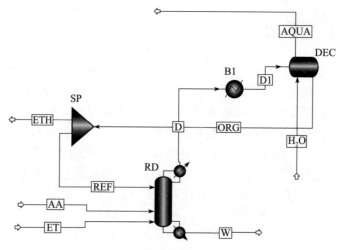

图 6.25　乙酸乙酯法反应蒸馏流程图

• 对反应蒸馏塔进行定义,在 *Setup* 页面的 **Configuration** 选项卡中,定义计算类型、塔板数、冷凝器和再沸器类型、有效塔板和收敛方法,若离开蒸馏塔的气相在塔外冷凝并分离成两个液相时则为冷凝器选择 *None* 项,为有效塔板选择 *Vapor-Liquid-Liquid* 项,因共沸混合物用于蒸馏,故需要为 *Convergence* 项选择 *Azeotropic* 项方法,如图 6.26 所示。

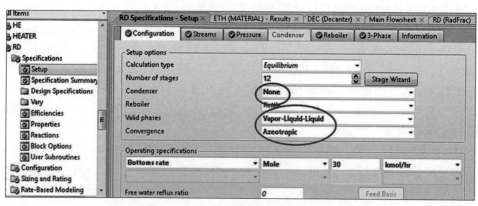

图 6.26　反应蒸馏塔配置

• 在 *Setup* 页面的 *Streams* 选项卡中,定义进口物流的位置(乙酸为第 8 塔板,乙醇为第 10 塔板,回流为第 1 塔板)。
• 在 *Setup* 页面的 *Pressure* 选项卡中,将塔的压力设置为 1bar。
• 在 *Setup* 页面的 *Three-Phase* 选项卡中,识别用于测试两种液相的塔板,将开始塔板选择为塔板 1,将结束塔板选择为塔板 2,将鉴别第 2 液相的关键组分选择为乙酸乙酯和水。

- 选择蒸馏塔 *Specification* 项的 *Reactions* 项,定义蒸馏塔的反应部分和持液量,如图 6.27 所示。

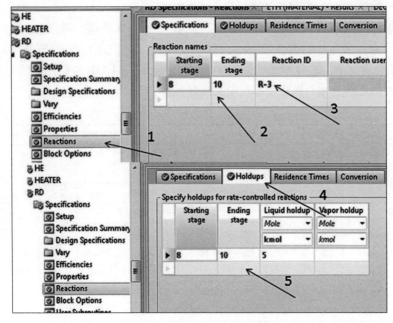

图 6.27　反应塔板和持液量规格

- 在反应塔板上发生的化学反应在步骤 3 中进行选择(图 6.27),但针对未定义的化学反应,单击 *Reaction ID* 项下的字段,选择 *New* 项,新建化学反应并为其选择一个名称。
- 移动到 *Reactions* 项下的 *Selected reaction* 项,单击 *New* 按钮,然后定义反应化学计量,将反应类型选择为 *Equilibrium* 项,如图 6.28 所示。

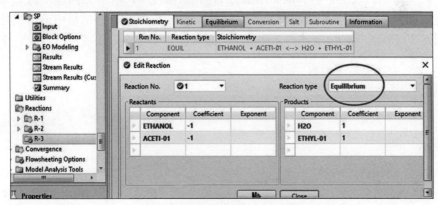

图 6.28　定义平衡型化学反应

167

- 设置工艺流程图中所包含的其他单元操作模块。具体包括:出口温度为25℃和压力为1bar的冷却器,出口温度为25℃和压力为1bar的倾析器,通过馏出物(ETH)物流的摩尔流量为40kmol/h的分离器。
- 运行蒸馏塔进行模拟计算,并在达到收敛的情况下进行检查,结果为:底部产物(W)为乙酸和水的混合物,并含有少量乙醇和乙酸乙酯;离开塔(D)的气相主要是包含乙酸乙酯、乙醇和水的三元共沸混合物;最终 ETH 主要包含的是乙酸乙酯以及大量乙醇和水(参见表6.6中突出显示的数字)。

表6.6 反应蒸馏模拟结果

项目	单位	AA	ET	H₂O	D	D1	W	AQUA	ORG	ETH	REF
开始处		—	—	—	RD	B1	RD	DEC	DEC	SP	SP
结束处		RD	RD	DEC	B1	DEC	—	—	SP	—	RD
相态		液相	液相	液相	气相	液相	液相	液相	液相	液相	液相
摩尔流组分											
乙醇	kmol/h	0	51	0	30.13	30.13	2.75	10.50	19.63	3.88	15.75
水	kmol/h	2	9	120	59.66	59.66	12.58	145.56	34.10	6.74	27.36
ACETI-01	kmol/h	48	0	0	0.00	0.00	14.13	0.00	0.00	0.00	0.00
ETHYL-01	kmol/h	0	0	0	152.67	152.67	0.55	3.94	148.74	29.39	119.35
摩尔流	kmol/h	50	60	120	242.46	242.46	30.00	160.00	202.46	40.00	162.46
质量流量	kg/h	2918.55	2511.66	2161.83	15914.42	15914.42	1249.84	3453.22	14623.03	2889.06	11734.04
体积流量	L/min	51.55	56.15	38.36	111599.00	293.31	23.35	60.27	270.14	53.37	216.77
温度	℃	115.68	77.85	80.00	70.61	25.00	97.41	25.00	25.00	25.00	25.00
压力	bar	1	1	1	1	1	1	1	1	1	1
蒸气分数		0	0	0	0	0	0	0	0	0	0

- 要得到蒸馏塔中的温度和组成分布曲线,移至 RD 塔单元操作下的 *Profile* 项进行查看。具体为:蒸馏塔中的温度分布如图6.29所示。蒸馏塔中的组成分布如图6.30所示。可见,上述两条曲线均清楚地给出了第8~10塔板所发生化学反应的效果。

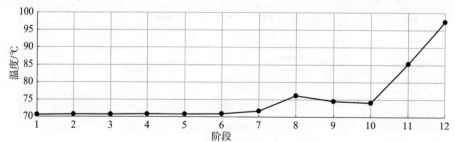

图6.29 反应蒸馏塔温度曲线

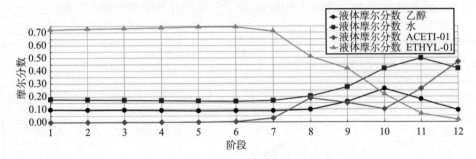

图 6.30　反应蒸馏塔组成分布

6.5　吸收和解吸

在填料塔中,对单组分的吸收和汽提的手工计算通常是基于传质速率方程进行的。然而,当研究板式塔中的多组分吸收时,这种方法却存在很多局限性。多组分和多塔板吸收与汽提均可通过严格方法进行计算,如 SR 方法、Inside-out 方法或 SC 方法。

在 Aspen HYSYS 中,*Absorber Column Subflowsheet* 项可用于吸收过程的建模,而 *Reboiled Absorber Column Subflowsheet* 模型可用于对汽提塔进行建模。在 Aspen Plus 中,*RadFrac* 模型用于模拟吸收塔和解吸器。如果采用 *RadFrac* 模型模拟吸收塔,则需要选择 *No Reboiler* 模型和 *No Condenser* 模型,其中,气体进料连接到塔底,液体溶剂连接到塔顶。当指定进口物流时,自由度为零且不能添加更多规格。用于汽提塔的 *RadFrac* 模型的典型配置是安装再沸器但却无冷凝器的塔。

例 6.8　向具有 30 级塔板的吸收塔中输入流量为 1970kmol/h 的气体,其组成如下(气体浓度单位为 g/Nm^3):甲烷(594)、乙烷(112.7)、丙烷(94.45)、异丁烷(23.34)、正丁烷(44.084)、异戊烷(12.88)和正戊烷(25.75)。其他条件如下:吸收剂采用与正十二烷具有相同性质的石蜡油,其摩尔流量为 3000kmol/h;塔的效率为 20%;塔底压力为 0.51MPa;塔顶压力为 0.495MPa;气体进口物流和溶剂物流的温度均为 32℃;吸收剂在具有 6 个理论塔板的解吸塔中再生。要求:采用 Aspen HYSYS,计算离开吸收塔的气相和液相的组成以及解吸塔中气体的流量和组成。

解决方案:
- 启动 Aspen HYSYS,创建一个组分列表,然后选择 *Peng-Robinson Fluid* 包。
- 在模拟环境中,通过温度、压力、摩尔流量和成分定义进口气体物流和进口液体溶剂流。注意:Aspen HYSYS 不能输入以 g/Nm^3 为单位的气体浓度,因此需要重新计算以采用基于组分的摩尔分率或摩尔流量所表征的浓度;考虑正常条件下的理想气体方程,并计算各个组分的摩尔分率;在标准条件下(压力为 101325Pa、温度为

0℃),1m³ 气体等于 44.6175mol;相应地,摩尔分率的计算结果如表 6.7 所列。

表 6.7　根据质量浓度计算摩尔分率

组分	$m_i/(g/Nm^3)$	$M_i/(g/mol)$	n_i/mol	y_i
C1	594	16.04	37.03242	0.8300
C2	112.7	30.07	3.747922	0.0840
C3	94.45	44.1	2.141723	0.0480
i-C4	23.34	58.12	0.401583	0.0090
n-C4	44.084	58.12	0.7585	0.0170
i-C5	12.88	72.15	0.178517	0.0040
n-C5	25.75	72.15	0.356895	0.0080

采用 *Absorber ColumnSubflowsheet* 项进行吸收塔的安装,并连接进口物流(气体物流到塔底,液体物流到塔顶),在具有特定塔板数的吸收塔中定义进口物流意味着自由度数为零并且塔设置完整。

- 在 *Parameters* 项下的 *Efficiencies* 项中,按照图 6.31 所示步骤将所有塔板的效率均设置为 0.2。

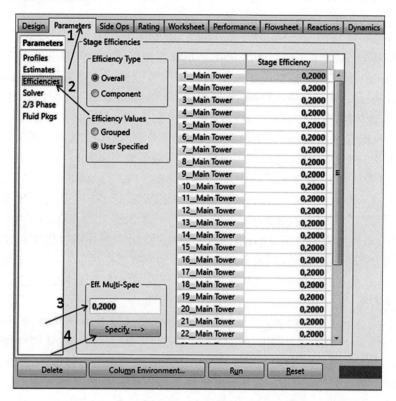

图 6.31　定义塔效率

- 运行吸收塔,检查出口物流的组成和作为关键组分的异丁烷的回收率。
- 采用 *Reboiled Absorber Column Subflowsheet* 项进行解吸塔的安装,将来自吸收塔的液体物流连接到解吸塔的顶部(图 6.32)。

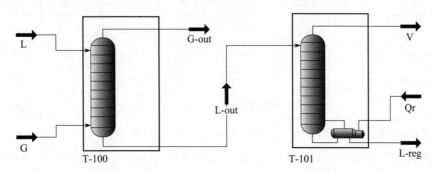

图 6.32　吸收塔-解吸塔流程图

- 另外,有不止一个自由度用于完成解吸塔的规格设置,其中需要指定塔顶产率,详细如图 6.33 所示。

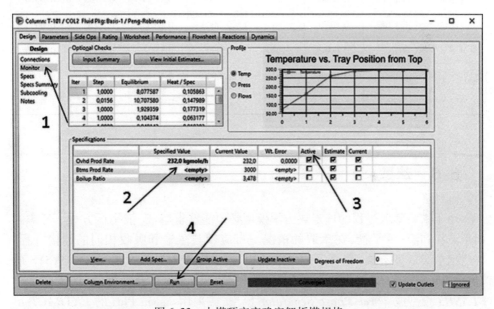

图 6.33　由塔顶产率确定解析塔规格

- 运行针对解吸塔的模拟,检查两个出口物流的流速和组成。

该流程的模拟结果详见表 6.8。可知,正戊烷和异戊烷实际上已从气流中脱除,正丁烷的摩尔分率从 0.017 减少到 0.0003,异丁烷的摩尔分率从 0.009 减少到 0.0004,在解吸塔中的溶剂实际上被再生为低品质 n-C12。

171

表 6.8 吸收-解吸工艺轻质气体结果

名称	G	L	G-out	L-out	V	L-reg
蒸气分数	1.00	0.00	1.00	0.00	1.00	0.00
温度/℃	32.00	32.00	32.48	34.83	69.14	294.72
压力/kPa	510	510	495	510	485	495
摩尔流量/(kmol/h)	1970.00	3000.00	1738.41	3231.59	232.00	2999.59
质量流量/(kg/h)	40060.29	511017.01	30770.41	520306.89	9360.19	510946.71
液体体积流量/(m³/h)	117.72	680.32	98.48	699.56	19.34	680.22
组分摩尔分率(甲烷)	0.8300	0	0.9035	0.0199	0.2778	0.0000
组分摩尔分率(乙烷)	0.0840	0	0.0767	0.0100	0.1389	0.0000
组分摩尔分率(丙烷)	0.0480	0	0.0190	0.0190	0.2650	0.0000
组分摩尔分率(异丁烷)	0.0090	0	0.0004	0.0053	0.0738	0.0000
组分摩尔分率(正丁烷)	0.0170	0	0.0003	0.0102	0.1420	0.0000
组分摩尔分率(异戊烷)	0.0040	0	0.0000	0.0024	0.0338	0.0000
组分摩尔分率(正戊烷)	0.0080	0	0.0000	0.0049	0.0677	0.0000
组分摩尔分率(n-C12)	0	1	0.0001	0.9283	0.0009	1.0000

6.6 萃取

用于求解萃取过程的选定热力学模型必须能够求解液-液平衡方程。考虑到两个液相和液-液平衡,在萃取的情况下可应用与蒸馏和吸收相同的严格方程。要建模单级塔板萃取,需要采用 Aspen Plus 的 *FLASH3* 模型或 Aspen HYSYS 的 *Three-Phase Separator* 模型。在多级萃取的情况下,存在两种可能,即串联多个 *FLASH3* 模型或 *Three-Phase Separator* 模型,或采用 Aspen Plus 的 *EXTRACT* 单元操作模块或 Aspen HYSYS 的 *Extraction Column Subflowsheet* 模型。

例 6.9 采用二甲亚砜(DMSO)从流量为 1000kmol/h 的庚烷溶液(55%(摩尔分数)庚烷+45%(摩尔分数)苯)中对苯进行萃取。此处,液-液萃取是在 20℃ 下在具有 6 个理论塔板的逆流萃取塔中进行的,该过程所采用的再生溶剂中含有摩尔分数分别为 2%的苯和 98%的 DMSO。要求:计算在萃取相中回收 90%(摩尔分数)的苯所需的溶剂,确定最终萃取相和萃余相的数量和组成。

解决方案：

● 启动 Aspen Plus 后，创建组分列表，选择 UNIQUAC 热力学方法，基于 Aspen 软件通过 UNIFAC 方法计算缺失的交互二元参数。

● 在切换到模拟环境之前，分析正庚烷、苯和 DMSO 系统的三元图，如图 6.34 所示。可知，原始溶剂（正庚烷）可与 DMSO 进行部分混合，所形成的两个液相的非均相区域相对较大。

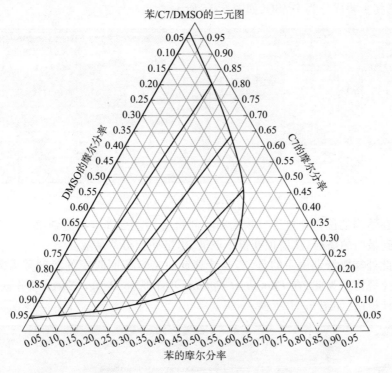

图 6.34　正庚烷、苯和 DMSO 体系三元图

● 切换到模拟环境中，构建图 6.35 所示的工艺流程图，其中采用的是 EXTRACT 单元操作模块。

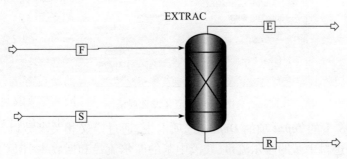

图 6.35　多级萃取工艺流程图

- 定义进口物流和溶剂物流涉及参数及其取值:温度为20℃、压力为1bar、摩尔流量的进口物流为1000kmol/h、摩尔流量的溶剂物流估计值为2000kmol/h以及进口物流和溶剂物流的组分。
- 对萃取模块进行定义,输入示例说明中给出的理论塔板数为6,针对 *Thermal Options* 项选择 *Adiabatic* 项。
- 进行关键组分的选择,其中:针对第1个液相,选择正庚烷;对于第2个液相,选择其主要成分为DMSO,如图6.36所示。

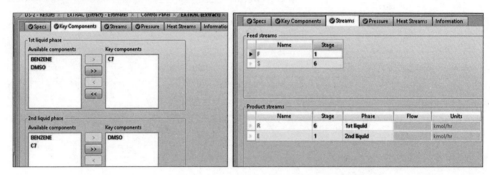

图6.36 液相关键组分选择和萃取物流连接

- 在适当的位置连接进口物流和溶剂物流,其中:进口物流到第1个塔板,溶剂物流到最后的塔板;从塔顶获得萃取液,由塔底获得萃余液。
- 此处需要特别说明的是,若要计算针对特定苯回收率的溶剂需求,必须要定义设计规格。为此,在 *Flowsheet Options* 项下选择 *Design Specs* 项并创建一个新的设计规格,如图6.37所示。

图6.37 定义设计规格

- 在 *DS* 下的 *Input* 项的 *Define* 选项卡中,通过定义相关参数以计算苯的回收率,其中,进料中苯的摩尔流量、残液中苯的摩尔流量和回收率(REC)均作为局部参数。

- 在 *Fortran* 选项卡中苯的回收率计算如下：

$$\text{REC} = \frac{n_{BF} - n_{BR}}{n_{BF}} \quad (6.25)$$

- 在 *Spec* 选项卡中，对设计规格的表达式、目标值和公差进行定义，如图 6.38 所示。

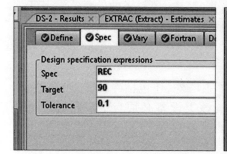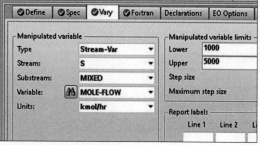

图 6.38　定义待指定和操作的变量

- 在 *Vary* 选项卡中，将溶剂的摩尔流量指定为操作变量。
- 运行流程模拟后，在下一个区域内检查结果，具体包括萃取塔单元操作模块下的 *Results* 项和 *Stream Results* 项以及 *DS* 模块下的 *Results* 项。
- 由表 6.9 的结果可知，若要达到 90% 的苯摩尔回收率的需求，对溶剂的要求为流量 1770.3kmol/h，对应于特定溶剂的需求为 $n_S/n_F = 1.77$。

表 6.9　设计规格的结果

设计项	单位	数据
n_S（操作变量）	kmol/h	1770.281
n_{FB}	kmol/h	450.000
n_{RB}	kmol/h	45.142
REC	%	0.900

6.7　分离设备的选择与经济性评价

6.7.1　蒸馏设备

蒸馏塔是工业上最为常用的分离设备之一，通常采用的两种类型蒸馏塔是板式塔和填料塔。虽然最为常用的塔类型是板式塔，但有时也采用填料塔，后者所采用的塔填料可以是散装的,也可以是规整的(定向的)。设计者必须根据板式塔和填料塔的性能和成本做出决定采用哪种蒸馏塔,其中,当直径较大(大于 0.6m)、操作压力和液体流速较高时,通常采用板式塔;当直径小于 0.6m 或存在腐蚀性和泡沫状物料时,建议采用填料塔。同时,存在不同类型的塔板可供选择,如筛板、泡罩板和浮阀,其中筛板是最为常用的塔板。

塔填料的类型包括陶瓷拉西环、金属或塑料鲍尔环、陶瓷或金属英特勒(Intalox)鞍形填料等。另外一个问题是蒸馏塔的效率,其中:填料塔的效率需要基于实验测试才能获得,原因在于流体流速变化将影响塔效率;板式塔的效率在 50%~85% 之间变化。与蒸馏塔的设计和经济性相关的内容在已出版的不同书籍均有讨论,详见文献[5-8]。

Aspen Plus 的 RadFrac 单元操作模型除了主塔外,还包括冷凝器、再沸器、回流罐、回流泵和流股分离器,如图 6.39 所示。该类设备必须与主塔同时进行映射。Aspen HYSYS 的蒸馏塔单元操作模型的默认映射包括主塔、再沸器和冷凝器。

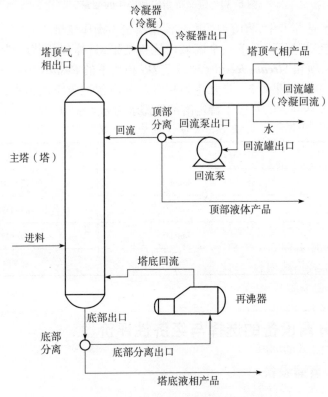

图 6.39 RadFrac 单元操作模型的组成

6.7.2 吸收设备

吸收塔与蒸馏塔是非常相似的,区别只是在于前者不需要冷凝器或再沸器。针对吸收塔而言,气流被送入其底部的塔板,液体吸附剂被送入其顶部的塔板。当板式吸收塔和填料吸收塔都能够使用时,最为常见的选择是采用吸收塔。但是,当塔直径小于 0.65m 且填料高度小于 6m 时,通常首选的是填料吸收塔。

通常,吸收塔是与汽提塔(解吸塔)结合使用的,其所采用的吸收剂也会被再生后进行重复使用。在某些情况下,也会采用蒸馏塔代替汽提塔。

6.7.3 萃取设备

萃取设备可分为两组。其中,第 1 组是由多个串联的混合器-沉降器单元组成的混合器-沉降器萃取塔,液体在混合器中交替混合后在沉降器中进行分离,塔中的萃取溶剂的流动既可以按逆流排列,也可按顺序添加到每个塔板上;第 2 组萃取塔即所谓的差动萃取塔,其中各相在萃取塔中会连续接触并在出口处进行分离。填料塔、板式塔和喷淋塔均为差动萃取塔的代表。此外,萃取塔也可以依据实现不同相之间良好接触的方法进行划分,如机械搅拌萃取塔、脉冲塔、喷淋塔、填料塔或板式塔;另一类萃取塔是离心萃取塔。

为给定工艺选择合适的萃取塔取决于不同的因素,如所需塔板数、塔板沉降特性以及可用面积和净空。通常的选择准则是:如果需要最短的接触时间,或处理沉降特性较差的混合物,则采用离心萃取塔;如果需要较少数量的塔板,则采用混合器-沉降器接触塔或简单的重力塔;如果需要大数量塔板,在可用区域有限时则采用机械搅拌塔或脉冲塔,在可用分离高度有限时则采用混合器-沉降器萃取塔。

在 APEA(Aspen Process Economic Analyzer)软件中,混合沉降萃取塔可映射为不同类型的搅拌器或搅拌罐以及卧式和立式槽罐,而萃取塔可映射为填料塔或板式塔。

例 6.10 对于例 6.4 中的烃混合物的蒸馏过程,需要选择合适的蒸馏系统。要求:当采用板式塔或填料塔时,估算单元操作(塔、冷凝器和再沸器)的成本;当采用的填料类型为 1.0PPR(丙烯鲍尔环)和 1.0-CRR(陶瓷拉西环)时,比较不同的塔板类型(筛板、泡罩、浮阀)和塔所需要的成本。

解决方案:

- 通过激活 *Economic* 项继续执行例 6.4 的解决方案(有关详细信息可参见例 3.5)。
- 此处,将蒸馏塔映射为 single diameter,*Trayed Tower* 模型,将冷凝器映射为 *TEME Heat Exchanger* 模型,将再沸器映射为 *Kettle Type Reboiler* 模型,如图 6.40 所示。

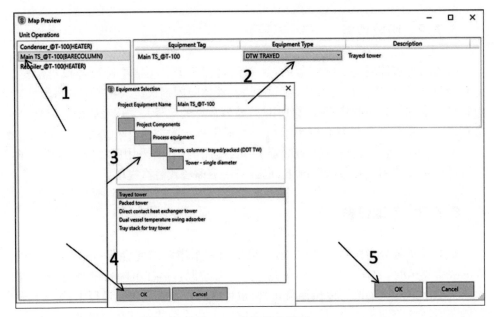

图 6.40 蒸馏塔的设置

- 进行设备调整,选择 *View equipment* 项并选择一种塔板类型,如图 6.41(a)所示。
- 按照例 3.5 中的描述进行评估并检查结果。
- 记录设备成本和安装成本。
- 对泡罩和浮阀类型进行重复确定、评估和结果记录。
- 对填料塔进行重复映射。
- 选择填料类型后按图 6.41(b)所示确定填料塔大小。

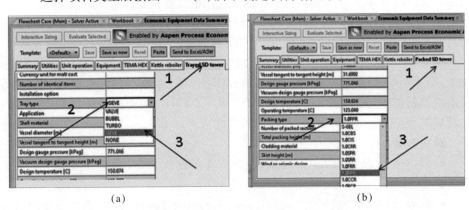

图 6.41 板式塔塔板和填料塔填料的选择

- 用填料塔评估该过程并记录结果。

设备成本与其安装成本的比较见表 6.10。

表 6.10 设备成本与安装成本

塔类型	设备成本/美元	安装成本/美元
带有筛板的板式塔	128100	417200
带有泡罩的板式塔	149200	438500
带有浮阀的板式塔	136400	425600
填料塔-PPR	213200	425600
填料塔-CRR	192700	477700

参考文献

[1] McCabe WL, Thiele EW. Graphical design of fractionating columns. Ind. Eng. Chem. 1925, 17(6): 605-611.

[2] Seader JD, Henley EJ. Separation Process Principle, 2nd ed. New York: John Wiley & Sons, Inc.; 2006.

[3] Green DW, Perry RH. Perry's Chemical Engineers' Handbook, 8th ed. New York: McGraw-Hill; 2008.

[4] McCabe W, Smith J, Harriott P. Unit Operations of Chemical Engineering, 7th ed. New York: McGraw-Hill Education; 2005.

[5] Peters MS, Timmerhaus KD, West RE. Plant Design and Economics for Chemical Engineers, 5th ed. New York: McGraw-Hill; 2004.

[6] Towler G, Sinnott R. Chemical Engineering Design, Principle, Practice and Economics of Plant and Process Design, 2nd ed. Amsterdam: Elsevier; 2013.

[7] Couper JR, Penney WR, Fair JR, Walas SM. Chemical Process Equipment Selection and Design, 3rd ed. Amsterdam: Elsevier; 2010.

[8] Biegler LT, Grossmann IE, Westerberg AW. Systematic Methods of Chemical Process Design. Upper Saddle River, NJ: Prentice Hall PTR; 1997.

第7章
固体处理

对惰性或反应性固体进行处理的单元操作是所有化学、食品和制药技术的重要组成部分。然而,目前的大多数已知化学流程模拟器不能对具有上述特性的固体处理过程进行模拟,其原因是多种多样的,如缺乏平衡和物性数据、需要收集多种类型的相关性数据以及数学描述、所处理的固体通常是缺少已知化学成分的非常规物等。在市场上可用的模拟软件中,除用于特定固体类型处理工艺的模拟软件外,Aspen Plus 是唯一一款具有足够宽的涵盖范围、可实现固体流程模拟的模拟器。

在 Aspen Plus 中,对常规的和非常规的两种类型的固体进行了区分。常规固体通常代表的是具有已知化学式的固体,相应地,所有其他未知化学式的固体均被称为非常规固体。如果某类固体参与了液相-气相平衡计算,则必须将其识别为**常规固体**。不参与相平衡计算的常规固体是常规惰性固体,它们需要在组分列表中被标识为**固体**。对于化学式未知的固体,其在组分列表中采用**非常规**(NC)作为组分类型的标识。

对于固体,Aspen Plus 定义了 3 种不同的子物流类,即 *MIXED*、*CI SOLID* 和 *NC SOLID* 子物流。如果常规固体参与液-气平衡计算,则将它们包含在**混合**子物流中;如果它们充当惰性固体,则将它们包含在 *CI SOLIDS* 子物流中。*NC SOLID* 子物流中必须包含非常规固体。

Aspen Plus 中的固体处理单元操作模块通常分为三组,包括:第 1 组是 *Solid Models*(固体模型),包括 *Dryer*(干燥机)、*Crystallizer*(结晶器)、(*Granulator*)造粒机、(*Crusher*)破碎机、(*Screen*)筛网、*Swash*(洗涤器,指固体洗涤器)、*CCD*(多级固体洗涤器)、*Classifier*(分级机)和 *Fluidbed*(流化床);第 2 组是 *Solid Separators*(固体分离器),包括 *Cyclone*(旋风分离器)、*HyCyc*(水力旋风分离器)、*VScrub*(文丘里洗涤器)、*CFuge*(离心机)、*Filter*(过滤器)、*CfFilter*(错流过滤器)、*FabFl*(织物过滤器)和 *ESP*(静电除尘器);第 3 组是用于固体气动输送的模型,它们被称为 *Pipe*(管道)和 *Pipeline*(管线)。

本章将详细讨论 *Dryer*(干燥器)、*Crystallizer*(结晶器)、*Filter*(过滤器)和 *Cyclone*(旋风分离器)。

7.1 干燥器

干燥器通过将水或其他液体蒸发到空气(气体)流中实现从固体材料中去除水或其他液体,目的是将水分含量降到可接受水平。蒸发所需能量通常由热气(直接加热)或热表面提供。固-气平衡的描述相对复杂的原因在于其会受到干燥材料质地的影响,即传输现象具有重要作用。通常,干燥的相平衡可表示为:在恒定温度和压力条件下,固体水分含量(X)与空气相对湿度(φ)的变化,即

$$X = f(\varphi) \tag{7.1}$$

固相水分含量可基于干基或湿基进行定义。若基于干基,则固相水分含量的定义为水与完全干燥固体的质量比(m_S),即

$$X = \frac{m_W}{m_S} \tag{7.2}$$

在直接加热的干燥器中,由固相蒸发的水量对应于气体湿度的增加量,即

$$m_S(X_1 - X_2) = \Delta \dot{m}_W = m_G(Y_2 - Y_1) \tag{7.3}$$

式中:X_1 和 X_2 分别为干燥器入口和出口处固体的水分含量;Y_1 和 Y_2 分别为入口和出口气体的水分含量;m_G 为干燥(无水分)空气的质量流量;$\Delta \dot{m}_W$ 为从固相到气相的水分流量。

绝热干燥器(绝热条件)的焓平衡由下式给出,即

$$m_S h_{S1} + m_S X_1 h_{W1} + m_G h_{G1} = m_S h_{S2} + m_S X_2 h_{W2} + m_G h_{G2} \tag{7.4}$$

式中:h_S、h_W 和 h_G 分别为完全干燥的固相、水相和气相的比焓;下标 1 和 2 分别表示干燥器进口和出口。

Aspen Plus 的干燥器单元操作模块共提供了 4 种不同型号的干燥器模型,分别为简捷干燥器、对流干燥器、喷雾干燥器和接触式干燥器模型。如果指定了固相的最终水分含量,则简捷干燥器模型的计算结果能够提供干燥器的质量和焓平衡。对流干燥器模型是基于干燥速率进行计算的。Aspen 中的对流干燥器模型是基于 Van Meel 模型[1]开发的,其基本方程如下。

质量平衡为

$$m_S dX = m_G dY \tag{7.5}$$

$$m_S = \frac{M_S}{\tau} \tag{7.6}$$

$$m_G dY = M \cdot N_p \frac{dZ}{L} \tag{7.7}$$

式中:M_S 为固体滞留质量;τ 为平均停留时间;L 为干燥器长度;M 为单个颗粒的蒸发速率;N_p 为颗粒总数,其由粒度分布(PSD)计算得到。

单个颗粒的蒸发率可采用下式计算,即

$$M = v\eta\rho_G\beta_G A_p(Y_a - Y) \tag{7.8}$$

式中:A_p 为单个颗粒的表面积;β_G 为颗粒表面与气体之间的传质系数;ρ_G 为气体密度;$(Y_a - Y)$ 为驱动力,其定义为:绝热饱和温度下的气体水分(Y_a)与干燥器中所考虑位置的水分含量(Y)之间的差;v 为单个颗粒的归一化干燥速率,其由实际干燥速率(M)除以初始干燥速率(M_I)后得到,取值范围从 1 到 0,具体取值的大小由颗粒内部出现的粒子电阻确定,其计算式为

$$v = \frac{M}{M_I} \tag{7.9}$$

η 为固体减少的水分含量,其定义为

$$\eta = \frac{X - X_{eq}}{X_{cr} - X_{eq}} \tag{7.10}$$

式中:X_{eq} 为平衡水分含量;X_{cr} 为临界水分含量。

传质系数(β_G)可根据给定舍伍德数或其他层流和湍流的相关性计算得到。图 7.1 给出了干燥曲线、平衡水分含量和临界水分含量间的示意性关系。

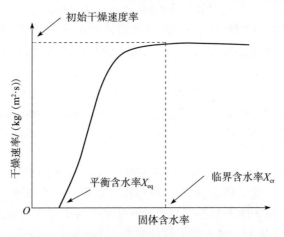

图 7.1 干燥曲线示例

例 7.1 质量流量为 2000kmol/h 的白云石($CaCO_3 \cdot MgCO_3$),在初始含水量为 0.2(湿基)、温度为 95℃的环境下,在并流干燥器中进行干燥,其中,干燥器的长度为 6m,固体在干燥器中的停留时间为 3h。要求:如果空气初始温度为 200℃,质量流量为 10000kmol/h,入口空气中水的质量分数为 0.002,计算干燥器出口处的固体水分含量以及固相和气相的温度和水分含量曲线;考虑采用以下的数据用于流程模拟中的对流传质系数、干燥曲线(表 7.1)和 PSD(表 7.2),具体为:对流传质系数为 5×10^{-4} m/s,固相平衡水分含量为 0.05 干基,临界水分含量基于干基的取值为 0.1。

表7.1 干燥曲线数据

参数	数据						
归一化固体水分	0	0.1	0.2	0.35	0.65	0.85	1
归一化干燥速率	0	0.1	0.5	0.8	0.9	0.95	1

表7.2 粒径分布

大小/mm	4~5	5~6	6~8	8~10
含量/%	20	20	40	20

解决方案：

• 启动 Aspen Plus，此处模拟所选择的组分包括水、空气、$CaCO_3$ 和 $MgCO_3$，其中，设置水和空气为常规组分类型，更改 $CaCO_3$ 和 $MgCO_3$ 的组分类型为 *Solid* 项。

• 选择物性方法，此处采用对许多基于固体的流程类型都适用的 *IDEAL* 物性方法。

• 移动到模拟环境。需要注意的是，针对许多固体过程而言，必须定义纯固体的某些物性，如生成热或生成自由能。

• 在 *Setup* 项下的 *Specification* 项中，为 *Stream Class* 项选择 *MIXCIPSD* 项。

• 在 *Setup* 项下的 *Solid Characterization* 项中，将水选择作为水分组分（图7.2中的步骤2）。

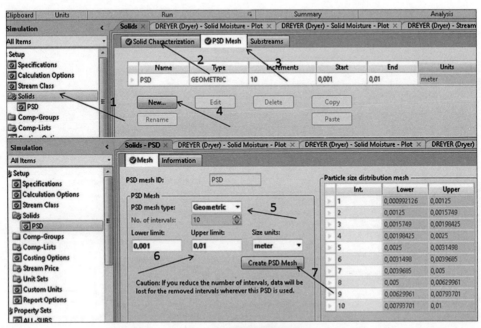

图7.2 固体特性选项卡

- 按照图7.2中的步骤3~7创建PSD网格,在Aspen Plus中可创建4种类型的PSD网格,即等距、几何、对数和用户。针对此模拟,采用下限为1mm和上限为10mm的几何类型。
- 搭建工艺流程图(图7.3),采用 **Solids** 模型库下拉列表中的 **Dryer** 单元操作模块,将物料物流连接到流程图中的适当位置。

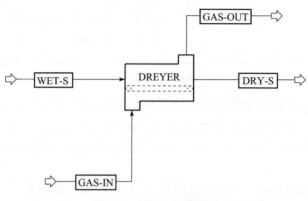

图7.3　干燥工艺流程图

- 通过温度、压力、摩尔流量和成分对流程的进口气体物流进行定义。
- 通过温度、压力、质量流量、成分和PSD对流程的进口湿固体物流进行定义,采用 **CI-Solid** 子物流对湿固体物流进行定义(有关详细信息可参见图7.4)。

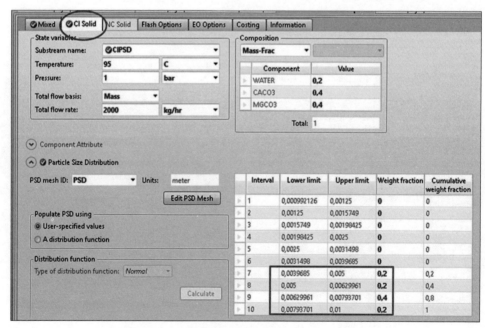

图7.4　定义固体物流

- 下一步,定义干燥机单元操作模块,选择对流干燥器模型(图 7.5 中的步骤 2)作为干燥器的类型,将并流气流方向、长度和固体停留时间作为输入该干燥器的规格,并输入干燥器长度和固体停留时间的取值。
- 在 *Input* 页面中的 *Mass/Heat Transfer* 选项卡中,输入传质系数的值,如图 7.5 中的步骤 4 所示。

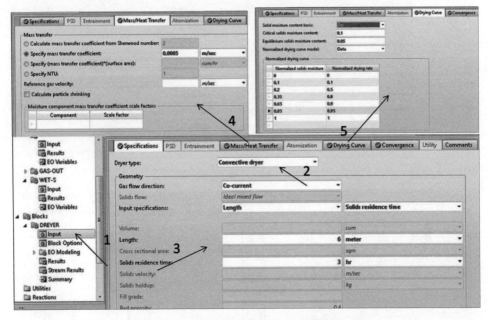

图 7.5　干燥器单元操作模块的规格

- 在 *Drying Curve* 选项卡中(图 7.5 中的步骤 5),以固体临界水分含量和干基固体平衡水分含量(表 7.1)数据值的形式输入标准化的干燥曲线。
- 在输入所有必需的模拟参数后开始运行模拟;如果出现模拟不收敛的问题,可在 *Setup* 页面的 *Convergence* 选项卡中对迭代次数或容差进行更改。
- 模拟结果可在 *DRYER* 项下的 *Results* 项中获得,如图 7.6 所示。可知,在给定条件下,出口固体的水分含量约为 13%;灵敏性分析表明,固相的平衡水分含量可在约 6h 的固体停留时间内达到。
- 针对干燥器的模拟结果,也能够以不同的剖面图形式在主工具栏的 *Plot section* 项下给出(图 7.7);在多个图形都能够显示后,也可采用 *Merge plot* 项将这些不同的图形进行组合。
- 沿干燥器长度的固相和气相温度曲线如图 7.8 所示,固相和气相的干基水分含量曲线如图 7.9 所示。

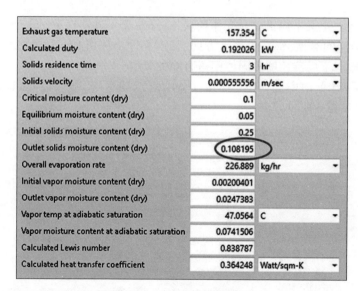

图 7.6 对流干燥模拟结果

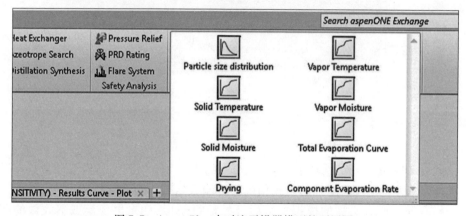

图 7.7 Aspen Plus 中对流干燥器模型的可用图

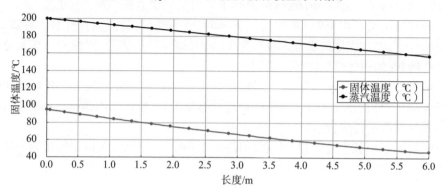

图 7.8 对流干燥器的温度曲线

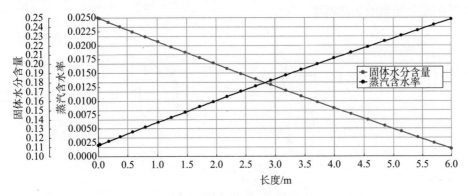

图 7.9 对流干燥器的湿度曲线

7.2 结晶器

Aspen Plus 的结晶器单元操作模块除能够执行结晶过程的质量和能量平衡计算外,还能够从晶体生长动力学的视角计算得到晶体的尺寸分布。有关结晶过程的详细信息,包括晶体生长速率动力学、晶体成核速率和种群平衡等,可在许多相关的化学工程类书籍中获得。关于晶体生长的较为详细的信息来源是《晶体生长手册》[2]。假定糊状产品在平衡状态下离开结晶器,因此糊状产品中的母液是饱和的。结晶器模块共提供了 4 种计算饱和度的方法,分别是溶解度数据、溶解度函数、化学和用户子例程。电解质系统的溶解度数据或化学性质可用于计算晶体流速。

例 7.2 质量流速为 5000kg/h、含有 6%(质量分数)$CuSO_4$ 的 $CuSO_4$ 水溶液,在初始温度为 95℃和压力为 1bar 的条件下,进行以下处理:首先在蒸发器中浓缩为 40%(质量分数)$CuSO_4$ 的水溶液,然后将其送入结晶器,接着再与流量为 500kg/h 的再循环物流混合并在 1bar 下冷却至 20℃,最终从溶液中结晶得到 $CuSO_4·5H_2O$。要求:计算晶体产品的质量流量并进行灵敏性分析,以确定温度对晶体固体产品质量流量和 $CuSO_4$ 非结晶部分的影响。

解决方案:
- 启动 Aspen Plus,采用带有公制单位的 *Solid* 模板打开空白模拟。
- 创建包含 H_2O、$CuSO_4$(固体)、$CuSO_4·5H_2O$(固体)、Cu^{2+} 和 SO_4^{2-} 的组分列表。
- 在模拟环境中,采用 *FLASH2* 项作为蒸发器模型和 *Crystallizer* 单元操作模块搭建如图 7.10 所示的工艺流程图,其中:结晶器单元操作模块对进料物流与再循环物流进行混合,并接着将其冷却到工作温度。需要注意的是,该流程无须安装额外的混合器和冷却器模型。

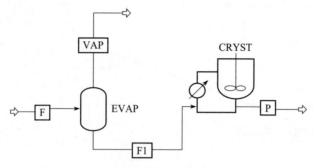

图 7.10　结晶工艺流程图

- 通过温度(95℃)、压力(1bar)、质量流量(5000kg/h)、H_2O、Cu^{2+} 和 SO_4^{2-} 离子的质量分率对进口物流进行定义；离子质量分率可由 $CuSO_4$ 的质量分率和离子的分子量(质量分率，$CuSO_4$ 为6%、Cu^{2+} 为2.3888%、SO_4^{2-} 为3.6112%)计算得到。
- 通过压力和气相分率指定蒸发器。需要注意的是，此处必须要定义一个 *Design Spec* 模块，目的是通过更改 *EVAP* 模块中的气相分率对蒸发器液体出口物流中水的质量分率进行设置(有关如何定义 *Design Spec* 模块的详细信息可参见例6.9)。
- 指定结晶器的单元操作模块，在 *Setup* 页面的 *Specification* 选项卡中设置结晶器模型的温度(20℃)和压力(1bar)。
- 在 *Setup* 页面的 *Crystallization* 选项卡中对结晶反应化学计量进行定义，具体如图 7.11 所示，可知需要选择 $CuSO_4 \cdot 5H_2O$(CIPSD)作为 *Crystal Product* 项。

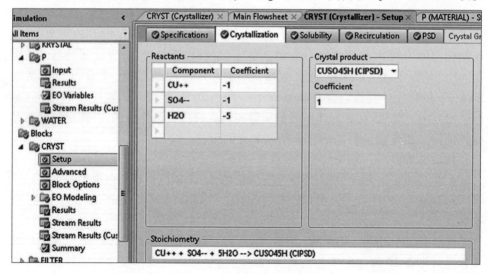

图 7.11　定义结晶化学计量

- 在 *Setup* 页面的 *Solubility* 选项卡中选择溶解度为基于溶剂(H_2O),选择浓度为溶解度数据的类型,然后输入表 7.3 所列的溶解度与温度数据。

表 7.3 $CuSO_4$ 在不同温度下的溶解度

$T/℃$	0	10	20	30	40	60	80	100
溶解度/(g/L 水)	143	174	207	250	285	400	550	754

- 在 *Setup* 页面的 *Recirculation* 选项卡中,设置再循环流量为 500kg/h。
- 运行模拟计算,对 *CRYST* 模块下的 *Results* 页面和 *Stream Results* 页面的结果进行检查,详见图 7.12。

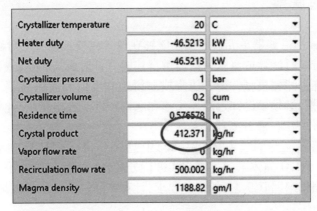

图 7.12 结晶流程模拟结果

- 为了分析温度对晶体产物和非结晶离子质量流量的影响,按照与例 5.3 中相同的步骤对灵敏度模块进行定义。具体为:选择结晶器温度为自变量,在灵敏度 S-1 *Input* 页面的 *Vary* 选项卡中将其定义为 *Block-Var→CRYST→TEMP* 项。
- 在 *Define* 项中,在灵敏度模块 S-1 的 *Input* 页面对 $CuSO_4 \cdot 5H_2O(m_p)$、Cu^{2+} 离子($m_{Cu^{2+}}$)和 SO_4^{2-} 离子($m_{SO_4^{2-}}$)的质量流量进行定义。
- 再次运行流程模拟,在灵敏度模块 S-1 下的 *Results* 页面检查灵敏性分析的结果,如表 7.4 所列。可知,由于 $CuSO_4$ 溶解度随着温度的升高而增减,这使随着结晶器内温度的升高,晶体产物的质量流量减少,离子的质量流量增加。

表 7.4 灵敏度分析温度影响

温度/℃	$m_p/(kg/h)$	$m_{Cu^{2+}}/(kg/h)$	$m_{SO_4^{2-}}/(kg/h)$
20	412.371	14.4899	21.9053
30	394.897	18.9371	28.6284
40	380.169	22.6854	34.295
50	355.391	28.9913	43.8279

续表

温度/℃	m_p/(kg/h)	$m_{Cu^{2+}}$/(kg/h)	$m_{SO_4^{2-}}$/(kg/h)
60	329.537	35.5712	53.7752
70	294.415	44.5098	67.2882
80	257.282	53.9601	81.5748
90	204.008	67.5183	102.072

7.3 过滤器

Aspen Plus 的过滤器单元操作模块能够在设计或模拟模式下对固-液分离器、鼓式过滤器、带式过滤器或盘式过滤器进行建模。针对鼓式、带式或盘式过滤器的建模,必须选择过滤器模型并定义压降或滤饼饱和度以及滤饼高度。为了在模拟模式下进行建模,必须要已知过滤器尺寸和滤饼特性。在本章中,此处的研究仅限于采用过滤器作为固-液分离器。

例7.3 源自实施例 7.2 的产品物流中包含 $CuSO_4 \cdot 5H_2O$ 和水的晶体。其中,对 $CuSO_4 \cdot 5H_2O$ 晶采用过滤方式进行分离,这会使2%的晶体在水中损失;另外,能够从固相中回收 0.1% 的水。要求:计算产品物流的质量流量和组成。

解决方案:

- 在继续进行例 7.2 所示的模拟前,需要向流程图中添加过滤器单元操作模块,如图 7.13 所示。

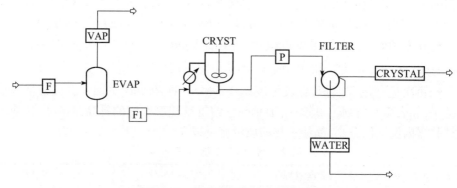

图 7.13 带过滤的结晶工艺流程图

- 指定过滤器模块的模型为 *Solid Separator* 项,如图 7.14 所示。
- 在同一选项卡中,指定 *Fraction of solids to solid outlet* 项和 *Fraction of liquid to liquid outlet* 项。
- 运行模拟并进行结果检查,所计算得到的工艺物料平衡结果详见表 7.5。

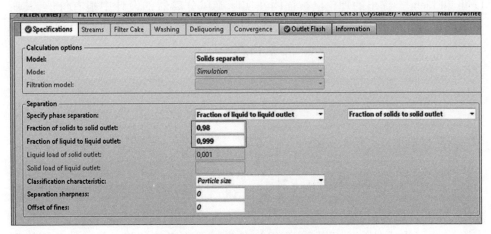

图 7.14 指定过滤器单元操作模块

表 7.5 过滤器的质量平衡

物流	质量流量/(kg/h)		
	P	结晶	水
合计	749.95	404.46	345.48
H_2O	301.18	0.30	300.88
$CuSO_4 \cdot 5H_2O$	412.37	404.12	8.25
Cu^{2+}	14.49	0.01	14.48
SO_4^{2-}	21.91	0.02	21.88

7.4 旋风分离器

Aspen Plus 的旋风分离器单元操作模块能够模拟和评价旋风分离器。其中，固体颗粒通过气体涡流的离心力被脱除，含有固体的进口气流被分成固体物流和含有残余固体的气流。

旋风分离器的总效率由下式给出，即

$$\eta_C = \frac{m_{s1}}{m_{s0}} = \frac{c_0 - c_{out}}{c_0} \tag{7.11}$$

式中：m_{s1} 为从进口物流中脱除的固体的流速；m_{s0} 为进口物流中固体的总流速；c_0 为进口物流中的固体浓度；c_{out} 为出口物流中的固体浓度。

多年来，研究学者已经提出了大量用于预测旋风分离器效率的模型[3]。由

Leith 和 Licht[4]提出的理论已被证明在实际旋风分离器的设计中很有价值,其所给出的旋风分离器的分离效率为

$$\eta_{Dp} = 1 - e^{(-M_C D_p^N)} \tag{7.12}$$

其中,

$$N = \frac{1}{n+1} \tag{7.13}$$

$$n = 1 - (1 - 0.67 D_c^{0.14}) \left(\frac{T}{283}\right)^{0.3} \tag{7.14}$$

$$M_C = 2\left[\frac{KQ \rho_p (n+1)}{D_c^3 \, 18\mu}\right]^{N/2} \tag{7.15}$$

式中:D_c 为旋风分离器的主体直径;Q 为气体体积流量;D_p 为颗粒直径;ρ_p 为颗粒密度;μ 为气体动态黏度;T 为温度(K);K 为仅取决于单元相对尺寸的几何构型参数。

旋风分离器中的压降 ΔP 可根据 Shepherd 和 Lapple 法[6]计算得到,即

$$\Delta P = 0.003 \rho_f U_t^2 N_k \tag{7.16}$$

式中:ρ_f 为流体密度;U_t 为入口气体速度,并且存在

$$N_k = K \frac{ab}{D_c^2} \tag{7.17}$$

式中:a 为旋风分离器的入口高度;b 为旋风分离器的入口宽度。

Aspen Plus 中可用的其他方法如下:

- Muschelknautz 等[5];
- Shepherd 和 Lapple[6];
- Dietz[7];
- Mothes 和 Lofler[8]。

针对旋风分离器,存在以下两种不同的计算模式。

- 模拟模式:旋流模型根据用户指定的旋流直径计算得到分离效率和压降。
- 设计模式:计算旋风分离器几何尺寸以满足用户指定的分离效率和最大压降。

在上述的两种模式下,出口固体物流的 PSD 值需要先确定。

例 7.4 流速为 500kmol/h 的烟气中除含有 892mg/Nm³ 的灰分外,还含有摩尔分数分别为 50% 的 N_2、17% 的 CO_2、22% 的 H_2O 和 11% 的 O_2。针对该烟气物流,需要在入口为矩形和直径为 2m 的旋风分离器中将灰分去除,其中,烟气在 500℃ 和 2bar 的条件下进入旋风分离器,灰分粒度分布情况如表 7.6 所列。要求:采用 Leight-Licht 法计算旋风分离器的分离效率曲线。

表 7.6 灰分粒度分布

开始粒度/μm	结束粒度/μm	质量分率
0	2	0.05
2	5	0.05
5	10	0.05
10	20	0.05
20	30	0.1
30	40	0.1
40	50	0.2
50	60	0.15
60	80	0.15
80	100	0.1

解决方案：

● 创建组分列表，对灰分组分选择 *Nonconventional* 项组分类型，对除灰分以外的所有组分选择默认的组分类型 *Conventional* 项。

● 选择 *Ideal* 项物性方法。

● 在 *Parameters* 项下的 *NC Prop* 项中，指定用于计算非常规组分 *Ash* 项的焓和密度的物性模型。其中，选择 *HCOALGEN* 模型用于计算焓，选择 *HCOALLIGHT* 模型用于计算密度。

● 在模拟环境 *Setup* 页面的 *Specifications* 选项卡中，选择 *MIXNCPSD* 项作为物流类。

● 根据表 7.6 所给出的颗粒大小定义 PSD 网格。

● 通过添加旋风分离器单元操作模块搭建图 7.15 所示的工艺流程图。

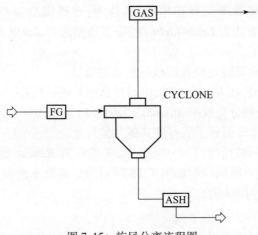

图 7.15 旋风分离流程图

- 对进口物流进行定义,***MIX*** 项和 ***NC Solid*** 项都是需要定义为子物流。其中,通过温度、压力、质量流量、质量分数、组分物性(Proxanal、Ultanal、Sulfanal)和 PSD 对 ***NC solid*** 项子物流进行指定,如图 7.16 所示;在 Proxanal 和 Ultanal 中,对 ***Ash*** 项取值为 100%,对 Sulfanal 中的所有类型的硫均取值为 0。

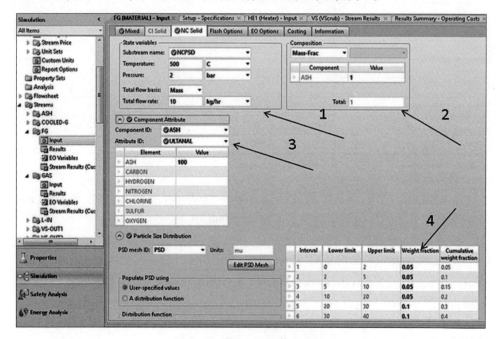

图 7.16　定义 NC 固体子物流

旋风分离器单元操作模块可被用于固体分离或旋流分离。Aspen 提供了两种计算模式(模拟和设计)、多种计算方法和不同类型的旋风分离器模型。

- 指定旋风分离器单元操作模块,具体为:选择模型为 ***Cyclone*** 项,模式为 ***Simulation*** 项,计算方法为 ***Leith-Licht*** 项,旋流类型选择 ***Barth 1-Rectangular Inlet*** 项,如图 7.17 所示。
- 指定旋风分离器的直径和旋风分离器的数量。
- 运行流程模拟,在 ***Results*** 页面中对计算结果进行检查,如图 7.18 所示。可知,旋风分离器的全局分离效率和压降约为 92% 和 3.7kPa。此外,Aspen 还为指定直径的旋风分离器计算得到了所有的其他几何尺寸。
- 若要显示不同粒径物料的分离效率,需要查看 ***Results*** 页面中的 ***Efficiency*** 选项卡,也可采用这些数据绘制如图 7.19 所示的分离效率曲线(注:Aspen 在 ***Plot*** 项工具栏中提供此绘图功能)。

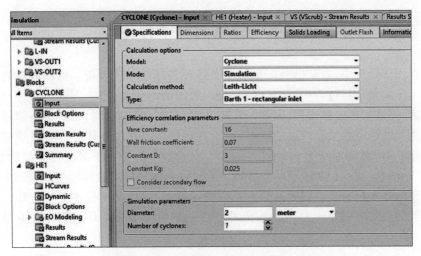

图 7.17 旋风分离器单元操作模块的规格

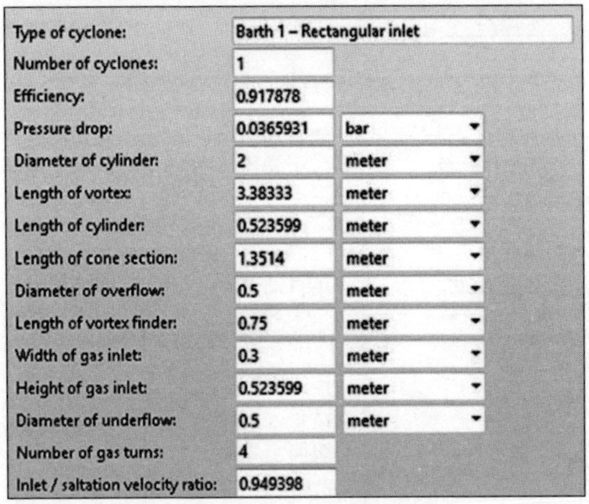

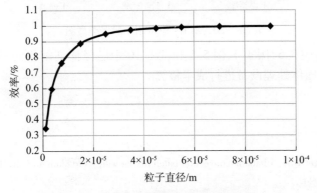

图 7.18 旋风分离器模拟的结果

图 7.19 旋风分离器的分离效率曲线

7.5 固体处理设备的选择与经济性评价

在固体处理中,目前已经广泛采用了各种各样的专业设备。这些固体处理设备应用于大量运行过程中,如粒度的减小、固体的混合和分离、固体与气体和液体的分离、固体的形成和成型、固体的运输和储存等。实践表明,若要最终能够选择适当类型的设备并具有合适的成本,应始终保持与潜在的固体处理设备供应商进行合作。APEA(*Aspen Process Economic Analyzer*)软件可依据流程模拟的数据,对固体处理设备进行初步选择和成本计算。许多固体处理过程模型都可映射到不同类型的真实设备上。限于本书内容的覆盖范围,此处并不描述面向全部固体处理设备的映射模型。作为一个例子,用于映射的可用干燥器类型如图 7.20 所示。

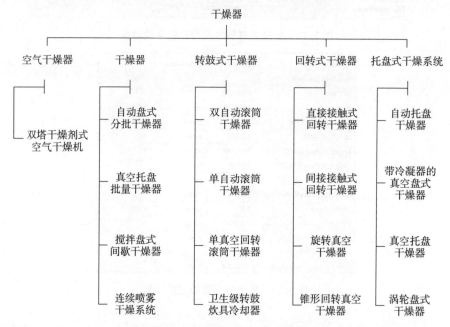

图 7.20 APEA 中可用干燥器类型图

可采用与例 3.5、例 4.4、例 5.5 和例 6.10 中已经详细阐释的类似方法,基于 APEA 软件对固体处理设备进行成本核算。

参考文献

[1] Van Meel DA. Adiabatic convection batch drying with recirculation of air. Chem. Eng. Sci. 1985, 9(1): 36-44.

[2] Nishinaga T. Handbook of Crystal Growth, Volume 1A-1B, 2nd ed. Amsterdam:

Elsevier; 2014.

[3] Aspen Plus ® V9 Help. Burlington, MA: Aspen Technology, Inc. , 2016.

[4] Leith D, Licht W. The collection efficiency of cyclone type particle collector: A new theoretical approach, in air pollution and its control. AIChE Symp. Ser. 1972, 68(126): 196-206.

[5] Muschelknautz E, Greif V, Trefz M. Zyklone zur Abscheidungvon von Festoffen aus Gasen, VDI-Wärmeatlas, 10th ed. Berlin: Springer; 2006.

[6] Shepherd GB, Lapple CE. Flow pattern and pressure drop in cyclone dust collectors. Ind. Eng. Chem. Res. 1939, 31(8): 972-984.

[7] Dietz PW. Collection efficiency of cyclone separators. AIChE J. 1981, 27(6): 888-892.

[8] Mothes H, Lofler F. Zur Berechnung der Partikelabscheidung in Zyklonen. Chem. Eng. Process. 1984, 18(6): 323-331.

[9] Aspen T echnology. Getting Started Modelling Processes with Solids, V8.4. Burlington, MA: AspenTechnology, Inc. , 2013.

[10] Dirgo J, Leith D. Cyclone collection efficiency: Comparison of experimental results with theoretical predictions. Aerosol. Sci. Technol. 1958, 4(4): 401-415.

练习

练习1 酒精混合物的加热和蒸发。将流速为7000kg/h,含有质量分数分别为22%甲醇、27%乙醇、31%异丙醇和20%正丙醇的酒精混合物从20℃加热到其沸点后,进行蒸发以产生饱合蒸汽,其中混合物的初始压力为1.5bar。要求:采用Aspen Plus计算,将这种混合物加热到沸点所需的热量以及蒸发所需的热量;在考虑每个塔板的压降为0.2bar时,计算这种混合物的沸点温度是多少?

练习2 在2MPa的压力下,将蒸气分率为0.5的芳香烃热液-气混合物冷却到100℃,该烃混合物中含有摩尔分数分别为35%苯、45%甲苯、15%间二甲苯和0.05%对二甲苯,其摩尔流量为150kmol/h。要求:采用Aspen HYSYS,如果冷却过程中的压力降至1.95MPa,计算必须要从该物流中取出多少能量;在一个单独的情况中,考虑一个两面换热器模型,采用冷却水冷却这种碳氢化合物混合物,冷却水的温度从20℃增加到30℃,进水压力为500kPa,热物流进入管侧,冷却水进入壳侧,管侧和壳侧的压降分别为50kPa和10kPa,计算将烃混合物冷却到100℃时所需的冷却水量。

练习3 考虑例3.2中的烃类混合物在管壳式换热器中进行冷却,换热器形式选择AEL型(管式换热器制造商协会),换热器(HE)长度为5 m,由80根换热管组成,2管程,1壳程,换热器直径为520mm,换热管内径和外径分别为14mm和18mm,管间距为50mm;换热管布置为三角形(30°);壳程折流板为水平、单弓型,缺口面积为20%;折流板间距为800mm;所有HE接管的直径均为150mm。要求:采用Aspen HYSYS的简单稳态评级模型,计算热物流和冷物流的出口温度和压力,计算此HE中的总传热系数。

练习4 将流速为90kmol/h的由苯和环己烷组成的等摩尔混合物从30℃加热到其沸点,其中:第2个热交换器中采用压力为3bar的饱合蒸汽进行蒸发,饱合蒸汽以逆流方向供给到第2换热器;蒸气首先用于蒸发混合物,然后在第1个热交换器(HE)中将其加热到沸点。要求:采用Aspen Plus进行模拟,若离开第1个HE的冷凝水温度为100℃,计算需要多少蒸汽(HE中的压降忽略不计)。

练习5 考虑具有例3.2中的流量和组成的苯和甲苯混合物,在表面积为8m^{2}的热交换器中进行冷却。要求:如果总传热系数U的值为550W/(m^2·K)并采用流量为15000kmol/h的冷却水进行冷却,分别采用Aspen Plus与HYSYS Peng Robinsson(HYSPR)模型对出口物流温度进行计算。

练习6 将流速为40t/h、温度为20℃的水从100kPa加压到10MPa。要求:若泵的绝热效率为55%,采用Aspen HYSYS计算所需要的泵的功率。

练习7 采用Aspen Plus中的Pump模型进行练习6的模拟,并将结果与Aspen HYSYS的模拟结果进行比较。

练习 8 采用三级压缩机将干燥空气从 1bar 压缩到 5MPa,其中:流速为 500kmol/h 且仅含氮和氧的空气在 20℃时进入压缩机的第 1 级,在每一级的压缩完成之后空气被冷却至 50℃,每个冷却器的压降为 0.1bar。要求:采用 Aspen Plus 中的等熵压缩机模型和 Peng-Robinson 热力学模型,计算总压缩机负荷、冷却器所需的冷却负荷和每一级的压缩比。

练习 9 考虑例 4.2 中所给出的天然气成分和条件。要求:若压缩机的性能曲线已知(其汇总如表 1 所列),计算压缩比、排气压力、效率和其他压缩机性能参数。

表 1 压缩机在 7000r/mim 时的性能曲线

实际体积流量/(m³/h)	5000	7500	10000	11000	11500	12500	13000
扬程/m	6500	6000	5300	5000	4500	4000	3700
效率/%	82	85	87	87	85	83	80

练习 10 流速为 200kmol/h 的正庚烷通过内径为 10cm、长度为 100m 的管道进行输送,其中:该管道包含 5 个闸阀、4 个蝶阀、3 个 90°弯头、2 个直三通和 2 个分支三通,正庚烷的温度为 30℃,管道进口处的压力为 5bar,输送过程被认为是绝热的。要求:计算管道系统中正庚烷的压力损失。

练习 11 苯胺是由以下的硝基苯加氢反应制备的,即

$$C_6H_5-NO_2+3H_2 \rightarrow C_6H_5-NH_2+H_2O$$

式中:反应在 300℃和 500kPa 下进行;由于是强放热反应,反应器通过其壳中副产蒸汽进行冷却;硝基苯转化率为 99%;在该工艺中采用的氢与硝基苯的摩尔比为 10;流量为 100kmol/h 的硝基苯与氢气混合后进入反应器,温度为 300℃、压力为 500kPa。要求:采用 Aspen HYSYS 计算 25℃时的反应组成、反应热和热负荷;在第 2 步中,若考虑绝热反应器,计算出口物流的温度。

练习 12 考虑对采用 Aspen HYSYS 建模的例 5.2 进行蒸汽重整。要求:采用 Aspen Plus 对该过程进行模拟,计算反应器温度为 900℃时产物的平衡组成,比较在此温度下得到的两种反应的平衡常数。

练习 13 萘必须在气化反应器中采用纯氧通过部分燃烧进行气化,其中:气体产品的主要成分预计为 CO、H_2 和 CH_4;虽然气体中也可能含有 C2 和 C3 烃、未反应的萘和焦油,但在本例中予以忽略;如果反应器在绝热条件下进行工作,氧与萘的质量比为 0.3,采用 Gibbs 反应器模型计算气体产物的平衡组成;在假设压力为 2bar 的情况下,处理流量为 10000kmol/h 的萘。要求:同时应用 Aspen Plus 和 Aspen HYSYS 进行模拟,比较模拟得到的反应器绝热温度和气体成分。

练习 14 甲苯加氢脱烷基化制苯的反应表达如下:

$$C_6H_5-CH_3+H_2 \rightarrow C_6H_6+CH_4$$

式中:由 Zimmerma 和 York 提供的反应速率可通过 $r = k \cdot \exp(-E/RT) \cdot C_T \cdot C_H^{0.5}$、

$k=3\times10^{10}$ 和 $E=209.213\text{kJ/mol}$ 计算获得；含有 70kmol/h 的甲苯、370kmol/h 的 H_2、160kmol/h 的 CH_4 和 4kmol/h 的苯的进料物流在 750℃和 26bar 的条件下进入反应器；虽然该反应为放热反应，但此处假设该反应器的温度始终保持在 815℃。要求：考虑长度为 10m 的多管反应器和 500 个内径为 0.02m 的管子，计算产物的组成、反应转化率和停留时间。

练习 15 采用 Aspen HYSYS 对例 5.3 所描述的酯化过程进行模拟，采用动力学模型。要求：计算相同条件下的产物组成和乙醇转化率；采用 Aspen HYSYS 进行与例 5.3 相同的模拟，将获得的结果与采用 Aspen Plus 所获得的结果进行比较。

练习 16 对含有水的醇混合物部分蒸发，并在常压闪蒸分离器中进行相分离。采用流量为 5000kmol/h 的混合物，其组成包括摩尔分数分别为 10% 的甲醇、35% 的乙醇、30% 的异丙醇、15% 的正丙醇和水。要求：采用 Aspen Plus 分析蒸发馏分和相组成之间的相关性。

练习 17 流量为 100kmol/h 的混合物分别含有摩尔分数为 10%、20%、30% 和 40% 的丙烷、正丁烷、正戊烷和正己烷，需要在压力为 700kPa 的蒸馏塔中进行处理，其中：进口物料在混合物的沸点温度进入蒸馏塔，正丁烷和正戊烷蒸馏产物的回收率必须为 98% 和 5%。要求：采用 Aspen Plus 的简捷蒸馏模型（DSTWU），计算最小回流比、最小理论级数、$R=2.3$ 时的实际理论塔板数和其他塔参数，并生成回流比与理论塔板的对应关系表。

练习 18 将含有摩尔分数为 40% 的苯、20% 的甲苯、10% 的二甲苯和 30% 的联苯的芳烃混合物分离成事实上的纯组分。要求：采用 Aspen HYSYS 的严格蒸馏模型设计用于分离该混合物的系统。

练习 19 将含有摩尔分数为 40% 的乙苯、40% 的苯乙烯、10% 的甲苯和 10% 的苯的混合物进行分离，对不同组分的纯度要求分别为：乙苯和苯乙烯为 90%，苯和甲苯为 99%。要求：采用 Aspen HYSYS 的简捷蒸馏模型和严格蒸馏模型为该任务设计蒸馏系统。

练习 20 在 Aspen Plus 中，模拟例 6.8 所描述的烃类混合物的吸收流程。要求：设计吸收油的再生，并将结果与 Aspen HYSYS 所模拟的结果进行比较（例 6.8）。

练习 21 将由丙酮和环己烷组成的共沸混合物分离为纯组分的一种可能方法是采用四塔蒸馏系统，采用萃取蒸馏和两种溶剂（苯和 12-丙二醇）再生，其中，共沸混合物（摩尔分数为 25.11% 环己烷和 74.89% 丙酮）进入第 1 个蒸馏塔，此处苯是用作萃取剂；馏出物含有丙酮、苯、底部产物苯和环己烷；通过采用 12-丙二醇进行萃取蒸馏，在第 2 个蒸馏塔中将苯从馏出物中分离出来，并从苯中分离得到环己烯；在最后的再生塔中，苯从 12-丙二醇中被分离出来，并且两种溶剂都循环到该流程中。要求：采用 Aspen HYSYS 和 UNIQUAC 物性方法设计该过程，并找出在哪些工艺条件和塔参数下能够进行分离（若要熟悉物料流回收的相关知识可参阅

第10章)。

练习22 流量为20000kmol/h的湿煤中含有质量分数为25%(湿基)水分,将其在体积为5m³和长度为10m的对流干燥器中进行干燥,其中:料位被填充至30%,床层孔隙率为0.4;干燥器的传质能力为4个传输单元(传输单元数);考虑表2中给出的干燥曲线数据,以及表3中给出的待研究煤的近似成分和最终成分;用于干燥的空气中含有质量分数为0.05%的水分,其温度为180℃;干燥机的进口煤温为25℃,工作压力为大气压。要求:计算将煤的水分降低到11%(质量分数)(干基)以下所需的空气质量流量(如有必要可参阅第14章以指定非常规固体)。

表2 练习22中考虑的煤干燥曲线

至关重要的水分含量	0.45(干基)
平衡含水率	0.04(干基)
归一化干燥速率	归一化固体水分
0	0
0.2135	0.1463
0.3371	0.2683
0.5056	0.3902
0.7865	0.6341
0.9831	0.878
1	1

表3 练习22中参考的煤成分

工业分析	
水分	25
固定碳	68.72
挥发性物质	24.69
灰烬	6.58
元素分析	
灰	6.58
碳	80.9
氢	4.8
氮	1.2
氯	0
硫	0.665
氧	6.035

硫分析	
硫酸盐	0.03
与燃烧有关的	0.135
有机的	0.5
粒度分布			
下限	上限	重量比率	累积重量比率
---	---	---	---
100	120	0.1	0.1
120	140	0.2	0.3
140	160	0.4	0.7
160	180	0.2	0.9
180	200	0.1	1

练习 23 流量为 500kmol/h、含量为 3%(质量分数) $MgSO_4$ 的 $MgSO_4$ 溶液采用冷却常压结晶器进行处理,其中:结晶器的体积为 $0.5m^3$,$MgSO_4$ 在水中的溶解度数据由表 4 给出;在 50℃时,进料进入结晶器并且在此温度下不再产生晶体;将进料冷却到 20℃后,可形成 $MgSO_4 \cdot 7H_2O$ 晶体,得到的糊状物由晶体和母液组成;出口流量的 70%在结晶器中会进行再循环。要求:计算晶体流速和固相停留时间。

表 4　$MgSO_4$ 在水中的溶解度

温度/℃	浓度/(g/L)
0	223.6043
10	277.9344
20	333.8185
30	393.1595
40	442.9905
60	541.7636
80	542.6366
100	478.339

练习 24 采用与例 7.4 相同的数据进行模拟,设计一个能够达到 93%的灰分分离效率的旋风分离器(Barth2,矩形入口),其最大允许压降为 0.15bar。要求:采用 Leith-Licht 方法计算旋风分离器直径和其他几何参数。

练习 25 将来自例 7.4 的旋风分离器的气体在热交换器中冷却至 120℃后,供给文丘里洗涤器以分离得到更细小的颗粒,流量为 500kmol/h 的水(20℃、1bar)用于从气体中洗涤这些细颗粒,考虑进行喉管设计和具有 0.2m 喉管直径的文丘里洗涤器。要求:采用 Young 方法计算文丘里洗涤器的分离效率并绘制效率曲线。

第3篇 面向常规组分的工厂设计与模拟

第8章 新流程的简单概念设计

在本章中,介绍同时采用 Aspen Plus 和 Aspen HYSYS 对流程进行简单的初步概念设计,并用于求解两个不同的示例,其中一个采用 Aspen Plus,另一个采用 Aspen HYSYS。示例的解决方案包括化学和技术概念分析、纯组分数据分析、相平衡数据分析、化学反应动力学和平衡数据分析、工艺流程图开发、工艺模拟和结果分析等内容。

以下各节介绍了对两个工艺更为详细的分析,包括材料回收和能量回收。

例 8.1 需要年产 20000t 乙酸乙酯。要求:采用 Aspen Plus 进行模拟,对该过程进行简单的概念设计。

例 8.2 需要生产流量为 3.5t/h 的苯乙烯。要求:采用 Aspen HYSYS 进行模拟,对该过程进行简单的概念设计。

8.1 材料和化学反应分析

8.1.1 乙酸乙酯流程

乙酸乙酯(CH_3-COO-CH_2-CH_3)是乙醇和乙酸的酯,是一种具有特有甜味的无色液体,可用作溶剂。教科书和百科全书等常用信息来源提供了以下制作方法。

(1) 乙醇与乙酸的酯化反应(Fisher 酯化)。

$$CH_3CH_2OH + CH_3COOH \leftrightarrow CH_3COOCH_2CH_3 + H_2O \tag{R8.1}$$

该反应在室温下发生,乙酸转化率大约为 65%。若采用酸催化则可以加速反应进行,并且可通过去除水使平衡向右移动。较高的转化率可通过在较高温度下的气相反应予以实现。

该工艺已经得到了很好的研究,世界上的大部分乙酸乙酯都是通过这种方法生产的。

（2）Tishchenko 反应。

$$2CH_3CHO \rightarrow CH_3COOCH_2CH_3 \quad (R8.2)$$

在醇盐催化剂存在的情况下，2 当量的乙醛缩合得到乙酸乙酯。该工艺是在低温下进行的，具有乙醛转化率高（高达 98%）和反应选择性高（97%~98%）的特点。该工艺在世界范围内也存在许多工业应用。显然，该方法不需要乙醇和乙酸。

（3）乙醇脱氢。

$$2CH_3CH_2OH \rightarrow CH_3COOCH_2CH_3 + 2H_2 \quad (R8.3)$$

在 220~240℃的温度下，铜/亚铬酸铜催化剂支撑的氧化铝（包括亚铬酸钡作为促进剂）在气相中进行反应。其中，乙醇的最大转化率为 65%，乙酸乙酯的最大选择性为 99%；但这些参数在很大程度上是取决于工艺条件的。该过程的副产品包括乙醛、乙醚、高级酯和酮。通过乙醇脱氢生产乙酸乙酯的成本效益通常低于酯化工艺，但在化工厂中却能够采用多余的乙醇作为原料。当来自生物乙醇工厂的乙醇可用并且乙酸生产的成本效益较低时，采用脱氢工艺就是一种更为有效的方法。

（4）用于生产乙酸乙酯的其他可能化学反应。

在存在黏土催化剂时，可将乙烯直接加成到乙酸中，从而无需乙醇或乙醛中间体即可生产乙酸乙酯，其典型的反应温度为 200℃，反应压力为 55bar，具体反应为

$$CH_2=CH_2 + CH_3COOH \rightarrow CH_3COOCH_2CH_3 \quad (R8.4)$$

醇和酰氯的反应；将液态乙酰氯加入乙醇中，即可得到液态乙酸乙酯和与其同时产生的氯化氢，具体反应为

$$CH_3CH_2OH + CH_3COCl \rightarrow CH_3COOCH_2CH_3 + HCl \quad (R8.5)$$

醇和酸酐的反应能够生成乙酸乙酯和乙酸的混合物，其通常是在室温下发生的缓慢反应，即

$$CH_3CH_2OH + CH_3(CO)_2O \rightarrow CH_3COOCH_2CH_3 + CH_3COOH \quad (R8.6)$$

根据针对上述乙酸乙酯生产化学反应的简单综述可知，乙酸乙酯生产的最佳方法取决于原材料的可用性。需要不可用原材料的乙酸乙酯生产方法可在后续的考虑中排除掉。假设乙醇和乙酸的可用性良好，并考虑有关 Fisher 酯化过程的现有知识和经验，此处选择该过程并在示例中予以考虑。

8.1.2 苯乙烯工艺

苯乙烯，分子式为 $C_6H_5CH=CH_2$，其作为苯的衍生物，是一种有甜味的无色油状液体。苯乙烯作为聚苯乙烯的单体，其许多共聚物在世界范围内得到大量使用，可通过以下化学反应获得。

（1）乙苯脱氢是苯乙烯生产中最常用的工业方法。

$$C_6H_5-C_2H_5 \leftrightarrow C_6H_5-C_2H_3 + H_2 \quad (R8.7)$$

气相反应在过量水蒸气存在时基于固体催化剂（通常为 Fe_2O_3）发生，其伴随着两个副反应，即乙苯热解为苯和乙烯以及乙苯加氢脱烷基化，即

$$C_6H_5-C_2H_5 \rightarrow C_6H_6+C_2H_4 \quad (R8.8)$$

$$C_6H_5-C_2H_5+H_2 \rightarrow C_6H_5-CH_3+CH_4 \quad (R8.9)$$

乙苯的典型转化率为65%~75%，对苯乙烯的选择性在93%~97%之间。这种方法的缺点之一是苯乙烯和乙苯的沸点相似，这导致相对挥发性低，并且需要非常高的蒸馏塔和较高的回流比。

（2）另一种商业开发的基于乙苯生产苯乙烯的工艺是通过乙苯氢过氧化物副产环氧丙烷。第一步是乙苯与氧气反应生成乙苯氢过氧化物；然后采用乙苯氢过氧化物将丙烯氧化成环氧丙烷，与环氧丙烷同时产生的还有1-苯基乙醇；最后一步是通过脱水得到苯乙烯。这个过程的化学反应为

$$C_6H_5-C_2H_5+O_2 \rightarrow C_6H_5C_2H_4OOH \quad (R8.10)$$

$$C_6H_5C_2H_4OOH+CH_2=CH-CH_3 \rightarrow C_6H_5C_2H_4OH+C_3H_6O \quad (R8.11)$$

$$C_6H_5C_2H_4OH \rightarrow C_6H_5-C_2H_3+H_2O \quad (R8.12)$$

理论上，苯乙烯可由甲苯和甲醇通过以下反应制得，即

$$CH_3OH+C_6H_5CH_3 \rightarrow C_8H_8+H_2O+H_2 \quad (R8.13)$$

然而，在实践中，甲醇 CH_3OH 通常会脱氢生成甲醛 CH_2O 和氢气 H_2。甲醛与甲苯在不同的固体催化剂上发生反应得到苯乙烯。与乙苯相比，尽管甲苯和甲醇是低成本的原料，但在该过程中对苯乙烯的选择性仍然是一个挑战。

（3）苯乙烯也可直接由苯和乙烷进行生产。这种方法在单个反应器中进行，其结合了乙烷和乙苯的脱氢反应。这项技术的开发正在进行之中。

目前，超过90%的苯乙烯是通过乙苯的经典脱氢反应进行生产的。在本例中，仅考虑乙苯脱氢法。

8.2 技术选择

8.2.1 乙酸乙酯流程

乙酸乙酯生产的酯化反应可在室温下的液相中或在更高温度和压力下的气相中进行。通过连续去除水，液相反应的平衡可向右移动。由于二元和三元共沸物的存在，乙酸-乙酯与乙酸-乙醇-水混合物的分离非常困难。这些特殊性预先决定了乙酸乙酯流程所能采用的各种技术方法。

下列反应技术被认为是乙酸乙酯酯化生产过程中最为常用的反应技术。

- 间歇搅拌釜式反应器：在间歇式酯化过程中，在一个简单的加热釜式反应器中加入乙酸、95%乙醇和浓硫酸，其中的反应产物在多个蒸馏塔中进行纯化。

- 连续搅拌釜反应器:连续搅拌釜反应器(CSTR)的优点是简单,但在水作为反应产物存在的情况下,平衡会向左移动。通常,CSTR 反应器与反应蒸馏塔相结合用于该工艺。图 8.1 给出了这个工艺过程的流程图。

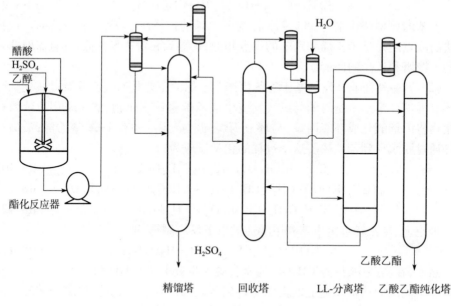

图 8.1 乙酸乙酯连续生产工艺

- 反应蒸馏:反应蒸馏的优点是通过连续除水实现更高的转化率。反应蒸馏技术正成为乙酸乙酯生产中最常用的技术。
- 催化膜反应器:也可通过膜实现连续除水。陶瓷渗透蒸发膜的成功采用已在相关文献中报道。
- 气相管式反应器:醇和酸的气相催化酯化反应获得的转化率高于相应的液相反应。

乙酸乙酯纯化技术基于多相共沸蒸馏或萃取蒸馏。此外,膜分离的一些应用也是已知的。

乙酸乙酯的纯化需要一系列的蒸馏塔。为了进一步考虑,此处选择了反应蒸馏和共沸蒸馏技术。

8.2.2 苯乙烯工艺

实际上,85%以上的苯乙烯单体都是由乙苯催化脱氢生产的。这个过程采用了不同的催化剂,其中最为常用的催化剂是基于 Fe_2O_3 的。乙苯脱氢是在水蒸气存在的情况下进行的,其具有的不同于其他过程的作用如下:

- 降低乙苯的分压,促进乙苯转化为苯乙烯并最大限度地减少裂解过程;

- 与碳反应产生二氧化碳,从而清洁催化剂;
- 涵盖了反应所需的热量。

典型的工艺条件是:反应器温度约为630℃,压力略高于大气压力。

1. 反应器变体

1) 绝热脱氢

乙苯绝热脱氢制苯乙烯反应的单元示意图如图8.2所示。在该绝热过程中,首先是反应混合物(乙苯和蒸汽)被加热到反应温度(630~640℃),然后再通过第1个反应器中的催化剂。吸热反应降低了温度,因此出口物流在通过第2个反应器之前被重新加热。反应产物除用于加热反应物外,其余热能用于生产高压蒸汽和低压蒸汽。部分冷凝产品被分离成空气、粗苯乙烯和水相。

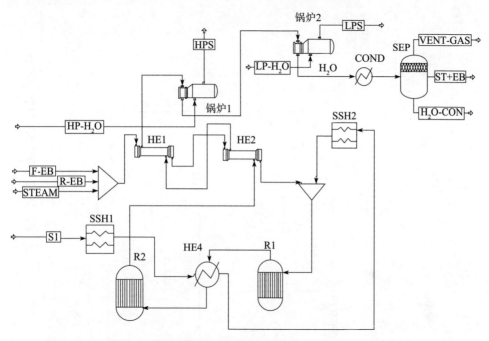

F-EB—新鲜乙苯;R-EB—回收乙苯;ST—苯乙烯;HE—换热器;R—反应器;SSH—蒸汽过热器;
HPS—高压蒸汽;LPS—低压蒸汽;COND—冷凝器;SEP—分离器。

图8.2 乙苯绝热脱氢制苯乙烯流程

2) 等温脱氢

在该工艺的等温设置中,反应热由多管管式反应器壳侧的热烟气提供。熔盐混合物除作为中间加热介质外,也可用于将反应器温度保持在600℃左右的操作值。如图8.3所示,离开反应器的烟道气用于生产工艺所需的蒸汽。在等温工艺中,蒸汽与油的质量比和蒸汽温度可低于绝热过程。通常认为,等温工艺的缺点在于反应器尺寸受到限制。

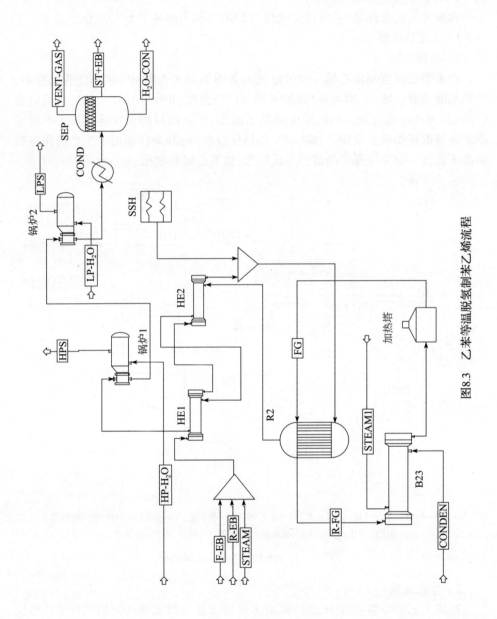

图8.3 乙苯等温脱氢制苯乙烯流程

2. 蒸馏途径

来自反应段的粗苯乙烯物流包含摩尔分数分别为 60%~65% 的苯乙烯、30%~35% 的乙苯、1% 的苯、2% 的甲苯和大约 1% 的其他化合物。通常可采用两种基本方法从该混合物中分离得到苯乙烯。

1) 标准方法

这种方法的示意如图 8.4 所示。苯和甲苯在第 1 个塔中被分离,乙苯在第 2 个塔中被分离。乙苯(沸点为 136℃)与苯乙烯(沸点为 145℃)的相对挥发性较低,因此需要大量的分离塔板。如果采用泡罩塔板,因压降较大则需要采用两个串联的塔。在最后的塔中,苯乙烯在真空下从焦油和聚合物等重质组分中蒸馏出来。由于苯乙烯存在聚合的趋势,故在高温下将苯乙烯单体在塔中的停留时间最小化是非常重要的。

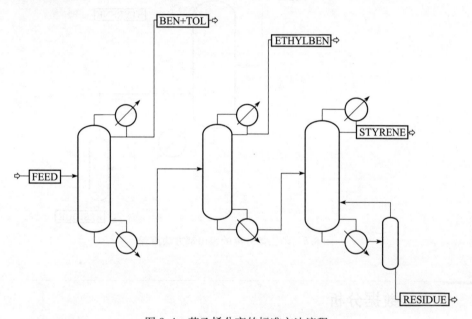

图 8.4 苯乙烯分离的标准方法流程

2) 孟山都方法

孟山都工艺流程如图 8.5 所示。该方法中的主要分馏发生在第 1 个塔中,其中乙苯与甲苯以及苯共同进行蒸馏。乙苯在随后的塔中与甲苯和苯进行分离,然后再循环至反应器中。通过真空蒸馏将苯乙烯与第 1 个塔的塔底产物进行分离。

由于等温脱氢的容量限制和标准分离方法的丰富经验,本例采用标准分离方法进行绝热脱氢。

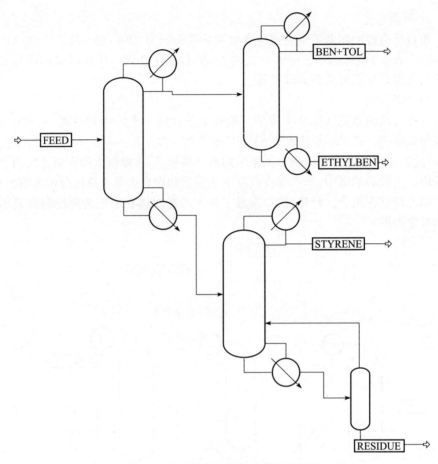

图 8.5 苯乙烯分离的孟山都方法流程

8.3 数据分析

8.3.1 纯组分物性分析

1. 乙酸乙酯流程

可采用的纯组分物性数据的来源众多,其中许多可用的数据库直接集成在 Aspen Plus 中(有关详细信息可参见 2.2.2 节)。Aspen Plus 还提供了用于分析纯组分特性的不同工具(如参见 2.2.5 节)。此处从 Aspen TDE(Thermo Data Engine)中提取了乙酸乙酯工艺中涉及的所有组分的一些重要特性,并在表 8.1 中列出。若需要查看与温度相关的参数的多项式相关性,可查看 Aspen 帮助文档[1-2]中的一般纯组分特性。

表 8.1 乙酸乙酯流程纯组分的某些性质

参数	单位	乙醇	醋酸	水	乙酸乙酯
Pitzer 偏心因子		0.64389	0.45691	0.34426	0.36571
临界压缩系数		0.24281	0.20086	0.240858	0.25762
临界体积	$m^3/kmol$	0.16633	0.17117	0.0587	0.28844
临界压力	N/m^2	6137000	5785671.8	22076708.7	3885712.7
临界温度	K	514.57	593	647.1081	523.26
液体摩尔密度的 TDE 扩展	kg/m^3	—	—	—	—
ρ_C	$kmol/m^3$	6.011997	5.988242	17.03578	3.46693
C1	$kmol/m^3$	13.55366	11.74909	46.52598	8.013724
C2	$kmol/m^3$	5.843359	6.884552	-0.4566956	0.9660935
C3	$kmol/m^3$	-13.35826	-10.63882	38.03668	1.56528
C4	$kmol/m^3$	12.5191	11.37438	-63.73245	0.1845428
C5	$kmol/m^3$	0	0	0	0
C6	$kmol/m^3$	0	0	0	0
T_c	K	514.5745	592.9978	647.1081	523.26
N		6	6	6	6
$T_{降}$	K	127.5	289.6861	289.6861	189.67
$T_{升}$	K	514.5745	592.9978	647.1081	523.26
偶极矩	$(J \cdot m^3)^5$	5.38×10^{-25}	4.11×10^{-25}	5.69×10^{-25}	6.01×10^{-25}
熔化热	$J/kmol$	4931000	11720000	6013500	10485390.3
汽化热的 TDEWatson 方程	$J/kmol$			—	
C1		17.88312		17.79361	17.87015
C2		0.8724741		0.4072381	0.9294767
C3		-1.453657		-0.3316292	-0.820561
C4		1.013012		0.2972404	0.3324357
T_c	K	514.5745		647.1081	523.26
N		4		4	4
$T_{降}$	K	127.5		273.16	189.67
$T_{升}$	K	514.5745		647.1081	523.26
吉布斯生成能(理想气体)	$J/kmol$	-168051462.1	-402285838.8	-228510174.2	-327469876.6
固体 C_p 的 ThermoML 多项式	$J/(kmol \cdot K)$	—			
C1	$J/(kmol \cdot K)$	-13616.24	-15090.19	-2689.165	-44976.53
C2	$J/(kmol \cdot K^2)$	1181.144	1238.043	247.6415	2397.313
C3	$J/(kmol \cdot K^3)$	-7.957395	-8.217574	-0.6675374	-15.88343
C4	$J/(kmol \cdot K^4)$	0.01941751	0.02644948	0	0.0413017

续表

参数	单位	乙醇	醋酸	水	乙酸乙酯
C5	$J/(kmol \cdot K^5)$	2.61×10^{-5}	-3.01×10^{-5}	0	0
n	Unitless	5	5	5	5
$T_{降}$	K	20	20	20	20
$T_{升}$	K	159.014	289.6861	38	167.3297
TDE Aly-Lee 理想气体 C_p	$J/(kmol \cdot K)$	—	—	—	—
C1	$J/(kmol \cdot K)$	36690.53	39924.63	36367.01	100116.6
C2	$J/(kmol \cdot K)$	154994.3	135839.5	135839.5	216070
C3	K	1162.267	1208.064	2484.958	2092.14
C4	$J/(kmol \cdot K)$	62201.69	64252.96	-15202.46	185112.2
C5	K	409.7163	542.473	116.0637	939.4995
C6	K	50	50	50	50
C7	K	3000	1500	5000	1000
液体 C_p 的 TDE 方程或液体 C_p 的 ThermoML 多项式	$J/(kmol \cdot K)$	—	—	—	—
C1	$J/(kmol \cdot K)$	88515.75	152973.2	53867.96	310026.6
C2	$J/(kmol \cdot K^2)$	77.06154	-710.7139	282.323	-1594.528
C3	$J/(kmol \cdot K^3)$	-1.240313	2.735644	-1.173532	4.916801
C4	$J/(kmol \cdot K^4)$	0.004973443	-0.002741796	0.001503196	-0.004348807
B(ThermoML 的 C5)	$J/(kmol \cdot K)$ (ThermoML 的 $J/(kmol \cdot K^2)$)	-2.63×10^{-6}	5749.369	1000.182	4873.56
T_c	K		592.9978	647.1081	523.26
N		5	4	4	4
$T_{降}$	K	127.5	289.6861	273.16	189.67
$T_{升}$	K	349.1234	580	630	510
吉布斯生成能（理想气体）	J/kmol	-235297000	-460325436.5	-241818000	-443163304.6
摩尔质量	g/kmol	46.069	60.052	18.015	88.106
沸点	K	351.4152	390.9735	373.1488	350.1868
冰点温度	K	158.94	286.7	273.16	189.67
三点温度	K	158.94	286.7	273.16	189.67
TDEWagner 25 液体蒸气压	N/m²	—	—	—	—
C1		-8.479712	-8.484081	-7.908359	-7.952463
C2		0.502341	1.469236	2.024165	2.23002
C3		-3.815634	-0.6034642	-2.480987	-3.546818
C4		-0.07393004	-6.051077	-1.844068	-2.928171

续表

参数	单位	乙醇	醋酸	水	乙酸乙酯
C5		15.64736	15.5709	16.91003	15.17282
T_c	K	514.5745	592.9978	647.1081	523.26
$T_降$	K	127.5	289.6861	273.16	189.67
$T_升$	K	514.5745	592.9978	647.1081	523.26

NIST TDE 对纯组分参数的评估结果与其他来源(如与文献[3-4]中公布的数据相比)的数据相比,仅显示出很小的差异。

2. 苯乙烯工艺

表 8.2 给出了由 Aspen HYSYS 萃取的苯乙烯过程所涉及纯组分的一些特性,也可从 NIST 和其他数据库中获得非常相似的物性结果。苯乙烯和乙苯的正常沸点相似,因此乙苯与苯乙烯的相对挥发性较低。由于它是由纯组分在 50~150℃ 温度下的蒸气下产生的,因此该过程的关键点是如何从苯乙烯中分离乙苯(图 8.6)

表 8.2 苯乙烯工艺纯组分的某些性质

性质	苯乙烯	乙基苯	H_2	苯	甲苯
分子量	104.15	106.17	2.02	78.11	92.14
标准沸点/℃	145.2	136.2	-252.6	80.1	110.6
理想液体密度/(kg/m³)	908.8	870.0	69.9	882.2	870.0
临界温度/℃	362.9	343.9	-239.7	288.9	318.6
临界压力/kPa	3840	3607	1316	4924	4100
临界体积/(m³/kmol)	0.3520	0.3740	0.0515	0.2600	0.3160
偏心系数	0.2971	0.3010	-0.1201	0.2150	0.2596
生成热(25℃)/(kJ/kmol)	147400	29809	0	82977	50029
燃烧热(25℃)/(kJ/kmol)	-4219000	-4389140	-241942	-3170970	-3773650

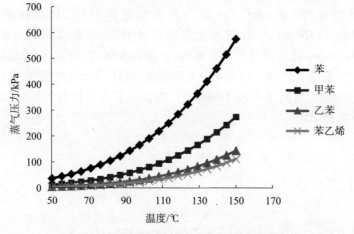

图 8.6 苯乙烯工艺组分的蒸气压与温度的关系

8.3.2 反应动力学和平衡数据

1. 乙酸乙酯流程

自20世纪初以来,酯化反应动力学一直是业界众多研究团队的研究课题,目前已经为不同类型的催化剂提出了各种动力学模型。对于存在酸催化剂时,液相中的反应速率,经常采用的是以下拟均相模型,即

$$r = k\left(C_A C_B - \frac{C_R C_S}{K_e}\right) \tag{8.1}$$

式中:C_A 和 C_B 为反应物的浓度;C_R 和 C_S 为产物的浓度;k 为速率常数;K_e 为平衡常数。

上述速率常数的温度依赖性由 Arrhenius 方程给出。表8.3 给出了不同来源的活化能值和指前因子或给定温度下的速率常数值。

表8.3 不同来源乙酸乙酯流程的动力学参数

来源	k	$A/(cm^3/(mol \cdot s))$	$E/(J/mol)$
Illavsk'y 等[5]		1.206×106	54240
Ince[6]		46617	84878
De Silva 等[7]	1.03×10^{-4} L^2/(g·mol·min)在335K		
Bedard 等[8]	0.00654(mol 乙酸乙酯(mol H$^+$)$^{-1}$ s^{-1})在353K		50200

Berthelot 和 Saint-Gilles 早在1862年就研究了乙酸和乙醇的平衡。Darlington 和 Guenther[9]于1967年发表了乙醇与乙酸在 15~50℃ 温度范围内酯化的平衡常数。通常,已报道的平衡常数值在 1.9~4.5 之间变化[10]。

2. 苯乙烯工艺

乙苯脱氢反应(式(R8.7))是一种多相催化反应,其存在两个副反应(式(R8.8)和式(R8.9))。在已经发表的文献中,乙苯脱氢的动力学均是基于 Langmuir-Hinshelwood 反应进行的。Wenner 和 Dybdal[11]开发了例5.4 中采用的主反应和副反应速率方程。例5.4 中采用的这些反应的动力学参数取自 Dittmeyer 等[12]的研究成果;然而,Lee 和 Froment[13]对涉及自由基机制的热反应,给出了以下的动力学参数,即

$$r_1 = k_1 \frac{\left(p_{EB} - \frac{1}{K_e} p_{ST} p_{H_2}\right)}{(1 + K_{ST} p_{ST})} \tag{8.2}$$

$$k_1 = A_1 e^{\left(\frac{-E_1}{RT}\right)} \tag{8.3}$$

式中:$A_1 = 2.2215×10^{16}$ kmol/(m^3·h·bar);$E_1 = 272.23$ kJ/mol,

$$r_2 = k_2 p_{EB} \tag{8.4}$$

$$k_2 = A_2 e^{\left(\frac{-E_2}{RT}\right)} \tag{8.5}$$

式中:$A_2 = 2.4217 \times 10^{20}$ kmol/($m^3 \cdot h \cdot bar$);$E_2 = 252.79$ kJ/mol。

$$r_3 = k_3 p_{EB} \tag{8.6}$$

$$k_3 = A_3 e^{\left(\frac{-E_3}{RT}\right)} \tag{8.7}$$

式中:$A_3 = 3.8224 \times 10^{17}$ kmol/($m^3 \cdot h \cdot bar$);$E_3 = 313.06$ kJ/mol。

研究学者还给出了关于乙苯催化脱氢动力学的详细研究。其他学者也采用不同的催化剂研究了乙苯的催化脱氢。表8.4中列出了不同学者所给出的活化能值。

表8.4 乙苯催化脱氢活化能

来 源	E/(J/mol)	催化剂
Hossain 等[14]	85530	$Mg_3 Fe_{0.25} Mn_{0.25} Al_{0.5}$
Dittmeyer 等[12]	158600	商业 Fe
Hirano[15]	111700	Fe-K-Cr-Mg
Lebedev 等[16]	193600	商用 Fe-Cr
Lee 和 Froment[13]	175400	商业 Fe

8.3.3 相平衡数据

1. 乙酸乙酯流程

乙酸乙酯过程的详细相平衡数据分析在2.2.7节和2.2.8节中给出,此处选择 Aspen Plus 中的 NRTL-HOC 热力学方法进行模拟。该模型通过应用 NRTL 模型计算液相活度系数,通过气相 Hayden-O'Connell 状态方程进行平衡数据预测。

2. 苯乙烯工艺

图8.4中的蒸馏概念假设为:在第1个塔中,从乙苯和苯乙烯中分离出苯和甲苯;在第2个塔中,从乙苯中分离出苯乙烯。因此,第1个塔中的关键组分是甲苯和乙苯,第2个塔中是乙苯和苯乙烯。在图8.5所示的蒸馏概念中,苯乙烯和乙苯是第1个塔中的关键组分,而甲苯和乙苯是第2个塔中的关键组分。因此,乙苯和苯乙烯之间以及甲苯和乙苯之间的二元相互作用在该模拟中是很重要的。

通常,热力学状态模型的3次方程为碳氢化合物系统提供了良好的结果。然而,活度系数模型也可以很好地描述相平衡。在本研究中,将 Aspen HYSYS(HY-SPR)中采用的 Peng-Robinson 状态方程和 NRTL 热力学模型与 NIST 数据库中获得的实验数据进行了比较。

苯乙烯的蒸馏是在较低压力下进行的,通常约为 5kPa。图 8.7 显示了 5kPa 下的等压气-液平衡相的组成。在此图中,比较了三种不同类型的数据,即由 HYSYS Peng-Robinson 模型(HYSPR)和 NRTL 模型计算的数据以及由 Jongmans 等[17]测量的实验数据,其中,HYSPR 和 NRTL 模型计算结果的温度相差约 1℃;实验测得的温度介于这两种模型之间,但更接近 HYSPR 模型。同时,在不同研究者所测量的实验数据之间也观察到了类似的差异。在图 8.8 中,对 Jongmans 测量的数据与 Aucejo 等[18]测量的数据进行了比较。

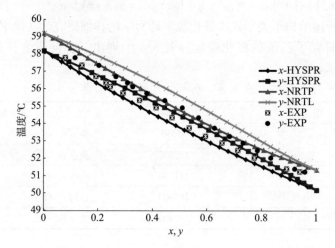

图 8.7 (见彩图)压力为 5kPa 时的乙苯-苯乙烯气-液平衡数据

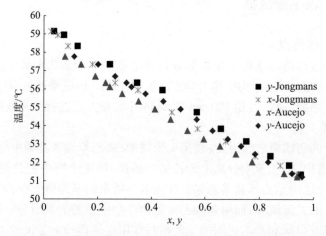

图 8.8 (见彩图)乙苯-苯乙烯等压气-液平衡数据

由上述结果可知,差异主要体现在温度值上,但所有 4 种情况下的相平衡组成均具有很好的一致性。图 8.9 给出了由两种模型(HYSPR 和 NRTL)计算得到的乙苯-苯乙烯二元系统的 x-y 图,以及来自两个来源的实验数据。实际上,计算数据和实验数据之间并没有明显的差异。

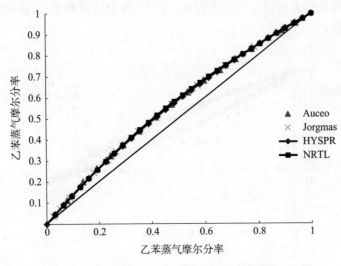

图 8.9 （见彩图）乙苯-苯乙烯二元体系的等压 x-y 图

压力不仅会影响混合物的沸点,还会影响二元体系的相对挥发。通常,压力越低,相对波动率就越高,并且压力的影响随着压力的降低而增加。图 8.10 给出了压力对相平衡组成影响的灵敏度分析结果。

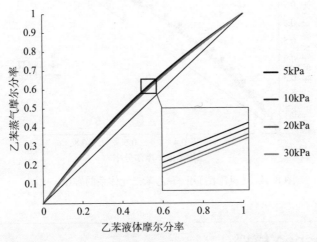

图 8.10 （见彩图）不同压力时乙苯对苯乙烯相对挥发度的影响

对于甲苯-乙苯二元体系,NIST 提供的实验数据较少。Kutsarov 等在101325kPa 下测量了为数不多的一组可用的等压实验数据[19]。如图 8.11 和图 8.12 所示,HYSPR 和 NRTL 方法均提供了非常相似的结果,但这两种方法都显示出与实验数据间的偏差。在甲苯的摩尔分率为 0.2 和 0.7 时,这种差异更加明显。在这些浓度下,实验数据显示出比模型数据更高的相对波动性,这会导致采用模型计算会得出更多的理论平衡塔板数。但是,在设计计算中,设备尺寸过大被认为比过小要好。

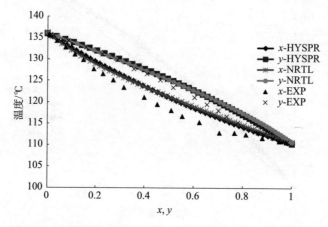

图 8.11　(见彩图)甲苯-乙苯二元体系的等压气-液平衡数据

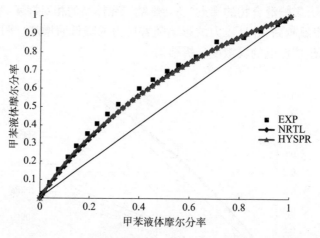

图 8.12　(见彩图)甲苯-乙苯二元体系的等压 x-y 图

8.4　Aspen 模拟

8.4.1　乙酸乙酯流程

(1) 在对化学工艺、可用技术和获得的数据进行分析后,可开始在 Aspen Plus 中进行模拟;关于如何在 Aspen Plus 中启动模拟详见第 1 章。

(2) 选择一个组分列表(有关详细信息可参见例 2.1),在此模拟中考虑的是乙醇、乙酸、水和乙酸乙酯。

(3) 选择 NRTL-HOC 作为热力学模型,该模型的适用性来自 2.2.7 节和 2.2.8 节中所描述的针对该系统的二元和三元分析;检查二进制交互 NRTL 方程和 Hayden-O'Connell 状态方程的参数,如果缺少某些参数,需勾选"由 UNIFAC 计算缺少的参数"选项。

(4) 移至模拟环境,继续处理流程图。

8.4.2 苯乙烯工艺

(1) 按照第 1 章中的说明启动 Aspen HYSYS。

(2) 创建一个组分列表,选择苯、甲苯、乙苯、苯乙烯和水作为组分(详细信息参见例 2.2)。

(3) 选择 Peng-Robinson 流体包作为热力学模型,例 2.6 显示了 Aspen HYSYS 中流体包所选择的详细信息。

(4) 定义化学反应,Aspen HYSYS 中有关反应组定义的详细信息参见例 2.12,有关苯乙烯工艺参见例 5.4。

(5) 移至模拟环境,继续进行流程模拟。

8.5 工艺流程图和初步模拟

8.5.1 乙酸乙酯流程

将乙酸和乙醇加入反应蒸馏塔,其中,乙酸进入反应段的上方,乙醇进入反应段的下方,之后对反应产物进行连续蒸馏。预计的气相馏出物主要包含三元共沸混合物(摩尔分数分别为乙酸乙酯 54.03%、乙醇 16.58%、水 29.39%,正常沸点为 70.33℃),底部产物主要由水、未反应的乙酸和催化剂(H_2SO_4)组成,其被蒸馏用以回收未发生反应的乙酸。气相馏出物被引导至冷凝器,并在冷凝后被引导至液相分离器,此处需要创建两个液相,必须向混合物中添加额外的水(参见图 2.44 中乙酸乙酯、乙醇和水的三元图)。一部分乙酸乙酯相作为馏出物排出,其余部分则进入蒸馏塔,进而在那里得到纯乙酸乙酯并作为塔底产物。进一步,馏出液返回液-液分离器。水相中仍可能含有大量乙酸乙酯,可将其作为上述的三元共沸混合物从水相中蒸馏出来后返回液-液分离器。该蒸馏塔的底部产物是水和乙醇的混合物,可从该混合物中蒸馏出富含乙醇的相,然后再循环回反应器(图 8.13)。

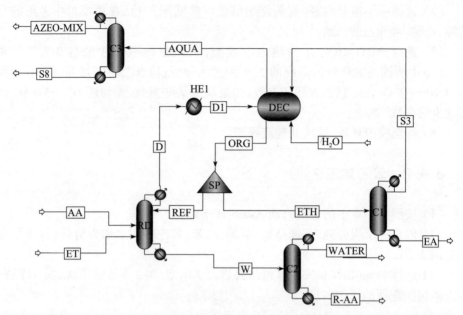

图 8.13 乙酸乙酯流程的初步流程图

要在 Aspen Plus 中创建工艺流程图,存在两种方法可用:第 1 种方法是从第一个单元操作模块开始,并在对实际单元操作模块的结果进行模拟和验证后,一步一步地继续到下一个单元操作模块;第 2 种方法在模拟运行之前考虑所有单元操作模块的连接,在检查流程的连通性、输入物流和模块的规格并输入所有需要的数据后运行模拟,即第一步必须要创建一个没有连接再循环蒸汽的流程图。

在本书此处的这个例子中,采用了第 2 种方法。

要准备反应蒸馏塔中乙酸乙酯流程的基本工艺流程图,需要执行以下的步骤。

- 为反应蒸馏塔、乙酸乙酯、乙酸回收以及水相蒸馏选择 ***RadFrac*** 模型。
- 添加加热器、滗析器和分流器模型。
- 将模块与物质流连接起来,此处建议反应蒸馏塔采用部分蒸汽冷凝器,进而将上部质量物流连接到加热模块。
- 重命名物流和模块,以便在物流和模块列表中更容易将其识别。
- 可以通过双击主题(图 8.14 中的 O1)从物流和模块列表中选择红色标记的主题(图 8.14 中的 O2)或单击下一步按钮(图 8.14 中的 O3)来指定物流和模块;对于经验较少的用户,建议采用最后一个选项,原因在于在此选项中,若流程中出现错误,Aspen 就会通知用户。
- 考虑两种物流作为大气压下沸点液体的特点,输入进口物流(乙酸、乙醇和 H_2O 流)的规格时需要考虑如下:由于要年产乙酸乙酯 2 万吨,再考虑到每年按照 8000 个工作小时进行计算以及要达到醋酸 65% 的转化率,所以大约需要流量为

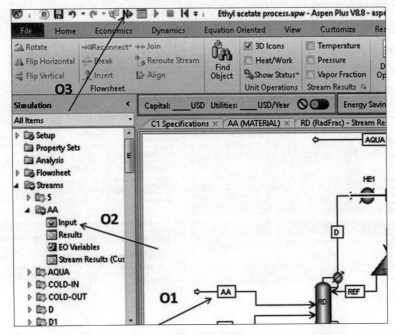

图 8.14　连续物流规格的选项

43kmol/h 的乙酸；然而，此处采用的并不是纯乙酸，而是乙酸与水（水摩尔分数为 4%）的混合物，再考虑到乙酸乙酯的一些损失，乙酸物流的摩尔流量可设置为 50kmol/h；乙醇物流包含摩尔分数为 85% 的乙醇和摩尔分数为 15% 的水，因此流速为 60kmol/h 的该混合能够提供足够的乙醇；进入液-液相分离器的水物流的规格指定为：温度为 25℃、压力为 1bar 和摩尔流量为 120kmol/h。应注意：只能对进口物流进行定义，而不需要定义任何的出口物流。

- 输入所有单元操作模块的规格（有关反应蒸馏塔的详细信息可参见例 6.7）；来自反应蒸馏塔的蒸汽在进入液-液分离器之前被冷却至 25℃，其中分离器在 25℃ 和 1bar 的环境条件下进行工作，将分流器中馏分物流的分流分率设置为 0.25；蒸馏塔规格的简要信息如表 8.5 所列；由组分纯度和组分回收率指定蒸馏塔，通常首先指定馏出物或底部速率和回流比；接着，对组分纯度和组分回收率等新的设计规格进行定义。

表 8.5　蒸馏塔参数

塔	N	R	冷凝器	第二规格
RD	12	1	部分冷凝	底部流速：30kmol/h
C1	15	2	全冷凝	乙酸乙酯（EA）回收到底部：0.995
C2	25	3	全冷凝	底部乙酸（AA）纯度：0.99
C3	10	2	全冷凝	馏出液体物流量 10kmol/h

- 需要恢复指定组分,可按照图 8.15 所示的步骤定义新的 **Design Specifcation** 项,对于每个设计规范,都必须定义一个新变量(*Vary*),要定义一个新的 *Vary*,应按照图 8.16 所示的步骤进行定义操作,在这个模拟中选择底部速率作为变量。需要注意的是,只有在 **Setup** 项页面上指定的参数才能被定义为变量(*Vary*)。

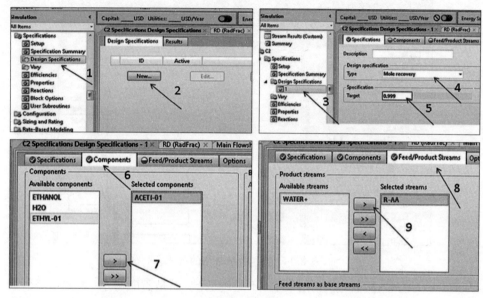

图 8.15　在 Aspen Plus 中定义设计规格

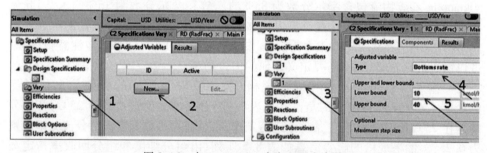

图 8.16　在 Aspen Plus 中定义可变参数

- 在完成定义进口物流和单元操作模块后,运行模拟并检查结果。

表 8.6 至表 8.10 中给出了单个单元操作模块获得的物流结果的简要汇总。

比较进口物流和出口物流中乙酸的摩尔流量,在反应蒸馏塔中可观察到其转化率大约为 64%。该塔的馏出物主要包括乙酸乙酯、水和乙醇的三元共沸混合物,底部产物主要含有乙酸和水。将液-液分离器的回流包含在内,实际内部回流比是从 1 增加到 5 左右。

表 8.6　反应蒸馏塔的物流结果

参数/物流	单位	AA	ET	D	W	REF
摩尔流量	kmol/h	50	60	277.72	30	197.72
质量流量	kg/h	2918.55	2511.66	17750.79	1436.53	13757.11
体积流量	L/min	51.55	56.15	127,700	26.57	254.69
温度	℃	115.68	77.85	70.27	98.68	25
压力	bar	1	1	1	1	1
蒸汽分率		0	0	1	1	1
组分摩尔流量						
ETHANOL	kmol/h	0	51	44.47	2.82	26.9
H_2O	kmol/h	2	9	69.18	8.56	36.13
ACET1-01	kmol/h	48	0	0	17.39	0
ETHYL-01	kmol/h	0	0	0	1.22	134.69
组分摩尔分率						
ETHANOL		0	0.85	0.1601	0.0941	0.1361
H_2O		0.04	0.15	0.2491	0.0941	0.1827
ACET1-01		0.96	0	0.0000	0.5798	0.0000
ETHYL-01		0	0	0.5908	0.0408	0.6812

表 8.7　液-液相分离塔的物流结果

参数/物流	单位	D1	H_2O	ORG	AQUA
摩尔流量	kmol/h	277.72	130	295.1	186.09
质量流量	kg/h	17750.79	2341.99	20533	4229.62
体积流量	L/min	328.17	39.27	380.13	74.76
温度	℃	25	25	25	25
压力	bar	1	1	1	1
气相分率		0	0	0	0
组分摩尔流量					
ETHANOL	kmol/h	44.47	0	40.15	17.56
H_2O	kmol/h	69.18	130	53.92	163.04
ACET1-01	kmol/h	0	0	0	0
ETHYL-01	kmol/h	164.07	0	201.03	5.49
组分摩尔分率					
ETHANOL		0.1601	0	0.1361	0.0943
H_2O		0.2491	1	0.1827	0.8762
ACET1-01		0.0000	0	0.0000	0.0000
ETHYL-01		0.5908	0	0.6812	0.0295

表8.8 乙酸乙酯纯化塔的物流结果

参数/物流	单位	ETH	S3	EA
摩尔流量	kmol/h	97.38	73.46	23.93
质量流量	kg/h	6775.89	4669.09	2106.8
体积流量	L/min	125.44	92.56	42.29
温度	℃	25	70.05	76.83
压力	bar	1	1	1
气相分率		0	0	0
组分摩尔流量				
ETHANOL	kmol/h	13.25	13.23	0.02
H_2O	kmol/h	17.79	17.79	0.01
ACET1-01	kmol/h	0	0	0
ETHYL-01	kmol/h	66.34	42.44	23.9
组分摩尔分率				
ETHANOL		0.1361	0.1801	0.0007
H_2O		0.1827	0.2421	0.0003
ACET1-01		0.0000	0.0000	0.0000
ETHYL-01		0.6812	0.5777	0.9990

表8.9 乙酸回收塔的物流结果

参数/物流	单位	W	R-AA	WATER+
摩尔流量	kmol/h	30	16.61	13.39
质量流量	kg/h	1436.53	990.6	445.93
体积流量	L/min	26.57	17.46	8.73
温度	℃	98.68	117.09	74.7
压力	bar	1	1	1
气相分率		0	0	0
组分摩尔流量				
ETHANOL	kmol/h	2.82	0	2.82
H_2O	kmol/h	8.56	0.17	8.39
ACET1-01	kmol/h	17.39	16.45	0.95
ETHYL-01	kmol/h	1.22	0	1.22
组分摩尔分率				
ETHANOL		0.0941	0.0000	0.2109
H_2O		0.2854	0.0100	0.6270
ACET1-01		0.5798	0.9900	0.0708
ETHYL-01		0.0408	0.0000	0.0913

表 8.10 水相蒸馏塔的物流结果

参数/物流	单位	AQUA	AZEO-MIX	S8
摩尔流量	kmol/h	186.09	10	176.09
质量流量	kg/h	4229.62	610.31	3619.32
体积流量	L/min	74.76	12.05	68.32
温度	℃	25	70.01	86.5
压力	bar	1	1	1
气相分率		0	0	0
组分摩尔流量				
ETHANOL	kmol/h	17.56	1.63	15.92
H_2O	kmol/h	163.04	2.89	160.16
ACET1-01	kmol/h	0	0	0
ETHYL-01	kmol/h	5.49	5.48	0
组分摩尔分率				
ETHANOL		0.0943	0.1630	0.0904
H_2O		0.8762	0.2885	0.9095
ACET1-01		0.0000	0.0000	0.0000
ETHYL-01		0.0295	0.5485	0.0000

来自反应蒸馏塔的蒸汽被冷却到 25℃ 并被引导到液-液相分离器。但是，必须要向分离器添加额外的水以产生两个液相，其中：有机相含包括约 68%（摩尔分数）的乙酸乙酯和一些乙醇与水，水相中除含有水外，还含有一些乙醇和乙酸乙酯。

有机相被分离后，其摩尔流量的 1/3 作为产品物流进入乙酸乙酯蒸馏塔，2/3 返回反应蒸馏塔。三元共沸混合物在乙酸乙酯塔中蒸馏并返回液-液分离器。底部产物实际是由纯乙酸乙酯组成，原因在于该塔中的乙酸乙酯回收率被设置为 99.9%。

反应蒸馏塔的塔底产物除乙酸外，还含有水和少量乙醇和乙酸乙酯。该混合物在乙酸回收塔中进行蒸馏，在塔底部回收得到乙酸。蒸馏塔的馏出物主要由水和乙醇组成。在此塔中，乙酸的纯度被设置为 99%。由表中结果可知，从流量为 30kmol/h 的混合物中回收了流量为 16.61kmol/h 的乙酸，其中被回收的乙酸返回到反应塔（见第 10 章）。

来自液-液分离器的水相中也含有大量的乙醇和乙酸乙酯。为了增加乙酸乙酯的回收率，乙酸乙酯、水和乙醇的三元共沸混合物从该混合物中蒸馏出来并返回到液-液分离器。为了回收蒸馏水相中所包含的全部乙酸乙酯，将馏出液体的物流速设定为10kmol/h。有关物料流回收的更多详细信息,可参见第10章。

8.5.2 苯乙烯工艺

如图8.2所示,乙苯在进入蒸发器(HE1)之前与回收的乙苯和由废热锅炉产生的蒸汽进行混合。蒸发后,乙苯和水蒸气的混合物在热交换器(HE2)中被进一步预热。在蒸发器和预热器中,热反应产物的能量被用于加热反应器进料。原料在进入反应器前与过热蒸汽混合,并使过热蒸汽与乙苯蒸气的质量比约为3:1,反应器进料温度约为630℃。乙苯和水蒸气的混合物被引入第1个绝热反应器,并在这里将乙苯催化脱氢生成苯乙烯。离开第1个反应器的气体温度应在550℃左右,并且在进入第2个反应塔板之前采用过热蒸汽对其进行再次加热。为了防止碳氢化合物的热分解,来自第2个反应器的气体通过喷水迅速将其冷却到450℃,然后在预热器中作为加热介质进入蒸发器,最后进入余热锅炉用以产生乙苯稀释所需的蒸汽。反应产物在水冷凝器和相分离器中被冷却后收集冷凝物。来自分离器的蒸汽在盐水冷却器中进一步冷却至5℃,并进入下一个分离器。在第2相分离器中可以获得氢气,冷凝液与来自第1个分离器的冷凝液混合,得到的混合物进入液-液相分离器,并分离为有机相和水相。

通过压力约5kPa的减压蒸馏装置进行粗产物的分离。根据图8.4所示的蒸馏方法,苯、甲苯和一部分乙苯在第1个蒸馏塔中被蒸馏掉,乙苯在第2个蒸馏塔中被蒸馏。在本例中,假设第2个塔的残渣不含任何重组分和聚合物,因此不再考虑第3个蒸馏塔。

- 工艺流程图从 *Mixer* 模型的安装开始,共需要连接3个进口物流和1个出口物流。考虑到乙苯转化率为70%、生产流量为3.5tons/h 的苯乙烯需要流量为50kmol/h 的乙苯,此处将出口物流(S1)的摩尔流量设置为50kmol/h,将再循环乙苯物流(R-EB)的摩尔流量设置为15kmol/h,而新乙苯的摩尔流量由 Aspen HYSYS 模拟计算得到;新乙苯的温度为20℃,循环乙苯物流的温度为50℃,两种乙苯物流的压力都是1.8bar;乙苯与蒸汽(STEAM1)进行混合,所用蒸汽温度为120℃,压力为1.8bar。

- 进料在两个热交换器中由反应器中的反应产物促进蒸发,并被加热到400℃;首先必须要定义代表反应产物的预备流(S80),与其相关的参数设置为:温度550℃、压力为1bar、摩尔流量为1150kmol/h;预备流(S80)的组成为摩尔分数90%的水、3.5%的苯乙烯、3.5%的氢气和3%的乙苯;采用图8.17所示的方式对热交换器进行连接;在第1个HE(E100)中,混合物必须在1.7bar下进行蒸发。因此,将物流(S2)的蒸气分率固定为1,并将其压力固定为1.7bar;在第2个HE中,将S3的温度固定为400℃,并将其压力固定为1.6bar。

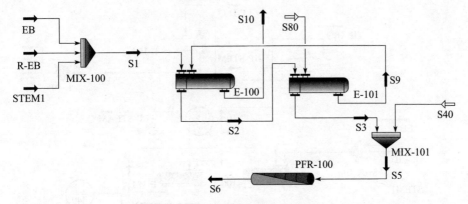

图 8.17　苯乙烯流程的第 1 个塔板

- 在进入反应器之前,要将乙苯与温度为 750℃的过热蒸汽混合,以满足反应器所需的温度和蒸汽与乙苯的质量比;定义初始过热蒸汽物流(S40)的参数为:温度 750℃、压力 1.6bar 和摩尔流量 800kmol/h。
- 乙苯和蒸汽的混合物被引入管式绝热反应器,此处采用的是活塞流反应器(*PFR* 模型),其由 150 根内径为 150mm、长度为 3m 的管组成,并且管中充满空隙率为 0.45 的催化剂;在 *Rating* 项中的 *Sizing* 项下,输入反应器尺寸;在 *Reaction* 项中的 *Overall* 项下,将反应集添加到反应器模型并定义催化剂数据(粒径为 5mm、球形度为 1 和密度为 2500kg/m^3);在 *Parameters* 项中的 *Design* 项下,选择 *Ergun Equation* 方程用以计算反应器中的压降。
- 对初始模拟结果进行检查。如果所有的连接和参数定义都是正确的,那么结果为:主反应的转化率约为 50%,乙苯转化为甲苯(第 3 反应)的转化率约为 2%,第 2 反应的转化率忽略不计。
- 在安装热交换器(E-102)和第 2 个反应器(PFR-101)后,继续进行流程模拟的开发,新工艺如图 8.18 所示,其中:E-102 由锅炉(E-107)中制备的过热蒸汽进行加热,采用加热器模型为 2 个锅炉(E-107 和 E-108)建模;第 2 个反应器的参数与第 1 个反应器相同;在炉子 E-107 中,被加热的蒸汽以压力 3bar 的饱合蒸汽形式进入锅炉,其中部分蒸汽在由反应产物(方案中的物流 S10)加热的锅炉(E-103)中产生。
- 反应产物的废热用于在锅炉 E-103 中产生压力为 3bar 的饱合蒸汽和在 E-104 中产生压力为 1.8bar 的饱合蒸汽。此处,必须将进水的质量流量设置为与冷却至 130℃(S12 的温度)的反应产物相对应的值,采用加热模块(E-105)将反应产物冷却至 25℃(S13 的温度)。
- 检查所有物流和模块的结果,若结果与预期相一致,则采用流程中的新生成物流替换初始定义物流,如图 8.18 所示(S80 由 S8、S4 由 S41)。
- 苯乙烯工艺反应部分的最终模拟流程图如图 8.19 所示。

上述反应的部分模拟结果的汇总如表 8.11 所列。

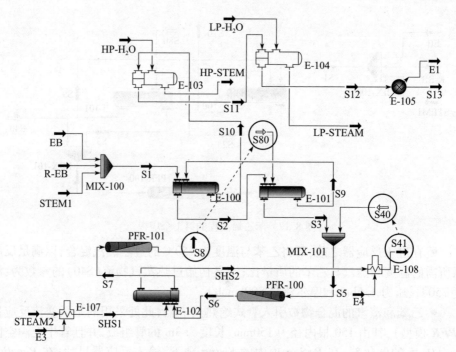

图 8.18 用新物流替换初步定义物流

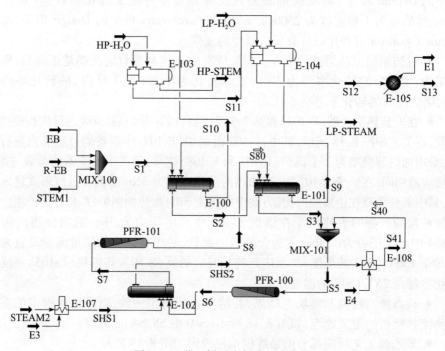

图 8.19 苯乙烯反应部分的流程图

表 8.11 苯乙烯工艺反应部分模拟结果

名称	EB	R-EB	STEM1	S1	S2	S10	S9
气相分率	0	0	1	0.5475	1	1	1
温度/℃	20.00	20.00	120.00	107.97	114.79	436.54	493.89
压力/kPa	180	180	180	180	170	102	102
摩尔流量/(kmol/h)	20.00	30.00	100.00	150.00	150.00	966.30	966.30
质量流量/(kg/h)	2123.32	3184.98	1801.51	7109.81	7109.81	21182.88	21182.88
液体体积流量/(m³/h)	2.44	3.66	1.81	7.91	7.91	22.77	22.77
热物流量/(kJ/h)	-2.40×10^5	-3.60×10^5	-2.39×10^7	-2.45×10^7	-2.17×10^7	-1.90×10^8	-1.88×10^8
组分摩尔分率(苯)	0.0000	0.0000	0.0000	0.0000	0.0000	0.0000	0.0000
组分摩尔分率(甲苯)	0.0000	0.0000	0.0000	0.0000	0.0000	0.0011	0.0011
组分摩尔分率(乙苯)	1.0000	1.0000	0.0000	0.3333	0.3333	0.0143	0.0143
组分摩尔分率(苯乙烯)	0.0000	0.0000	0.0000	0.0000	0.0000	0.0363	0.0363
组分摩尔分率(氢)	0.0000	0.0000	0.0000	0.0000	0.0000	0.0352	0.0352
组分摩尔分率(H_2O)	0.0000	0.0000	1.0000	0.6667	0.6667	0.9119	0.9119
组分摩尔分率(乙烯)	0.0000	0.0000	0.0000	0.0000	0.0000	0.0000	0.0000
组分摩尔分率(甲烷)	0.0000	0.0000	0.0000	0.0000	0.0000	0.0011	0.0011
名称	S3	S41	S5	S6	S7	S8	S9
气相分率	1	1	1	1	1	1	1
温度/℃	400.00	750.00	624.77	561.25	600.00	577.46	493.89
压力/kPa	160	160	160	67.1	120	100	100
摩尔流量/(kmol/h)	150.00	781.18	931.18	956.98	956.98	966.30	966.30
质量流量/(kg/h)	7109.81	14072.99	21182.80	21182.86	21182.86	21182.88	21182.88
液体体积流量/(m³/h)	7.91	14.10	22.01	22.57	22.57	22.77	22.77
热物流量/(kJ/h)	-1.77×10^7	-1.68×10^8	-1.85×10^8	-1.85×10^8	-1.84×10^8	-1.84×10^8	-1.88×10^8
组分摩尔分率(苯)	0.0000	0.0000	0.0000	0.0000	0.0000	0.0000	0.0000
组分摩尔分率(甲苯)	0.0000	0.0000	0.0000	0.0007	0.0007	0.0011	0.0011
组分摩尔分率(乙苯)	0.3333	0.0000	0.0537	0.0246	0.0246	0.0143	0.0143
组分摩尔分率(苯乙烯)	0.0000	0.0000	0.0000	0.0269	0.0269	0.0363	0.0363
组分摩尔分率(氢)	0.0000	0.0000	0.0000	0.0262	0.0262	0.0352	0.0352
组分摩尔分率(H_2O)	0.6667	1.0000	0.9463	0.9208	0.9208	0.9119	0.9119
组分摩尔分率(乙烯)	0.0000	0.0000	0.0000	0.0000	0.0000	0.0000	0.0000
组分摩尔分率(甲烷)	0.0000	0.0000	0.0000	0.0000	0.0000	0.0000	0.0000

续表

名称	STEAM2	SHS1	SHS2	S11	HP-H$_2$O	HP-STEM	S12
气相分率	**1**	**1**	1	1	**0**	1	1
温度/℃	133.49	**750.00**	690.27	183.51	**20.00**	133.49	**130.00**
压力/kPa	**300**	**250**	**160**	**100**	**300**	300	**100**
摩尔流量/(kmol/h)	781.18	781.18	781.18	966.30	**230.00**	230.00	966.30
质量流量/(kg/h)	**14072.99**	14072.99	14072.99	21182.88	4143.47	4143.47	21182.88
液体体积流量/(m^3/h)	14.10	14.10	14.10	22.77	4.15	4.15	22.77
热物流量/(kJ/h)	-1.86×10^8	-1.68×10^8	-1.70×10^8	-2.01×10^8	-6.59×10^7	-5.48×10^7	-2.04×10^8
组分摩尔分率(苯)	0.0000	0.0000	0.0000	0.0000	0.0000	0.0000	0.0000
组分摩尔分率(甲苯)	0.0000	0.0000	0.0000	0.0000	0.0000	0.0000	0.0011
组分摩尔分率(乙苯)	0.0000	0.0000	0.0000	0.0143	0.0000	0.0000	0.0143
组分摩尔分率(苯乙烯)	0.0000	0.0000	0.0000	0.0363	0.0000	0.0000	0.0363
组分摩尔分率(氢)	0.0000	0.0000	0.0000	0.0352	0.0000	0.0000	0.0352
组分摩尔分率(H$_2$O)	**1.0000**	1.0000	1.0000	0.9119	**1.0000**	1.0000	0.9119
组分摩尔分率(乙烯)	0.0000	0.0000	0.0000	0.0000	0.0000	0.0000	0.0000
组分摩尔分率(甲烷)	0.0000	0.0000	0.0000	0.0011	0.0000	0.0000	0.0011

名称	LP-H$_2$O	LP-STEM	S13	S40	S80
气相分率	0	1	0.0379	1	1
温度/℃	**20.00**	116.87	**25.00**	**750.00**	**550.00**
压力/kPa	**180**	**180**	**100**	**160**	**102**
摩尔流量/(kmol/h)	45.02	45.02	966.30	**850.00**	**1150.00**
质量流量/(kg/h)	810.95	810.95	21182.88	15312.84	26581.62
液体体积流量/(m^3/h)	0.81	0.81	22.77	15.34	28.67
热物流量/(kJ/h)	-1.29×10^7	-1.08×10^7	-2.49×10^8	-1.83×10^8	-2.15×10^8
组分摩尔分率(苯)	0.0000	0.0000	0.0000	0.0000	**0.0000**
组分摩尔分率(甲苯)	0.0000	0.0000	0.0011	0.0000	**0.0000**
组分摩尔分率(乙苯)	0.0000	0.0000	0.0143	0.0000	**0.0300**
组分摩尔分率(苯乙烯)	0.0000	0.0000	0.0363	0.0000	**0.0350**
组分摩尔分率(氢)	0.0000	0.0000	0.0352	0.0000	**0.0350**
组分摩尔分率(H$_2$O)	**1.0000**	1.0000	0.9119	**1.0000**	**0.9000**
组分摩尔分率(乙烯)	0.0000	0.0000	0.0000	0.0000	**0.0000**
组分摩尔分率(甲烷)	0.0000	0.0000	0.0011	0.0000	**0.0000**

注:粗体给出的值是指用户输入的数据。

针对流程中的每个物流,均提供摩尔流量、质量流量、液体体积流量、温度、压力、汽相分率和组分数据,其中用户指定的数据采用加黑方式进行了标记。

物流 STEAM2 的质量流量设定为对应于反应器进口处蒸汽与乙苯质量比为 3:1 时的值。在这些条件下,反应器进料的温度达到了 625℃。第 1 个反应器中乙苯转化为苯乙烯的比例为 52%,第 2 个反应器中的转化率约为 40%,进而乙苯转化为苯乙烯的总转化率为 72%。来自反应器的出口物流(S8)含有摩尔分数分别为 92%的水、3.6%的苯乙烯、3.5%的氢气、1.43%的乙苯和 0.11%的甲苯,反应产物的温度为 577.5℃。

离开第 1 个反应器后,反应产物的温度下降到 561℃。在进入第 2 个反应器之前,反应产物被过热蒸汽加热到 600℃,在其被用于加热乙苯进料后温度下降到 435.5℃(S10)。在第 1 个以该物流作为加热介质的锅炉中,产生了流量超过 4tons/h、压力为 3bar 的饱合蒸汽。在第 2 个锅炉中,产生流量大约 800kg/h、压力为 1.8bar 的饱合蒸汽。在锅炉出口处,反应产物(S12)的温度下降到了 130℃,但反应产物应该被冷却至 25℃。此外,上述结果中并未考虑换热器和锅炉热侧的压降。

流程的分离部分如图 8.20 所示。冷却的反应产物被引导至闪蒸相分离器后,大部分液相(S15)从气相(S14)中分离。气相被冷却到 5℃后,另外一小部分液体被分离(S18)。两种液体物流混合后,进入到在 25℃下工作的液-液分离器内。水相(S22)是纯水,但有机相(S21)中包含约摩尔分数分别为 70%的苯乙烯、27.5%的乙苯、2.2%的甲苯、少量的苯和其他组分。此处,对于液-液分离器的建模采用的是三相分离器。在这种情况下,气相流量为零,即蒸汽物流被隐藏了。

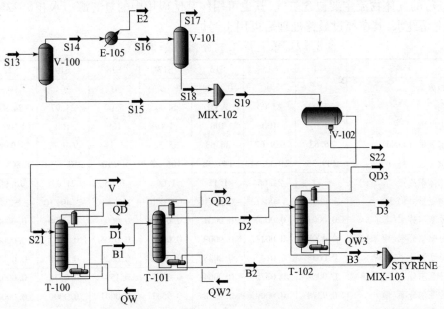

图 8.20 苯乙烯分离部分的流程图

由于是对混合物进行热力学分析,因此很难将其分离。由于乙苯对苯乙烯和甲苯对乙苯的相对挥发性较低,因此可预期会需要大量的理论塔板和较大的回流比。Aspen HYSYS 中有关蒸馏塔规格的详细信息可参见例 6.4。第 1 个蒸馏塔中采用的是部分冷凝器,其理论塔板被设置为 30 级,理论进料级数为第 13 级。将冷凝器和再沸器压力设置为 5kPa(不考虑塔内压降)。作为塔的初始规格设置,采用等于进口物流(S21)中甲苯摩尔流量的蒸馏速率和回流比值。在采用初始规格实现蒸馏塔收敛后,再定义新规格为:底部产品中苯乙烯和甲苯的摩尔分率 0.999、底部产品中苯乙烯和乙苯的摩尔回收率为 0.999。根据这些规格,回流比可达到 17 左右;但是,蒸馏速率却仅为 1kmol/h 左右,因此其回流量不是很高。

在两个蒸馏塔中,对苯乙烯-乙苯混合物的分离过程进行模拟。在第 1 个塔中,需要回收摩尔分数为 80%、纯度为 99.9% 的苯乙烯。为了达到这些要求,必须采用具有 60 个理论塔板和回流比为 7 的蒸馏塔,并且塔的压力为 5kPa。针对第 2 个塔,其具有 40 个理论塔板,回流比为 6.8,需要获得的苯乙烯回收率和纯度为 99.5% 和 99.9%(摩尔分数)。最终模拟结果表明,苯乙烯的总回收率和纯度分别为 99.1%(摩尔分数)和 99.9%。如果对苯乙烯纯度的要求降低到 99%(摩尔分数),则回流比相应地会降低到 4.1。乙苯被泵送回反应器。有关回收物流的详细信息可参见第 10 章。

表 8.12 给出了苯乙烯工艺分离部分的物流结果汇总。更多结果,包括蒸馏塔规格和其他参数,详见 Aspen HYSYS 中各个蒸馏塔的性能页面。源自分离器(S17)的气体物流主要包含氢气,其也可用作其他应用中的氢气源。水相(S22)实际上是纯水,其在经过最终处理后可用于锅炉。

表 8.12 苯乙烯工艺分离部分模拟结果

名称	S14	S15	S16	S17	S18	S19	S22
气相分率	1	0	0.9698	1	0	0	0
温度/℃	25.00	25.00	5.00	5.00	5.00	24.97	24.97
压力/kPa	100	100	100	100	100	100	100
摩尔流量/(kmol/h)	36.63	929.67	36.63	35.52	1.11	930.77	880.86
质量流量/(kg/h)	149.38	21033.51	149.38	105.27	44.10	21077.61	15868.78
液体体积流量/(m³/h)	1.11	21.66	1.11	1.06	0.05	21.71	15.90
热物流量/(kJ/h)	-3.12×10^5	-2.48×10^8	-3.83×10^5	-1.62×10^5	-2.21×10^5	-2.49×10^8	-2.52×10^8
组分摩尔分率(苯)	0.0001	0.0000	0.0001	0.0000	0.0002	0.0000	0.0000
组分摩尔分率(甲苯)	0.0009	0.0011	0.0009	0.0006	0.0105	0.0012	0.0000
组分摩尔分率(乙苯)	0.0038	0.0147	0.0038	0.0014	0.0829	0.0148	0.0000
组分摩尔分率(苯乙烯)	0.0064	0.0375	0.0064	0.0017	0.1594	0.0376	0.0000
组分摩尔分率(氢)	0.9278	0.0000	0.9278	0.9567	0.0001	0.0000	0.0000
组分摩尔分率(H_2O)	0.0307	0.9466	0.0307	0.0083	0.7468	0.9464	1.0000

续表

名称	S14	S15	S16	S17	S18	S19	S22
组分摩尔分率(乙烯)	0.0005	0.0000	0.0005	0.0006	0.0000	0.0000	0.0000
组分摩尔分率(甲烷)	0.0299	0.0000	0.0299	0.0308	0.0000	0.0000	0.0000

名称	S21	D1	B1	V	D2	B2	D3
气相分率	0	0	0	1.0000	0	0	0
温度/℃	24.97	20.31	55.32	20.31	52.06	58.17	49.74
压力/kPa	100	5	5	5	5	5	5
摩尔流量/(kmol/h)	49.91	0.82	48.97	0.12	20.91	28.06	14.24
质量流量/(kg/h)	5208.83	76.34	5124.89	7.60	2202.04	2922.84	1508.11
液体体积流量/(m³/h)	5.81	0.09	5.71	0.01	2.50	3.22	1.73
热物流量/(kJ/h)	3.53×10^6	9.58×10^3	3.79×10^6	-1.52×10^3	6.86×10^5	3.10×10^6	-5.00×10^4
组分摩尔分率(苯)	0.0004	0.0172	0.0000	0.0379	0.0000	0.0000	0.0000
组分摩尔分率(甲苯)	0.0216	0.9252	0.0050	0.5951	0.0117	0.0000	0.0172
组分摩尔分率(乙苯)	0.2751	0.0569	0.2794	0.0125	0.6532	0.0010	0.9582
组分摩尔分率(苯乙烯)	0.7020	0.0005	0.7156	0.0001	0.3351	0.9990	0.0246
组分摩尔分率(氢)	0.0003	0.0000	0.0000	0.1331	0.0000	0.0000	0.0000
组分摩尔分率(H_2O)	0.0004	0.0001	0.0000	0.1762	0.0000	0.0000	0.0000
组分摩尔分率(乙烯)	0.0000	0.0000	0.0000	0.0034	0.0000	0.0000	0.0000
组分摩尔分率(甲烷)	0.0001	0.0000	0.0000	0.0418	0.0000	0.0000	0.0000

名称	B3
气相分率	0
温度/℃	58.17
压力/kPa	5
摩尔流量/(kmol/h)	6.66
质量流量/(kg/h)	693.93
液体体积流量/(m³/h)	0.76
热物流量/(kJ/h)	7.37×10^5
组分摩尔分率(苯)	0.0000
组分摩尔分率(甲苯)	0.0000
组分摩尔分率(乙苯)	0.0010
组分摩尔分率(苯乙烯)	0.9990
组分摩尔分率(氢)	0.0000
组分摩尔分率(H_2O)	0.0000
组分摩尔分率(乙烯)	0.0000
组分摩尔分率(甲烷)	0.0000

注:粗体给出的值是指用户输入的数据。

参考文献

[1] Aspen Plus RV9 Help. Burlington, MA: Aspen Technology, Inc. 2016.

[2] Aspen HYSYS RV9 Help. Burlington, MA: Aspen Technology, Inc. 2016.

[3] Haynes WM. Handbook of Chemistry and Physics, 92nded. Boca Raton, FL: CRC Press, 2011.

[4] O'Neil MJ. The Merck Index, An Encyclopedia of Chemicals, Drugs, and Biologicals, 15th ed. Cambridge, UK: Royal Society of Chemistry, 2013.

[5] Ilavský J, Valtýni J, Brunovská A, Surový J. APLIKOVANÁ chemická kinetika a teňoria reaktorov I. Bratislava: Alfa, 1990.

[6] Ince E. Kinetic of esterification of ethyl alcohol by acetic acid on a catalytic resin. Pamukkale Univ. Muh. Bilim. Derg. 2002, 8(1): 109-113.

[7] De Silva ECL, Bamunusingha BANN, Gunasekera MY. Heterogenous kinetic study for esterification of acetic acid with ethanol. J. Inst. Eng. Sri Lanka 2014, 47(1): 9-15.

[8] Bedard J, Chiang H, Bhan A. Kinetics and mechanism of acetic acid esterification with ethanol on zeolites. J. Catal. 2012, 290: 210-219.

[9] Darlington A, GuentherWB. Ethanol-acetic acid esterification equilibrium with acid-exchange resin. J. Chem. Eng. Data 1967, 12(4): 605-607.

[10] Wyczesany A. Chemical equilibrium constants in esterification of acetic acid with C1-C5 alcohols in the liquid phase. Chem. Process Eng. 2009, 30(2): 243-265.

[11] Wenner RR, Dybdal EC. Catalytic dehydrogenation of ethylbenzene. Chem. Eng. Prog. 1948, 44: 275-286.

[12] Dittmeyer R, Höllein V, Quicker P, Emig G, Hausinger G, Schmidt F. Factors controlling the performance of catalytic dehydrogenation of ethylbenzene in palladium composite membrane reactors. Chem. Eng. Sci. 1999, 54(10): 1431-1439.

[13] Lee W J, Froment G F. Ethylbenzene dehydrogenation into styrene: Kinetic modeling and reactor simulation. Ind. Eng. Chem. Res. 2008, 47(23): 9183-9194.

[14] Hossain MM, Atanda L, Al-Khattaf S. Phenomenological-based kinetics modelling of dehydrogenation of ethylbenzene to styrene over a Mg3Fe0.25Mn0.25Al0.5 hydroalcite catalyst. Can. J. Chem. Eng. 2013, 91(5): 924-935.

[15] Hirano T. Dehydrogenation of ethylbenzene over potassium-promoted iron oxide containing cerium and molybdenum oxides. Appl. Catal. 1986, 28: 119-132.

[16] Lebedev NN, Odabashyan GV, Lebedev VV, Makorov MG. Mechanism and kinetics of ethylbenzene dehydrogenation and by-product formation. Kinet. Katal. 1977, 18: 1441-1447.

[17] Jongmans MTG, Maassen JIW, Luijks AJ, Schuur B, deHaan AB. Isobaric low-pressure vapor-liquid equilibrium data for ethylbenzene + styrene + sulfolane and the three constituent binary systems. J. Chem. Eng. Data. 2011, 56(9): 3510-3517.

[18] Aucejo A, Loras S, Martínez-Soria V, Becht N, Del Rio G. Isobaric vapor-liquid equilibria for the binary mixtures of styrene with ethylbenzene, o-xylene, m-xylene and p-xylene. J. Chem. Eng. Data. 2006, 51(3): 1051-1055.

[19] Kutsarov R, Ralev N, Sharlopov V. Liquid-vapour phase equilibrium of binary systems from C6-8 aromatic hydrocarbons. Zh. Prik. Khim. 1993, 66: 567-573.

第9章
已建工厂流程模拟

化学工程师所关注的不仅仅是针对新工艺、新单元操作和新工厂的设计,还需要关心针对已建工厂存在问题的解决方案。针对后者,其目的是寻找运行故障的解决方案、最大限度地减少能源的损失和消耗、提高生产工艺的效率、最大限度地减少原材料的损失和公用工程的消耗。通常,进行流程优化是化学工程师最为常见的任务。相应地,流程模拟是一种能够以相对较低的成本优化现有工艺的强大工具。

例9.1 炼油厂中的轻组分需要经过处理以分离 C2、C3 和 C4 馏分。脱硫后的低压气体(DeSG)在两级压缩机中被压缩为高压气体(HPG),并在进入戊烷吸收塔之前与脱硫后的液化气和液化石油气(LPG)物流进行混合。混合物流进入具有 44 级塔板、3 个泵循环系统和 1 个再沸器的戊烷吸收塔的第 13 级,其工作压力为 1900~1950kPa。从解吸塔回收的富含戊烷的物流进入塔顶,该气体物流主要含有 C2 烯烃和较轻的气体。但是,该气体物流中也存在大量的戊烷。因此,该气体物流被引导至操作压力为 1500~1550kPa 的 C2 分离塔,戊烷被分离并循环回到系统中。来自吸收塔底部的液体含有 C3、C4、C5 和高碳烃,该物流在戊烷解吸塔中进行处理,其中 C4 与较轻的组分被解吸后进入另一个塔,用以分离 C3 和 C4。源自戊烷解吸塔的塔底物流主要包含戊烷和高碳烃,用于预热戊烷解吸塔的进料,与来自 C2 分离塔的戊烷混合后循环回到第 1 个塔。该工艺技术方案的工艺流程如图 9.1 所示。有关物流和设备的详细信息在 9.1 节中给出。

由于 C2 分离塔(D215)存在故障,操作员希望将该塔从上述工艺中移除,并将来自戊烷吸收塔(D202)顶部的气体物流直接输送至另一个工厂。但是,操作员想要知道的信息是:进行上述这些更改对流程中的其他设备和物流会有什么样的影响。要求:采用 Aspen HYSYS 对原始的流程和删除 D215 塔后的流程进行模拟,并对结果进行比较。

解决方案:为解决例 9.1 中所描述问题,可考虑以下步骤。
- 进行工艺方案的分析和模拟方案的整合。
- 从工艺操作和技术文件的记录中获取输入数据,为流程模拟选择合适的物性方法。

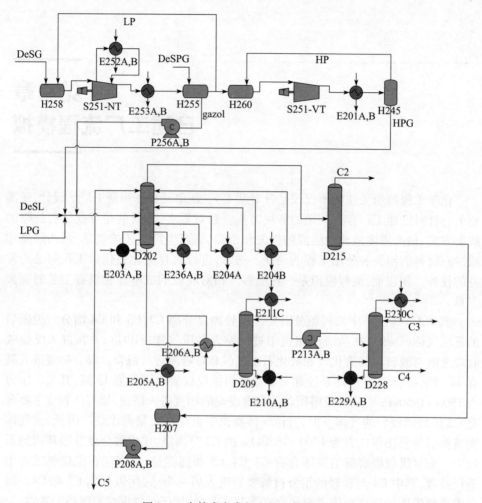

图 9.1 由技术方案衍生的工艺流程图

- 创建模拟流程图。
- 生成模拟结果。
- 评估结果并与所记录的真实数据进行比较。
- 给出建议的更改场景与模拟结果。

9.1 工艺方案分析及模拟方案综合

技术方案通常是非常详细的,其包含不同类型的信息,如设备、控制元件、管道等详细信息。这些详细方案中存在的许多元素不会影响流程模拟。一个简单的工艺流程图仅包含影响工艺材料和能量平衡的设备和物流,这些必须能够从工艺的详细技术方案中推导获得。图9.1所示的工艺流程图源于上述工艺的技术方案。

此例中的模拟目标是确定从流程中删除塔D215所造成的影响有哪些。根据此塔的连通性,此处假定该流程的气体压缩部分不会受到删除塔D215这一操作的影响。但是,该塔需要通过循环物流与塔D202、D209和D228及相关设施相连。

将所要模拟的工艺流程图简化为图9.2所示的形式。可知,在该PFD中,除了塔、冷凝器、再沸器和泵送系统之外,还包含两个热交换器,其中:E206A、B通过采用塔底部物流预热戊烷解吸塔的进料,E205A、B用于对返回水槽H207的戊烷循环物流进行冷却。从稳态模拟PFD的角度而言,也是可以去除该水槽设备的。

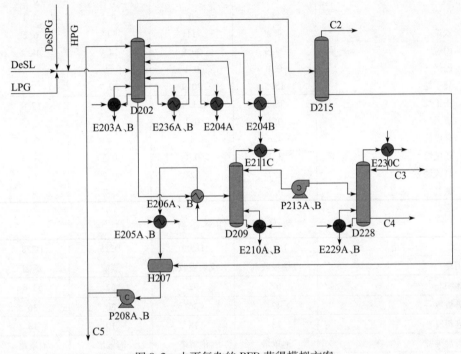

图9.2　由更复杂的PFD获得模拟方案

9.2　从流程操作记录和技术文件中获取输入数据

当要模拟已有工艺或已建工厂时,收集尽可能多的信息是准确解决问题的关键步骤所在,其中的一些数据可以用于流程模拟的输入数据,另外一些数据可以用于比较流程模拟的结果与实际工厂操作的结果。必须要获得的是有关进口物流的流速、成分和条件以及设备和装置的条件和参数等信息,这是进行流程模拟所需要获取的最低信息[1]。

表 9.1 中给出了针对前文所述工艺流程的所有进口气体的质量流量和组成。可知,进口物流混合器中的压力为 1950kPa,进口物流的平均温度为 25℃。吸收塔和蒸馏塔的基本几何尺寸和特性如表 9.2 所列,其中塔 D202 为待改造的无冷凝器吸收塔,所有的其他 3 个塔都是带有冷凝器和再沸器的泡罩蒸馏塔。

表 9.1 进口物流质量流量及组成

气体	DeSG	HPG	DeSL	LPG
质量流量/(kg/h)	2200	2200	8200	1500
质量分数/%				
氢	0.7	3	—	0.2
甲烷	3	6	0.1	0.3
乙烷	4.2	11	1	6.2
丙烷	27.9	29.9	14.9	48.2
丙烯	0.1	0.1	—	—
异丁烷	15.5	20.9	39.7	27.2
正丁烷	38.5	21.9	39.7	17.9
丁烯	0.1	0.1	—	—
异戊烷	4.6	4	4	0.1
正戊烷	3.1	0.1	0.5	—
高碳烃	1.7	2	0.2	—
氮气	0.7	—	—	—

表 9.2 蒸馏塔参数

塔	D202	D209	D215	D228
用途	戊烷吸收剂	戊烷吸收剂	蒸馏	蒸馏
体积/m³	67	92	52	53.6
塔板数	42	36	20	36
进料段	13	18	10	18
塔盘类型	泡罩塔	泡罩塔	泡罩塔	泡罩塔
塔盘直径	1568	1972	—	1972
平均效率/%	60	70	60	70
塔顶压力/kPa	1900	1150	1500	1850
塔底压力/kPa	1950	1200	1530	1900
回流/沸腾比/(kg/h)	1.3	1.9	1	6.4
馏出物流量	—	12600	870	3380
冷却器类型	无冷却器	全类型	部分蒸汽型	全类型
再沸器类型	罐型	罐型	罐型	罐型
泵送信息	● 从 14 级到 15 级,10t/h,$\Delta T=20℃$ ● 从 23 级到 24 级,15t/h,$\Delta T=30℃$ ● 从 29 级到 30 级,10t/h,$\Delta T=30℃$			

除了塔式冷凝器、再沸器和泵送换热器外,该过程中还存在两个额外的换热器,其中:一个用于在再生之前预热戊烷流,另外两个用于在进入吸收塔之前冷却戊烷流。表9.3给出了换热器几何尺寸的详细信息。

表9.3 换热器几何尺寸

换热器	E205A、B	E206A、B
管程介质	冷却水	D202塔底液
壳程介质	来自D209的戊烷	来自D209的戊烷
流体分布	顺流	逆流
管长	4500	4500
管外径	25	25
壁厚	2.5	2.5
管数	126	150
管程数	4	2
壳程数	1	1
壳内径	484	484
折流板高度	323	323
折流板数量	14	11
管口:管程	150/150	150/150
管口:壳程	150/150	150/150

9.3 选择物性方法

选择合适的热力学方法计算相平衡数据是对已建单元操作装置和工厂进行模拟的关键步骤。在选择模型之前必须要进行详细的热力学分析。实验相平衡数据非常有助于为流程模拟选择合适的热力学模型。Aspen Plus中的可用数据库[2],如NIST,通常提供能够验证热力学模型的实验数据。此外,该软件的 *Method Assistant* 工具(参见第2章的例2.6)也提供了如何选择合适的热力学方法的一般说明。

在此处的例子中,对轻烃在较高的压力下进行加工。通常,对于高压下的碳氢化合物系统,状态方程一般都提供了良好的结果。当采用Aspen HYSYS时,Peng-Robinson状态方程是碳氢化合物系统的最佳选择。但是,也可通过比较NIST中可用系统的某些关键组分的模型和实验数据对这一说法进行验证。

在 D202 塔中,与乙烷相比,丙烷的吸收是决定工艺效率的参数,故吸收的关键是 C3。图 9.3 中给出了温度 65.35℃(温度接近 D202 塔中的平均温度)时丙烷到戊烷通过计算和实验获得的平衡常数(K_{C3})与压力的关系。图中的计算曲线是由 Aspen HYSYS 的 Peng-Robinson 模型计算的平衡数据获得,实验数据来自 NIST 中可用的 Vejrosta 和 Wichterle[3]测量的平衡数据。由该图的结果可知,平衡常数持续快速下降直至压力达到 20bar 左右,这就是该塔中压力为 1950kPa 的原因。此外,平衡常数的实验值和计算值之间的一致性也非常好。

在 D209 塔中,将 C5 及较重组分与 C4 及轻组分进行分离很重要。作为重质和轻质的关键组分,可分别选择 n-正戊烷(n-C5)和 n-正丁烷(n-C4)。在 D228 塔中,C3 馏分与 C4 馏分会分离,因此轻关键组分为 C3,重关键组分为 n-C4。

图 9.4 给出了由 Aspen HYSYS 的 Peng-Robinson 热力学模型计算的等压平衡数据与 Kay 等[4]发表的液相实验测量数据的比较曲线,其在 NIST 中可用。实验数据和计算数据均是在 2068kPa 下获得的。事实上,计算结果与实验数据也是一致的。

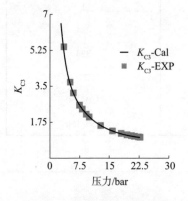

图 9.3 温度 65.35℃时丙烷到戊烷通过计算和实验获得的平衡常数与压力的关系

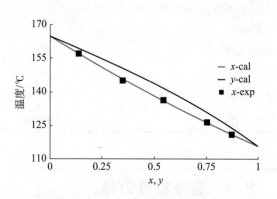

图 9.4 正丁烷/正戊烷在 2068kPa 下的等压平衡数据

图 9.5 给出了丙烷/正丁烷系统在 53℃下的等温平衡数据的比较曲线。Aspen HYSYS 的 Peng-Robinson 模型计算的数据与 Seong 等[5]测量的实验数据进行了比较,这是 NIST 中其他可用的 C3/C4 的等温数据。与图 9.4 相同,模型数据和实验数据非常吻合。观察系统中的其他二元交互作用,也可得到类似的结果。

从实验数据和模型数据的比较可知,在本次模拟中采用的温度和压力范围内,Aspen HYSYS 的 Peng-Robinson 模型为组分系统提供了非常好的结果。

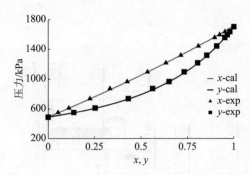

图 9.5　C3/C4 系统在 53℃时的等温平衡数据

9.4　模拟流程图

通常,模拟流程图可以复制模拟方案;但是,在许多情况下,单个真实设备是由多个模块建模实现的。例如,蒸发器可通过与闪蒸分离器、加热模块相结合予以建模。在某些情况下,模拟模块可能要包含的是不止一种真实的设备。例如,蒸馏塔模块包括所有相关的热交换器,如再沸器、冷凝器等。模拟流程图中还可以包含许多不同的控制器模块,其均有助于进行计算模拟。

在本例中,采用了 Aspen HYSYS[6] 进行模拟。Aspen HYSYS 启用了两种 PFD 开发模式:第 1 种模式是默认求解器 *Active* 模式,即 Aspen HYSYS 在完成信息输入后对每个物流或模块进行求解;第 2 个是 *On Hold* 模式,即先创建完整的流程图并在运行模拟之前通过切换到求解器 *Active* 模式(图 9.6)输入所有信息。在 Aspen HYSYS 中创建工艺流程图的细节在第 2 章(例 2.14)和以下章节中均进行了解释。

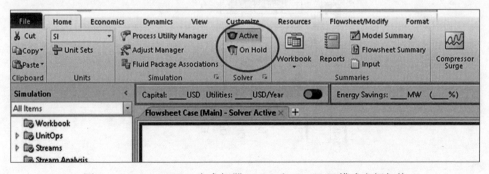

图 9.6　Aspen HYSYS 在求解器 *Active* 和 *On Hold* 模式之间切换

图 9.7 显示了图 9.2 所示工艺方案的 Aspen HYSYS 模拟器流程图。可知,对于戊烷吸收塔,采用 *Reboiled Absorber Column Subflowsheet* 模型;对于所有其他

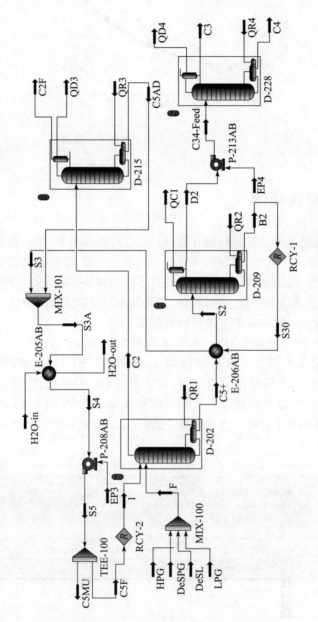

图9.7 轻质气体分离过程的Aspen HYSYS流程图

242

塔,采用 *Distillation Column Subflowsheet* 模型。由于换热器 E205A、B 和 E206A、B 的几何尺寸是已知的,因此采用了 *Rigorous Shell and Tube* 模型。有关严格的管壳式换热器模型的详细信息可参见例 3.5,表 9.2 和表 9.3 中给出了塔和换热器规格的详细信息。

9.5 模拟结果

流程中所有塔的物料平衡见表 9.4。再沸吸收塔(D2O2)的顶部产物(C2 流)中的重关键组分的摩尔分率为 0.0038,其相应的质量分率为 0.0096。但是,该物流包含大量的 C5 和大约 1.5%(摩尔分数)的 C4。在已建工厂中,C2 物流被引导至 D215 塔,在该塔中 C5 和 C4 被分离并循环回到该流程。最终的 C2 蒸馏的塔顶物流(C2F)仅包含非常少量的 C5 和 C4。

表 9.4 蒸馏塔质量平衡

名称	F	C2	C5+	D2	B2	C2F	C5AD	C3	C4
摩尔流量/(kmol/h)	317.45	317.45	372.93	234.26	138.67	74.39	8.04	75.85	158.41
质量流量/(kg/h)	14100.00	1442.88	22657.12	12594.02	10063.10	869.38	573.49	3379.92	9214.10
摩尔组成									
氢气	0.1349	0.5194	0.0000	0.0000	0.0000	0.5756	0.0000	0.0000	0.0000
甲烷	0.0421	0.1622	0.0000	0.0000	0.0000	0.1798	0.0000	0.0000	0.0000
乙烷	0.0541	0.2027	0.0012	0.0020	0.0000	0.0042	0.0001	0.9532	0.0046
丙烷	0.2310	0.0038	0.1958	0.3117	0.0000	0.0042	0.0001	0.9532	0.0046
丙烯	0.0003	0.0000	0.0003	0.0004	0.0000	0.0000	0.0014	0.0000	0.0000
丁烷	0.2425	0.0014	0.2075	0.3280	0.0041	0.0014	0.0019	0.0019	0.4677
1-丁烯	0.0002	0.0000	0.0002	0.0002	0.0000	0.0000	0.0000	0.0000	0.0005
正丁烷	0.2634	0.0147	0.2431	0.3524	0.0584	0.0071	0.0846	0.0031	0.5196
正戊烷	0.0049	0.0144	0.0647	0.0002	0.1736	0.0000	0.1475	0.0000	0.0003
戊烷	0.0227	0.0721	0.2527	0.0049	0.6714	0.0001	0.7382	0.0000	0.0073
氮气	0.0017	0.0066	0.0000	0.0000	0.0000	0.0073	0.0000	0.0000	0.0000
正己烷+	0.0021	0.0021	0.0344	0.0000	0.0925	0.0000	0.0277	0.0000	0.0000

如图 9.8 所示,在这种配置中,流量为 10t/h 的戊烷馏分被回收利用,其中大约流量为 650kg/h 的该馏分被从工艺中去除。

换热器模型的模拟表明,E205A、B 能够采用流量为 50t/h 的冷却水将混合戊烷物流从 113℃ 冷却到 30℃,冷却水从 20℃ 加热到 30℃。热交换器 E206A、B 提供来自戊烷吸收塔底部物流的部分蒸发,该物流的温度接近沸点。但是,来自

Tee: TEE-100

Design | Rating | Worksheet | Dynamics

Worksheet: Conditions, Properties, Composition, PF Specs

Name	S5	C5F	C5MU
Vapor	0.0000	0.0000	0.0000
Temperature [C]	30.41	30.41	30.41
Pressure [kPa]	2250	2250	2250
Molar Flow [kgmole/h]	146.9	137.9	9.007
Mass Flow [kg/h]	1.065e+004	1.000e+004	653.1
Std Ideal Liq Vol Flow [m3/h]	17.01	15.97	1.043
Molar Enthalpy [kJ/kgmole]	-1.772e+005	-1.772e+005	-1.772e+005
Molar Entropy [kJ/kgmole-C]	58.21	58.21	58.21
Heat Flow [kJ/h]	-2.603e+007	-2.444e+007	-1.596e+006

Mole fractions:

i-Butane	0.0039	0.0039	0.0039
n-Butane	0.0598	0.0598	0.0598
1-Butene	0.0000	0.0000	0.0000
i-Pentane	0.6743	0.6743	0.6743
n-Pentane	0.1723	0.1723	0.1723
n-Hexane +	0.0896	0.0896	0.0896

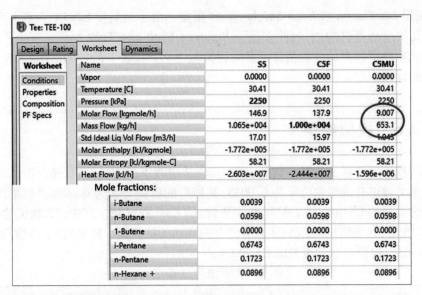

图 9.8　回收和脱除戊烷物流的参数

D209 的底部物流的蒸发能力仅为该物流的 8%左右。有关这两种换热器结果的详细信息可参见图 9.9。

Heat Exchanger: E-205AB

Design | Rating | Worksheet | Performance | Dynamics | Rigorous Shell&Tube

Worksheet: Conditions, Properties, Composition, PF Specs

Name	S3A	S4	H2O-in	H2O-out
Vapor	0.0000	0.0000	0.0000	0.0000
Temperature [C]	113.4	29.76	20.00	30.54
Pressure [kPa]	1198	1193	200.0	195.1
Molar Flow [kgmole/h]	146.9	146.9	2775	2775
Mass Flow [kg/h]	1.065e+004	1.065e+004	5.000e+004	5.000e+004
Std Ideal Liq Vol Flow [m3/h]	17.01	17.01	50.10	50.10
Molar Enthalpy [kJ/kgmole]	-1.619e+005	-1.774e+005	-2.866e+005	-2.858e+005
Molar Entropy [kJ/kgmole-C]	102.9	58.06	52.39	55.13
Heat Flow [kJ/h]	-2.378e+007	-2.606e+007	-7.955e+008	-7.932e+008

Heat Exchanger: E-206AB

Design | Rating | Worksheet | Performance | Dynamics | Rigorous Shell&Tube

Worksheet: Conditions, Properties, Composition, PF Specs

Name	C5+	S2	S30	S3
Vapor	0.0000	0.0810	0.0000	0.0000
Temperature [C]	107.5	108.9	127.5	111.9
Pressure [kPa]	1950	1946	1200	1198
Molar Flow [kgmole/h]	372.9	372.9	138.9	138.9
Mass Flow [kg/h]	2.266e+004	2.266e+004	1.008e+004	1.008e+004
Std Ideal Liq Vol Flow [m3/h]	38.79	38.79	16.09	16.09
Molar Enthalpy [kJ/kgmole]	-1.413e+005	-1.400e+005	-1.589e+005	-1.623e+005
Molar Entropy [kJ/kgmole-C]	117.5	120.8	111.1	102.3
Heat Flow [kJ/h]	-5.269e+007	-5.221e+007	-2.206e+007	-2.254e+007

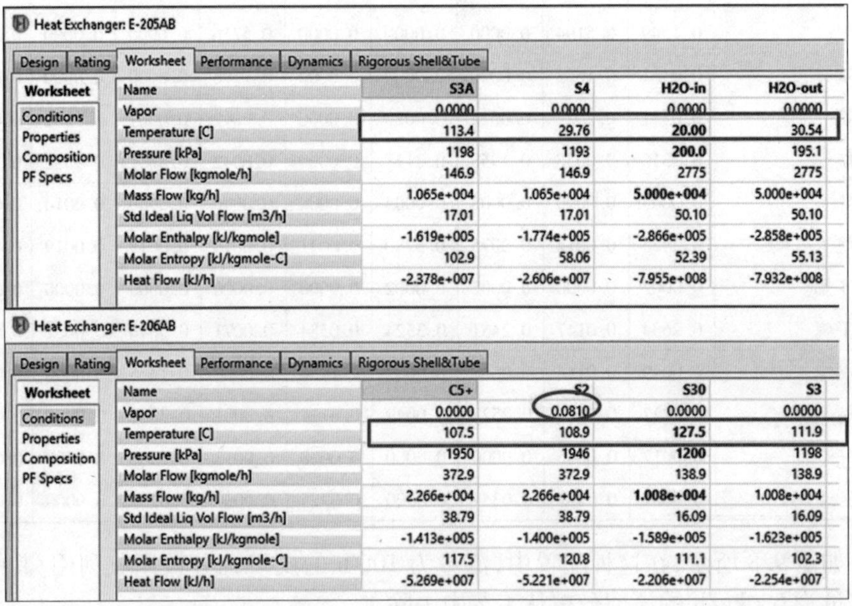

图 9.9　所用换热器的结果

表 9.5 显示了模拟中所有能量流的值。Aspen HYSYS 不对输入和输出能量的值采用加减，能量的输入和输出由流程图中的箭头方向进行指示。再沸器 D202、

D209 和 D208 是该流程中能耗最高的点。

表 9.5 流程能量流

名称	QR1	QC1	QR2	EP3	QR3	QD3	QD4	QR4	EP4
热量/kW	2053	3131	2653	7	92	145	1921	2242	7

9.6 结果评估和实测数据比较

完成对现有工艺或工厂的模拟后，必须评估结果并将其与实际工厂中所记录的工艺数据进行比较。但在已建的工厂中，只是记录了所选定的参数和物流数据。有时，已建工厂的运营商甚至无法保证记录数据的正确性。显然，必须分析模拟的数据和已建工厂的数据，并找出它们之间存在最终差异的理由。

在这个例子中，一些关于主要产品物流组成的信息是可用的，这些信息是采用气相色谱法测量获得的。表 9.6 给出了通过气相色谱法测量的产物物流中组分的质量分数与本模拟中计算得到的那些质量分数间的比较结果。

表 9.6 实测和模拟的产品组成对比

组分	C2-Sim	C2-Exp	C3-Exp	C3-Sim	C4-Exp	C4-Sim
氢气	0.0993	0.0899	0.0000	0	0.0000	
甲烷	0.2468	0.2299	0.0000	0	0.0000	
乙烷	0.5778	0.5144	0.0041	0.0510	0.0000	
丙烷	0.0159	0.0737	0.9433	0.9430	0.0035	0.0060
丙烯	0.0000	0.0015	0.0013	0.0030	0.0000	
异丁烷	0.0068	0.0044	0.0472	0.0020	0.4674	0.3770
正丁烷	0.0355	0.0368	0.0041		0.5192	0.5810
1-丁烯	0.0000	0.0000	0.0000		0.0005	0.0030
异戊烷	0.0005	0.0007	0.0000		0.0091	0.0280
正戊烷	0.0000	0.0000	0.0000		0.0004	0.0050
正己烷	0.0000	0.0000	0.0000			0.0010
氮气	0.0175	0.0486	0.0000		0.0000	

一般情况下，实验数据与模拟数据是吻合较好的。在本流程模拟中，C3 部分的一致性最好；对于 C2 馏分，与实验数据相比，模拟数据显示出的丙烷含量要低得多；对于 C4 馏分，模拟数据与实验数据相比具有更多的异丁烷和更少的正丁烷。但是，考虑到模拟设备的复杂性、平均塔板效率、进口物流的流量及其组成存在可能的波动性，模拟数据和实验数据间的一致性是可接受的。

9.7 建议修改方案及其模拟

在模型验证之后,可检查流程发生最终变化的不同方案。针对每个方案均可单独进行模拟,并能够与工厂的当前情况进行比较。在许多情况下,这些调查是伴随着经济评估(有关流程的经济评估可参见第12章)进行的。这些研究的方案通常会遵循待模拟的目标(见9.2节)。

该模拟的目的是找出蒸馏塔D215对工艺参数的影响。

蒸馏塔D215后的工艺流程图如图9.10所示。在表9.7中,比较了已安装和未安装D215塔两种情况下所有产品物流的数量和组成。当然,移除蒸馏塔D215导致C2馏分的组成发生变化,原因是:在这种情况下,最终的乙烷馏分是物流C2而不是物流C2F。C2馏分仍包含着约27%(质量分数)的重组分,这些重组分在蒸馏塔D215中被分离。这也是当流程中包含蒸馏塔D215时,从系统中脱除的戊烷馏分质量流量较高的原因。但是,这是移除蒸馏塔D215后唯一的重大变化。此外,C3和C4馏分的组成还是相同的。

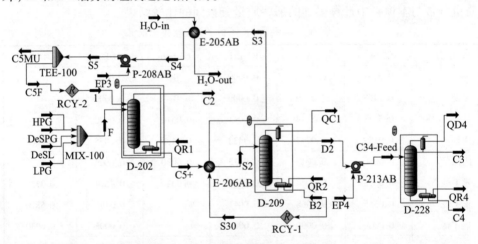

图9.10 未安装塔D215的工艺流程图

与D215塔相比,流程中再循环的戊烷物流含有更少的异戊烷和更多的氮气。循环物流的不同组分会影响流程的热量和公用工程的要求。表9.8给出了两种情况下对流程能量流的比较结果。除D202再沸器外,无D215时的能量和冷却水需求略低于安装D215的情况。当然,移除蒸馏塔D215后,总流程的能量需求也会较低。

再循环戊烷馏分的不同组分也会影响热交换器的工作。图9.11中给出了两种热交换器E205A、B和E206A、B的工作表,将这些数据与图9.8中的数据进行比较,可知这种影响并不显著。若移除D215,则换热器E206A、B中进口物流的蒸发程度会略高。

表9.7 有、无蒸馏塔的方案对比

物流名称	C5MU		C3		C4		C2/C2F	
场景	有D125	无D125	有D125	无D125	有D125	无D125	有D125	无D125
摩尔流量	9.01	1.90	75.85	75.68	158.41	157.88	81.98	74.39
质量流量	653.15	139.96	3379.92	3379.68	9214.10	9180.71	1400.02	869.38
质量分率								
氢气	0.0000	0.0000	0.0000	0.0000	0.0000	0.0000	0.0616	0.0993
甲烷	0.0000	0.0000	0.0000	0.0000	0.0000	0.0000	0.1532	0.2468
乙烷	0.0000	0.0000	0.0041	0.0012	0.0000	0.0000	0.3658	0.5778
丙烷	0.0000	0.0000	0.9433	0.9430	0.0046	0.0046	0.0105	0.015
丙烯	0.0000	0.0000	0.0013	0.0013	0.0000	0.0000	0.0000	0.0000
异丁烷	0.0039	0.0041	0.0472	0.0501	0.4677	0.4683	0.0050	0.0068
1-丁烯	0.0598	0.0593	0.0041	0.0044	0.5196	0.5199	0.0488	0.0355
正丁烷	0.0000	0.0000	0.0000	0.0000	0.0005	0.0005	0.0000	0.0000
正戊烷	0.6743	0.5794	0.0000	0.0000	0.0073	0.0064	0.2563	0.0005
异戊烷	0.1723	0.1780	0.0000	0.0000	0.0003	0.0003	0.0613	0.0000
氮气	0.0896	0.1792	0.0000	0.0000	0.0000	0.0000	0.0265	0.0000
正己烷+	0.0000	0.0000	0.0000	0.0000	0.0000	0.0000	0.0109	0.0175

表9.8 能量流比较

名称	场景	QR1	QC1	QR2	EP3	QD4	QR4	EP4
热量/kW	有D125	2053.0	3131.0	2653.0	7.0	1921.0	2242.0	7.0
	无D125	2075.6	3064.9	2588.3	6.4	1906.2	2225.5	7.1

Heat Exchanger: E-206AB

Design | Rating | Worksheet | Performance | Dynamics | Rigorous Shell&Tube

Worksheet — Conditions, Properties, Composition, PF Specs

Name	C5+	S2	S30	S3
Vapor	0.0000	0.0909	0.0000	0.0000
Temperature [C]	108.4	110.0	130.9	113.3
Pressure [kPa]	1950	1946	1200	1198
Molar Flow [kgmole/h]	371.0	371.0	137.4	137.4
Mass Flow [kg/h]	2.270e+004	2.270e+004	1.014e+004	1.014e+004
Std Ideal Liq Vol Flow [m3/h]	38.75	38.75	16.09	16.09
Molar Enthalpy [kJ/kgmole]	-1.416e+005	-1.402e+005	-1.595e+005	-1.634e+005
Molar Entropy [kJ/kgmole-C]	119.6	123.4	118.0	108.1
Heat Flow [kJ/h]	-5.255e+007	-5.202e+007	-2.192e+007	-2.246e+007

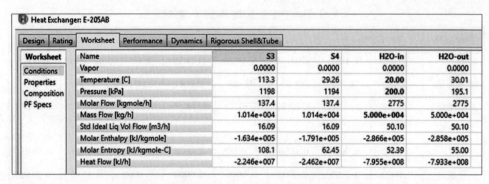

图 9.11 未安装塔 D215 的流程的换热器工作表

作为结论,可认为移除蒸馏塔 D215 后对生成过程的唯一显著影响是:需要在此流程之外进行 C2 馏分的纯化,同时 C5 馏分的数量和组成也存在差异性;但这并不会显著影响其他产品物流和工艺能量流的组成。

参考文献

[1] Genšor M. CFD simulation of concentration sensor. Diploma thesis, Slovak University of Technology in Bratislava, Bratislava, 2016.

[2] Aspen Plus® V9 Help. Burlington, MA: Aspen Technology, Inc., 2016.

[3] Vejrosta J, Wichterle I. The propane-pentane system at high pressures. Coll. Czech. Chem. Commun. 1974, 39(5): 1246-1248.

[4] KayWB, Hoffman RL, Davies O. Vapor-liquid equilibrium relationships of binary systems n-butane-n-pentane and n-butane-n-hexane J. Chem. Eng. Data. 1975, 20(3): 333-338.

[5] Seong G, Yoo KP, Lim JS. Vapor-liquid equilibria for propane (R290) + n-butane (R600) at various temperatures. J. Chem. Eng. Data. 2008, 53(12): 2783-2786.

[6] Aspen HYSYS® V9 Help. Burlington, MA: Aspen Technology, Inc., 2016.

第10章
材料整合

良好的流程设计必须最大限度地减少对原材料的浪费。在大多数化学反应中,均会存在一种或多种反应物不能完全反应的现象。由于许多应用中,原材料是最高的运行成本之一,因此必须将未能反应的原材料回收到流程中。例如,在萃取和吸收过程中采用的溶剂经常进行再生利用和循环利用;另一种经常能够回收的材料是催化剂。

正如第8章所示,在第1步中主要是进行直接的流程模拟,无须回收大部分的物料流。模拟中也不包括蒸汽、冷却水或冷却空气等公用工程设施。由于循环物流在计算上难以处理,并且它们通常是导致流程模拟不收敛的原因,因此在接下来的步骤中需要将它们逐一进行连接。公用工程消耗的计算也需要连接公用物流,并且通常会采用双侧换热器模块替换加热器和冷却器模块。针对材料整合这一主题,在相关的化学工程设计教科书中均有广泛的讨论,如文献[1-3]。

本章主要讨论物流回收和公用工程物料的计算。在 Aspen Plus[4] 和 Aspen HYSYS[5] 中,关于循环回路的优化、冷却水和蒸汽需求的计算、制冷剂需求的计算以及天然气(NG)直接加热的需求等均有讨论。此外,本章还说明了 *Spreadsheet*、*Adjust* 和 *Set* 等 Aspen HYSYS 插件的使用方法。

10.1 材料回收策略

采用第1章中所描述的序贯模块化方法进行模拟时通常都需要良好的初始物流,以便使具有循环回收物流的流程能够收敛。由于原料物流的循环经常会引起模拟的收敛问题,因此必须要按照准备好的策略逐步进行。循环物流首先需要通过初始估计引入,其也可称为"原始"物流。产品物流能否完全回收或部分回收取决于物流中其他组分特别是惰性组分的存在,若惰性组分存在则循环会使这些组分能够聚集,也就是说,这部分惰性组分要从系统中移除。

在采用新的循环物流替代原始物流之前,此处需要先确保原始物流和循环物流在组分、温度和压力等方面的相似性。为了实现类似的物流变量,可以采用额外的单元操作模块,如热交换器、调压装置和分离器等。在将循环物流与原始物流连接或用循环物流替换原始物流后,原始物流会实现更新。原始物流的更新过程会一直持续到迭代过程达到指定的偏差。图 10.1 示意性地显示了物料流回收的策略。在很多情况下,在循环物流加入后流程模拟就可能会不收敛,这可由以下的多种原因进行解释。

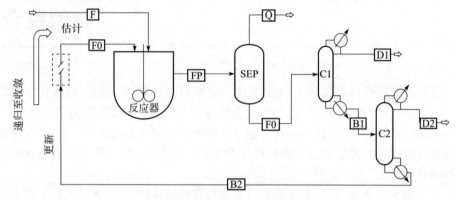

图 10.1　物流回收策略

- 系统中某个组分的积累:尝试改变循环物流与移除(废物)物流的比率,或者从系统中释放出更多的原材料。
- 流程中的单元操作模块工作不稳定:如果单元操作模块的规则不可行,则输入条件的变化会导致流程模拟的不收敛。例如,如果蒸馏塔指定了产品物流组分的摩尔流量,但在更新后的输入物流中这种组分却不能得到,那么蒸馏塔在这种新的输入物流的情况下是不可能收敛的;或者,在新的条件下,塔板数和回流比低于能够达到稳定的最小值。此外,针对换热器而言,需要特别说明的是:如果需要的换热量高于更新后物流提供的换热量,则换热器不能收敛。显然,如果任何单元操作模块不收敛,则整个流程模拟也是无法收敛的。为了避免流程模拟的不收敛,需要为每个单元操作模块指定可行的规则,且其不能过分依赖于输入条件。
- 糟糕的初始估计:如果原始物流的初始估计值距离循环物流的真实值相差较多,这也会导致流程模拟的不收敛;在连接循环物流之前,要确保初始物流与循环物流估计间的相似性。
- 迭代次数少:流程模拟程序通常采用的默认迭代次数在某些情况下可能是不够的,这通常需要设置更高的迭代次数。
- 不合适的收敛方法:流程模拟器也允许采用一种以上的收敛方法。最常用的收敛方法是直接代换法、牛顿法、割线法、布罗伊登法和韦格斯坦法。在模拟流程中,需要尝试改变收敛方法以达到流程图能够收敛。

最简单的收敛方法是直接替换。初始估计值 x_k 用于计算参数的新值 x_{k+1},即

初始估计 x_k 由新值 x_{k+1} 进行更新。这种直接替代法的缺点是达到收敛的效率低。

牛顿法采用以下等式从第 k 步的 x 值计算得到第 $k+1$ 步的 x 值,即

$$x_{k+1} = x_k - \frac{f'(x_k)}{f''(x_k)} \tag{10.1}$$

式中:$f'(x_k)$ 和 $f''(x_k)$ 分别为 $f(x)$ 的 1 阶和 2 阶导数。

在模拟程序中,通常采用 $f'(x_k)$ 和 $f''(x_k)$ 的有限差分进行近似,即

$$x_{k+1} = x_k - \frac{[f(x_k+h) - f(x_k-h)]/2h}{[f(x_k+h) - 2f(x) + f(x_k-h)]/h^2} \tag{10.2}$$

式中:h 为步长。

Wegstein 方法将直接替换作为初始步骤后,再采用下式计算加速度参数 q,即

$$q = \frac{s}{s-1} \tag{10.3}$$

其中,

$$s = \frac{f(x_k) - f(x_{k-1})}{x_k - x_{k-1}} \tag{10.4}$$

并且,下一个 x_{k+1} 的值计算式为

$$x_{k+1} = qx_k + (1-q)f(x_k) \tag{10.5}$$

通常,Wegstein 方法是大多数模拟软件所采用的默认方法。

10.2 Aspen Plus 材料回收

Aspen Plus 不采用任何单元操作模块对回收物流进行连接,而是将回收物流简单地连接到流程中的适当位置,如例 2.14 所示。针对具有循环物流的系统而言,其解决方案需要采用迭代方法,因此可在 **Convergence→Options** 项中设置收敛参数(图 10.2)。Aspen Plus 中的默认方法是有界 Wegstein 方法,其需要设置加速度参数 q 的界限(在默认情况下,其范围为 $-5<q<0$),默认迭代次数为 30。在许多情况下,默认选择的方法及其参数是适用于流程模拟收敛的。若出现收敛问题,用户可以更改收敛方法和参数。但是,收敛问题通常是由单元操作模块中配置了不可行的规格引起的。

例 10.1 考虑第 8 章中所介绍的乙酸乙酯模拟流程。要求:通过对乙酸乙酯、乙酸和乙醇进行循环以实现该流程的升级,对其进行模拟。

解决方案:

乙酸乙酯流程的初步直接模拟如图 8.13 所示。

该模拟中已经包含一个循环回路,即将来自 C1 塔的馏出物返回到液-液(LL)相分离器。由于该物流的组成与 LL 分离器的主进料非常相似,因此该循环回路

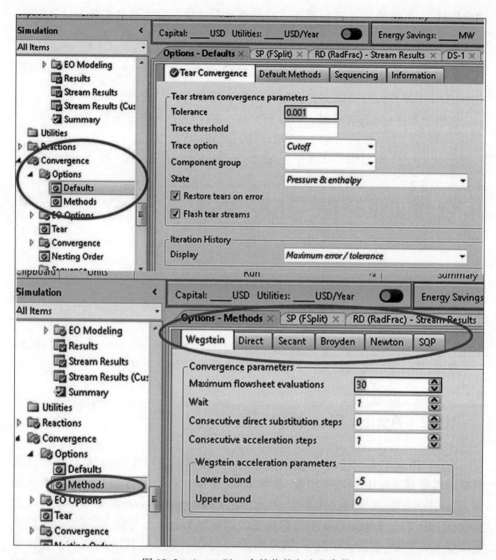

图 10.2　Aspen Plus 中的收敛方法和参数

是不会引起任何严重问题的。来自塔 C3 的馏出物也是一种与三元共沸混合物的组成非常相似的混合物，因此其也可以循环回到 LL 分离器。

- 在将流 S9 连接到 LL 分离器之前，定义与来自塔 C3 的馏出物具有相同组成的初始物流。
- 安装冷却器模块并将温度降低到 LL 分离器的温度。
- 如果流程计算没有任何错误，则在下一步中采用更新物流替换原始物流（图 10.3 中的 R-AZEO）。
- 在塔 C2 中分离的未反应乙酸必须再循环回至反应蒸馏塔。

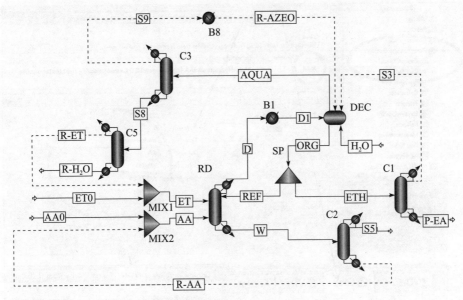

图 10.3 带循环回路的乙酸乙酯流程

- 为回收的醋酸和酸组分安装一个混合器。
- 定义与 C2 塔底部物流的组成相同的原始物流以及乙酸的补充物流（图 10.3 中的流 AA0），其中混合器的出口物流是最初定义的乙酸物流 AA。

必须要定义一个 *Design Specification* 项，用于计算循环物流 R-AA 的不同摩尔流量的乙酸组成和物流 AA 中乙酸的恒定摩尔流量。

- 要定义设计规格，可转到 *Flowsheeting Options* 项下的 *Design Spec* 项，然后创建新的设计规格（DS-1）。
- 选择物流 AA 中乙酸的摩尔流量作为被定义参数，如图 10.4 所示。
- 将指定变量的目标值和公差设置为 50kmol/h 和 0.0001。
- 选择物流 AA0 的摩尔流量作为操纵变量 *Vary* 项，如图 10.4 所示；根据此设计规格，Aspen 将通过改变乙酸组成的摩尔流量将物流 AA 中乙酸组分的摩尔流量设置为 50kmol/h；因未反应的乙醇也必须要进行回收，C3 塔的底部产物必须进行蒸馏以接收适合循环采用的浓缩乙醇水溶液。
- 安装一个具有 10 个理论塔板和一个全冷凝器的新塔（*RadFrac* 模块）。
- 定义塔的馏分率和回流比为 22kmol/h 和 3。
- 第 5 塔的馏出物为乙醇浓度约为 72%（摩尔分数）的乙醇水溶液，其塔底部产物含有约 98%（摩尔分数）的水和乙醇。
- 采用与乙酸相同的程序将馏出物从 C5 循环回到反应蒸馏塔。
- 定义一个新的混合器（*MIXER* 模块）、一个乙醇补充物流（ET0）和一个新的设计规格（DS-2）。

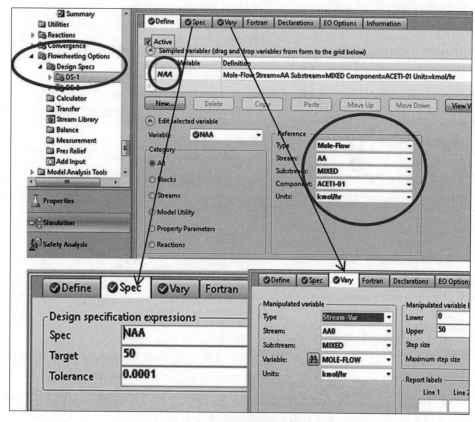

图 10.4 醋酸回收设计规格

- 在 DS-2 中,规定物流 ET 的摩尔流量为 51kmol/h,相应地可操作变量为乙醇补充物流(ET0)的摩尔流量。

在表 10.1 至表 10.4 中给出了增加循环物流后和流程模拟收敛后一些单元操作模块的质量平衡结果,将其与第 8 章给出的未加入循环物流的结果进行比较,可证明加入循环物流能够使多数物流的流量和组分发生变化。

表 10.1 MIXER1 和 MIXER2 的物料平衡结果

参数/物流	单位	AA	AA0	R-AA	ET	ET0	R-ET
摩尔流量	kmol/h	50.20	30.48	19.72	63.31	41.31	22.00
质量流量	kg/h	3006.18	1830.45	1175.73	2609.22	1729.30	879.92
体积流量	L/min	53.11	32.25	20.73	57.94	38.66	19.28
温度	℃	117.39	117.58	117.09	77.52	77.85	76.96
压力	bar	1	1	1	1	1	1
气相分率		0	0	0	0	0	0
组分摩尔流量 乙醇	kmol/h	0.00	0.00	0.00	51.00	35.11	15.89

续表

参数/物流	单位	AA	AA0	R-AA	ET	ET0	R-ET
水	kmol/h	0.20	0.00	0.20	11.77	6.20	5.57
ACETL-01	kmol/h	50.00	30.48	19.52	0.00	0.00	0.00
ETHYL-01	kmol/h	0.00	0.00	0.00	0.54	0.00	0.54
组分摩尔分率							
乙醇		0.0000	0.0000	0.0000	0.8056	0.8500	0.7221
水		0.0039	0.0000	0.0100	0.1859	0.1500	0.2533
ACETL-01		0.9961	1.0000	0.9900	0.0000	0.0000	0.0000
ETHYL-01		0.0000	0.0000	0.0000	0.0085	0.0000	0.0246

表 10.2 反应蒸馏塔(RD)的物料平衡结果

参数/物流	单位	AA	D	ET	REF	W
摩尔流量	kmol/h	50.20	348.86	63.31	265.35	30.00
质量流量	kg/h	3006.18	22238.02	2609.22	18212.15	1589.53
体积流量	L/min	53.11	160389.00	57.94	337.44	29.03
温度	℃	117.39	70.23	77.52	25.00	100.84
压力	bar	1	1	1	1	1
气相分率		7.94×10^{-6}	1	0	0	0
组分摩尔流量						
乙醇	kmol/h	0.00	58.91	51.00	39.68	1.97
水	kmol/h	0.20	85.92	11.77	49.93	5.76
ACETL-01	kmol/h	50.00	0.00	0.00	0.00	20.21
ETHYL-01	kmol/h	0.00	204.03	0.54	175.75	2.06
组分摩尔分率						
乙醇		0.0000	0.1689	0.8056	0.1495	0.0657
水		0.0039	0.2463	0.1859	0.1881	0.1921
ACETL-01		0.9961	0.0000	0.0000	0.0000	0.6735
ETHYL-01		0.0000	0.5848	0.0085	0.6623	0.0687

表 10.3 LL 相分离器(DEC)的物料平衡结果

参数/物流	单位	AQUA	D1	H₂O	ORG	R-AZEO	S3
摩尔流量	kmol/h	195.80	348.86	130.00	396.05	10.00	102.80
质量流量	kg/h	4533.90	22238.02	2341.99	27182.32	609.42	6513.45
体积流量	L/min	80.48	411.52	39.27	503.64	11.19	129.27
温度	℃	25.00	25.00	25.00	25.00	25.00	70.05
压力	bar	1	1	1	1	1	1

续表

参数/物流	单位	AQUA	D1	H₂O	ORG	R-AZEO	S3
气相分率		0	0	0	0	0	0
组分摩尔流量							
乙醇	kmol/h	20.48	58.91	0.00	59.22	1.26	19.52
水	kmol/h	169.15	85.92	130.00	74.52	3.12	24.58
ACETL-01	kmol/h	0.00	0.00	0.00	0.00	0.00	0.00
ETHYL-01	kmol/h	6.16	204.03	0.00	262.32	5.62	58.69
组分摩尔分率							
乙醇		0.1046	0.1689	0.0000	0.1495	0.1260	0.1899
水		0.8639	0.2463	1.0000	0.1881	0.3120	0.2391
ACETL-01		0.0000	0.0000	0.0000	0.0000	0.0000	0.0000
ETHYL-01		0.0315	0.5848	0.0000	0.6623	0.5620	0.5710

表 10.4 乙酸乙酯纯化塔（C1）的物料平衡结果

参数/物流	单位	ETH	P-EA	S3
摩尔流量	kmol/h	130.70	27.90	102.80
质量流量	kg/h	8970.16	2456.71	6513.45
体积流量	L/min	166.20	49.32	129.27
温度	℃	25.00	76.83	70.05
压力	bar	1	1	1
气相分率		0	0	0
组分摩尔流量				
乙醇	kmol/h	19.54	0.02	19.52
水	kmol/h	24.59	0.01	24.58
ACETL-01	kmol/h	0.00	0.00	0.00
ETHYL-01	kmol/h	86.56	27.87	58.69
组分摩尔分率				
乙醇		0.1495	0.0007	0.1899
水		0.1881	0.0003	0.2391
ACETL-01		0.0000	0.0000	0.0000
ETHYL-01		0.6623	0.9990	0.5710

由表 10.1 可知,大约流量为 20kmol/h 的乙酸和流量为 22kmol/h 的浓乙醇水溶液被回收,剩余的所需乙酸和乙醇水溶液以补充物流的形式返回至流程。在该模拟中,物流 S6 和 R-H₂O 中的乙醇会被浪费,当然也可以回收。但由于该流程比较清晰,这个应该予以回收的可能性被忽略了。

乙醇的循环使反应蒸馏塔的水含量略有增加,这使反应平衡向着反应产物的方向移动,从而使反应转化率出现小幅度下降。通过对比乙酸物流的输入和输出数据,可知反应的转化率下降了 6.5%。

加入 LL 分离器后的新物流改变了分离器出口物流的流量,进而影响了反应蒸馏塔的回流,也改变了该塔气相馏出物的流量。上述结果表明,RD 塔的气相流量与初步模拟相比,最终的稳定值是一个不同于初步工艺的值。

由乙酸乙酯纯化塔的质量平衡结果可获悉加入循环物流的最终影响。尽管反应蒸馏塔(RD)的转化率降低了,但纯乙酸乙酯的流量却从 23.93kmol/h 升到了 27.9kmol/h,乙酸乙酯的回收率也从 78.2% 升到了 93.9%。

10.3 Aspen HYSYS 材料回收

在 Aspen HYSYS 中,如果进行质量物流循环的目的只是回收能量,则可以不采用操作模块进行连接。但是,必须要先进行撕裂流的定义,并且在计算后,撕裂流能够被循环物流所取代。这些循环回路已在第 8 章中进行了详细解释,并且在图 8.19 中列出了只用于回收能量的循环回路的实例。如果进行质量物流循环的目的是为了回收材料自身,就必须通过 *Recycle* 模型进行连接。

例 10.2 对第 8 章中讨论的苯乙烯生产过程中未反应的乙苯进行循环,使其返回至反应塔。要求:重新计算具有乙苯回收功能的苯乙烯流程。

解决方案:

• 在用 *Recycle* 模块将乙苯物流与 R-ET 物流进行连接之前,必须要先采用泵设备对物流进行加压;由于苯乙烯纯化塔内压力仅为 5kPa,必须要将其压力增加到与乙苯尾气物流相同的压力(180kPa);安装泵模块并将其出口压力设置为 1.8bar(D31)。

• 从模型面板中选择一个 *Recycle* 模块并将回收物流(D31)与撕裂物流(R-ET)进行连接,如图 10.5 所示。

• 该模拟存在的最大可能性是,迭代可能会基于求解器的默认设置完成模拟流程的收敛;但如果未能收敛,则可以尝试更改相关的收敛参数;除了正向转换外,Aspen HYSYS 还启用了另外两个传输方向的选项,即反向转换和不为每个变量进行传输,其中:如果只想传输某些物流变量,则可采用 *Not Transferred* 项;如果只传输 P、T、组分和流量,则所有其他变量均可设置为 *Not Transferred* 项;在此模拟中,选择所有变量均为正向转换。

• Aspen HYSYS 允许为列出的每个变量和组分设置收敛标准因子(图 10.6),其中灵敏度值可用作 Aspen HYSYS 内部收敛容差的乘数;表 10.5 给出了除流量以外的其他工艺参数的内部绝对容差,其中也给出了流量的相对容差。

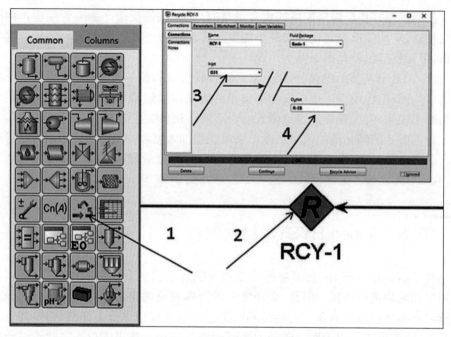

图 10.5　在 Aspen HYSYS 中连接材料回收物流

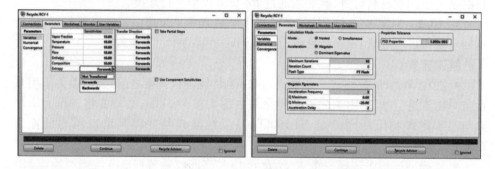

图 10.6　Aspen HYSYS 的收敛参数页面

表 10.5　Aspen HYSYS 的内部容差数据

参数	数据
气相分率	0.01
温度	0.01
压力	0.01
流量	0.001[a]
焓值	1
组成	0.0001
熵	0.01

注：[a] 流量容差是相对值而不是绝对值。

- 对于大多数模拟计算,建议采用默认乘数(10);当乘数数值低于 10 时,表示对收敛的要求更为严格;如果模拟对象的关键组分含量非常低(保持在 10^{-6} 水平),可将组分容差乘数设置为远低于其他的组分;在这个模拟中,采用默认乘数(10)。
- 流程模拟收敛后,相应的流程如图 10.7 所示。

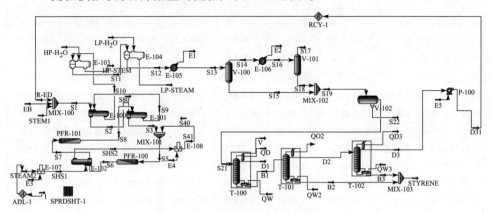

图 10.7　乙苯回收苯乙烯生产工艺流程图

物流结果如表 10.6 所列,可知该表所显示的结果与第 8 章中所模拟的苯乙烯工艺的结果之间存在非常小的差异,但在只有物流 R-ET(参见表 10.6 中突出显示的列)的情况下所进行模拟的结果却是完全不同的,原因在于初始撕裂物流仅是一个估计值;但是,模拟所得的混合物流(S1)在这两种情况下实际上却是相同的,这就是为什么其他物流的结果也很相似的原因。

表 10.6　乙苯回收后苯乙烯工艺的结果

名称	EB	R-EB	STEM1	S1	S2	S10	S9
气相分率	0	0	1	0.5602	1	1	1
温度/℃	20.00	49.81	120.00	107.96	114.78	437.37	493.50
压力/bar	1.8	1.8	1.8	1.8	1.7	1.02	1
摩尔流量/(kmol/h)	35.93	14.07	100.00	150.00	150.00	958.20	958.20
质量流量/(kg/h)	3814.91	1489.27	1801.51	7105.69	7105.69	21040.22	21040.22
液体体积流量/(m^3/h)	4.38	1.71	1.81	7.90	7.90	22.62	22.62
热量/(kJ/h)	-1.0×10^5	-1.2×10^4	-5.7×10^6	-5.8×10^6	-5.2×10^6	-4.5×10^7	-4.4×10^7
组分摩尔分率(苯)	0.0000	0.0000	0.0000	0.0000	0.0000	0.0000	0.0000
组分摩尔分率(甲苯)	0.0000	0.0173	0.0000	0.0016	0.0016	0.0014	0.0014
组分摩尔分率(乙苯)	1.0000	0.9578	0.0000	0.3294	0.3294	0.0142	0.0142
组分摩尔分率(苯乙烯)	0.0000	0.0249	0.0000	0.0023	0.0023	0.0366	0.0366
组分摩尔分率(氢气)	0.0000	0.0000	0.0000	0.0000	0.0000	0.0351	0.0351
组分摩尔分率(水)	0.0000	0.0000	1.0000	0.6667	0.6667	0.9116	0.9116
组分摩尔分率(乙烯)	0.0000	0.0000	0.0000	0.0000	0.0000	0.0000	0.0000
组分摩尔分率(甲烷)	0.0000	0.0000	0.0000	0.0000	0.0000	0.0011	0.0011

续表

名称	S3	S41	S6	S5	S7	S8	S9
气相分率	1	1	1	1	1	1	1
温度/℃	400.00	750.00	560.96	624.07	600.00	577.54	493.50
压力/bar	1.6	1.6	0.7	1.6	1.2	1	1
摩尔流量/(kmol/h)	150.00	773.49	948.96	923.49	948.96	958.20	958.20
质量流量/(kg/h)	7105.69	13934.46	21040.20	21040.15	21040.20	21040.22	21040.22
液体体积流量/(m³/h)	7.90	13.96	22.41	21.86	22.41	22.62	22.62
热量/(kJ/h)	-4.2×10^6	-4.0×10^7	-4.4×10^7	-4.4×10^7	-4.3×10^7	-4.3×10^7	-4.4×10^7
组分摩尔分率(苯)	0.0000	0.0000	0.0000	0.0000	0.0000	0.0000	0.0000
组分摩尔分率(甲苯)	0.0016	0.0000	0.0010	0.0003	0.0010	0.0014	0.0014
组分摩尔分率(乙苯)	0.3294	0.0000	0.0245	0.0535	0.0245	0.0142	0.0142
组分摩尔分率(苯乙烯)	0.0023	0.0000	0.0272	0.0004	0.0272	0.0366	0.0366
组分摩尔分率(氢气)	0.0000	0.0000	0.0261	0.0000	0.0261	0.0351	0.0351
组分摩尔分率(水)	0.6667	1.0000	0.9205	0.9459	0.9205	0.9116	0.9116
组分摩尔分率(乙烯)	0.0000	0.0000	0.0000	0.0000	0.0000	0.0000	0.0000
组分摩尔分率(甲烷)	0.0000	0.0000	0.0007	0.0000	0.0007	0.0011	0.0011

名称	STEAM2	SHS1	SHS2	S11	HP+H2	HP+STEM	S12
气相分率	1	1	1	1	1	1	1
温度/℃	133.49	750.00	689.60	182.59	20.00	133.49	130.00
压力/bar	3	2.5	1.6	1.02	3	3	1.02
摩尔流量/(kmol/h)	773.49	773.49	773.49	958.20	230.00	230.00	958.20
质量流量/(kg/h)	13934.46	13934.46	13934.46	21040.22	4143.47	4143.47	21040.22
液体体积流量/(m³/h)	13.96	13.96	13.96	22.62	4.15	4.15	22.62
热量/(kJ/h)	-4.4×10^7	-4.0×10^7	-4.0×10^7	-4.8×10^7	-1.6×10^7	-1.3×10^7	-4.8×10^7
组分摩尔分率(苯)	0.0000	0.0000	0.0000	0.0000	0.0000	0.0000	0.0000
组分摩尔分率(甲苯)	0.0000	0.0000	0.0000	0.0014	0.0000	0.0000	0.0014
组分摩尔分率(乙苯)	0.0000	0.0000	0.0000	0.0142	0.0000	0.0000	0.0142
组分摩尔分率(苯乙烯)	0.0000	0.0000	0.0000	0.0366	0.0000	0.0000	0.0366
组分摩尔分率(氢气)	0.0000	0.0000	0.0000	0.0351	0.0000	0.0000	0.0351
组分摩尔分率(水)	1.0000	1.0000	1.0000	0.9116	1.0000	1.0000	0.9116
组分摩尔分率(乙烯)	0.0000	0.0000	0.0000	0.0000	0.0000	0.0000	0.0000
组分摩尔分率(甲烷)	0.0000	0.0000	0.0000	0.0011	0.0000	0.0000	0.0011

名称	LP-H₂O	LP-STEAM	S13	B3	STYRENE	D31	D3
气相分率	0	1	0.0378	0	0	0	0
温度/℃	20.00	116.87	25.00	58.17	58.17	49.81	49.74
压力/bar	1.8	1.8	1.02	5	0.05	1.80	0.05
摩尔流量/(kmol/h)	43.91	43.91	958.20	6.66	34.67	14.06	14.06
质量流量/(kg/h)	791.09	791.09	21040.22	693.93	3611.06	1489.06	1489.06
液体体积流量/(m³/h)	0.79	0.79	22.62	0.76	3.97	1.71	1.71

续表

名称	LP-H$_2$O	LP-STEAM	S13	B3	STYRENE	D31	D3
热量/(kJ/h)	-3.0×10^6	-2.5×10^6	-5.9×10^7	7.4×10^5	9.2×10^5	-1.2×10^4	-1.2×10^4
组分摩尔分率(苯)	0.0000	0.0000	0.0000	0.0000	0.0000	0.0000	0.0000
组分摩尔分率(甲苯)	0.0000	0.0000	0.0014	0.0000	0.0000	0.0173	0.0173
组分摩尔分率(乙苯)	0.0000	0.0000	0.0142	0.0010	0.0010	0.9578	0.9578
组分摩尔分率(苯乙烯)	0.0000	0.0000	0.0366	0.9990	0.9990	0.0249	0.0249
组分摩尔分率(氢气)	0.0000	0.0000	0.0351	0.0000	0.0000	0.0000	0.0000
组分摩尔分率(水)	1.0000	1.0000	0.9116	0.0000	0.0000	0.0000	0.0000
组分摩尔分率(乙烯)	0.0000	0.0000	0.0000	0.0000	0.0000	0.0000	0.0000
组分摩尔分率(甲烷)	0.0000	0.0000	0.0011	0.0000	0.0000	0.0000	0.0000

名称	S14	S15	S16	S17	S18	S19	S22
气相分率	1	0	0.9697	1	0	0	0
温度/℃	25.00	25.00	5.00	5.00	5.00	24.97	24.97
压力/bar	1.02	1.02	1.02	1.02	1.02	1.02	1.02
摩尔流量/(kmol/h)	36.21	921.99	36.21	35.12	1.10	923.09	873.17
质量流量/(kg/h)	148.13	20892.10	148.13	104.40	43.72	20935.82	15730.31
液体体积流量/(m^3/h)	1.10	21.52	1.10	1.05	0.05	21.57	15.76
热量/(kJ/h)	-7.4×10^4	-5.9×10^7	-9.1×10^4	-3.8×10^4	-5.2×10^4	-5.9×10^7	-6.0×10^7
组分摩尔分率(苯)	0.0001	0.0000	0.0001	0.0000	0.0002	0.0000	0.0000
组分摩尔分率(甲苯)	0.0011	0.0014	0.0011	0.0007	0.0128	0.0014	0.0000
组分摩尔分率(乙苯)	0.0038	0.0146	0.0038	0.0014	0.0819	0.0147	0.0000
组分摩尔分率(苯乙烯)	0.0064	0.0378	0.0064	0.0017	0.1592	0.0379	0.0000
组分摩尔分率(氢气)	0.9275	0.0000	0.9275	0.9564	0.0001	0.0000	0.0000
组分摩尔分率(水)	0.0307	0.9462	0.0307	0.0083	0.7457	0.9460	1.0000
组分摩尔分率(乙烯)	0.0005	0.0000	0.0005	0.0006	0.0000	0.0000	0.0000
组分摩尔分率(甲烷)	0.0300	0.0000	0.0300	0.0309	0.0000	0.0000	0.0000

名称	S21	D1	B1	V	D2	B2	
气相分率	0	0	0	1.0000	0	0	
温度/℃	24.97	20.30	55.34	20.30	52.07	58.17	
压力/bar	1.02	0.05	0.05	5.00E-02	0.05	0.05	
摩尔流量/(kmol/h)	49.91	1.06	48.74	0.12	20.72	28.02	
质量流量/(kg/h)	5205.51	97.78	5100.12	7.61	2182.09	2918.03	
液体体积流量/(m^3/h)	5.80	0.11	5.68	0.01	2.47	3.21	
热量/(kJ/h)	8.4×10^5	3.0×10^3	9.0×10^5	-3.7×10^2	1.6×10^5	7.4×10^5	
组分摩尔分率(苯)	0.0004	0.0142	0.0000	0.0311	0.0000	0.0000	
组分摩尔分率(甲苯)	0.0263	0.9409	0.0050	0.6048	0.0118	0.0000	
组分摩尔分率(乙苯)	0.2716	0.0444	0.2771	0.0097	0.6505	0.0010	
组分摩尔分率(苯乙烯)	0.7010	0.0004	0.7179	0.0001	0.3377	0.9990	
组分摩尔分率(氢气)	0.0003	0.0000	0.0000	0.1330	0.0000	0.0000	

续表

名称	S21	D1	B1	V	D2	B2
组分摩尔分率(水)	0.0004	0.0001	0.0000	0.1760	0.0000	0.0000
组分摩尔分率(乙烯)	0.0000	0.0000	0.0000	0.0034	0.0000	0.0000
组分摩尔分率(甲烷)	0.0001	0.0000	0.0000	0.0419	0.0000	0.000

10.4 回收率优化

在许多情况下,再循环物流包含系统中积累的副产品或惰性组分,这就必须要从流程中去除一部分物流,即进行分流操作。为了获得最佳分流比,必须要对回收流程进行经济分析。显然,分流比会影响原料补充量、产品数量、设备尺寸以及能量消耗和公用工程消耗。下面的例子用于处理分流比的优化问题,其对应的目标函数是最大化的经济利润。

例 10.3 采用乙酸锌催化剂,在活性炭上由乙酸和乙炔制备乙酸乙烯酯[6],该流程涉及的是反应温度为 170~220℃ 的气相反应,压力略高于大气压。主反应为

$$C_2H_2 + CH_3COOH \rightarrow CH_3COOCHCH_2 \quad (R10.1)$$

除了上述主反应外,还有两个副反应也比较重要,即

$$C_2H_2 + H_2O \rightarrow CH_3CHO \quad (R10.2)$$

$$2CH_3COOH \rightarrow CH_3-CO-CH_3 + CO_2 + H_2O \quad (R10.3)$$

乙酸和乙炔与循环物流混合后,作为反应塔的进料,利用反应产物的热量将反应塔进料从 25℃ 加热到 195℃,反应器中的温度保持在 220℃。此外,由于该反应为放热反应,必须要对反应塔进行冷却。乙炔转化率在主反应(式(R10.1))中为 60%,在副反应(式(R10.2))中为 4%,在副反应(式(R10.3))中为 3%。反应产物冷却至 20℃ 后进入相分离器,其中的主要液相部分被分离,气相部分被 $CaCl_2$ 水溶液冷却到 −20℃,其中的一小部分液体在第 2 个分离器中分离,第 2 个分离器的气相主要包含必须要回收利用的乙炔和 CO_2。但是,由于 CO_2 的存在,这些气相必须要从系统中移除一部分。液相在两个蒸馏塔中进行蒸馏,产品取自第 2 塔的顶部,作为底部产物的乙酸会循环回到反应塔。此外,流程中酸与乙炔的摩尔比为 4∶1。

要求:找出乙炔循环物流分流比的最佳值,其成本按照以下数据进行考虑,具体为:乙酸为 0.8 单元/kg;乙炔为 0.6 单元/kg;醋酸乙烯为 2 单元/kg;能量消耗和公用工程消耗,反应器进料 0.1 单位/kg;设备成本(CEQ)按下式计算,即

$$CEQ = K \cdot 5000 \left(\frac{DH}{1000} m_R \right)^{0.6} \quad (10.6)$$

式中:D 为每年的运行天数(可假设为 330 天);H 为每天的运行小时数(24h);m_R 为反应器进料的质量流量;K 为折旧系数(假设为 0.1)。

解决方案:

这个示例的目标是优化从流程中移除的分流部分的比例值。因此,此处为聚焦于此问题,简化了一些对循环分流无影响的步骤。

- 在此模拟中,采用 Aspen Plus 完成创建组分列表和选择热力学方法,选用适用于该化学系统的基于活性系数的模型(如 NRTL)。
- 搭建该工艺的简化流程图,如图 10.8 所示,可知:在该简化流程图中,不需要考虑工艺的热量整合,并且采用加热模块简化反应热加热原材料和冷却反应产物的过程。

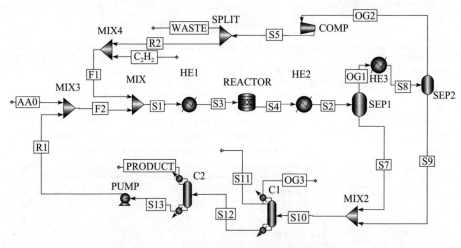

图 10.8　乙酸乙烯酯生产的简化流程图

- 指定进口物流和单元操作模块(有关物流、反应器、塔、加热器、泵等规格的详细信息可参见本书的第 2 部分)。
- 将模拟流程的分流率初始值选择为 0.2。
- 为了获得乙酸和乙炔的补充物流以满足反应器进料中酸与乙炔比为 4∶1 的要求,需要定义两个计算器模块,其中:一个用于在反应器进料中获得恒定的乙酸摩尔流量(如 100kmol/h);另一个用于获得相当于酸摩尔流量 1/4 的乙炔摩尔流量。
- 定义计算器模块,需要选择 *Design Spec* 项下的 *Calculator* 项,此处定义一个新的计算器模块(C-1)(有关技术细节可参见例 5.1);在 *Define* 项中,定义乙酸补充物流和乙酸再循环物流的摩尔流量(图 10.9);在 *Calculate* 项中,选择 *Fortran* 项并写出酸组成摩尔流量的计算关系;在 *Sequence* 项中,所选择的为 *Before* 项、*Unit Operation* 项和 *Mixer* 项。
- 以类似的方式,定义第 2 个计算器模块,用于获得相当于酸摩尔流量 1/4 的乙炔摩尔流量,所定义的变量和关系如图 10.10 所示。

263

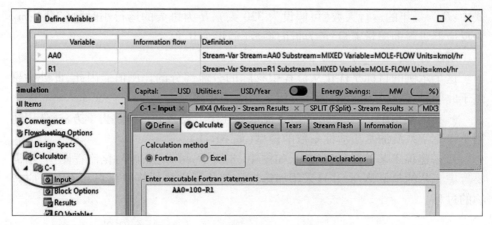

图 10.9　定义醋酸组成的计算器模块

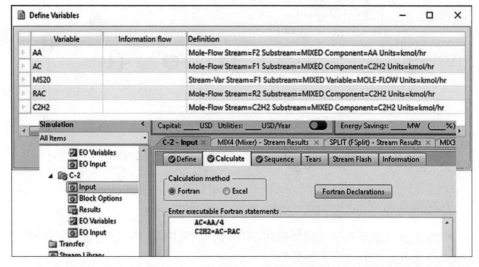

图 10.10　乙炔摩尔流量的计算模块

- 运行模拟并检查结果,若无错误则继续进行灵敏度分析以找到 *SPLIT* 单元操作模块的最佳分流率。
- 定义新的灵敏度分析(有关技术细节可参见例 5.3);在 *Vary* 选项卡中,选择 *SPLIT* 模块的 *Split Fraction* 项作为操纵变量,将其值从 0.05 改为 0.95;在 *Define* 选项卡中,选择乙酸、乙炔、反应器进料和产品的质量流量,如图 10.11 所示;在 *Fortran* 选项卡中写出计算成本和利润的公式,如图 10.11 所示。
- 再次运行模拟并检查灵敏度分析结果,表明在分流率为 0.1 左右时能够实现最大化的利润,因此可依据此结果减小对变量分析和步长的限制;进而,将下限改为 0.2、上限改为 0.3、步长改为 0.02,再次运行模拟并绘制利润与分流率间的关系图,相应的结果如图 10.12 所示。

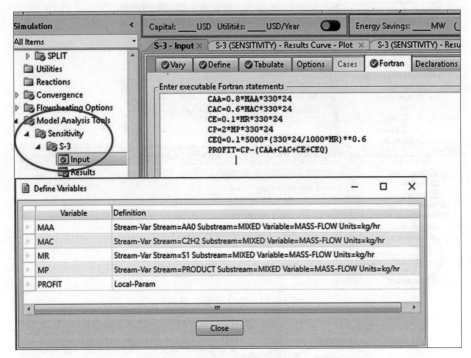

图 10.11　用于分流率优化的灵敏度模块

计算最佳分流率的另一种方法是采用**优化**工具。

- 在 *Model Analysis Tools* 项下选择 *Optimization* 项,如图 10.13 所示;在 *Define* 选项卡中指定与灵敏度相同的变量,其可从 *Sensitivity* 项复制并粘贴到 *Optimization* 项中。

- 同时,从 *Sensitivity* 项的 *Fortran* 选项卡复制相关信息,粘贴到 *Optimization* 项的 *Fortran* 选项卡上。

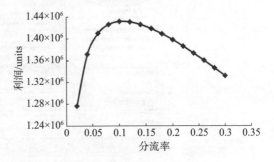

图 10.12　分流率优化结果

- 在 *SPLIT* 单元操作模块中选择物流的分流率作为操纵变量。
- 在 *Objective* 项和 *Constraints* 项下,选择**最大化**利润。
- 隐藏灵敏度模块后,运行模拟。
- 在 *Convergence*→*Solver* 项中检查详细的优化结果,如图 10.14 所示,其给出了目标函数和操纵变量的值以及各个迭代过程的结果。
- 由上可知,此流程模拟中物流的分流率(必须从系统中去除的再循环物流的分率)的最佳值为 10.6%。

265

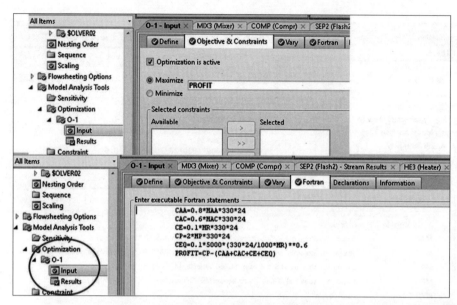

图 10.13　定义优化工具

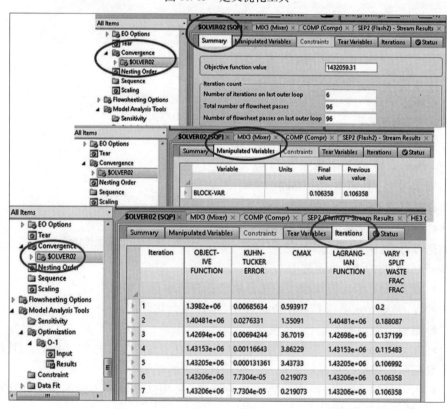

图 10.14　优化结果

10.5 蒸汽需求模拟

蒸汽需求计算是化学工程中非常常见的任务。换热器、蒸馏塔再沸器、反应器和其他设备中混合物的加热均由饱和或预热蒸汽完成。如果采用两侧换热器模型（Aspen Plus 中的 *HeatX* 模块或 Aspen HYSYS 中的 *Heat Exchanger* 模块），则蒸汽量仅来自模型的物料和能量平衡。但是，在其他情况下，如蒸馏塔的再沸器、反应器和加热器等，所需要的能量是通过模拟器进行计算的。为了计算蒸汽量，需要安装额外的加热器模型，并与能量流进行连接。

例 10.4 要求：计算苯乙烯生产流程（例 10.2）中对 3 个蒸馏塔的再沸器进行加热时所需要的压力为 1.8MPa 的饱合蒸汽的质量流量。需要注意的是，此处考虑仅采用蒸汽的冷凝热（冷凝水在其沸点离开再沸器）。

解决方案：
- 按照例 10.2 的解决方案，为每个蒸馏塔添加加热器模型。
- 定义进口和出口物流，选择特定塔的能量流作为加热器的能量流，进而在加热器模块和蒸馏塔之间进行能量互连（图 10.15）。

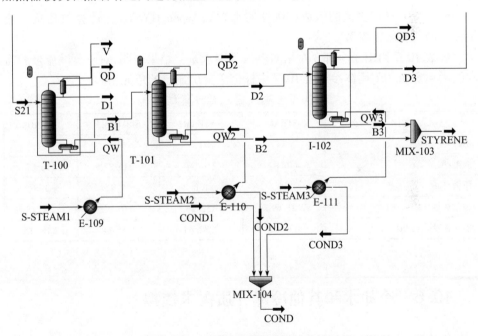

图 10.15 蒸馏塔蒸汽需量的计算

- 在加热器模块的 *Worksheet* 项中指定气相分率值（进口物流为 1，出口物流为 0）、进口与出口物流的压力值，如图 10.16 所示。

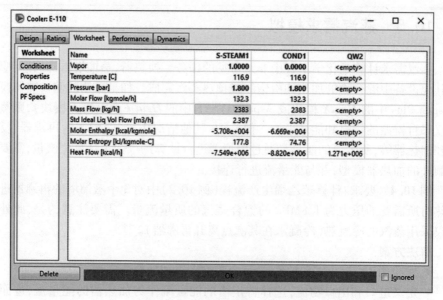

图 10.16 加热器模块的规格

- 在输入进口物流的组成(100%的水)后,Aspen HYSYS 会计算包括蒸汽流量在内的所有其他参数。
- 表 10.7 给出了全部 3 个塔对蒸汽的需求量。结果表明,对总蒸汽流量的需求约为 4.8tons/h(具体参见表 10.7 中标记了突出显示的单元格)。

表 10.7 蒸汽需求量计算结果

名称	S-STEAM1	S-STEAM2	S-STEAM3	COND
蒸汽	1	1	1	0
温度/℃	116.87	116.87	116.87	116.87
压力/bar	1.8	1.8	1.8	1.8
摩尔流量/(kmol/h)	21.69	132.26	110.22	264.18
质量流量/(kg/h)	390.82	2382.64	1985.68	4759.15

10.6 冷却水和其他冷却介质需求模拟

换热器、冷凝器、反应器和其他设备中的冷却水需求量可采用与获取蒸汽需求量相类似的方法进行计算。若需要冷却到低于环境温度,就不仅仅是采用纯水进行冷却,而是必须采用不同的冷却介质,其中:不同的盐类、氨和一些碳氢化合物的水溶液均是最为常用的冷却介质(制冷剂)。

例 10.5 考虑一个简单的氨冷却系统,用于冷却例 10.3 中 HE3 中的物流 OG1。要求:计算制冷循环中所需的循环氨量(用于从 OG1 中去除需要的热量和达到物流 S8 所需要的温度(-20℃))。注意:此处假设氨在压力为 1bar 下会完全蒸发,需要先采用等熵压缩机将氨压缩到压力为 7bar。

解决方案:
- 将氨添加到例 10.3 的组分列表中。
- 在例 10.3 所示的流程图中添加两个加热器、一个压缩机和一个阀门模块,详细如图 10.17 所示。

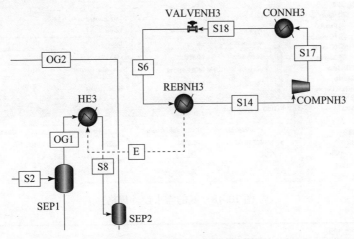

图 10.17 制冷循环的模拟

- 在第一步中,采用初始撕裂流(S6)并指定它的气相分率(0)、压力(1bar)以及氨的摩尔流量(2kmol/h);
- 采用热物流连接制冷循环的蒸发器(REBNH3)和 HE3,如图 10.17 所示。
- 输入压缩机、氨冷凝器和阀门的规格。
- 运行模拟并检查结果。
- 在第二步中,将物流(S6)连接到阀门出口。
- 为计算进行再循环的氨量,此处需要定义一个设计规格模块(有关技术细节可参见例 6.9)。
- 此处需调整的变量是物流 8 的温度,在 *Define* 选项卡中对此变量进行指定。
- 在 *Spec* 选项卡进行名称指定、终值(-20℃)选取和公差设定,如图 10.18 和图 10.19 所示。
- 在 *Vary* 选项卡中将氨的摩尔流量(物流 S6)选择为操纵变量。
- 再次运行模拟并检查结果,可知在上述这些条件下,所需要循环的氨流量为 1.83kmol/h。

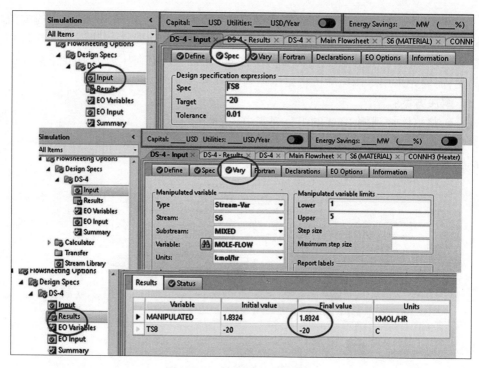

图 10.18　氨的需求设计规格

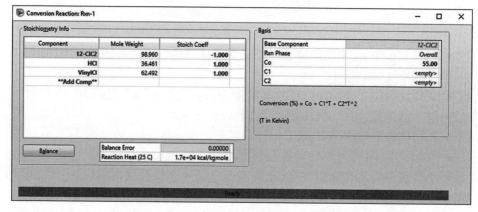

图 10.19　在 Aspen HYSYS 中定义转化反应

10.7　气体燃料需求模拟

目前,许多设备是通过直接燃烧天然气(NG)进行加热的。在下面的例子中,解释了如何进行气体燃料需求的计算。

例 10.6 此处面对的工艺流程为:通过先将乙烯直接氯化为 1,2-二氯乙烷,再将 1,2-二氯乙烷热解为氯乙烯和氯化氢的方式生产氯乙烯,其中热解炉在 500℃ 和 26.35bar 时进行热解,采用由 NG 燃烧产生的烟气直接加热。要求:如果需要生产流量为 10tons/h 的氯乙烯,采用 Aspen HYSYS 计算 NG 的消耗量,其中主要的假设为:纯 1,2-二氯乙烷在 200℃ 和 26.4bar 下被送入反应器,热解反应器中 1,2-二氯乙烷的转化率达到 55%,反应器的热损失占反应热的 30%,所采用的 NG 含有 90% 的甲烷、5% 的乙烷、3% 的 CO_2 和 2% 的 N_2,甲烷和乙烷都是燃烧完全的,空气与 NG 的摩尔比为 10:1,通过反应器后的烟气温度为 550℃。

解决方案:

(1) 组分清单。

1	1,2-二氯乙烷	6	二氧化碳
2	氯乙烯	7	氧气
3	盐酸	8	氮
4	乙烷	9	甲烷
5	水		

(2) 热力学方法:采用 Peng-Robinson 状态方程。

(3) 反应方程。

反应 1

$$ClCH_2CH_2Cl \rightarrow CH_2CHCl + HCl \qquad (R10.4)$$

转化率:55%。若要在 Aspen HYSYS 中定义转化反应,可参见图 10.19。

反应 2

$$CH_4 + 2O_2 \rightarrow CO_2 + 2H_2O \qquad (R10.5)$$

转化率:100%。

$$C_2H_6 + 3.5O_2 \rightarrow 2CO_2 + 3H_2O \qquad (R10.6)$$

转化率 100%。

(4) 工艺流程图开发。

首先选择用于 1,2-二氯乙烷热解的转化反应器模型。接着设置反应器进料(F)的规格:温度为 200℃、压力为 26.4bar、摩尔流量为 291kmol/h、组分为 100% 的 1,2-二氯乙烷。然后,向反应器中添加反应 1,并将输出物流的温度设置为 500℃,压力设置为 26.35bar。此外,转化反应器模型还需要设置液体输出物流,在这种情况下它的流量为零,因此可隐藏。反应器能量流的热量流结果能够表明,将进料从 200℃ 加热到 500℃ 和在吸热反应期间维持反应温度所需求的热量是多少。

为计算满足工艺条件下反应器热量需求的 NG 用量,需要对 NG 的燃烧进行建模。相应地,必须要在工艺流程图中添加一个 *Conversion Reactor* 模型、两个 *Cooler* 模型、一个 *Spreadsheet* 项、一个 *Adjust* 项和一个 *Set operator* 项,如图 10.20 所示。

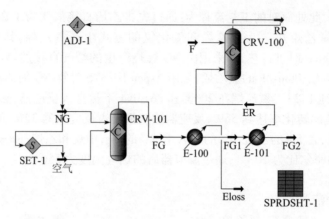

图 10.20　燃料需求计算的流程图

设置 NG 物流的规格:温度为 25℃,压力为 1.5bar,为待计算的摩尔流量输入的估计值 50kmol/h,组成包含摩尔分数分别为 90% CH_4、2%氮气、3% CO_2 和 5%乙烷。

设置的空气物流规格为:温度 25℃,压力 1.5bar,摩尔流量设置为 NG 摩尔流量的 10 倍,组成摩尔分数为 21%的氧和摩尔分数为 79%的氮。需要指出的是,要设置比 NG 高 10 倍的空气摩尔流量,需采用 *Set operator* 项(SET-1),并选择空气摩尔流量作为目标变量,选择 NG 流量作为来源流量。在 *Parameter* 项中,输入图 10.21 所示的参数,将反应组 2 添加到反应器中。NG 燃烧和热解反应器加热模型由一个转化反应器模型和两个独立的冷却器模型组成,即 E-100 和 E-101。

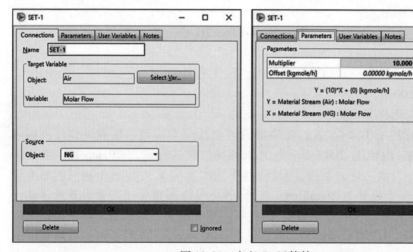

图 10.21　定义 *Set* 运算符

Spread 表格和第 1 个冷却器(E-100)用于模拟反应器的热损失。根据 Aspen HYSYS 的模拟可知,甲烷和乙烷燃烧的标准反应热为 -1.9×10^5 kcal/kmol 和 -3.4×10^5 kcal/kmol。根据上述这些值,可得 NG 燃烧的热量为 -1.88×10^5 kcal/kmol。反

应器的热损失可通过下式进行计算,即

$$E_{\text{loss}} = -Q_{\text{com}} n\text{NG}\, 0.3 \tag{10.7}$$

具体步骤如下。
- 在模型面板中选择 **SPRDSH** 项,定义 Spread 表格。
- 选择 NG 物流的摩尔流量作为导入变量。
- 转到 **Spread** 项,其中 NG 摩尔流量被导入到单元格 B1 中,如图 10.22 所示。

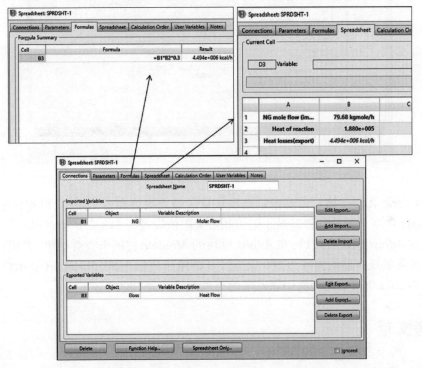

图 10.22 在 Aspen HYSYS 中定义电子表格

- 在单元格 B2 中写出反应热的值。
- 采用式(10.7)计算单元格 B3 中的 E_{loss}。
- 将其导出为能量流(E_{loss})的热物流量。

第 2 个冷却器用于模拟热解反应器的加热。此处将第 2 个冷却器的输出物流的温度设置为 550℃,并将热解反应器的能量流作为该冷却器的能量流。计算所需 NG 流量的最后一步是定义 **Adjust** 模块。

- 具体步骤如下:在安装 **Adjust** 模块之前,删除热解反应器中输出物流(物流 RP)的温度值。
- 选择 NG 的摩尔流量作为操纵变量,选择物流(RP)的温度作为目标变量,并设定其值为 500℃,如图 10.23 所示。

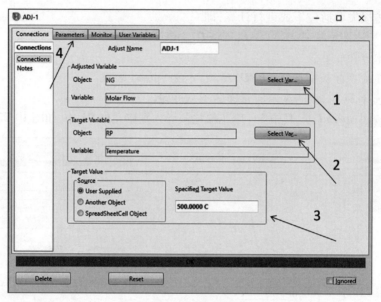

图 10.23　定义调整运算符

- 如果 *Adjust* 模块需要指定操纵变量的最大限值和最小限值,可切换至 *Parameters* 选项卡并分别将其最小限值和最大限值设置为 5kmol/h 和 100kmol/h。

在 *Adjust* 模块收敛后,在 *Adjust* 模块的 *Monitor* 选项卡查看结果,表明:满足要求的热解反应器的温度为 500℃,则 NG 的摩尔流量为 82.5kmol/h(表示质量流量为 1420kg/h),反应产物中氯乙烯的质量流量约为 10000kg/h。

参考文献

[1] Towler G, Sinnott R. Chemical Engineering Design, Principle, Practice and Economics of Plant and Process Design, 2nd ed. Amsterdam: Elsevier; 2013.

[2] Turton R, Bailie RC, Whiting WB, Shaeiwitz JA. Analysis, Synthesis, and Design of Chemical Processes, 1st ed. Upper Saddle River, NJ: Prentice Hall PTR; 1998.

[3] Biegler LT, Grossmann IE, Westerberg AW. Systematic Methods of Chemical Process Design. Upper Saddle River, NJ: Prentice Hall PTR; 1997.

[4] Aspen Plus Help. Burlington, MA: Aspen Technology, Inc.; 2016.

[5] Aspen HYSYS Help. Burlington, MA: Aspen Technology, Inc.; 2016.

[6] Cornelissen AE, Valstar JM, Van den Berg PJ, Janssen FJ. Kinetics of the vinyl acetate synthesis from acetylene andacetic acid with a zinc acetate catalyst. Rec. des Trav. Chim. Pays-Bas. 1975, 94(7): 156-163.

[7] Melhem GA, Gianetto A, Levin ME, Fisher HG, Chippett S, Singh SK, et al. Kinetics of the reactions of ethylene oxide with water and ethylene glycols. Process Saf. Prog, 2001, 20(4): 231-246.

第11章
能量整合

在许多工业过程中,能源消耗是一项重要的成本。能源的有效利用是具有良好工艺经济性的基本假设之一。通过最大限度地减少能量损失、从热物流中回收废热以及将具有能量的废物流燃烧,都能够降低能源成本。加热和冷却均可通过工艺物流之间的热回收予以完成,但由于热回收需要投资和运营成本,所以必须要对热回收进行经济分析。回收能源的经济可行性取决于可提取的能源数量和回收成本。在许多工艺中,热物流和冷物流的数量很多,这使设计用于热回收优化的换热器网络(HEN)成为非常复杂的任务。对过程能量进行整合是进行流程模拟的最常见原因之一。

本章将介绍 Aspen Plus 和 Aspen HYSYS 中的能量回收模拟、HEN 模拟、废物流燃烧模拟以及 Aspen 软件的能量分析工具(包括 Aspen 能量分析器(AEA)和夹点分析器(PPA))。

11.1 Aspen Plus 能量回收模拟

通常,Aspen Plus 采用两种方法进行能量回收模拟,其中:第1种是在热交换器模块(*HeatX*)中进行热物流和冷物流间接触的模拟;第2种是通过热物流将加热器模型和冷却器模型进行互连。只有在具有热交换器模块的情况下,热物流和冷物流的接触才是可能的,其他设备(如反应器和塔)必须要采用 *HeatX* 模型通过热物流实现相互间的连接。能量回收分析的深度取决于设计或模拟目标。通常,第1步是分析可用于回收的热量和采用这种热量的潜在工艺的可能性;第2步是研究热回收的设备尺寸和经济性。在下面的例子中,分析了工艺中的能量回收对燃料需求的影响。

例 11.1 将主要含有正庚烷的烃馏分进行脱氢,以便生产甲苯和氢气。脱氢过程是在温度为 427℃ 和压力为 120kPa 的条件下进行的,并假设流量为 100kmol/h 的进料(贫正庚烷)在 220℃ 下进入反应器。由于脱氢过程是个强吸热过程,因此反应器需要被加热以保持其温度在 427℃。在这个反应中,正庚烷的转化率,即

$C_7H_{16} \rightarrow C_7H_8 + 4H_2$ 为 50%。反应产物被冷却到 25℃ 后进入相分离器,并分离得到氢气。采用正甲基吡咯烷酮(NMP)作为溶剂,通过萃取蒸馏分离得到正庚烷和甲苯。针对该过程的直接模拟流程图如图 11.1 所示。假设通过燃烧甲烷能够满足该工艺的热量需求,其烟气出口温度为 550℃,总热损失为 1MW。要求:计算无须进行工艺热整合所需要的甲烷量;若将反应热回收和烟气热回收用于该工艺中,计算能够节省多少甲烷;针对烟气的热回收,假设其在温度为 150℃ 时被排放到大气中,在该条件下设计可能的工艺热回收方案。

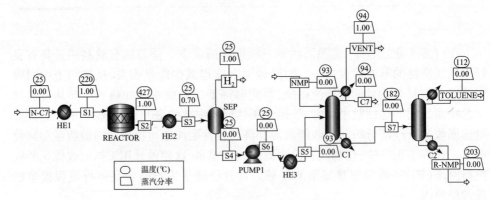

图 11.1 正庚烷脱氢的简单直接模拟

解决方案:

基于在前面几章中所学习到的技能,对图 11.1 所示的工艺进行直接模拟,其中所采用的组分列表如表 11.1 所列。

表 11.1 正庚烷脱氢工艺组分清单

组分 ID	类型	组分名称	别称
C7	常规	正庚烷	$C_7H_{16}-1$
TOLUENE	常规	甲苯	C_7H_8
H_2	常规	氢气	H_2
NMP	常规	N-甲基-2-吡咯烷酮	C_5H_9NO-D2
H_2O	常规	水	H_2O
CH_4	常规	甲烷	CH_4
CO_2	常规	二氧化碳	CO_2
N_2	常规	氮气	N_2
O_2	常规	氧气	O_2

此处采用 Peng-Robinson 热力学方法。

进口物流参数包括:①针对物流 N-C7,温度为 25℃、压力为 1.4bar、摩尔流量为 100kmol/h、成分为正庚烷 100%;②针对物流 NMP,温度为 93℃、压力为 1.4bar、摩尔流量为 500kmol/h、成分为 NMP 100%。

针对加热器模块 HE1、HE2 和 HE3 而言,需要指定它们的出口温度和压力,其中的温度参数如图 11.1 所示。对于反应器的建模,此处采用 **RStoic** 模块,并指定其温度和压力。对于萃取蒸馏塔建模,此处采用 **Radfrac** 模块,其包括一个部分-气液-冷凝器、一个釜式再沸器和 22 个理论塔板(包括再沸器和冷凝器)。同时,还需要设置馏出率和回流比,以便使正庚烷的纯度和回收率高于 99%。进料物流和 NMP 物流分别在第 17 塔板和在第 5 塔板进入蒸馏塔。NMP 再生塔具有 12 个理论塔板,并在第 6 塔板进料,此处也需要设置馏出率和回流比,以便使 NPM 的纯度和回收率在 99.8%以上。

在上述模块和物流参数的设置均完成后,运行模拟。若模拟结果能够收敛且无错误,则开始进行甲烷燃烧过程的模拟。

在 Aspen Plus 中,通过结合反应器模型(**RStoic** 或 **RGibbs**)与加热器模型对加热炉进行模拟,其中进口甲烷物流和空气物流的温度和压力分别为 25℃ 和 1.5bar。

具体步骤如下。

- 采用 **RStoic** 单元操作模块模拟甲烷的燃烧反应,其化学反应式为 $CH_4 + 2O_2 \rightarrow CO_2 + 2H_2O$,转化率为 100%。此处,需要指定燃烧器的热负荷(-1MW 代表热损失)和压力(1.1bar)。

- 定义用于将空气的摩尔流量保持为甲烷摩尔流量的倍数的计算器模块,在该模块内,定义变量甲烷的摩尔流量(为 *Import variable* 项)和空气的摩尔流量(为 *Export variable* 项),在 *Calculate* 选项卡中输入表达式"NAIR = 10 * NAIR",接着选择 *Use import/export variable* 项,详见图 11.2。

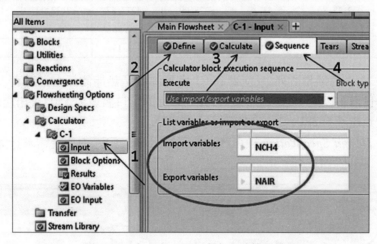

图 11.2　在 Aspen Plus 中定义计算器模块

- 定义 *Design Specifcation* 项用于依据烟气的目标出口温度调整甲烷的摩尔流量,有关如何定义 *Design Specifcation* 项的详细信息可参见例 6.9。

- 采用热物流,连接需要加热的模块与加热炉模型,如图 11.3 所示。

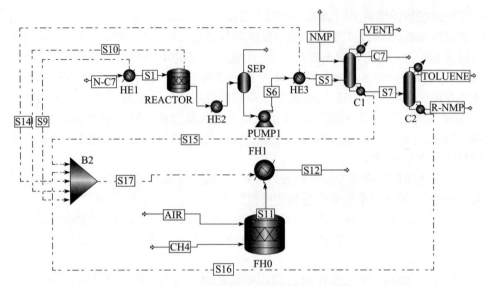

图 11.3 采用模块的互连计算燃料需求

- 运行模拟,计算该流程的热量需求以及所需要的甲烷燃料流量,其中工艺的热量需求详见表 11.2。

表 11.2 计算的工艺热量需求

热物流	S9 (进料加热)	S10 (反应器)	S14 (塔进料加热)	S15 (C1塔再沸器)	S16 (C2塔再沸器)	S17 (总热量需求)
Q/kW	-2123.80	-5151.10	-328.09	-4272.87	-2132.00	-14007.86
$T_{BEGIN}/℃$	25.00	220.00	25.03	159.10	202.11	
$T_{END}/℃$	220.00	427.00	93.00	182.19	203.13	

如表 11.2 的结果所列,反应器和 C1 塔再沸器是热能的最大消耗者。为了满足上述热量需求以及 1MW 的热损失,此处烟气的出口温度为 550℃,相应地,必须要燃烧大约流量为 88kmol/h(1410kg/h)的甲烷。

- 在 ***Design Specifcation*** 项(DS-1)下的 ***Results*** 项中,对甲烷需求计算的结果进行检查,详见图 11.4。

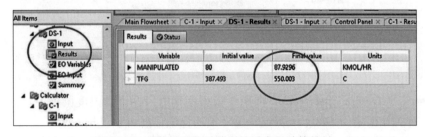

图 11.4 无能量回收时的甲烷需求量计算结果

对于如何分配热物流和冷物流以回收流程中的余热,具有多种不同的选择。通常,必须要模拟不同的场景以获得热物流和冷物流的最佳分配方案,从而能够最大限度地提高热回收效率,显然这需要对每种变化场景都进行经济分析,可借助PPA(参见11.5节)得到流程中热物流和冷物流的最佳分配方案。图11.5给出了本例中流程热回收的一种可能的变化场景。

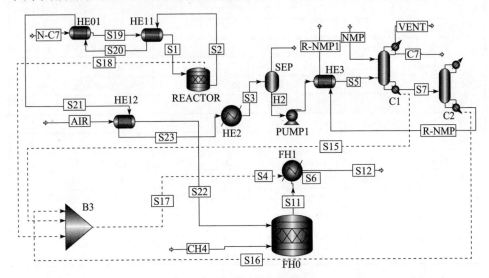

图11.5 热回收的可能方案之一

在该方案中,反应器的进料和反应产物在串联的两个换热器中进行加热,反应进料在进入反应器之前的温度会升高到220℃,同时反应产物会预热甲烷燃烧器中所采用的空气,来自C2塔底部的再生NMP对萃取蒸馏塔进料进行预热,来自反应器的烟气用于产生蒸汽以加热蒸馏塔的再沸器,同时在烟气温度降低到150℃后排放到大气中。

需要注意,该流程中得到的所有能量并非都是可用的。特别需要提出的是,利用低温物流的热量在经济上是不存在价值的。所有材料物流的流量、温度、压力和气相分率的相关信息详见表11.3。由该表可知,热回收后反应产物的最终温度(见表11.3中S23列下突出显示的单元格)为96℃,热回收后的再生NMP的温度(流R-NMP1)为156℃,热回收后烟气(流S12)的温度为150℃。同时,表11.4中给出了热物流信息,其包括以kW为单位的热量以及初始温度和最终温度。比较表11.2和表11.4可知,当采用反应产物和再生NMP物流进行热量回收时,对热量的需求总共减少了约25%,但这种减少并不包括从烟气中所回收的热量,若采用烟气废热则还能够节省额外的热量。可见,上述这种方案下的甲烷需求量和需满足的条件是流量为53.52kmol/h(859kg/h),将该值与未进行热回收的甲烷需求量进行比较,可知采用这种热回收方案可节省大约39%的甲烷(551kg/h)。

表 11.3 材料物流流量和条件

物流	N-C7	S19	S20	S21	S22	S1	S2	S23
总流量/(kmol/h)	100	100	300	300	800	100	300	300
总流量/(kg/h)	10020.4	10020.4	10020.4	10020.4	23080.3	10020.4	10020.4	10020.4
温度/℃	25	161	383	163	94	220	427	96
压力	1.4	1.4	1.2	1.2	1.1	1.4	1.2	1.2
蒸汽分率	0	1	1	1	1	1	1	1

物流	S12	AIR	C7	CH_4	H_2	NMP	R-NMP	R-NMP1
总流量/(kmol/h)	853.52	800.00	43.26	53.52	210.36	500.00	500.94	500.94
总流量/(kg/h)	23938.9	23080.3	4333.94	858.64	1413.79	49566.3	49651.9	49651.9
温度/℃	150	25	94	25	25	93	203	156
压力	1.1	1.1	1	1.1	1.1	1.4	1	1
蒸汽分率	1	1	0	1	1	0	0	0

物流	S4	S5	S6	S7	S11	TOLUENE	VENT
总流量/(kmol/h)	89.64	89.64	89.64	545.94	853.52	45.00	0.44
总流量/(kg/h)	8606.62	8606.62	8606.62	53799.86	23938.9	4147.88	39.12
温度/℃	25	154	25	182	1403	112	94
压力	1.1	1.4	1.4	1	1.1	1	1
蒸汽分率	0	1	0	1	0	1	

表 11.4 热物流信息

热物流	S15	S17	S18	S19
Q/kW	−3191.22	−2131.49	−5151.78	−10474.48
T_{BEGIN}/℃	162.68	202.11	220.00	
T_{END}/℃	182.21	203.13	427.00	

事实上,能够采用的流程热回收方案存在多种。针对该工艺的另一种可能的热回收方案可参见例 11.5。在严格的能源回收分析中,必须要检验附有经济分析的不同方案。

11.2 Aspen HYSYS 能量回收模拟

与 Aspen Plus 中类似的能量回收模拟方法也可应用于 Aspen HYSYS,并且热交换器中热物流和冷物流的接触模式以及模块与能量物流的连接模式也都是适用的。例 8.2 的解决方案中包括利用反应产物对反应器进料进行预热的模拟,当采用热物流循环方式进行能量回收时,必须要定义初始撕裂物流(有关详细信息可参见例 8.2)。

例 11.2 依据例 8.2 和例 10.2 中所描述的苯乙烯生产过程,计算天然气需求量以及生产过热蒸汽的热量。要求:设计能够回收流程中大部分热能的系统,给出的假设是存在 1200kW 的热损失。

解决方案:

例 8.2 中讨论了采用反应产物对反应器进料进行预热的流程。例 10.6 介绍了天然气需求量的计算。此处继续运行例 10.2,将天然气燃烧系统添加到苯乙烯的生产流程中并进行模拟,其中:在安装天然气的燃烧反应器之前,需要在组分列表中添加新组分并定义天然气可燃组分的燃烧反应。此处,假设天然气中含有甲烷(体积分数)90%、乙烷 5%、CO_2 3% 和 N_2 2% 等,同时需要定义甲烷和乙烷的燃烧反应。

对于燃烧反应器,还需要连接能量流(Eloss),在 **Worksheet** 项中指定其取值为 −1200kW。进一步,在燃烧反应器后面添加两个加热器模块,即 E109 和 E110,详见图 11.6,其中:将第 1 个和第 2 个加热器模块的能量流分别连接到蒸汽过热器 E107 和 E108 处。

反应产物在预热反应器进料后被送至锅炉(E-103)以产生供给反应器的压力为 3bar 的蒸汽,但在该第 1 锅炉中只能产生流程所需的一部分蒸汽(在此模拟中的量为 3315kg/h)。反应产物进入第 2 个锅炉(E-104)后会产生较低压力(1.8bar)的蒸汽,以便在流程前端与乙苯进行混合。反应产物的废热离开第 2 个再沸器(理论上其可用于对第 2 和第 3 蒸馏塔的再沸器进行加热),其中两个塔(T-101 和 T-102)的再沸器温度均维持在 58℃ 左右。反应产物主要包括压力约 1bar 的冷凝水。

反应产物的冷凝热(在 E-115 中)用于预热锅炉 E-111 中所采用的水,其温度可达到 90℃。锅炉 E-111 产生所需的剩余部分的压力为 3bar 的蒸汽。锅炉 E-111 采用离开蒸汽过热器(E-107 和 E-108)的烟气进行加热,其中烟气的出口温度为 150℃。此处,定义 **Set** 模块,目的是将空气的摩尔流量保持为天然气摩尔流量的倍数,在该模拟中其取值为 12;采用 **Adjust** 模块,目的是设置天然气流量以使离开锅炉的烟气温度保持在 150℃。锅炉烟气可用于加热第 1 蒸馏塔的再沸器的低压蒸汽。图 11.7 给出了具有能量回收和蒸汽生产的苯乙烯工艺模拟图。

能量回收后的工艺物流的流量、温度和气相分率的结果详见表 11.5。由此可知,该工艺的天然气消耗量约为 1200kg/h,燃烧产生的能量用于产生流量为 14t/h、温度约为 750℃ 的过热蒸汽和流量为 1.8t/h、压力为 3bar 的低压蒸汽,烟气余热用于加热蒸馏塔 T-100 的再沸器,流程中所需求的蒸汽(物流 STEAM1 和 STEAM2)由锅炉 E-111(物流 HP-STEAM-2)、E-103(物流 TO-TEAM2)和 E-104(流到 STEAM1)产生,其中物流 HP-STEAM2 和 TO-STEAM2 之和近似等于 STEMA2(3bar 蒸汽)。

反应产物(物流 S8)中包含的大量能量用于进料预热、生产蒸汽、预热锅炉给水和加热蒸馏塔。

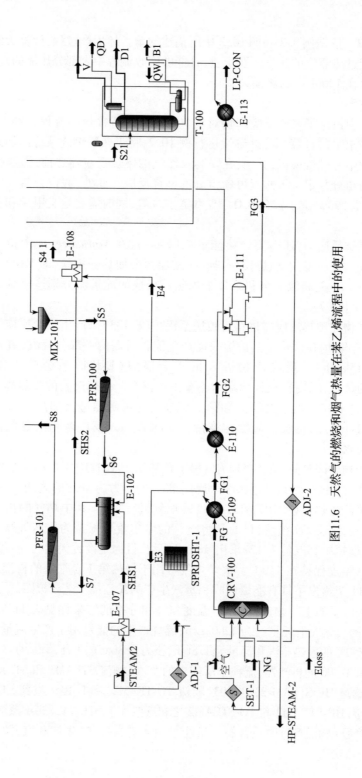

图11.6 天然气的燃烧和烟气热量在苯乙烯流程中的使用

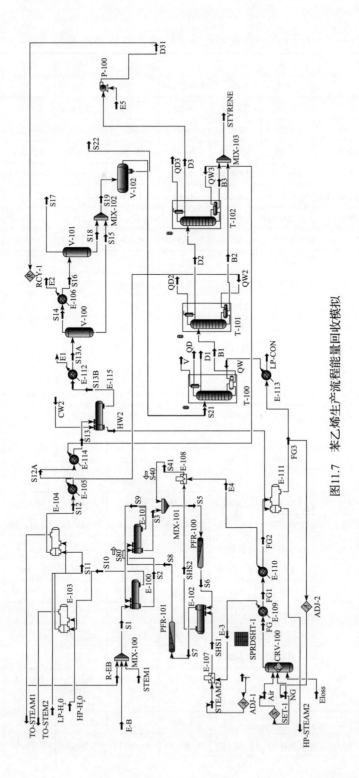

图11.7 苯乙烯生产流程能量回收模拟

表 11.5　能量回收后苯乙烯流程的物流条件

名称	S14	S15	S16	S17	S18	S19	S20
气相分率	1	0	0.9697411	1	0	0	1
温度/℃	25.0	25.00	5.00	5.00	5.00	24.97	24.97
压力/kPa	102	102	102	102	102	102	102
摩尔流量/(kmol/h)	36.49	927.74	36.49	35.38	1.10	928.84	0.00
质量流量/(kg/h)	149.20	20995.45	149.20	105.13	44.07	21039.53	0.00
液体体积流量/(m³/h)	1.10	21.62	1.10	1.06	0.05	21.67	0.00
热物流量/(kJ/h)	-3.10×10^5	-2.48×10^8	-3.81×10^5	-1.61×10^5	-2.20×10^5	-2.48×10^8	0.00

名称	S21	S22	EB	R-EB	STEM1	S1	S2
气相分率	0	0	0	0	0	0	0
温度/℃	24.97	24.97	20.00	49.65	120.00	107.94	114.71
压力/kPa	102	102	180	180	180	180	170
摩尔流量/(kmol/h)	49.91	878.93	36.26	13.74	100.00	150.00	150.00
质量流量/(kg/h)	5205.49	15834.04	3849.18	1455.65	1801.51	7106.34	7106.34
液体体积流量/(m³/h)	5.81	15.87	4.42	1.67	1.81	7.90	7.90
热物流量/(kJ/h)	3.53×10^6	-2.52×10^8	-4.35×10^5	-8.45×10^4	-2.39×10^7	-2.44×10^7	-2.17×10^7

名称	S3	D31	S5	S6	S7	S8	S9
气相分率	1	0	1	1	1	1	1
温度/℃	400.00	49.66	624.63	561.25	600.00	577.54	493.85
压力/kPa	160	180	160	67.646259	120	100	100
摩尔流量/(kmol/h)	150.00	13.80	929.25	954.95	954.95	964.22	964.22
质量流量/(kg/h)	7106.34	1461.60	21144.58	21144.64	21144.64	21144.66	21144.66
液体体积流量/(m³/h)	7.90	1.68	21.97	22.53	22.53	22.73	22.73
热物流量/(kJ/h)	-1.77×10^7	-8.48×10^4	-1.85×10^8	-1.85×10^8	-1.83×10^8	-1.83×10^8	-1.87×10^8

名称	S10	S12	S11	HP-H₂O	TO-STEM2	LP-H₂O	TO-STEAM1
气相分率	1	1	0	1	1	0	1
温度/℃	437.99	238.26	20.00	133.49	120.00	20.00	116.87
压力/kPa	102	102	300	300	102	180	180
摩尔流量/(kmol/h)	964.22	964.22	184.00	184.00	964.22	100.64	100.64
质量流量/(kg/h)	21144.66	21144.66	3314.78	3314.78	21144.66	1812.98	1812.98
液体体积流量/(m³/h)	22.73	22.73	3.32	3.32	22.73	1.82	1.82
热物流量/(kJ/h)	-1.90×10^8	-1.99×10^8	-5.27×10^7	-4.39×10^7	-2.04×10^8	-2.88×10^7	-2.40×10^7

续表

名称	S13	STEAM2	SHS1	SHS2	S80	S41	V
气相分率	0.6369533	1	1	1	1	1	1
温度/℃	96.00	133.49	750.00	690.22	550.00	750.00	20.31
压力/kPa	102	300	250	160	102	160	5
摩尔流量/(kmol/h)	964.22	779.25	779.25	779.25	1150.00	779.25	0.12
质量流量/(kg/h)	21144.66	14038.23	14038.23	14038.23	26581.62	14038.23	7.61
液体体积流量/(m³/h)	22.73	14.07	14.07	14.07	28.67	14.07	0.01
热物流量/(kJ/h)	-2.19×10^8	-1.86×10^8	-1.67×10^8	-1.69×10^8	-2.15×10^8	-1.67×10^8	-1.53×10^3

名称	D1	B1	D2	B2	D3	B3	S12A
气相分率	0	0	0	0	1.64E-06	0	0.888374552
温度/℃	20.31	55.33	52.06	58.17	49.58	58.17	97.23
压力/kPa	5	5	5	5	5	5	102
摩尔流量/(kmol/h)	1.06	48.73	20.77	27.96	13.80	6.97	964.22
质量流量/(kg/h)	98.08	5099.80	2187.18	2912.62	1461.60	725.57	21144.66
液体体积流量/(m³/h)	0.11	5.68	2.48	3.20	1.68	0.80	22.73
热物流量/(kJ/h)	1.25×10^4	3.78×10^6	6.84×10^5	3.09×10^6	-8.52×10^4	7.71×10^5	-2.09×10^8

名称	STYRENE	LP-CON	Air	FG	L	NG	FG1
气相分率	0	1	1	1	0	1	1
温度/℃	58.17	118.64	25.00	1587.53	1587.53	25.00	1049.96
压力/kPa	5	180	200	200	200	200	150
摩尔流量/(kmol/h)	34.93	878.13	809.03	878.13	0.00	67.42	878.13
质量流量/(kg/h)	3638.19	24542.07	23340.68	24542.07	0.00	1201.59	24542.07
液体体积流量/(m³/h)	4.00	29.36	26.98	29.36	0.00	3.69	29.36
热物流量/(kJ/h)	3.86×10^6	-5.66×10^7	-1.31×10^4	-9.96×10^6	0.00	-5.63×10^6	-2.83×10^7

名称	FG2	HP-STEAM-2	FG3	S13A	S13B	CW2	HW2
气相分率	1	1	1	3.78×10^2	0.5616757	0	0
温度/℃	991.32	133.49	150.01	25.00	95.40	25.00	90.00
压力/kPa	130	300	120	102	102	120	120
摩尔流量/(kmol/h)	878.13	596.00	878.13	964.22	964.22	596.00	596.00
质量流量/(kg/h)	24542.07	10737.00	24542.07	21144.66	21144.66	10737.00	10737.00
液体体积流量/(m³/h)	29.36	10.76	29.36	22.73	22.73	10.76	10.76
热物流量/(kJ/h)	-3.02×10^7	-1.42×10^8	-5.57×10^7	-2.48×10^8	-2.22×10^8	-1.71×10^8	-1.68×10^8

11.3 废物物流燃烧模拟

在许多工业过程中,会产生必须要进行处理的废物物流,对其进行处理的最合适方法之一是燃烧。通常,有效的工艺能源整合还包括如何利用这些废物流的能源潜力。研究表明,燃烧具有足够高能量潜力的废物物流更能够显著降低燃料需求。

例 11.3 在苯乙烯生产过程中,第 1 蒸馏塔的液体和气相馏出物(甲苯、苯、乙苯和氢气损失)是该过程的副产物。要求:考虑如何进行这些副产品物流的燃烧,并计算由此可节省的天然气量。

解决方案:

- 依照如例 11.2 所示的解决方案,添加 Gibbs 反应器、压缩机、泵和加热器模型各一个,如图 11.8 所示。
- 连接 T-100 塔的两股馏出物流作为 Gibbs 反应器的进料,其中蒸馏塔内的压力仅为 5kPa;Gibbs 反应器可在常压下工作,添加用于处理气相物流的压缩机模块和用于处理液体物流的泵模块。
- 定义空气物流并将其连接到 Gibbs 反应器。
- 对于空气物流,需要输入的规格数据为温度 25℃ 和压力 101kPa,摩尔流量对应的是反应器出口温度 1250°C 和烟气中约 10%(摩尔分数)的氧含量。需要提出的是,在上述这些条件下,考虑的是发生了完全燃烧反应。
- Gibbs 反应器可在反应化学计量未知的情况下对平衡反应产物组成;需要提出的是:由于假设反应器是在绝热操作下运行的,因此不需要为 Gibbs 反应器模型定义任何的能量流。
- 设置加热器的出口温度为 150℃ 并忽略其压降。

表 11.6 给出了废物物流燃烧的结果。由此可知,对于流量大约为 106kg/h 的废物,需要流量为 2885kg/h 的空气才可满足其燃烧条件;如果在该工艺中采用温度为 1250℃ 的烟气,并且在它们被排放到大气之前将其温度降低到 150℃,相应地,它们对该流程的能量供应热量为 $3.9×10^6$ kJ/h(能量流 EFGW)。

通过天然气燃烧提供给该流程的总热能可以由物流 FG 和 LP-CON 的热物流量之差计算得到。如例 11.2 中所示:该过程的天然气消耗量为 1202kg/h,在此消耗下物流 FG 和 LPCON 的相应热物流量分别为 $-9.96×10^6$ kJ/h 和 $-5.66×10^7$ kJ/h,因此得到提供给该流程的总热量为 $Q_{Total} = -5.66×10^7 - (-9.96×10^6) = 4.67×10^7$ kJ/h;废物流燃烧所提供的能量($3.9×10^6$ kJ/h)为该值的 8.33%,若在流程采用此废物流燃烧,则天然气的需求量将减少到 1108kg/h。因此,可节省的天然气流量为 94kg/h。

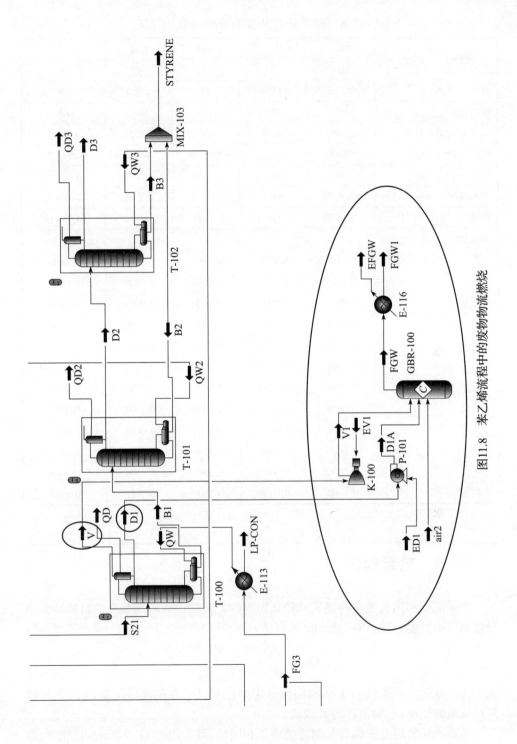

图11.8 苯乙烯流程中的废物物流燃烧

表 11.6 苯乙烯工艺废物燃烧的物流结果

名称	D1A	V1	Air2	FGW	FGW1
气相	0	1	1	1	1
温度/℃	20.35	145.38	25	1250.28	150
压力/kPa	101	101	101	101	100
摩尔流量/(kmol/h)	1.06	0.12	100	102.32	102.32
质量流量/(kg/h)	98.08	7.61	2885.03	2990.7	2990.7
摩尔焓/(kJ/kmol)	11819.31	−1402.16	−8.16	112.78	−37885.91
摩尔熵/(kJ/(kmol·K))	−106.73	88.3	151.72	211.36	168.05
热量/(kJ/h)	1.25×10^4	-1.68×10^2	-8.16×10^2	1.15×10^4	-3.88×10^6
摩尔分率					
苯	0.0141	0.0310	0.0000	0.0000	0.0000
甲苯	0.9411	0.6051	0.0000	0.0000	0.0000
乙苯	0.0443	0.0097	0.0000	0.0000	0.0000
苯乙烯	0.0000	0.0001	0.0000	0.0000	0.0000
氢气	0.0000	0.1330	0.0000	0.0000	0.0000
水	0.0001	0.1759	0.0000	0.0452	0.0452
乙烯	0.0000	0.0034	0.0000	0.0000	0.0000
甲烷	0.0000	0.0417	0.0000	0.0000	0.0000
乙烷	0.0000	0.0000	0.0000	0.0000	0.0000
CO_2	0.0000	0.0000	0.0000	0.0781	0.0781
O_2	0.0000	0.0000	0.2100	0.1046	0.1046
氮气	0.0000	0.0000	0.7900	0.7721	0.7721

11.4 热泵模拟

热泵能够利用机械功将能量从较低温度的源地输送到较高温度的目的地。热泵效率可由性能系数(COP)给出,其定义为

$$\text{COP} = \frac{Q_h}{W} = \frac{(Q_c + W)}{W} \tag{11.1}$$

式中:Q_c 为较低温度(T_2)下从源物流获得的热量;Q_h 为在较高温度(T_1)下传递到目的地的热量;W 为消耗的机械能。

热泵循环的热力学原理与制冷循环是相同的,可采用图 11.9 所示的温度与熵

的关系图进行分析,可知液态工作流体(点4)从产生蒸汽的源中吸收Q_c(点1),在点1处循环工作流以饱合蒸汽的形式进入压缩机,经过恒熵压缩做功W后,以过热蒸汽的形式离开压缩机(点2),过热蒸汽在冷凝器中被冷却为饱和液体(点3),在点3和点4之间,饱和液体在通过膨胀阀后压力下降,导致部分液体发生绝热闪蒸和自动制冷。需要说明的是,通常,冷凝过程是在基本恒定的压力下发生,绝热闪蒸过程是在等焓即恒定焓下发生。

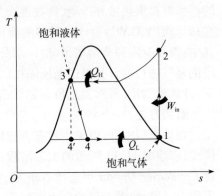

在 Aspen Plus 和 Aspen HYSYS 中,针对热泵循环的模拟可按照与例10.5中所讨论的制冷循环相同的方式进行。此外,热泵有时也用于实现蒸馏塔的热整合。目前已知的在蒸馏塔中布置热泵的3种可能方式[1]为外部热泵(图11.10(a))、蒸气馏出物热泵(图11.10(b))和再沸器液体热泵(图11.10(c))。通常,所用热泵的类型取决于当地的经济因素,采用低成本的能源驱动压缩机在经济上更容易被接受。

图 11.9 热泵循环

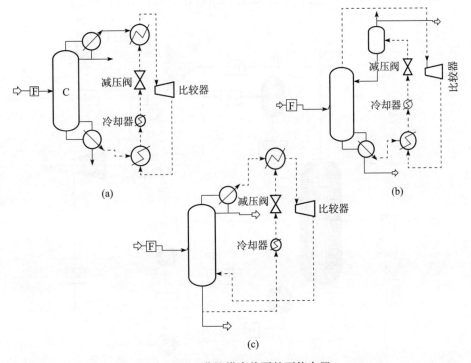

图 11.10 蒸馏塔中热泵的可能布置

例 11.4 在具有 100 个理论塔板的蒸馏塔中对丙烯与丙烷进行分离,其中包括一个压力为 10bar 的再沸器。在此流程中,源自塔顶的蒸汽未被送至冷凝器而是用于热泵,进而再将蒸汽送至压缩比为 1.8 的压缩机。压缩后的蒸汽为蒸馏塔的再沸器提供热量并冷凝,冷凝液在另一台热交换器中进行冷却以控制温度,以便在减压阀(VALVE)后产生足够的液相。源自减压阀的气液混合物进入相分离器,其中:液相返回到蒸馏塔顶部,一部分气相作为蒸气馏出物产品,其余部分与来自塔的蒸气进行混合并被送至压缩机。要求:在两种产品的最低纯度为 99% 的情况下,计算沸腾比、再沸器热负荷和压缩机等熵功率。

解决方法:

在该模拟中,可以采用状态方程模型,如 Savo-Redlich-Kwnog 或 Peng-Robinson 模型,搭建图 11.11 所示的工艺流程图。在 Aspen Plus 中,选择 **RadFrac** 模块,针对 **Condenser Option** 项选择 **Non** 项,指定塔的沸腾比。由于在该解决方案中并未采用冷凝器,故塔规格的自由度降为 1,但这也为热交换器(HE)后的温度设置提供了更多的自由度。为了使方案能够平缓地收敛,需要进行撕裂物流的定义,此处选择物流 REF 为撕裂物流,并指定其温度、压力、摩尔流量和组分,其中组分的组成与馏出物相同,流量为进口物流中丙烯流量的 10 倍。

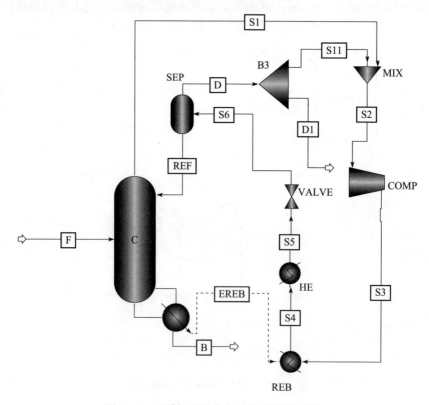

图 11.11　丙烯/丙烷分离过程中的热泵模拟

为观察沸腾比对产品纯度、再沸器负荷和压缩机功率的影响,需要进行灵敏度分析。选择蒸馏塔的 **Boilup ratio** 项作为操纵变量(*Vary*),其取值的范围为 10~20,相应地,结果如表 11.7 所列,可知在沸腾比取值为 14 左右时,丙烯的纯度达到 99%(摩尔分数),底部丙烷的纯度也在 99%(摩尔分数)左右。注意:这些结果均是采用 SRK 热力学模型得到的,若采用 Peng-Robinson 状态方程,则可能会导致略有差异的结果。

表 11.7 产品纯度、再沸器负荷及压缩机功率

沸腾率/%	丙烯纯度	丙烷纯度	再沸器负荷/kW	压缩机负荷/kW
10	0.9396	0.9597	2418	285
11	0.976	0.9694	2689	320
12	0.9818	0.985	2873	349
13	0.9845	0.9884	3143	378
14	0.9932	0.9887	3386	409
15	0.9924	0.9912	3637	441
16	0.9931	0.9938	3872	471
17	0.9947	0.9951	4108	502
18	0.9967	0.9931	4365	534
19	0.9966	0.9949	4602	564
20	0.9972	0.9945	4849	595

11.5 Aspen 软件换热器网络和能量分析工具

例 11.1 和例 11.2 中所提出的热回收系统只是这些流程中能够采用的许多可能的换热器方案中的两种,或许它们并不是最佳方案。但是,为给定流程寻找最佳 HEN 是一项非常复杂的任务,其需要以最佳成本定义热回收的最佳范围,同时确保所提议的网络对流程条件的变化具有较好的灵活性。

在 1980—1990 年,研究学者发表了一些关于 HEN 优化的研究成果。Lindhof 等在 1982 年出版了第一本有关流程工业能源优化应用的指南,并于 1994 年再版[2],其所采用的方法被称为**夹点技术**或 PPA,其是在 Lindhof 以及其他研究人员的共同努力下开发出来的。夹点技术源于这样的事实:如果对流程的物流温度与热传导进行作图,在冷物流曲线和热物流曲线之间通常会出现夹点。目前,PPA 一直指引着流程节能创新解决方案的系统研究方向。

PPA 能够处理工艺物流之间热交换的最佳结构以及公用工程的最佳效用。PPA 最重要的意义的在于:通过工艺/工艺热交换实现最大的节能、实现总(资本和运营)成本最低的公用工程消耗、能够在 HEN 详细设计之前设定最佳目标。

为了设定能源目标,研究人员开发出了复合曲线,图 11.12 给出为了进行能源整合所选择的冷物流和热物流之间的热流量。复合曲线是由物流数据构成的(物流段温度和每个物流或物流段的热容定义为 $CP = \Delta H/\Delta T$,其中 ΔH 是温度区间 ΔT 内的焓变)。在 PPA 中,通常假设热容是恒定的。此外,如果焓-温度之间的关系不是线性的,则必须要对物流进行分段处理[1]。

两条复合曲线均绘制在同一张图中(图 11.12),可知引入最低温度方法(ΔT_{min})会使冷复合曲线相对于热复合曲线向右移动,将达到 ΔT_{min} 的相应热量添加到焓轴上,复合曲线图右端的焓差表示:必须通过供热设施供给到流程中的热量是多少。因此,复合曲线图能够指定以下的事项:

(1) 最低的接近温度,ΔT_{min};
(2) 最大的流程热回收量(冷热复合曲线重叠);
(3) 冷热用量的需求;
(4) 夹点(ΔT_{min} 的位置)以及出现 ΔT_{min} 值的点[3]。

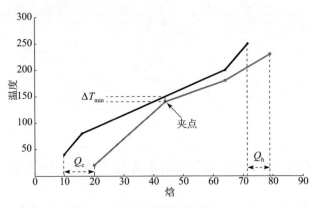

图 11.12 复合曲线

大复合曲线给出了冷热物流的焓与传统的移动温标之间的差异(图 11.13)。这些复合曲线通过最大限度地采用将较便宜的公用工程优先于较昂贵的公用工程,能够为各种公用工程设置适当的负荷。

由上述描述可知,夹点将整个热回收系统划分为两个独立的系统,即夹点上方的区域和夹点下方的区域,其中:夹点上方的系统需要热量输入,而夹点下方的系统是纯热源。通常,存在以下 3 个基本的夹点规则:

(1) 热量不得跨夹点传递;
(2) 夹点上方无外部冷却;
(3) 夹点以下无外部加热。

通过最小化系统的年度总成本,可对 ΔT_{min} 的值进行优化[4]。系统的年总成本包括换热器网络的运营成本和资本成本,计算公式为

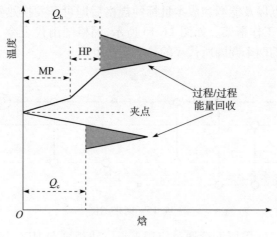

图 11.13 大复合曲线

$$C_{\text{tot}} = FC_{\text{Cap}} + KC_{\text{Q}} \tag{11.2}$$

$$C_{\text{Q}} = \sum_{n} c_{\text{h},n} Q_{\text{h},n} + \sum c_{\text{c},m} Q_{\text{c},m} \tag{11.3}$$

$$C_{\text{Cap}} = \sum_{k} \sum_{i,j} I_{i,j,k} \left[a_{i,j,k} + b_{i,j,k} \frac{Q_{i,j,k}}{U_{i,j,k} \text{LMTD}_{i,j,k}} \right] \tag{11.4}$$

式中：C_{tot}、C_{Q} 和 C_{Cap} 分别为总成本、运营（公用工程）成本和资本成本；F 为资本的年化系数；K 为时间的年化系数；Q_{h} 和 Q_{c} 分别为冷和热公用工程的负荷；c_{h} 为热公用工程的成本；c_{c} 为冷公用工程的成本；n 为热公用工程的数量；m 为冷公用工程的数量；$Q_{i,j,k}$ 为第 k 个区间内热物流 i 和冷物流 j 之间的热负荷；U 为总传热系数；LMTD 为对数平均温差；a 为传热设备的固定成本；b 为表面积成本；$I_{i,j,k}$ 为第 k 个区间内物流 i 和 j 之间的热交换器安装系数。在最低总资本成本的条件下，对 $\Delta T_{\min}$ 的估计如图 11.14 所示。

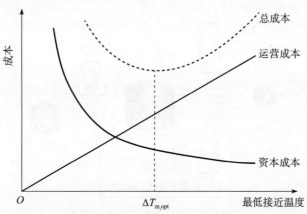

图 11.14 HEN 设计前的成本目标

在确定了夹点以及能源和成本目标的规格后即可开发换热器网络,其中网格图是开发 HEN 的工作框架。如图 11.15 所示,网格图由代表冷、热物流的水平线和由垂直线连接的两个圆圈所代表的热交换器组成。

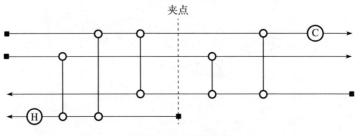

图 11.15 网格图例

进行 HEN 设计,需要继续通过应用夹点方法规则和 HEN 优化以寻找匹配的热交换器。有关 PPA 和 HEN 优化的详细信息可在许多化学工程和工艺设计的教科书中获得,其中文献[1-6]给出了有关 PPA 的翔实介绍。

本书此处的重点是介绍 Aspen 软件在换热器设计和 PPA 中的应用。***AEA*** 是采用夹点分析方法以最低成本设计最佳 HEN 的强大工具,通过从 Excel 表或模拟软件导入物流数据,其能够独立于 Aspen Plus[7] 和 Aspen HYSYS[8] 运行。此外,***AEA*** 工具也可集成于 Aspen Plus 和 Aspen HYSYS 中,以作为 ***Energy Analysis*** 项下的工具的形式存在。通过单击蓝色 ***Energy*** 项,也能够在模拟环境中直接激活能量分析。借助集成在模拟软件中的能源分析工具,能够在无须离开模拟程序的情况下启动 ***AEA*** 工具,进而对所模拟流程的节能潜力进行非常快速地评估,能够给出 ***AEA*** 工具所提供的 ***PPA*** 结果简介,能够提供进行节能设计的变更方案。但是,若需要通过夹点法进行详细的能量分析,则可将模拟数据导出到 ***AEA*** 工具中。

例 11.5 要求:采用 ***PPA*** 为例 11.1 中描述的正庚烷脱氢过程的反应部分提出最佳 HEN,考虑图 11.16 所示的工艺流程。

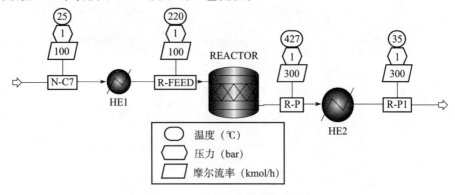

图 11.16 PPA 正庚烷脱氢流程段

解决方法：

在图 11.16 所示的方案中，N-C7 和 R-FEED 是冷物流，物流 R-P 和 R-P1 是热物流。由于正庚烷脱氢为吸热过程，因此对该反应器需要采用明火进行加热。将反应物加热到反应温度(427℃)需要热量。此外，必须采用冷物流将反应产物冷却到 30℃。待设计的最佳 HEN 能够最大限度地降低加热和冷却所需的总成本。

- 再根据图 11.16 所示的数据和例 11.1 中所给出的化学反应数据对工艺流程进行模拟，将冷却水定义为 HE2 的公用工程物料；为此，选择 HE2 规格页面上的 *Utility* 项，定义新的公用工程物料(U-1)，从列表中选择公用工程类型为 *Cooling Water* 项。

- 转到 *Energy Analysis* 环境中并按照图 11.17 所示的步骤进行操作，如果在上一步中未指定公用工程类型，可在此处进行指定(图 11.17 中的步骤 2)。

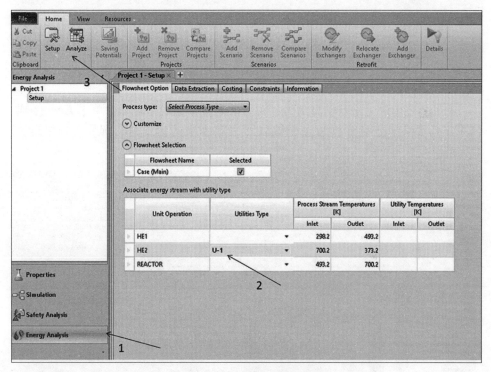

图 11.17 启动能量分析

- 在步骤 3 中开始进行分析，Aspen 采用 *AEA* 工具指定目标并计算节能潜力和能源成本节约潜力。

由图 11.18 所示的结果可知，该流程具有巨大的节能潜力。Aspen Plus 中所集成的能源分析工具虽然可用于研究不同的场景，但更为详细而清晰的能源分析需要参考 *AEA* 工具。

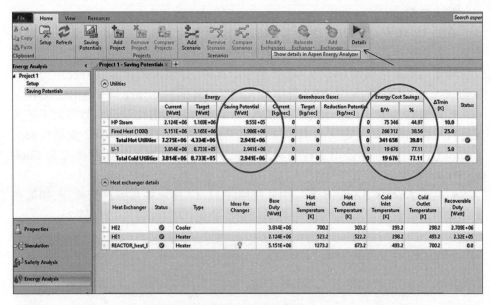

图 11.18　目标和节能潜力

对工艺节能潜力进行估算的另一种方法是直接在模拟环境中单击 **Energy** 项，**AEA** 工具提供的能量分析结果能够以图表和表格的形式进行显示，如图 11.19 所示。

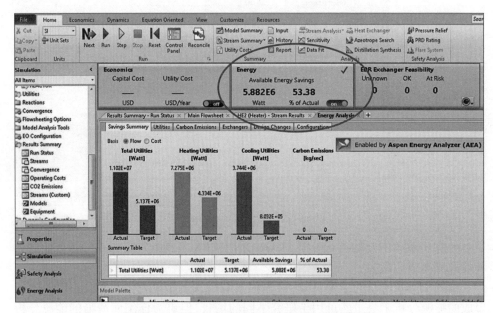

图 11.19　直接在模拟环境中提供的能量分析结果

要启动 *AEA* 工具并传输模拟数据,可单击 *Details* 项,如图 11.18 所示。在启动 *AEA* 工具后,将会出现图 11.20 所示的 *Summary* 的 *Performance* 选项卡;将当前模拟的 HEN 在 *Scenario 1* 项的 *Dsign 1* 项标记为 *Simulation Base Case* 项。当前流程模拟的网格图是图 11.20 的一部分,其中与垂直线相连的圆圈代表热交换器。

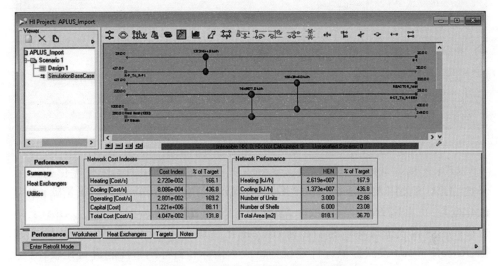

图 11.20 当前模拟案例网格图和性能简要

若要查看某个热交换器的详细信息,可双击相应的圆圈,则热交换器的细节会展现,如图 11.21 所示。若要检查图 11.22 所示的复合曲线和估计目标,应切换至 *Targets* 选项卡,可知:由 *PPA* 对目标进行估计,自动选择的最低温度为 10℃。此外,*AEA* 工具还能够计算大复合曲线、平衡复合曲线、效用复合曲线等。若要查看其他类型的曲线,可选择图 11.22 所示的曲线类型。

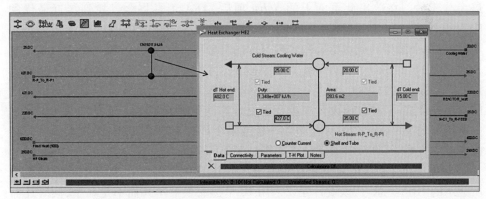

图 11.21 AEA 中换热器连接的详细信息

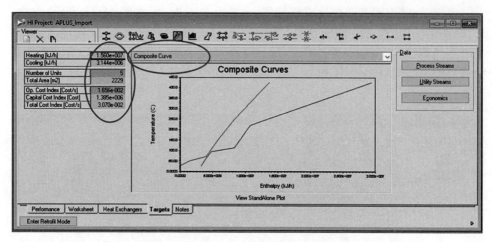

图 11.22 PPA 估计的复合曲线和目标

AEA 工具也可通过推荐解决方案的方式找到最佳的 HEN。作为优化的目标函数,*AEA* 可采用 *Minimum Total Analized Cost* 策略或 *Minimum Area* 策略;作为优化变量,可采用 *Heat exchanger loads* 项和 *Split flow ratios* 项。此外,*AEA* 工具也提供两种模式进行场景的创建和 HEN 优化。其中,*Base mode* 模式基于模拟数据,*Retrofit mode* 模式提供设计建议并将成本指标和目标网络性能进行比较;对于每个设计都会显示通常所说的*% of targets* 项。此外,*Retrofit mode* 模式会将所推荐设计方案的成本与基本方案进行比较,并计算 *Payback period* 项。需注意,推荐的场景是不会完全相同的,且相同的模拟数据通常也可能会被推荐不同的解决方案。

按照图 11.23 所示的步骤进行操作,找到 HEN 的最佳设计。选择 *Recommend Design* 项(第 3 步)后,将出现 *Solver Option* 页面,此处可设置解决方案数和最大分流数。在单击此页面上的 *Solve* 项后,*AEA* 工具将会寻找到接近最优的 HEN 设计。*AEA* 工具提供的 *Scenario 1* 项下的设计清单如图 11.24 所示。进一步,检查每个设计的成本指数和实现目标的百分比。在该例中,最低的总成本指数是通过图 11.24 所示的 *Design 2* 项实现的,可知:总成本指标的目标百分比为 100.1%,总面积为 2066m^2,其占目标的 92.69%。需注意,此设计只是接近最优解的众多设计之一,并且该设计在进行重复计算时也通常是无法重复再现的。列表中所给出的突出标出的设计是包含一个或多个具有未知表面积的热交换器。若将此类解决方案予以应用,通常还需要进行额外的分析。

AEA 提供了图 11.24 网格图中所显示的新的 HEN,而不是图 11.20 网格图中所显示的 HEN。总之,该设计建议采用 10 个热交换器单元而不是 3 个,同时还需要采用一个明火加热炉。

图 11.25 给出了在图 11.24 所示的 HEN 基础上所搭建的工艺流程图。

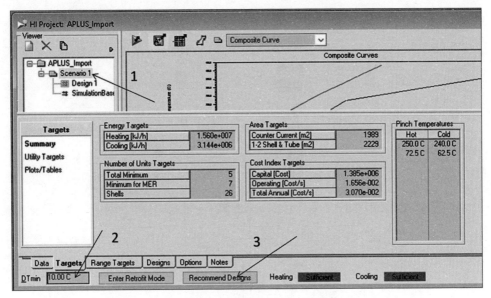

图 11.23 寻找最佳的 HEN 方案

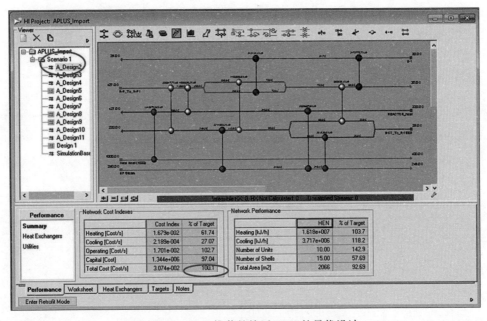

图 11.24 AEA 推荐的接近 HEN 的最优设计

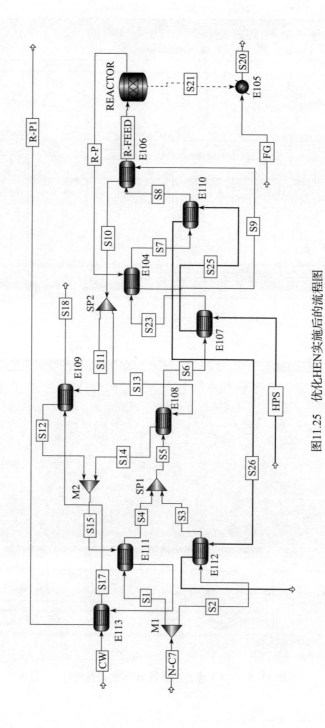

图11.25 优化HEN实施后的流程图

参考文献

[1] Dimian A C. Integrated Design and Simulation of Chemical Processes, 1st ed. Amsterdam: Elsevier; 2003.

[2] Lindhoff B, Townsend DW, BolandD, Hewitt GF, Thomas B, Guy AR, et al. User Guide on Process Integration for the Efficient Use of Energy, 2nd ed. Rugby, UK: The Institution of Chemical Engineers, UK; 1994.

[3] Zhu FXX. Energy and Process Optimization for the Process Industries. Hoboken, NJ: JohnWiley & Sons, Inc.; 2014.

[4] Towler G, Sinnott R. Chemical Engineering Design, Principle, Practice and Economics of Plant and Process Design, 2nd ed. Amsterdam: Elsevier; 2013.

[5] Smith R. Chemical Process: Design and Integration. Hoboken, NJ: JohnWiley & Sons, Inc.; 2005.

[6] Kemp IC. Pinch Analysis and Process Integration: A User Guide on Process Integration for the Efficient Use of Energy. Oxford, UK: Butterworth-Heinemann; 2011.

[7] Aspen Plus 9 Help. Burlington, MA: Aspen Technology, Inc.; 2016.

[8] Aspen HYSYS 9 Help. Burlington, MA: Aspen Technology, Inc.; 2016.

第12章
经济评估

造价工程是一个专业的职业,虽然项目成本的详细估算通常是由专业的造价工程师进行的,但在工程项目概念设计阶段还是必须要包括项目的粗略成本估算的。不同备选方案的成本估算能够用于优化流程设计,其相应的待优化目标函数通常是最大化的利润或最小化的成本。一个好的工程项目应该确保在其预期的生命周期内都具有良好的盈利能力。将经济分析整合到项目的概念设计阶段,能够评估设计盈利能力并在早期阶段消除不可行的技术路线。

AEA(*Aspen Economic Analyzer*)是流程模拟器(Aspen Plus 和 Aspen HYSYS)及其所采用的工程数据库系统中包含的复杂软件接口,其通过诸如设备尺寸、信息数据库和工艺条件等模拟器所具有信息,快速准确地实现项目成本的估算。

本章讨论了对工艺流程成本进行估算的基础知识,但更多关注的是集成在 Aspen Plus 和 Aspen HYSYS 中的 *AEA* 软件的使用方法。对于更为详细的经济分析和过程成本的估算,读者可参考已出版的大量相关专著[1-4]。

12.1 资本成本估算

项目涉及的成本可分为两大类,即资本成本和运营成本。

资本成本是与建造新工厂或改造已建工厂相关的成本,其包括提供所需的制造和工厂设施的资本成本(即所谓的固定资本),以及工厂运营所需的成本(运营资本)。固定资本成本包括以下子项。

直接成本,包括:
- 设备费;
- 设备安装费;
- 仪表和控制费;
- 管道费;
- 电气系统费;
- 办公建筑物费;

- 服务设施费;
- 土地费;
- 改善场地费。

间接成本,包括:
- 工程监督费;
- 法律咨询费;
- 建设费;
- 承包商管理费;
- 不可预见费。

更为详细的资本成本介绍参见文献[1]。

项目的资本成本通常是在设计的不同阶段以不同的精度进行估算。通常,下列 5 类资本成本估算是可以接受的。

(1) 数量级估计。此类资本成本的估算是基于类似过程的成本进行估算的,是不需要设计信息的,其估计的准确度为±30%~±50%。如果容量为 CAP_1 的电厂的资本成本为 C_1,则采用以下关系式估算容量为 CAP_2 的电厂的资本成本 C_2,即

$$C_2 = C_1 \left(\frac{CAP_2}{CAP_1}\right)^a \tag{12.1}$$

式中:a 为常数,对于不同类型的工艺,其值通常在 0.4~0.9 之间。在化学工业中,a 的平均值为 0.6。资本成本-工厂产能的曲线可在一些化学工程书籍和期刊中获得。

(2) 初步估计。在±30%的精度下,初步估计用于在设计备选方案之间进行选择。此时需要有限的设计和成本数据。

(3) 确定估计。根据所选方案的工艺设计和成本数据进行的最终设计,目的是用于资金授权,准确度通常为±10~±15%。

(4) 详细估计。精度为±5%~±10%,用于前端工程设计完成后的详细估计,其通常是基于设备和土建报价进行的,需要列出必须要购买的物品详细清单。

(5) 检查估计。其是基于所有工程项目细节的完整设计和规格进行的,还需要已经完成的采购谈判予以支撑。通常,招标文件是根据检查估计进行编制的,其准确度为±5%~±10%。

化学工程师通常采用第 1 类和第 2 类估计进行成本估算,有时也采用第 3 类中所描述的确定估计进行估算。

资本成本的估计是基于购买设备的成本进行的,显然购买设备成本的最佳来源是最新设备的实际价格。*APEA*(Aspen Process Economic Analyzer)采用的是从工程、采购和施工(EPC)公司以及设备制造商处所收集的价格数据进行估算的。与其他方法相比,采用 *APEA* 软件进行成本估算的优势在于,其已经整合在模拟软件(Aspen Plus[5] 和 Aspen HYSYS[6])的内部。

购买设备成本是估算项目资本成本的基础。除了设备采购成本外，**APEA** 软件还估算总安装成本，其包括上文所列出的直接成本和间接成本。

要通过 **APEA** 软件对资本投资成本进行估算，必须首先进行流程模拟。当在 Aspen Plus 或 Aspen HYSYS 中完成项目的流程模拟后，就可激活经济分析功能。应注意，为了进行适当的经济分析，流程图中应包含所有的基本工艺设备，如反应器、塔、热交换器、泵、压缩机、固体处理设备等。APEA 软件经济分析中的一个非常重要的步骤是实现流程图模型和实际设备间的映射，其中在第 2 步中是需要提供设备尺寸的。在最后的评估步骤中，进行流程的经济性评估。有关 **APEA** 软件的映射、规模和评估的详细信息，可参见第 3~7 章和例 3.5、例 4.4、例 5.5 和例 6.10 中的相关内容。

例 12.1 建造合成气处理量约为 11000kg/h 的甲醇装置，其成分如表 12.1 所列。（物流 GAS8）要求：估算该流程的资本成本和总投资成本。

表 12.1 合成气压缩物料平衡

参数	GAS8		COND1		GAS8C		COND2		GAS9	
$T/℃$	55		50		50		50		50	
P/bar	4.9		20		20		80.4		80.4	
气相分率	1		1		1		1		1	
成分	kg/h	质量分数/%	kg/h	质量分数/%	kg/h	质量分数/%	kg/h	质量分数/%	kg/h	质量分数/%
H_2O	516.8	4.69	415.8	99.999	101	0.952	70.69	99.996	30.35	0.288
N_2	43.49	0.394	0	0	43.49	0.41	0	0	43.49	0.412
CO	9169	83.1	$1.0×10^{-3}$	$2.4×10^{-4}$	9169	86.4	$1.0×10^{-3}$	$1.4×10^{-3}$	9169	86.9
H_2	1301	11.8	0	0	1301	12.3	0	0	1301	12.3
CH_4	0.5770	$5.2×10^{-3}$	0	0	0.5770	$5.4×10^{-3}$	0	0	0.5770	$5.47×10^{-3}$
单乙醇胺（MEA）	0.982	$8.9×10^{-3}$	$5.0×10^{-3}$	$1.2×10^{-3}$	0.977	$9.2×10^{-3}$	$2.0×10^{-3}$	$2.8×10^{-3}$	0.975	$9.3×10^{-3}$
合计	11032	100	415.8	100	10616	100	70.7	100	10545	100

解决方案：

通常，甲醇单元包括天然气或其他燃料生产合成气的过程以及与其相关的提纯、压缩、甲醇合成、甲醇蒸馏等过程。在此例子中，原料是未压缩的合成气，待进行的模拟和经济评估的主题是合成气压缩、甲醇合成和甲醇蒸馏等部分。显然，对该流程进行模拟是实现经济评估的第 1 步，所构建的合成气压缩部分的流程如图 12.1 所示，其中：通过两级压缩机将合成气压力从 4.9bar 增加到 80.4bar，主要物流的条件和组分如表 12.1 所列。

压缩气体在进入反应器之前被反应产物和高压蒸汽预热至 250℃ 后与循环物流进行混合，反应器采用 **REquil** 模型和 **RStoic** 模型进行构建，其中 **RStoic** 模型主要用于模拟副反应(生产二甲醚)。甲醇工艺反应工序的流程见图 12.2,物料平衡见表 12.2。

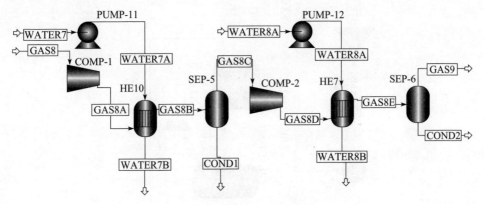

图 12.1　合成气压缩流程图

表 12.2　甲醇工艺反应工序物料平衡表

参数	GAS9C		GAS13A		GAS10		GAS11	
$T/℃$	250		32		250		250	
P/bar	80.2		80.4		80		80	
气相分率	1		1		1		1	
成分	kg/h	质量分数/%	kg/h	质量分数/%	kg/h	质量分数/%	kg/h	质量分数/%
H_2O	30.35	0.288	0.1230	$5.02×10^{-3}$	1.813	0.0139	136.9	1.05
N_2	43.49	0.412	111.7	4.56	155.2	1.19	155.2	1.19
CO	9169	86.9	1743	71.1	2492	19.2	2492	19.2
H_2	1301	12.3	395.4	16.1	494.3	3.80	494.3	3.80
CH_4	0.5770	$5.47×10^{-3}$	0.8450	0.0345	1.422	0.0109	1.422	0.0109
MEA	0.9750	$9.25×10^{-3}$	0	0	0.9750	$7.50×10^{-3}$	0.9750	$7.50×10^{-3}$
CO_2	0	0	36.37	1.48	106.4	0.8	106.4	0.819
甲醇	0	0	30.64	1.25	9611	73.9	9131	70.3
二甲醚	0	0	134.2	5.47	134.2	1.03	479.7	3.69
合计	10545	100	2452	100	12997	100	12997	100

由上述流程图可知,粗甲醇在两个蒸馏塔中进行提纯,其中:在第 1 个塔中,主要蒸馏二甲醚,冷凝器采用制冷剂;在第 2 个塔中,甲醇从水中蒸馏出来。甲醇生产工艺蒸馏段的流程如图 12.3 所示,其还包括制冷剂再循环和工艺热集成,该段的物料平衡结果详见表 12.3。

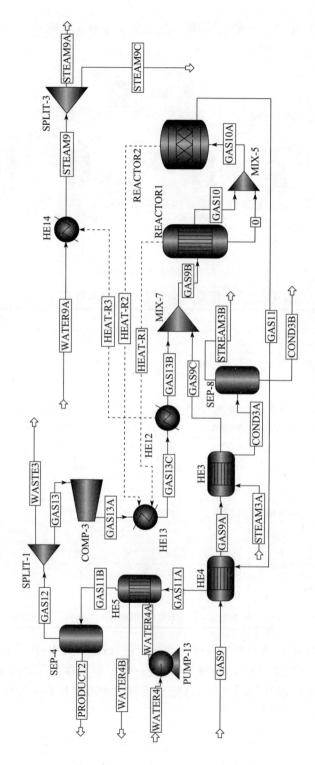

图12.2 甲醇工艺反应工序的流程图

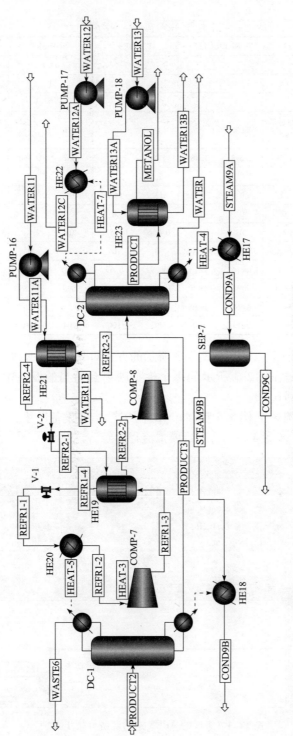

图12.3 甲醇流程蒸馏工序流程图

表 12.3　甲醇工艺蒸馏工序物料平衡

参数	PRODUCT2		PRODUCT3		WASTE6		PRODUKT		WATER	
$T/℃$	30.4		67.1		-37.7		64.4		101.6	
P/bar	1		1		1		1		1	
气相分率	0		0		1		0		0	
成分	kg/h	质量分数/%	kg/h	质量分数/%	kg/h	质量分数/%	kg/h	质量分数/%	kg/h	质量分数/%
H_2O	136.8	1.38	136.8	1.48	0	0	13.7	0.150	123.1	98.5
N_2	15.56	0.157	0	0	15.56	2.21	0	0	0.9750	
CO	313.2	3.15	0	0	313.2	44.6	0	0	0	0
H_2	0	0	0	0	0	0	0	0	0	0
CH_4	0.3660	$3.7×10^{-3}$	0	0	0.3660	0.0521	0	0	0	0
MEA	0.9750	$9.8×10^{-3}$	0.9750	0.0106	0	0	0	0	0	0
CO_2	60.92	0.613	$3.0×10^{-3}$	$3.3×10^{-5}$	60.92	8.67	$3.3×10^{-3}$	$3.0×10^{-5}$	0	0
甲醇	9092	91.5	9091	98.5	0.9090	0.129	9090	99.85	0.9090	0.727
二甲醚	311.9	3.14	$3.0×10^{-3}$	$3.3×10^{-5}$	311.9	44.4	$3.0×10^{-3}$	$3.3×10^{-5}$	0	0
合计	9932	100	9229	100	703	100	9104	100	125	100

- 完成流程模拟后,采用如例3.3所示的方式对 *Economics* 项进行激活。
- 将图 12.1 至图 12.3 所示的每个模型映射到适当的设备中,详见例 3.5、例 4.4、例 5.5 和例 6.10。
- 如例 3.5、例 4.4、例 5.5 和例 6.10 中所述,指定设备尺寸。
- 如图 12.4(步骤 4)所示,进行模拟流程的经济评估。

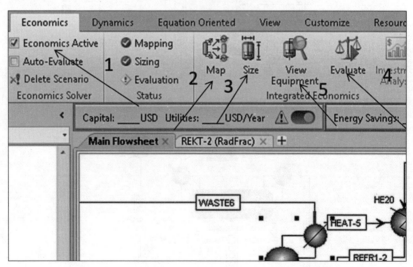

图 12.4　集成的 APEA 中的经济分析步骤

- 对选定设备的资本成本评估结果如表 12.4 至表 12.12 所列。

表 12.4 换热器的参数及成本

名称	Q/kW	$U/(W/(m^2 \cdot K))$	A/m^2	购买成本/€	安装成本/€
HE10	1808	347.8	78.13	24500	92800
HE7	1472	347.8	57.21	31500	120600
HE4	947.0	260.7	38.91	27400	101900
HE3	665.9	417.5	25.48	19400	105500
HE5	3547	930.2	72.56	36700	118000
HE18	433.9	1113	11.33	11200	66200
HE20	43.55	1053	3.940	8900	63400
HE17	4678	1053	86.80	41700	135700
HE22	4696	727.7	259.8	56100	150400
HE23	132.0	727.7	9.452	9900	54800
HE19	77.30	744.5	11.90	10000	58700
HE21	96.45	704.8	16.70	10100	57
			总和	**287400**	**1125300**

表 12.5 泵的参数和成本

名称	$V/(m^3/h)$	$\Delta P/bar$	P_{el}/W	购买成本/€	安装成本/€
PUMP-11	57.9	0.1	331.8	5800	43800
PUMP-12	47.13	0.1	279.8	5400	43300
PUMP-13	113.4	0.1	589.2	7500	54100
PUMP-16	22.15	0.1	154.2	4600	36200
PUMP-17	150.2	0.1	754	8700	55500
PUMP-18	4.229	0.1	52.98	3600	29400
		回流 DC-1		4100	26300
		回流 DC-2		5400	36200
		总和	**2162**	**45100**	**324800**

表 12.6 压缩机的参数及成本

名称	$V/(m^3/h)$	P/bar	$\Delta P/bar$	P_{el}/W	购买成本/€	安装成本/€
COMP-1	5597	20.1	15.2	1967	1372300	1523700
COMP-2	1327	80.5	60.5	1890	1320100	1452400
COMP-3	87.43	80.4	0.4	1.437	247200	315900

续表

名称	$V/(m^3/h)$	P/bar	$\Delta P/bar$	P_{el}/W	购买成本/€	安装成本/€
COMP-7	242.1	5	4	17.8	334400	412400
COMP-8	109.1	13	10.5	22.42	333000	405700
			总和	3899	3607000	4110100

表 12.7 蒸馏塔的参数及成本

型号	NRS(编号)	H/m	P/bar	$F/(m^3/s)$	d/m	购买成本/€	安装成本/€
DC-1	13	7.8	1	0.315	0.63	54800	266400
DC-2	20	12	1	3.25	2	133200	402200
				总和	3899	3607000	4110100

表 12.8 气-液分离成本

模式	购买成本/€	安装成本/€
SEP-5	16700	84300
SEP-6	26100	100800
SEP-8	24100	113000
SEP-4	39400	124200
SEP-7	16300	101100
总和	122600	523400

表 12.9 反应器参数与成本

管		热传递		壳	
L/m	7	Q_{cool}/kW	8009.8	L/m	7
d_{in}/m	0.02	$U/(W/(m^2 \cdot K))$	500	d_{pitch}/m	0.0375
d_{out}/m	0.03	$\Delta T/℃$	97.2	S_{shell}/m^2	0.3516
n	250	A/m^2	164.8	$d_{in\,shell}/m$	0.669
S_{tubes}/m^2	164.9			$d_{out\,shell}/m$	0.679
$V/(m^3/s)$	0.193	成本			
$w/(m/s)$	4.91	购买成本/€		安装成本/€	
V_{tubes}/m^3	0.550	204300		468200	
E	0.5				
V_{cat}/m^3	0.275				
M_{cat}/kg	494.8				

表 12.10 采购成本和安装设备的总成本

设备类型	购买成本/€	安装成本/€
热交换器	287400	1125300
泵	45100	324800
压缩机	3607000	4110100
反应堆	204300	468200
蒸馏塔	188000	668600
气-液分离器	122600	523400
总和	**4454400**	**7220400**

表 12.11 间接资本成本

间接成本	购买成本百分比/%	成本/€
工程监理费	33	1470000
建设费	41	1826000
法律咨询费	4	178000
承包商管理费	22	980000
不可预见费	44	1960000
总间接成本		6414000

表 12.12 甲醇工艺总投资

总直接成本/€	7220000
间接费用总额/€	6414000
固定资本投资/€	**1363400**
营运资金(总资本成本的15%)/€	2406000
资本投资总额/€	**16040000**

注:所有费用均以欧元计。

12.2 运营成本估算

运营成本指的是与制造本身相关的费用以及在项目生产、产品开发及其销售中所需要的一般费用,其可分为制造成本和基本费用。制造成本进一步可分为3类,即可变成本、固定成本和工厂间接费。

表12.13显示了运营成本的组成部分和可能采用的估算方法。

表 12.13　运营成本

成本	说明	估算方法
A. 制造成本	包括可变成本、固定成本和工厂间接费用	1+2+3
1. 可变成本	可变成本包括与制造业务直接相关的费用	1.1~1.8 的总和
1.1 原材料	指产品生产中直接消耗的材料	直接报价,某些化学品的价格在一些化工期刊(如 *Chemical Market Reporter*)上进行公布。原材料成本通常占产品总成本的 10%~60%,其可由已知费用的化工工艺的物料平衡计算得到
1.2 公用工程	电力、蒸汽、冷却水、工艺用水、压缩气体、天然气、燃料油、固体燃料、制冷、废物处理等	公用工程的价格取决于工程项目的位置,其可在项目所在的当地市场上获知。工程项目的材料和能量平衡可用于估算工厂的公用工程成本。最为粗略的初步估计是:普通化工厂的公用工程成本占总生产成本的 10%~20%
1.3 运营人工费	包括工厂运营所需的熟练和非熟练劳动力成员	估算劳动力需求的方法存在多种不同的方法。公司常用的经验包括基于单个单元运行的劳动力需求、基于1t产品所需的员工小时数等。运营人工成本通常根据工厂所在地的员工人数和工资率进行估算。对于化工厂而言,人工成本通常占产品总成本的 10%~20%
1.4 直接监督费	包括监督和文员性质的辅助劳动力成员,这类人员的数量与运营人工的总量密切相关	约占 15%的运营人工成本
1.5 运营用品费	不被视为原材料的供应品,包括消耗品、测试化学品、维护和维修材料等	占 10%~20%的运营人工费
1.6 维护和修理费	设备和建筑物的维护和修理	对于设备而言,费用为每年设备成本的 2%~20%;对于建筑物而言,费用为每年建筑成本的 3%~4%。工厂的每年维护和修理费可按照固定资本投资的 7%进行计算
1.7 实验室费用	用于控制质量和操作的实验室测试的成本费	占运营人工费的 10%~20%
1.8 专利和特许权使用费	采用他人拥有的专利费用以及开发专利所需的费用	占产品总成本的 0%~6%

续表

成本	说明	估算方法
2. 固定成本	不随产量变化或变化不大的成本	2.1~2.5 项的总和
2.1 折旧费	每年必须要偿还的资本投资的一小部分	可采用不同的方法进行折旧计算。每年的折旧费均会发生变化,通常采用表格的形式对其进行呈现。但是,在经济研究中,通常采用的是固定年折旧率方式
2.2 融资费	采用借贷资金的利息	借贷资金总额的5%~10%
2.3 地方税	地方财产税	取决于当地法律,通常在固定资本投资的1%~4%之间
2.4 保险费	财产保险费	每年大约为资本投资的1%
2.5 租金	每年支付的土地和建筑物租金	为出租物价值的8%~12%
3. 工厂间接费	不包括在可变成本和固定成本中的工厂日常服务所需支出的费用	为运营人工、监督和维护总费用的50%~70%
B. 基本费用	与管理、分销和营销相关的成本	B1+B2+B3
B1. 行政费	行政人员工资、办公用品、设备等费用	这些成本因工厂而异。对于初步估计,其可为运营人工费的15%~25%
B2. 分销和营销费	与产品营销和分销相关的成本	在很大程度上取决于产品类型,占产品总成本的2%~20%
B3. 研究与开发费	与研发相关的所有费用	约占产品总成本的5%

例 12.2 要求:估算上述甲醇工艺的运行成本,条件是:考虑每年运行 8000h,采用直线折旧法,项目拥有 10 年的经济寿命。

解决方案:

运营成本包括原材料成本、公用工程成本、运营人工费和其他制造成本;基本费用包括行政费用、分销和营销费、研发费等。如下文所述。

12.2.1 原材料费

甲醇工艺通常是与合成气的生产过程有关的,其可通过天然气、煤或其他燃料的生产获得。然而,在该例中,仅考虑从合成气生产乙醇的步骤。由于此流程的原料是合成气,因此首先需要对合成气成本进行估算。根据化学计量,每吨天然气可生产的合成气为 3.75t。以天然气价格 630€/t 为例,合成气的生产成本为 70€/t,原料成本为 240€/t。根据表 12.1 所列的模拟结果,在此过程中消耗了大约 11t/h 的合成气,因此原材料的年成本估计为 $21.12×10^6$ €。可见,原材料成本是甲醇工艺的最大支出,其对工艺的经济性具有重要的影响。

若要将原材料成本包括在 *SEA* 软件提供的经济分析中,需要将原材料成本信息输入到物流规格数据表中,如图12.5所示。

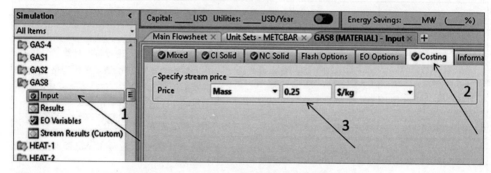

图 12.5 在 Aspen 模拟中输入原材料成本

12.2.2 公用工程费

表 12.14 给出了该项目所需的公用工程数量和成本率。公用工程费是基于过程热整合后的模拟结果计算得到的,总成本率估计为 295€/h,因此可知该流程的年度公用事业成本为 $2.36×10^6$€。

表 12.14 甲醇工艺的公用工程成本

公用工程	合成气压缩		甲醇合成		甲醇提纯	
	数量	费用/(€/h)	数量	费用/(€/h)	数量	费用/(€/h)
冷却水/(kg/h)	104300	4.17	112640	4.51	175320	7.01
燃料(天然气)/(kg/h)			90	57.00		
电力/kW	3858	212.19	2	0.11	41	2.26
催化剂/(kg/h)	0	0.00	0	7.42	0	0.00
总和/(€/h)		216.36		69.04		9.28
总计/(€/h)	295					

若要得到由 *AEA* 软件计算的公用工程成本,首先对每个交换器中的公用工程类型进行定义,如例 11.5 所示;在运行经济评估后,检查 *Economics activated* 项结果下的 *Utilities* 项。

12.2.3 运营人工费

可根据工艺流程图中所提供的单元操作流程估算运营人员。在加班费和工资税总计为 40000€/人年年薪的情况下,基于表 12.15 所列的操作定员,可计算得到该过程的年总运营人工成本为 $0.8×10^6$€。

表 12.15 操作定员

设备	单元数量	工人/单元/班次	工人人数
热交换器	12	0.1	3.6
泵	8	0.1	2.4
压缩机	5	0.2	3
气-液隔板	5	0.2	3
塔	2	0.5	3
反应器	1	1	3
其他			2
总数			20

12.2.4 其他制造成本

根据运营人工费、固定资本成本和总产品成本,可计算得到表 12.13 所提到的其他直接制造成本和间接制造成本,具体结果如表 12.16 所列。

表 12.16 其他制造成本

费用名目	计算方法	费用/€
直接监督费	运营人工费的 5%	120000
运营供应费	运营人工费的 15%	120000
维护和维修费	固定资本投资的 7%	954380
实验室费用	运营人工费的 10%	80000
专利和特许权使用费	产品总成本的 2%	720000
折旧费	资本投资总额的 1/10	1604000
融资	固定资本成本的 5%	681700
地方税	固定资本成本的 2	272680
保险	固定资本成本的 1%	136340
间接费用	运营人工费、监督和维护费用的 50%	937190

12.2.5 基本费用

根据产品总成本和运营人工成本,可以计算基本费用,如表 12.17 所列。考虑到产品的特定特性,对于分销和营销费,此处仅选择为总产品成本的 5%。

表 12.17 基本费用

费用名目	计算方法	费用/€
管理成本	运营人工成本的 15%	120000
分销和营销费	产品总成本的 5%	1800000
研发费	产品总成本的 5%	1800000

产品总成本是根据 500 €/t 甲醇的参考价格和工厂的生产能力(约 9t/h)进行估算的。要采用 **AEA** 软件对总产品成本进行估计,需在产品物流的 **Specifcation** 选项卡上的 **Costing** 项中输入有关产品成本的信息,方法与图 12.5 所示的对原材料信息进行输入的方法是相同的。甲醇装置的年总运营成本汇总详见表 12.18。

表 12.18 年总运营成本

费用名目	计算方法	费用/€
原材料费	合成气成本,基于模拟数据	21120000
运营人工费	基于运营单元	800000
公用工程费	基于模拟器	2360000
直接监督费	运营人工成本的 15%	120000
运营用品费	运营人工成本的 15%	120000
维护和修理费	固定资本投资的 7%	954000
实验室费用	运营人工成本的 10%	80000
专利和特许权使用费	产品总成本的 2%	720000
折旧费	资本投资总额的 1/10	1604000
融资费	固定资本成本的 5%	682000
地方税	固定资本成本的 2%	273000
保险费	固定资本成本的 1%	136000
间接费	运营人工、监督和维护费用的 50%	937000
行政费	运营人工成本的 15%	120000
分销和营销费	产品总成本的 5%	1800000
研究与开发费	产品总成本的 5%	1800000
年度总运营成本		33626000

12.3 盈利能力分析

以下定义可用于面向流程设计的简单盈利能力分析:
毛利润=收入-现金支出;
营业收入=总收入;

现金费用=所有费用-折旧费；
税前净利润=营业收入-所有费用；
税后净利润=营业收入-所有费用-所得税；
所得税=(营业收入-所有费用)×税率；
灰流量=净利润+折旧费；
投资回报率(ROI)=(年净利润/投入资本)×100；
投资回收期(PBT)=总投资/年均现金流

例 12.3　要求：根据例 12.1 和例 12.2 所估计的资本和运营成本，提供甲醇工艺的简单盈利能力分析；在考虑直线折旧法和此项目具有 10 年经济寿命的情况下，计算投资回报率(IOR)和投资回收期。

解决方案：

年总收入可计算为

$$\text{收入} = \text{产品质量流量} \times \text{产品价格} \times \text{工作时间}$$
$$= 9 \times 500 \times 8000$$
$$= 3600000 \text{€}$$

表 12.19 给出了基于上述关系的甲醇工艺盈利能力分析的汇总。

表 12.19　甲醇工艺盈利能力分析汇总

营业收入	36000000
现金支出	32022000
税率	0.3
毛利润	3978000
税前净利润	2374000
所得税	712200
税后净利润	1661800
现金流量	3265800
投资回报率(ROI)/%	10.36
投资回收期(PBT)/年	4.91

例 12.4　继续进行例 12.3 的解决方案。考虑在项目实施的第 1 年、第 2 年和第 3 年分别完成固定资本投资的 30%、60% 和 10%。假设工厂投产第 1 年的产能为 70%，其后产能按照每年 10% 的速度增加，在第 4 年达到 100% 产能；与工厂产能相对应的工厂运营成本也从第 1 年(例 12.2 中所计算)最大值的 70% 依次增加到第 4 年的 100%；以 10 年的直线法对资本投资进行折旧。事实上，工厂的总运行年限为 15 年，故在其生命周期的第 11 年和第 12 年以 95% 的产能运行，再之后的 3 年以 90% 的产能运行。要求：在上述条件下，计算并绘制甲醇工艺的现金流量图。

解决方案：

为构建现金流量图而计算得到的数据如表 12.20 所列。结果表明，考虑到从最初的项目构想到工厂的建设和试运行共需要 4 年的时间，在此期间，工厂收入为零，现金流为负；在第三年，现金流量为零，投资的第 1 部分在第 2 年进行，其计算方法是固定资本乘以 -0.3，第 1 年乘以 -0.6；对于第 0 年，现金流量被计算为 10% 的固定资本和总运营资本之和的负值（$-(0.1 \times 13634000 + 2406000)$）。

表 12.20　甲醇工艺的现金流数据

年	营业收入/€	运营成本/€	税前净利润/€	税后净利润/€	现金流量/€	累积现金流量/€
-3	0	0	0	0	0	0
-2	0	0	0	0	-4090200	-4090200
-1	0	0	0	0	-8180400	-1.2×10^{-7}
0	0	0	0	0	-3769400	-1.6×10^{-7}
1	25200000	23538200	1661800	1163260	2767260	-1.3×10^{-7}
2	28800000	26900800	1899200	1329440	2933440	-1×10^{-7}
3	32400000	30263400	2136600	1495620	3099620	-7239680
4	36000000	33626000	2374000	1661800	3265800	-3973880
5	36000000	33626000	2374000	1661800	3265800	-708080
6	36000000	33626000	2374000	1661800	3265800	2557720
7	36000000	33626000	2374000	1661800	3265800	5823520
8	36000000	33626000	2374000	1661800	3265800	9089320
9	36000000	33626000	2374000	1661800	3265800	12355120
10	36000000	33626000	2374000	1661800	3265800	15620920
11	34200000	32022000	2178000	1524600	1524600	17145520
12	34200000	32022000	2178000	1524600	1524600	18670120
13	32400000	32022000	378000	264600	264600	18934720
14	32400000	32022000	378000	264600	264600	19199320
15	32400000	32022000	378000	264600	264600	19463920

对于工厂运营的第 1 年、第 2 年和第 3 年，收入和运营成本可通过将最大收入（3600×10^4 €）和最大运营成本（3363×10^4 €）乘以 0.7、0.8 和 0.9 进行计算。在第 11 年和第 12 年，收入下降到最大值的 95%，在之后的 3 年下降到最大值的 90%，但运营成本保持不变。

税前净利润的计算方法是收入减去包括折旧在内的总运营成本。税后净利润为税前净利润乘以 0.7。

现金流可通过在税后净利润中加上折旧进行计算。但是,对于第 11~15 年,不再适宜采用折旧进行计算。

累积现金流量的计算方法是将当年的现金流量与以前年度的累积现金流量进行相加,累积现金流量图如图 12.6 所示。

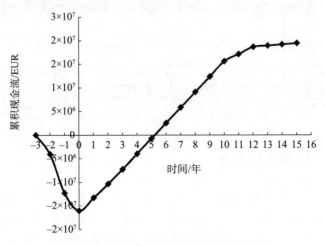

图 12.6　为甲醇工艺计算的现金流量图

12.4　Aspen 软件经济评价工具

Aspen 流程模拟器能够以不同的方式对工艺流程进行经济评估。虽然 *APEA* 软件是独立的经济评估软件,但其也可集成在 Aspen Plus 和 Aspen HYSYS 软件中,并且可通过这些模拟器采用不同的方法予以访问。

12.4.1　经济评价按钮

对于用户而言,通过 Aspen Plus 和 Aspen HYSYS 对所模拟的工艺流程进行经济评估的最简单方法是单击 *Economic Evaluation* 项,如图 12.7 所示。但是,此项是基于默认设置的映射参数、型号参数、公用工程参数和成本估算参数进行评估的,所有这些参数可能与所研究工艺流程的参数是不同的。因此,用户在采用此方法之前,必须要确保 Aspen 默认设置是正确的。单击 *Economic Evaluation* 项,即可进行所模拟工艺流程的经济分析。该软件还用圆圈标记出费用最高的单元操作模块,如图 12.7 所示。同时,经济评价结果的详情会自动予以显示。

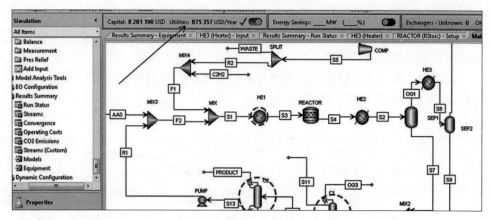

图 12.7　一键处理经济评价

12.4.2　经济活跃方法

第 2 种方法是采用 *Economics Active* 项。采用这种方法时,用户可完成设备的映射、选型的调整、查看设备进行修改、对选项进行评估等,如图 12.8 所示。与前文所述的第 1 种方法相比,*Economics Active* 项可更改默认的映射和选型。用户

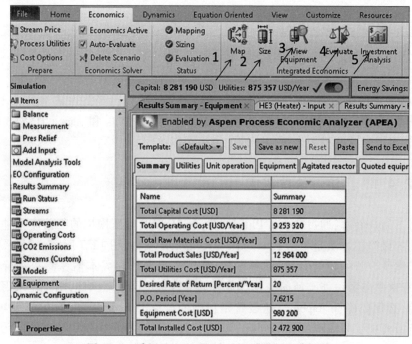

图 12.8　采用 *Economics Active* 项进行经济评估

可对每件设备进行单独映射,并可在必要时更正设备尺寸和材料类型。相应地,汇总结果可直接在模拟器中予以显示,但详细结果需要通过选择 ***Investment Analysis*** 项(图 12.8 中的步骤 5)在 Excel 文件中予以显示。设备信息、公用工程信息、原材料、产品物流信息、资本投资、运营成本、现金流分析等均是该 Excel 文件的主要组成部分(图 12.9)。

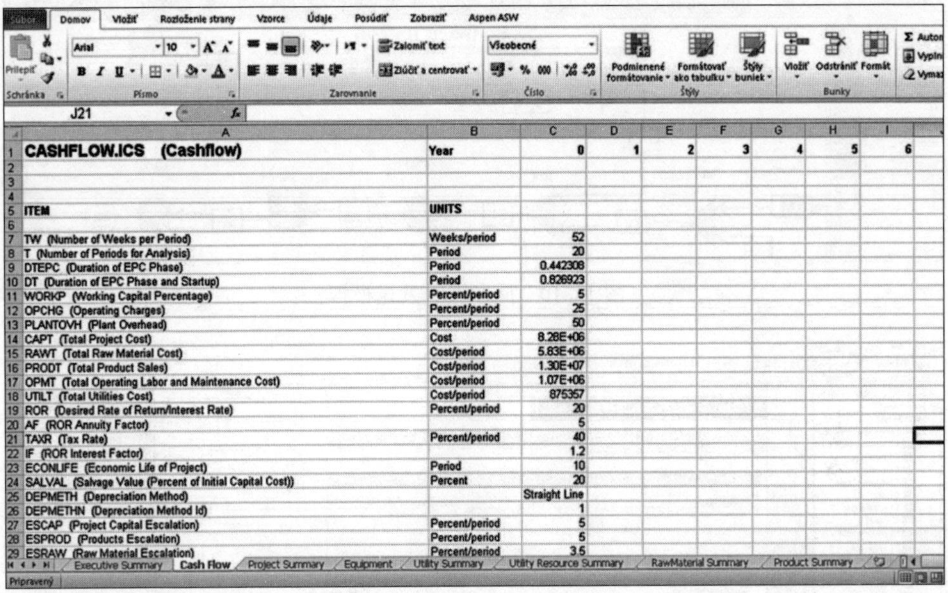

	A	B	C	D	E	F	G	H	I
1	CASHFLOW.ICS (Cashflow)	Year	0	1	2	3	4	5	6
2									
3									
4									
5	ITEM	UNITS							
6									
7	TW (Number of Weeks per Period)	Weeks/period	52						
8	T (Number of Periods for Analysis)	Period	20						
9	DTEPC (Duration of EPC Phase)	Period	0.442308						
10	DT (Duration of EPC Phase and Startup)	Period	0.826923						
11	WORKP (Working Capital Percentage)	Percent/period	5						
12	OPCHG (Operating Charges)	Percent/period	25						
13	PLANTOVH (Plant Overhead)	Percent/period	50						
14	CAPT (Total Project Cost)	Cost	8.28E+06						
15	RAWT (Total Raw Material Cost)	Cost/period	5.83E+06						
16	PRODT (Total Product Sales)	Cost/period	1.30E+07						
17	OPMT (Total Operating Labor and Maintenance Cost)	Cost/period	1.07E+06						
18	UTILT (Total Utilities Cost)	Cost/period	875357						
19	ROR (Desired Rate of Return/Interest Rate)	Percent/period	20						
20	AF (ROR Annuity Factor)		5						
21	TAXR (Tax Rate)	Percent/period	40						
22	IF (ROR Interest Factor)		1.2						
23	ECONLIFE (Economic Life of Project)	Period	10						
24	SALVAL (Salvage Value (Percent of Initial Capital Cost))	Percent	20						
25	DEPMETH (Depreciation Method)		Straight Line						
26	DEPMETHN (Depreciation Method Id)		1						
27	ESCAP (Project Capital Escalation)	Percent/period	5						
28	ESPROD (Products Escalation)	Percent/period	5						
29	ESRAW (Raw Material Escalation)	Percent/period	3.5						

图 12.9 ***Economics Active*** 项中的投资分析 Excel 表

Economics Active 项采用的模板可在 ***Economic Options*** 项下进行选择。用户可选择模板并能够基于转换因子对货币进行定义,但若进行更为详细的修正经济评估选项,就必须将模拟发送到 ***APEA*** 软件才能进行。

12.4.3 详细经济评价

APEA 软件可提供严格和详细的经济评估。虽然 ***APEA*** 软件是独立的,但其也可从模拟器(Aspen Plus 或 Aspen HYSYS)中进行启动。在将模拟发送到 ***APEA*** 软件(图 12.10 中的步骤 2)之前,必须要禁用模拟器 ***Economics Active*** 项,如图 12.10(步骤 1)所示。

将模拟发送到 ***APEA*** 软件后,用户能够定义的经济分析选项包括货币、税收、折旧方法、项目寿命以及许多其他参数。然后,可将单元操作模块映射到实际设备,再接着进行型号调整和评估(图 12.11)。***APEA*** 软件提供了不同形式的详细报告,即与图 12.10 所示相类似的报告会在评估步骤完成后自动给出。通过采用 \$ 图标启动 ***Aspen ICARUS*** 报告器后,可获得更为详细的报告信息。

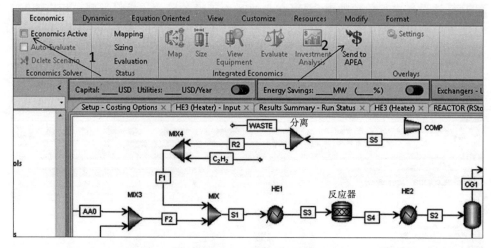

图 12.10 向 *APEA* 发送模拟

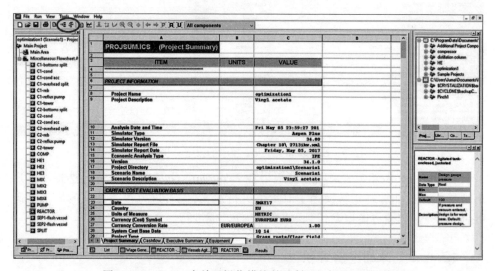

图 12.11 APEA 中单元操作模块的映射、尺寸调整和评估

若要更正任何选型信息并为单元操作模块提供更为详细的项目报告,应遵循图 12.12 所示的步骤。项目报告包含所选项目的全部工艺、材料、型号和经济信息。

APEA 软件是一个具有独立鲁棒特性的经济评估软件,有关其细节的描述超出了本书范围。此处只介绍了采用 *APEA* 软件在基于 Aspen Plus 或 Aspen HYSYS 所搭建的流程模拟中进行经济评估的基本步骤。

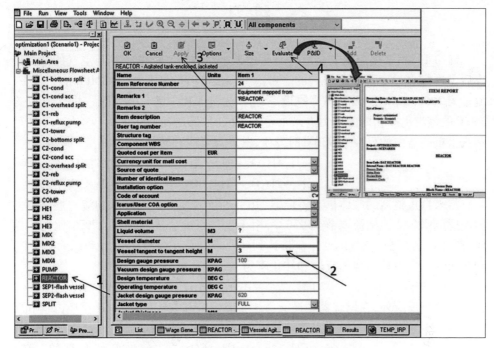

图 12.12　编辑设备选型并显示经济评价结果

参考文献

[1] Peters M, Timmerhaus K, West R. Plant Design and Economics for Chemical Engineers, 5th ed. New York: McGraw-Hill; 2004.

[2] Turton R, Bailie RC, Whiting WB, Sheiwitz JA. Analysis, Synthesis and Design of Chemical Processes, 3rd ed. Upper Saddle River, NJ: Prentice Hall, PTR; 1998.

[3] Towler G, Sinnott R. Chemical Engineering Design, Principles, Practice, and Economics of Plant and Process Design, 2nd ed. Amsterdam: Elsevier; 2013.

[4] Demian AC. Integrated Design and Simulation of Chemical Processes. Amsterdam: Elsevier, 2008.

[5] Aspen Plus ® V9 Help. Aspen Technology, Inc.; 2016. Burlington, MA Aspen Technology, Inc.

[6] Aspen HYSYS ® V9 Help. Burlington, MA Aspen Technology, Inc.; 2016.

练习

练习1 用于生产氨的合成气是通过天然气的蒸气重整及其与空气的部分燃烧后再进行水气变换反应得到的。考虑在温度370℃和压力3.45MPa的条件下，流量为100kmol/h的天然气（假设它组分为纯CH_4）进入重整器，并且温度为250℃的蒸汽也以相同的压力进入重整器。同时，针对每摩尔CH_4采用2.5mol的蒸汽。重整器中的反应在930℃时发生，其转化反应和转化率为

$$CH_4+H_2O \rightarrow 3H_2+CO \quad \text{（转换率：}CH_4\text{ 的43\%）}$$
$$CH_4+2H_2O \rightarrow 4H_2+CO_2 \quad \text{（转换率：}CH_4\text{ 的28\%）}$$

将来自重整器的气体供入燃烧器，并引入空气和第2股蒸汽物流。燃烧室的温度通过摩尔蒸汽物流调节到930℃，用于生产氨的合成气还包含摩尔比为3的H_2和N_2（通过调整空气的摩尔流量达到此要求），其中空气的温度和压力为20℃和3.45MPa。甲烷燃烧的反应和转化率为

$$CH_4+2O_2 \rightarrow CO_2+2H_2O \quad \text{（转换率：}CH_4\text{ 的100\%）}$$

除燃烧反应外，在燃烧器中还会发生重整反应和气体变换反应，反应方程和转换率为

$$CH_4+H_2O \rightarrow 3H_2+CO \quad \text{（转换率：}CH_4\text{ 的35\%）}$$
$$CH_4+2H_2O \rightarrow 4H_2+CO_2 \quad \text{（转换率：}CH_4\text{ 的65\%）}$$
$$CO+H_2O = H_2+CO_2 \quad \text{（平衡）}$$

来自燃烧器的气体进入变换反应器，此处采用了分别在450℃和400℃下进行工作的两个变换反应器。进一步，将来自变换反应器的合成气压缩至13MPa和冷却至270℃，之后用于氨工艺。氨反应器是在绝热条件下进行工作的，其内部发生的反应为

$$3H_2+N_2 \rightarrow 2NH_3$$

考虑对30%的N_2进行转换，将来自氨反应器的反应产物冷却到25℃，氨在气-液分离器中进行分离。

要求：采用Aspen HYSYS直接模拟该过程并计算从流量为100kmol/h的CH_4中产生的氨量。

练习2 乙酸乙烯酯是由乙酸与乙炔在温度为220℃和压力为1.45bar的条件下进行反应而生成的。将乙酸与乙炔（95kmol/h）混合后在1.7bar下从25℃加热到95℃，加热后的气流与乙炔循环物流（温度为10℃，压力为1.7bar，流量为9.17kmol/h，乙炔摩尔分率为0.55，CO_2摩尔分率为0.45）和乙酸循环物流（温度为116℃，压力为1.7bar，乙酸流量为300kmol/h，乙酸乙烯酯流量为3kmol/h）进行混合。通过控制新供给乙酸的流量使酸与乙炔的摩尔比为4。此外，反应器进料在进入反应器之前被加热到220℃。

在反应器中，除了包括以下的主反应外，即

$$C_2H_2 + CH_3COOH \rightarrow CH_2=CHOCO-CH_3$$

还会发生产生乙醛、丙酮、水和CO_2的两个副反应,其反应方程为

$$C_2H_2 + H_2O \rightarrow CH_2=CH_3-CHO$$

$$2CH_3COOH \rightarrow CH_3-CO-CH_3 + CO_2$$

Cornelissen等研究了主反应的动力学(第10章的式(10.6)),并给出了相应的速率方程和动力学参数,即

$$r = k\frac{p_{C_2H_2}}{1 + K_1 p_{HOAc} + K_3 p_{VA}}$$

其中,

$$K_1 = e^{\left(\frac{3.8E-3}{T} - 8.6\right)} \text{ Pa}^{-1} \quad K_3 = 2.6\text{Pa}$$

式中:$k = Ae^{(-E/RT)}$;$A = 50.8 \times 10^3 \text{kmol}/(\text{kg}_{cat} \cdot \text{s} \cdot \text{Pa})$;$E = 300\text{kcal/kmol}$。

对于上述3个反应,考虑:第2个反应具有4%的C_2H_2转化率,第3个反应具有3%的乙酸转化率。此外,上述反应器均是在等温条件下进行的,工作温度均为220℃和1.4bar。首先,采用冷却水将反应产物冷却至25℃,将进行液相分离后的气相通过盐水冷却至-20℃,在此分离得到另一部分液体。来自两个分离器的液体混合后被引导至蒸馏塔,其中:在第一个蒸馏塔中,低沸点组分和气体被蒸馏掉,其底部产物主要含有乙酸乙烯酯和乙酸;进一步被引入第2个蒸馏塔中,在其蒸馏产物中获得醋酸乙烯酯,其相应的底部产物为醋酸。要求:对该过程进行直接模拟,计算每摩尔乙酸所产生的乙酸乙烯酯量。

练习3 在温度为200℃和压力为10.7bar的情况下,采用苯的氢化反应生成环己烷。考虑到环己烷与苯的分离非常困难,因此需要转化率必须接近100%。反应产物被冷却到49℃并被导入到高压分离器。来自分离器的液相通过阀门将其压力降至大气压。在低压分离器中,苯与其余气体进行分离。要求:采用Aspen HYSYS对该过程进行直接模拟。

练习4 在温度为160℃、压力为2MPa的条件下,苯酚氢化成环己醇的反应方程和转化率为

$$C_6H_5-OH + 3H_2 \rightarrow C_6H_{11}-OH$$

(C_6H_5-OH的转换率为90%)

首先,将温度为25℃、压力为2MPa的氢气与循环氢气物流进行混合,基于上述化学反应,混合器的出口物流所含氢气是其理论要求的10倍。最终,氢气物流被反应产物加热到120℃,之后将其与温度为25℃、压力为2MPa、摩尔流量为100kmol/h的苯酚物流进行混合,该混合物进入反应器。

在加热氢气后,反应产物进入高压分离器(1.9MPa)中进行氢气分离。来自高压分离器的液相压力在低压分离器中被降至1个大气压,在此分离得到另一种最终的气体。来自低压分离器的液相是苯酚和环己醇的混合物,其通过具有5个理论塔板的蒸馏塔的真空蒸馏操作和温度为60℃的(部分气-液)冷凝器的冷凝操作

进行分离,其相应的参数为:回流比为2,塔内压力为5kPa,馏出物的摩尔流量为80kmol/h。要求:采用Aspen Plus对该工艺进行模拟,并给出以下的结果:
- 新输入氢气原料的摩尔流量;
- 混合物进入反应器前的温度;
- 反应热;
- 当水温变为40℃时,维持反应器中恒定的160℃的温度,计算需要多少温度为15℃和压力为1MPa的冷却水。

练习5 乙二醇是由环氧乙烷通过直接水合反应生成的。在没有催化剂的情况下,反应在液相温度约200℃下进行。除了通过以下的环氧乙烷水合成乙二醇的反应外,即

$$C_2H_4O+H_2O \rightarrow HOCH_2-CH_2OH$$

(C_2H_4O的转换率95%)

随后反应器中也会发生羟烷基化反应,所形成的产物包括二甘醇、三甘醇和高级二醇等。为抑制这些随后发生的反应,需要采用大量的水。环氧乙烷首先与含水冷凝液和循环物流混合,然后通过热交换器与反应产物一起被预热,最后进入反应器。通过节流阀将反应混合物的压力降低至大气压。气相在分离器中与液体进行分离,在冷却器中进行冷凝,再与其他冷凝物混合后,返回流程的起始端。将含有乙二醇和水的液相引入三级真空蒸发器。来自蒸发器所有阶段的冷凝物与来自蒸馏塔的馏出物一起返回到工艺流程的起始端。离开蒸发器最后阶段的乙二醇中仍含有水和二甘醇,在两个蒸馏塔中对其进行真空蒸馏处理,其中:水在第1个蒸馏塔中被蒸馏,第2个蒸馏塔的馏出物为最终产物,即工业纯乙二醇(质量分数为98%~99%)。要求:对该过程进行模拟,设计能够生产理论上为纯乙二醇的工艺设备的参数。

练习6 在合成气和氨工艺(本练习1)中,如果这种气体的90%(摩尔基)被回收,设计从氨中分离出的气体能够回到氨工艺起始端的再循环流程。要求:进行该工艺流程的能源分析并估计其节能潜力。

练习7 对于本练习2中所描述的醋酸乙烯酯工艺,提供进行材料整合(对未反应的乙炔和乙酸进行回收)、能源整合(设计至少一种用于工艺冷热物流互连以降低公用工程成本的方案)的工艺流程,并采用集成于模拟器内部的Aspen经济分析器进行经济分析(包括映射、选型和评估等)。

练习8 本练习5中所描述的乙二醇工艺的动力学特性由Melhemet等进行了测量(第10章的式(10.7)),并提出了以下式表示的速率方程,即

$$r_1 = r_{EG} = k[EO][H_2O][ROH]^2$$
$$r_2 = r_{DEG} = 2k[EO][EG][ROH]^2$$

存在以下的化学反应,即

$$ET-OX+H_2O \rightarrow EG$$
$$ET-OX+EG \rightarrow DEG$$

式中:$[ROH]=[H_2O]+2[EG]+2[DEG]$ 为羟基的总摩尔浓度。

上述速率方程中的速率常数 k 由 Arrhenius 方程计算得到,在该方程中,$A=338(m^3)^3/(kmol^3 \cdot s)$、$E=79.19kJ/mol$。要求:在能够获得的 Excel 模板中,对该反应动力学进行建模,并通过 **USER2** 模型将其与 Aspen Plus 进行互连;将反应器的动力学模型集成到本练习 5 中所描述的乙二醇工艺流程图中,提供能够将未反应的环氧乙烷循环的工艺过程的材料整合方案。

练习 9 含有摩尔分数 89% 甲烷、3.9% 乙烷、2.5% 丙烷、1.6% H_2S、2.5% CO_2 和 0.2% N_2(干基)的天然气物流通过水进行饱和反应。在温度为 25℃ 和压力为 6.3MPa 条件下,该天然气需要采用三甘醇(TEG)在理论塔板数量为 15 和效率为 0.5 的吸收塔中进行干燥,再生前的湿 TEG 被再生的 TEG 预热到大约 110℃ 的温度,再生塔包含再沸器、冷凝器和进料阶段,再生的 TEG 与补充的新鲜 TEG 进行混合后被泵送至吸收塔,由离开吸收塔的气体进行冷却后返回吸收塔顶部。要求:搭建用于模拟的工艺流程图,设计缺失的工艺参数,实现从天然气中完全去除水和进行 TEG 再生的目的;采用 **APEA**(Aspen Process Energy Analyzer)估计该工艺流程的节能潜力,估算此工艺流程的设备安装成本。

练习 10 苯胺是通过硝基苯在气相中的催化还原反应产生的。由于要求苯胺的硝基苯含量非常低,因此必须将硝基苯完全转化为苯胺。硝基苯通过预热器注入蒸发器,进而在蒸发器中蒸发形成氢气流。1:10~1:15 的混合物(硝基苯/氢气)被蒸汽稍微加热后,在约 200℃ 温度下通过由冷却沸水冷却的管式反应器,其中的一小部分未反应的硝基苯在二级绝热反应器中进行反应。反应混合物将热量传递给循环氢气,并通过水进一步将其冷却至 40℃,在进入分离器后被分离成液相和气相,后者含有的氢气通过压缩机循环至加氢过程。压缩后,来自分离器的氢气物流与新供给氢气物流进行混合,并在通过热交换器后被反应混合物预热,然后返回到流程的起始端(与硝基苯混合)。同时,来自分离器的液相被分为苯胺和水相后再分别进行处理。通常,在含有约 3.5% 苯胺的水相中,苯胺被蒸馏为苯胺/水共沸物,蒸馏塔的馏出物被返回相分离器,主要为水的底部产物的苯胺含量不得超过 0.01%。苯胺相在另外一个额外的蒸馏塔中进行再处理以去除水和苯。要求:采用 Aspen Plus 进行模拟,设计此工艺流程,完成工艺流程图模拟、物料流整合(氢循环)、工艺能源整合和工艺经济分析等步骤。

练习 11 工业乙醇可通过乙烯的水合反应进行生产,设计能够处理流量为 100kmol/h 的乙烯的工艺流程。要求:对乙烯水合反应的相关变体、工艺数据、组分特性数据、相平衡数据、反应平衡和动力学数据进行搜索;根据针对该工艺的热力学分析,选择合适的热力学模型对所选择的技术进行模拟;采用 Aspen Plus 进行流程模拟,通过材料和能源整合开发工艺流程图,采用灵敏度分析方式设置最佳的工艺参数。如果该工艺流程的能量整合能够正常的完成,采用 Aspen Energy Analyzer 软件进行测试。

第4篇　面向非常规组分的工厂设计与模拟

第13章
虚拟组分设计和模拟

前几章讨论的所有案例的共同特征是基于存在的真实成分进行模拟。物料流的组成是由具有已知分子结构和物性的真实组分含量给出的,即所谓的常规组分。然而,在工业中,通常物流的精确组分是未知的,尤其是在石油精炼工业领域内。原油和其他石油馏分是数千种组分的混合物,涵盖范围从轻烃(如甲烷、乙烷等)组分到具有非常高分子量的组分。此外,原油的组分还取决于其开采地。考虑到这些事实,采用经典表征方法,即只是按单个组分的摩尔分率或质量分率对原油组分进行表征是不现实的。

石油精炼是基于沸点范围而不是质量分率或摩尔分率进行精炼。石油物流的物性不是依据组分确定,而是采用5%点、95%点、最终沸点、闪点和辛烷值等物性。通过将原油或石油馏分的蒸馏曲线分成不同的子区间即代表其可生成不同的虚拟组分。

本章将讨论在流程设计和模拟中如何采用虚拟组分代替常规组分,并通过案例说明如何定义石油分析和混合物、产生虚拟组分、在 Aspen Plus 和 Aspen HYSYS 软件中模拟原油蒸馏、建模裂化和加氢裂化过程等。

13.1　石油化验和混合物

通过体积和分率特性对原油或石油馏分进行复杂表征被称为化验。相对密度、蒸馏曲线、轻组分含量、闪点、凝固点、硫、石蜡、环烷烃和芳烃含量、烟点、苯胺点、辛烷值和十六烷指数是最为常用的化验特性。蒸馏曲线是炼油流程模拟中最容易混淆的信息[1]。目前存在多种确定蒸馏曲线的方法,其中真沸点(TBP)、ASTM D86、ASTM D1160、ASTM D86-D1160 和 ASTM-D2887 是常用的蒸馏曲线类型。模拟器具有将一种类型的蒸馏曲线转换为另一种曲线类型的能力。

蒸馏曲线可用于定义虚拟组分。每个虚拟组分代表蒸馏曲线的一个片段,而其沸点被确定为蒸馏馏分的平均 TBP(图 13.1)。虽然用户可根据沸点范围选择生成虚拟组分的数量,但这也取决于许多因素,如馏分的体积特性和模拟类型。Aspen Plus[2]和 Aspen HYSYS[3]都能够生成虚拟组分,其中至少需要蒸馏曲线和体积比例信息,但输入更多信息则意味着能够更准确地确定虚拟组分的特性。通常,蒸馏曲线、体积比例和轻组分含量是生成虚拟组分最常用的输入信息。模拟器还可输入分子量和相对密度(或美国石油学会(API)所定义的程度或密度)曲线。

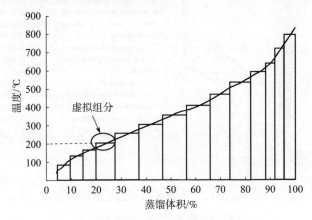

图 13.1 基于沸点范围的虚拟组分生成

当生成虚拟组分集时,模拟器会计算出流程模拟所需的虚拟组分的不同物性。虚拟组分最重要的物性是分子量、蒸汽、液体热容、蒸汽压、汽化潜热、临界特性、液体密度和理想热容等。

Aspen HYSYS 中包含一个世界各地所生产原油的化验数据库。用户可轻松选择原油类型、定义石油化验和生成虚拟组分。

13.1.1 Aspen HYSYS 石油化验表征

例 13.1 在炼油厂中加工源自沙特阿拉伯的原油(Arabian-Medium 2012)。要求:采用 Aspen HYSYS 库对模拟原油蒸馏的石油化验进行表征,显示 TBP 曲线为 TBP=f(蒸馏体积%)的形式,以及显示 PNA(石蜡、环烷烃、芳烃)含量与 TBP 间的关系。

解决方案:
- 打开 Aspen HYSYS 并导入化验组分列表(Aspen HYSYS 提供了许多预先准备好的适用于不同类型石油过程的组分列表文件),按照图 13.2 所示步骤导入一个包含 850℃虚拟组分的列表。此外,用户也可通过为所选择的温度范围添加轻组分和 *Hypo Group* 项的方式定义用户自己的组分列表。

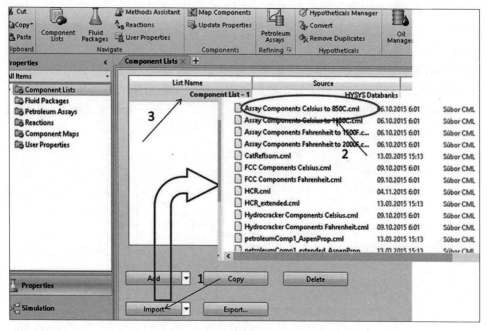

图 13.2　导入合适石油的组分列表

- 为此模拟选择 Peng-Robinson 流体包。
- 如图 13.3 所示,打开石油化验管理器。

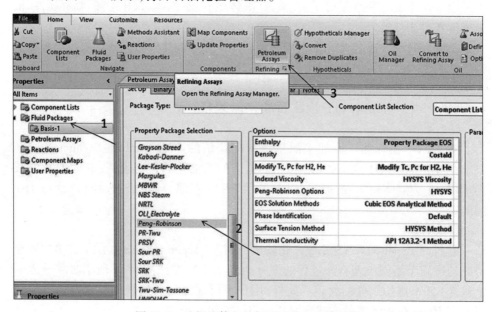

图 13.3　选择流体包并打开石油化验管理器

- 出现 *Petroleum Assays* 项后，单击 *Add* 按钮，如图 13.4 所示，则出现 Aspen HYSYS 数据库中可用的分析列表。

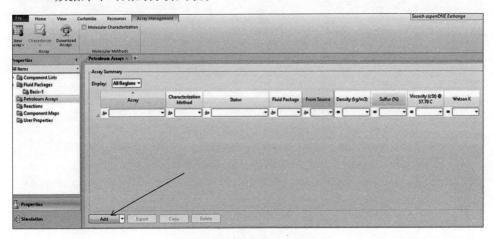

图 13.4　添加新的石油化验

- 基于化验名称、化验区域或原产国、化验物性等不同标准可在列表中对化验进行搜索，本例中考虑采用基于国家名称找到适当的原油化验的方法，选择 *Arabian Medium 2012* 项，如图 13.5 所示。

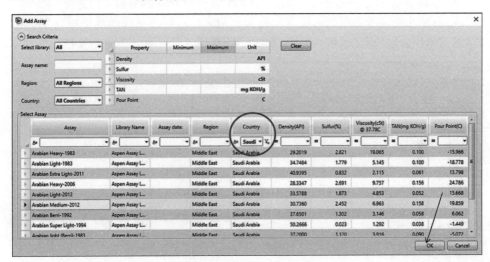

图 13.5　基于原产国选择化验

- 单击 *OK* 按钮后，Aspen HYSYS 将根据默认设置自动开始进行化验特征打开。
- 打开化验特征需要几秒钟，完成后的显示结果如图 13.6 所示。
- 如果需要，可对这些计算得到的化验参数以及切割次数进行修改，通过选

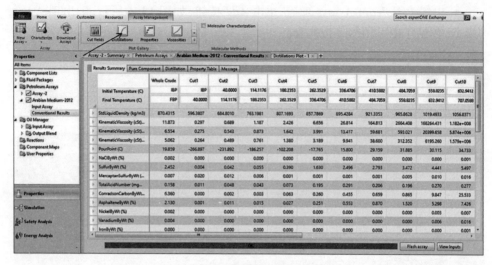

图 13.6 表征化验

择 *Flash Assay* 项,可输入体积密度、蒸馏曲线以及最终的其他参数的新值,以便对化验进行重新表征,若要更改切割次数或切割物性可选择 *View Inputs* 项。需要注意的是,在此例中,切勿更改原始化验特征。

- 若要显示 TBP 蒸馏曲线,单击图 13.6 所示的 *Distillations* 项。
- 蒸馏曲线显示为蒸馏的质量分数为 $f(TBP)$,若要将蒸馏曲线变更为 $TBP=f$ (蒸馏的体积分数)或其他格式选项,需要按照图 13.7 所示的步骤进行操作。

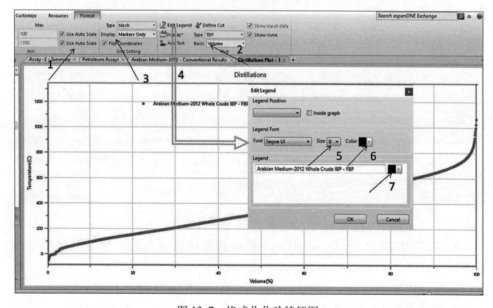

图 13.7 格式化化验特征图

- Arabic-Medium 2012 原油的最终 TBP 蒸馏曲线,如图 13.8 所示。

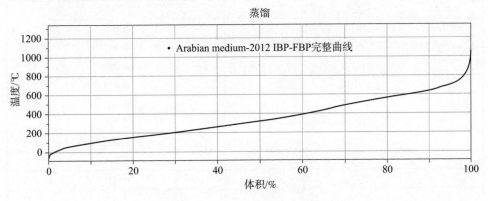

图 13.8　选定原油的 TBP 蒸馏曲线

- 若要显示 PNA 与 TBP 曲线,应单击 **PNA** 项,并按照以前的案例进行处理,最终格式化后的 PNA 图如图 13.9 所示。

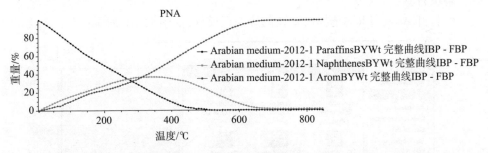

图 13.9　所选原油的 PNA 含量

准备将例 13.1 所描述的石油化验特征用于对原油蒸馏过程的模拟。此次将继续进行例 13.3 中的针对该原油的初级蒸馏。

13.1.2　Aspen Plus 石油化验表征

例 13.2　体积密度为 $0.85g/cm^3$ 的原油化验将在炼油厂进行,该原油的 TBP 蒸馏数据如表 13.1 所列。

表 13.1　TBP 蒸馏数据

蒸馏百分比/%	5	10	20	30	40	50	60	70	80	90	100
温度/℃	60	115	180	235	295	350	400	470	545	635	830

轻馏分的总分率为 0.00352,其组分的组成如表 13.2 所列。

333

表 13.2 轻组分尾气组成

尾气	组分组成
甲烷	0.015
乙烷	0.037
丙烷	0.253
i-丁烷	0.089
n-丁烷	0.303
戊烷	0.097
戊烷	0.099
高级烃	0.095
CO_2	0.005
N_2	0.006
H_2S	0.001

要求:提供石油化验特征,并生成用于 Aspen Plus 流程模拟的虚拟组分。

解决方案:

- 打开 Aspen Plus,选择已安装的炼油厂模板,如图 13.10 所示。

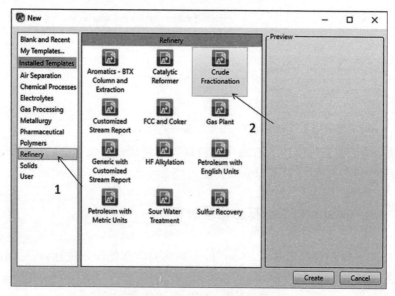

图 13.10 打开炼油厂石油分馏模拟案例

- Aspen 自动生成的组分列表中,除了含有常规轻组分外,还包含原油化验项,如图 13.11 所示。

- 通常,Chao-Seader、Grayson 或 Grayson 2 和 BK10 模型是最常用的石油分馏热力学模型,在该模板中自动选择 Grayson 模型。

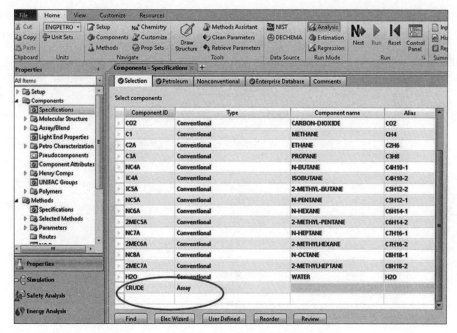

图 13.11　Aspen Plus 中的典型炼油厂组分列表

● 按照图 13.12 所示的步骤,继续指定化验基本数据的规格,选择蒸馏曲线类型并输入体积密度和蒸馏曲线数据。

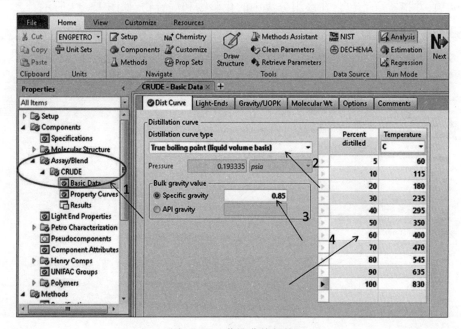

图 13.12　蒸馏曲线规格

335

- 如果未进行轻馏分的指定，Aspen 会将轻馏分视为整个原油的一部分。本例中的轻馏分总比例是已知的，需在 *Light Ends* 选项卡中输入组分及其相关信息，如图 13.13 所示。

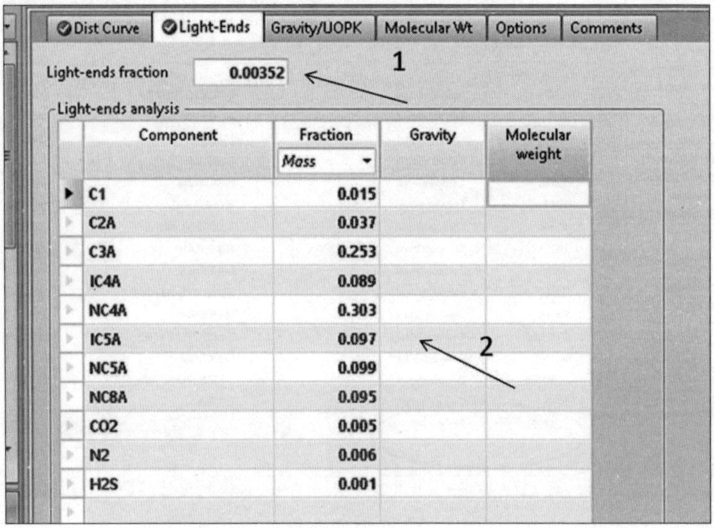

图 13.13　轻馏分选项卡

- 进行生成虚拟组分的设置。在 *Petro Characterization* 项下定义新 *Generation* 项，并指定可能包含在虚组分集中的化验物和混合物，如图 13.14 所示。

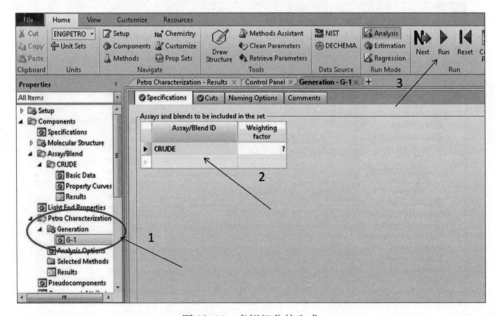

图 13.14　虚拟组分的生成

- 虽然 Aspen 中支持用户进行石油蒸馏过程中的切割点和组分生成点的自定义,但在此模拟中采用的是默认切割点。
- 运行模拟,生成虚拟组分集。
- 虚拟组分的生成结果如图 13.15 所示。

Pseudocomponent	Average NBP (C)	API gravity	Specific gravity	UOPK	Molecular weight	Critical temperature (F)	Critical pressure (psia)
PC66F	18.872	81.7306	0.663601	12.1616	69.652	376.421	616.255
PC138F	58.7402	72.8258	0.692521	12.1616	85.2237	455.755	506.078
PC163F	72.6714	70.0444	0.702078	12.1616	91.2952	482.81	475.042
PC188F	86.5403	67.42	0.711341	12.1616	97.6848	509.43	447.145
PC213F	100.362	64.9354	0.720339	12.1616	104.407	535.663	421.933
PC238F	114.257	62.5583	0.729162	12.1616	111.535	561.75	398.868
PC263F	128.279	60.2719	0.737856	12.1616	119.316	587.802	377.627
PC288F	142.151	58.1125	0.746259	12.1616	127.013	613.315	358.388
PC313F	155.951	56.0577	0.754434	12.1616	135.272	638.449	340.804
PC337F	169.646	54.1038	0.762377	12.1616	143.877	663.161	324.716
PC363F	183.661	52.186	0.770937	12.1616	153.116	688.22	309.51
PC388F	197.56	50.3599	0.778072	12.1616	162.723	712.851	295.556
PC412F	211.386	48.6134	0.785616	12.1616	172.728	737.143	282.676
PC437F	225.212	46.9321	0.793019	12.1616	183.191	761.235	270.696
PC462F	239.103	45.3045	0.800319	12.1616	194.108	785.243	259.482
PC487F	253.03	43.7306	0.807507	12.1616	205.665	809.124	248.986
PC513F	266.949	42.2122	0.814566	12.1616	217.64	832.808	239.179
PC538F	280.868	40.7451	0.821504	12.1616	230.112	856.414	229.993
PC563F	294.767	39.3282	0.828317	12.1616	243.069	879.617	221.387
PC588F	308.636	37.9599	0.835006	12.1616	256.501	902.702	213.316
PC613F	322.527	36.6322	0.841590	12.1616	270.464	925.663	205.709

图 13.15 虚拟组分生成结果

- 为进行原油的初馏,在 Aspen Plus 中继续执行例 13.4。

13.2 原油初馏

炼油厂的基础工艺之一是对原油进行初馏。典型的原油蒸馏单元是由常压蒸馏塔和减压蒸馏塔组成的,在许多单元中还包括一个预闪蒸蒸馏塔和一些用于保证蒸馏产品稳定的附加塔。

在开始对原油蒸馏进行建模之前,石油化验特性必须要按照如例 13.1 所述的方式进行表征。在原油蒸馏建模中,既可采用严格法,也可采用简捷法。对于蒸馏塔的数学描述,通常所采用的方法是理论塔板法。严格建模是基于网格(质量、平衡、求和、焓)方程的解,其类似于传统的针对混合物蒸馏的建模。针对每个理论塔板,需要分别求解单个组分或虚拟组分的质量平衡、焓平衡和气-液平衡方程。塔的数学模型是由各个理论塔板的模型组成的[4]。

适用于炼油应用的热力学(相平衡)模型可分为两组。第 1 组模型是基于气体状态方程的,其更适用于真实组分,如 PR(Peng-Robinson)状态方程和 SRK(Soave-Redlich-Kwong)状态方程。Aspen HYSYS PR 中的模型也是适用于虚拟组分的。第2组模型主要适用于虚拟组分,是特别针对碳氢化合物混合物而进行开发的,如 Braun K10、Chao-Seader 和 Grayson-Streed 模型。Braun K10 模型是适用于压力低于 700kPa、温度从 170℃到430℃条件下的重烃混合物的模型。K10 模型的值可通过 Braun 收敛压力法获得所采用的 70 种碳氢化合物和轻气体的参数。在 Chao-Seader 模型中,采用 Chao-Seader 关联式[5]计算液相纯组分的逸度系数(v_j^0),采用 Scatchard-Hildebrand 子模型计算活度系数(γ_i),采用 Redlich-Kwong 状态方程计算气相逸度系数(ϕ_i),采用 Lee-Kesler 关联式[6]计算焓[7],然后采用下式计算平衡系数(K_i),即

$$K_i = \frac{v_j^0 \gamma_i}{\phi_i} \tag{13.1}$$

在-70~260℃的温度范围内和在压力 140kPa 以下的条件下,该模型能够提供最优解。更多详细的更适合炼油流程模拟的有关方法的信息,可参阅模拟器的帮助文件[2-3]。

例 13.3 例 13.1 中描述的流量为 300t/h 的原油(ArabianMedia 2012)在一级原油蒸馏单元中进行处理,该单元由预闪蒸塔、常压蒸馏塔和减压塔组成。在进入预闪蒸塔之前,温度为 175℃和压力为 1.1MPa 的进料在炉子中被预热至 250℃后被送入塔底,流量为 2t/h 的汽提蒸汽(温度 350℃、压力 12bar)也被输送到塔底部。在预闪蒸塔中,对石油气流和一部分轻石脑油进行蒸馏,该塔采用 15 个理论塔板进行分离,其回流比为 0.5。预闪蒸塔的底部产物在常压塔加热器中被加热到 380℃后被送入常压蒸馏塔的底部。该工艺流程所具有的 3 个侧线汽提塔和 2 个循环泵的规格如表 13.3 所列。

表 13.3 侧线汽提塔和循环泵的规格

侧线汽提塔 1	
产物	煤油
引入塔板	7
返回塔板	6
产品质量流量/(t/h)	30
段数	3
汽提蒸汽质量流量/(kg/h)	600
侧线汽提塔 2	
产物	轻质瓦斯油(LGO)
引入塔板	14
返回塔板	13
产品质量流量/(t/h)	70
段数	3
汽提蒸汽质量流量/(kg/h)	90

续表

侧线汽提塔器 3	
产物	重瓦斯油(HGO)
引入塔板	20
返回塔板	19
产品质量流量/(t/h)	50
段数	2
汽提蒸汽质量流量/(kg/h)	0.7
循环泵 1	
引入塔板	4
返回塔板	5
段数	350
温度/℃	40
循环泵 2	
引入塔板	12
返回塔板	13
段数	220
温度/℃	25

其他相关的规格参数为:常压塔具有 25 个理论塔板,输送至底部的汽提蒸汽(温度 355℃、压力 12bar)的流量为 2.5t/h,常压塔的回流比为 0.2。

要求:如果 95% ASTM D86 的温度为 124℃ 且冷凝器的温度为 46℃,计算预闪蒸塔中石油气和轻石脑油的质量流量;计算常压塔所有产品的 TBP 蒸馏曲线,并确定轻石脑油、煤油、LGO 和 HGO 的 TBP 曲线的 95%切割点值。

解决方案:
- 在模拟环境中,继续执行例 3.1 所示的解决方案。
- 选择物料流,并基于温度、压力和质量流量参数对其进行定义。
- 为确定物料流的组分,此处再次给出现有的石油化验结果(在之前步骤中,已在物性环境中进行的定义),如图 13.16 所示。
- 此处采用蒸馏塔子物流的工艺流程表对预闪蒸馏塔进行严格模拟,在本质上,是否存在石油化验值对设置蒸馏塔规格而言并没有显著的差异;在 *Design* 项的 *Connection* 选项卡中激活 *Water side draw* 项;采用回流比、液体馏出物流量和气体馏出物流量作为初步的塔规格设置项,在蒸馏塔的模拟收敛之后再依据本例的要求对新的蒸馏塔规格进行定义,相应的设定包括冷凝器温度(46℃)和 ASTM D86 蒸馏曲线的 95%切割点温度(124℃),有关进行新规格定义的详细信息如图 13.17 所示。

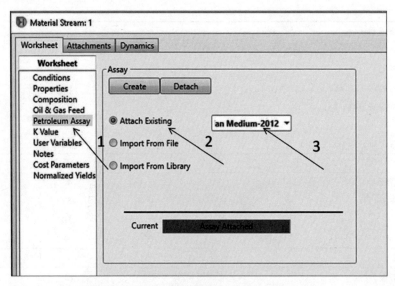

图 13.16　将石油化验附加至 Aspen HYSYS 模拟

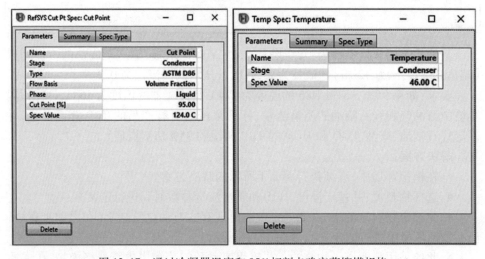

图 13.17　通过冷凝器温度和 95% 切割点确定蒸馏塔规格

在启用上述这些新规格之前,需要在 **Design** 选项卡的 **Monitor** 页面上对之前的规格予以停用,相应的液体馏出物流量和气体流量的计算值如图 13.18 所示。

预闪塔的物流结果如表 13.4 所列。在规定条件下,对流量为 6449kg/h 的气体和流量为 11720kg/h 的轻石脑油在预闪塔中进行蒸馏,其中:原油中剩余部分被送入常压蒸馏塔,预闪塔的温度为 136℃,原油在进入常压塔前被升温到 380℃。

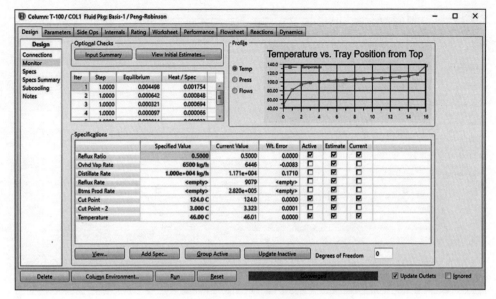

图 13.18 预闪塔规格

表 13.4 预闪塔的物流结果

名称	PF-进料	PF-流	PF-GAS	LN	水	AT-进料
蒸汽分率	0.1280	1	1	0	0	0
温度/℃	250.0	350.0	46.0	46.0	46.0	136.4
压力/kPa	1050	1200	150	150	150	190
摩尔流量/(kmol/h)	1341.7	111.0	104.7	138.5	100.0	1109.3
质量流量/(kg/h)	300000.0	2000.0	6446.3	11710.4	1801.9	282037.3

常压进料被引至常压塔的底部,其中还包括流量为 2.5t/h 的汽提塔蒸汽进料。采用蒸馏塔子物流的流程图对常压蒸馏塔进行建模,此处除了为主塔提供汽提蒸汽外,还需要确定针对侧线汽提塔的汽提蒸汽流量。

- 以通常采用的方式进行塔的连接。
- 确定常压塔的顶部压力(115kPa)和底部压力(130kPa)。
- 在 *Design* 选项卡的 *Monitor* 页面上,指定回流比(0.2)、冷凝器温度(120℃)和馏出率(25t/h)。
- 在 *Side Ops* 选项卡中指定 *Side Stripper* 项,如图 13.19 所示,其中,前两个侧线汽提塔为蒸汽汽提类型,第 3 个为再沸类型。
- 进行 *Pump Arounds* 项的指定,具体如图 13.20 所示。其中:在第 1 次泵循环中,流量为 350t/h 的液体从第 5 塔板抽出后并返回至第 4 塔板,温度的下降幅度为 40℃;在第 2 次泵循环中,流速为 220t/h 液体从第 13 块塔板抽出后并返回至第 12 块塔板,温度的下降幅度为 25℃。

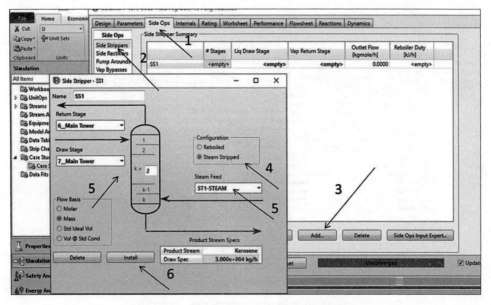

图 13.19　Aspen HYSYS 中的侧线汽提塔规格

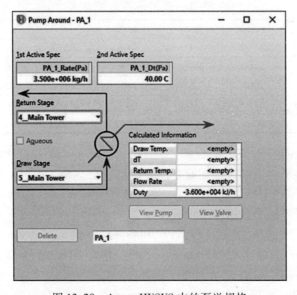

图 13.20　Aspen HYSYS 中的泵送规格

- 最终所搭建的工艺流程如图 13.21 所示,在检查其是否规定了所有要求的物流和塔参数后,运行模拟。
- 在流程达到收敛后,检查 *Worksheet* 选项卡和 *Performance* 选项卡上的模拟结果。

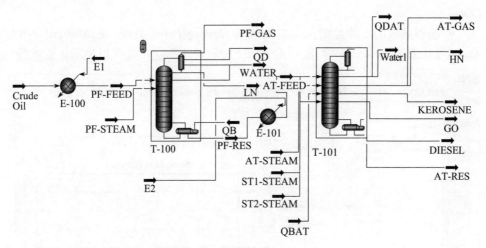

图 13.21 原油常压蒸馏流程图

- 汇总物流后的结果如表 13.5 所列。

表 13.5 常压塔的物流结果

名称	AT-进料	AT-STEAM	ST1-STEAM	TS2-STEM
气相分率	0.7103	1	1	1
温度/℃	350.0	350.0	350.0	350.0
压力/kPa	160	1200	1200	1200
摩尔流量/(kg/h)	109.2	138.8	33.3	5.0
质量流量/(kg/h)	282029.9	2500.0	600.0	90.0
名称	WATER1	AT-GAS	HN	KEROSEE
气相分率	0	1	0	0
温度/℃	68.0	68.0	68.0	141.0
压力/kPa	115	115	115	118.75
摩尔流量/(kg/h)	172.0	24.4	243.7	208.8
质量流量/(kg/h)	3098.1	1499.4	25000.3	30000.0
名称	DIESEL	GO	AT-RES	
气相分率	0	0	0	
温度/℃	250.2	371.3	457.8	
压力/kPa	123.125	126.25	130	
摩尔流量/(kg/h)	316.9	45.3	274.5	
质量流量/(kg/h)	70000.1	14000.1	141611.7	

- 若要显示塔曲线和产品的切割点曲线,应选择 *Performance* 选项卡上的

Plots 项。

• 能够显示的 3 种类型的化验曲线为 *Boiling Point Assay* 项、*Molecular Wt. Assay* 项和 *Density Assay* 项,按照图 13.22 所示的步骤进行操作以显示化验曲线。

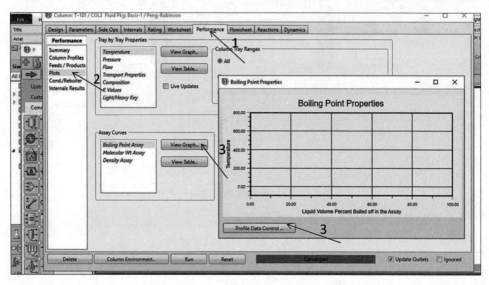

图 13.22　显示产品化验曲线

• 若要为产品(TBP、ASTM D86 或 ASTM D1160)选择特定类型的蒸馏曲线,选择 *Profile Data Control* 项(图 13.22 中的步骤 3),则进一步出现图 13.23 所示的页面。

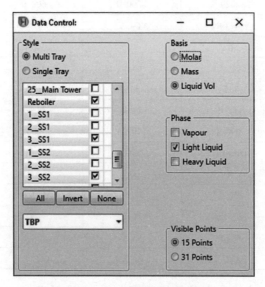

图 13.23　选择曲线类型和产品

344

- 以 *Liquid Vol%* 项作为基准,选择 *Multitray* 项和 TBP 蒸馏曲线。
- 对所有液体产品的沸点切割点进行显示,标记主塔的冷凝器和再沸器的塔板以及所有 3 个侧线汽提塔的最末塔板。

所选产品的 TBP 曲线如图 13.24 所示。

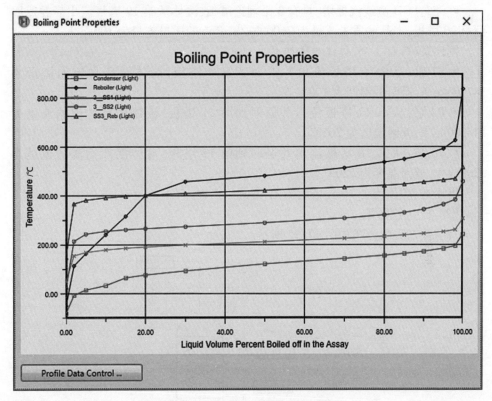

图 13.24 常压塔产品的 TBP 曲线

图 13.24 所示的结果表明,轻石脑油、煤油、LGO 和 HGO 的 TBP 曲线的 95% 切割点温度分别为 184℃、254℃、365℃ 和 463℃。

例 13.4 实施例 13.2 中所述的流量为 350t/h 的原油在原油一级蒸馏单元中进行处理,该单元由常压蒸馏塔和减压蒸馏塔组成,进料温度为 170℃,压力为 2bar,蒸馏塔参数和相关工艺参数如下。

(1) 常压塔。

总分离效率:等价于 25 个理论塔板。

冷凝器:部分-蒸汽-液体,冷凝器温度为 60℃,总馏出率为 29000kg/h。

再沸器:无再沸器,进料引至炉内并加热至 355℃。

汽提蒸汽:汽提蒸汽进入流量为 2500kg/h 的主塔(400℃、3bar)。

侧线汽提塔:具有 3 个侧线汽提塔,具体参数如下。

- SS1,H-石脑油侧线汽提塔:具有 4 个理论塔板,液体从第 7 塔板流出后返回至第 6 塔板,产品的质量流量为 29000kg/h,蒸汽的质量流量为 1500kg/h。
- SS2,煤油侧线汽提塔:具有 3 个理论塔板,液体从第 14 塔板流出后并返回至第 13 塔板,产品的质量流量为 34300kg/h,蒸汽的质量流量为 600kg/h。
- SS3,LGO 侧线汽提塔:具有 3 个理论塔板,液体从第 19 塔板流出后并返回到第 20 塔板,产品的质量流量为 76000kg/h,蒸汽的质量流量为 100kg/h。

循环泵:具有 3 个,具体参数如下。
- P1 泵:从第 5 塔板流出并返回到第 4 塔板,液体循环物流的流量为 387500kg/h,返回的温度为 107℃。
- P2 泵:从第 12 塔板流出并返回到第 11 塔板,液体循环物流的流量为 235300kg/h,返回温度为 205℃。
- P3 泵:从第 18 塔板流出并返回到第 17 塔板,液体循环物流的流量为 2300kg/h,返回温度为 220℃。

塔压力:塔顶为 1.1bar,塔底为 1.3bar。

(2) 真空蒸馏塔。

真空蒸馏塔的方案如图 13.25 所示。

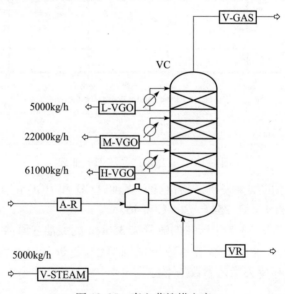

图 13.25 真空蒸馏塔方案

总分离效率:总计 11 个理论塔板的详细分配为:从顶部到轻真空柴油(L-VGO)侧线物流,采用 2 个塔板;从 L-VGO 到(M-VGO)侧线物流,采用 2 个塔板;从 M-VGO 到重减压柴油(H-VGO)侧线物流,采用 5 个塔板;从 H-VGO 到塔底部(闪蒸区和汽提区),采用 2 个塔板。

压力:塔顶为 0.1bar,第 2 塔板为 0.11bar,塔底为 0.2bar。

冷凝器:采用部分冷凝,冷凝器的温度为 90℃。

再沸器:无再沸器,进料物料引至炉膛,其中炉膛的温度为 380℃。

侧线物流:共 3 条,具体为:第 1 侧线物流记为 L-VGO,流量为 5000kg/h;第 2 侧线物流记为 M-VGO,流量为 22000kg/h;第 3 侧线物流为 H-VGO,流量为 61000kg/h。

循环泵:共 3 个,每侧线物流 1 个,详细如下。

- VP1:采出塔板为 2 个,返回塔板为 1 个,质量流量为 35000kg/h,温度变化为 35℃。
- VP2:采出塔板为 4 个,返回塔板为 3 个,质量流量为 120000kg/h,温度变化为 20℃。
- VP3:采出塔板为 9 个,返回塔板为 5 个,质量流量为 25000kg/h,温度变化为 20℃。

对采用 Aspen Plus 进行模拟的要求如下:①计算常压塔的温度和流量曲线;②将常压塔产品的 ASTM D86 计算曲线与表 13.6 所列常压塔产品的实验测量蒸馏曲线进行比较;③计算真空塔产品的 ASTM D86 曲线。

表 13.6 实验测量的蒸馏曲线

切点/%(体积分数)	L-石脑油	H-石脑油	煤油	LGO
初始沸腾点	70.8	106.3	180.0	203.0
5	81.8	115.8	190.4	241.1
10	83.4	117.3	192.8	252.9
20	86.0	120.7	197.9	267.1
30	88.4	124.6	201.7	275.5
40	90.9	129.4	205.4	284.6
50	93.8	134.5	209.6	292.9
60	97.2	140.6	213.9	302.5
70	101.5	146.6	219.4	312.2
80	106.8	153.2	226.3	324.4
90	115.4	160.6	236.9	340.9
95	124.1	165.6	245.8	352.4
终沸腾点	134.1	179.0	257.4	360.4

解决方案:

- 继续实施例 13.2 所描述的解决方案。
- 选择 Chao-Seader 热力学模型,并切换至模拟环境。
- 为常压和减压蒸馏塔选择 *PetroFrac* 单元操作模型,如图 13.26 所示。需要注意的是,图标类型并不影响模型的功能,即此处可以选择任何一个图标,但通常建议采用最能够准确描述所要模拟的工艺流程的图标。

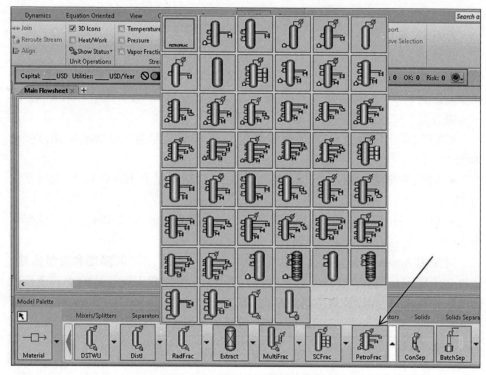

图 13.26　选择 PetroFrac 单元装置操作模型

- 搭建工艺流程图,如图 13.27 所示。

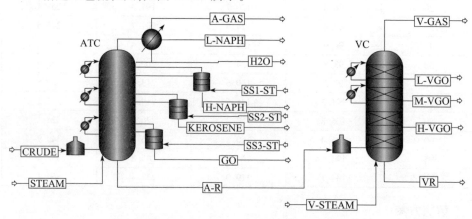

图 13.27　Aspen Plus 中的原油初级蒸馏流程图

- 通过温度、压力和质量流量对原油物流进行细化,选择 1 作为原油质量分率,对原油物流的成分进行定义。
- 通过温度、压力和质量流量对全部汽提蒸汽物流进行定义,此处继续采用常压蒸馏塔规格,如图 13.28 所示,具体为:在 **Configuration** 选项卡中指定塔板数、冷凝器、再沸器类型和蒸馏速率;冷凝器类型选择 *Partial-vapor-Liquid* 项,再沸器类型选择 *No-Bottom feed* 项,有效相选择 *vapor-Liquid-Free water* 项。

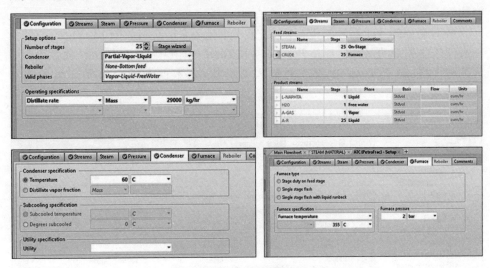

图 13.28　常压塔规格

- 在 *Stream* 选项卡中对进口物流位置进行指定,将进料引至熔炉,将汽提蒸汽引至底部塔板,按照惯例选择 *One-stage* 项。
- 在 *Pressure* 选项卡中定义顶部和底部塔板压力。
- 在 *Condenser* 选项卡中指定冷凝器温度。
- 在 *Furnace* 项中,定义温度和压力,如图 13.27 所示。
- 确定全部 3 个侧线汽提塔,其中第 1 个侧线汽提塔的规格如图 13.29 所示;

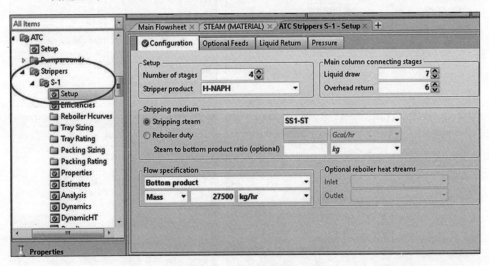

图 13.29　侧线汽提塔规格

349

针对汽提介质存在的两种选择是 *Stripping steam* 项和 *Reboiler duty* 项,本例中的3个侧线汽提塔均选择为 *Stripping steam* 项,进一步为每个侧线汽提塔指定汽提蒸汽物流。

- 对全部的3个循环泵进行定义,第1个循环泵的规格如图13.30所示;针对 D*raw off* 项类型的两种选择是 *Partial* 项和 *Total* 项,其中:对于 *Partial* 项必须要输入两种规格;对于 *Total* 项仅需要输入一种规格,本例中的全部循环泵均选择 *Partial* 项。

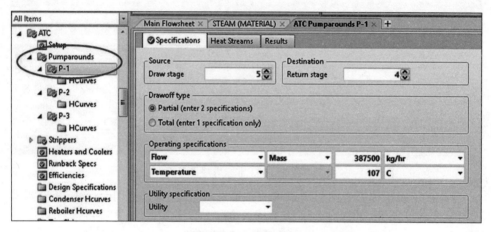

图 13.30　泵送规格

- 继续采用之前的真空蒸馏塔规格,如图13.31所示。

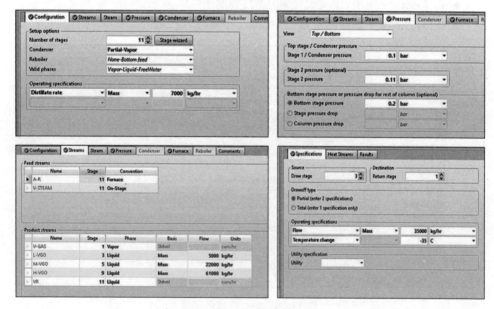

图 13.31　真空蒸馏塔规格

- 在 *Setup* 项下的 *Stream* 选项卡中,对进口物流的位置以及侧线物流的位置和质量流量进行定义。
- 对真空蒸馏塔的全部 3 个循环泵进行定义,第 1 个循环泵的规格如图 13.31 所示。
- 通常适用于真空蒸馏塔的热力学模型为 BK10,此处仅在 *Block Options* 项下改变真空蒸馏塔的热力学模型,如图 13.32 所示。

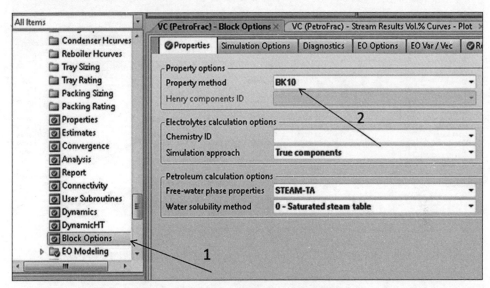

图 13.32 改变真空蒸馏塔的热力学方法

- 检查是否输入了所有必需的信息,在确定全部输入后,运行模拟。
- 如果该模拟能够收敛并且无错误提示,检查 *Results*、*Stream Results* 和 *Profiles* 选项卡以获得最终模拟结果。
- 常压蒸馏塔中的温度和流量曲线如图 13.33 所示。

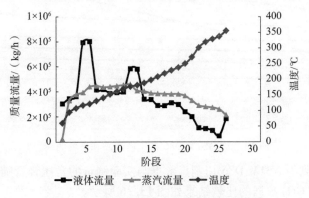

图 13.33 常压蒸馏塔中的温度和流量曲线

351

- 若要显示蒸馏曲线,应选择 *Stream Results* 项下的 *Vol.% Curves* 选项卡,并按照图 13.34 所示的步骤进行操作;如果未对 *Vol.% Curves* 选项卡进行激活,需要将适当的物性集添加到 *Setup/Report Options/Stream/Property Sets* 项下的列表中。

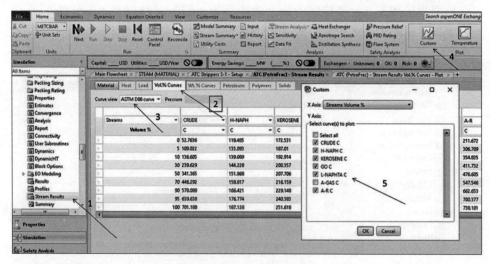

图 13.34 显示蒸馏曲线

- 个别产品不同类型的蒸馏曲线以及原油的蒸馏曲线如图 13.35 所示。

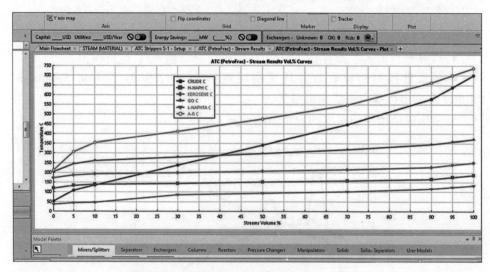

图 13.35 ASTM D86 常压塔产品和进料曲线

- 计算得到的 ASTM D86 切割点数据与实验测量的常压轻石脑油、重石脑油、煤油和瓦斯油(GO)数据的比较结果如图 13.36 所示。

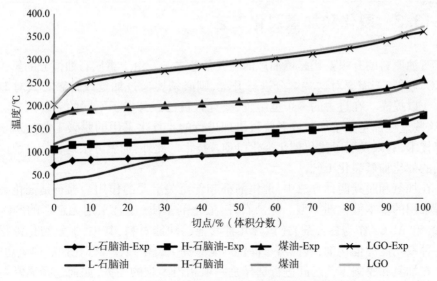

图 13.36 （见彩图）ASTM D86 实验和模型蒸馏曲线的比较

由上述结果可知,针对煤油和 GO 而言,两者的一致性非常好;针对重质石脑油而言,模拟计算曲线略高于实验数据的馏分沸点(在该计算模型中重石脑油是从第 7 理论塔板中抽出的),根据该比较结果可知蒸馏塔顶部的实际效率会更大且更高,因此可为模型选择更高的物流抽取塔板级数;对于轻石脑油而言,计算模型和实验数据间的一致性在 30%(体积分数)之前是很好的,但在 30%(体积分数)以上时模拟计算数据的沸点是低于实验数据的,造成这种差异的原因之一是由于用于实验测量的轻质苯样品具有不稳定性。此外,该模型计算了轻石脑油中存在的轻组分,但是这些轻组分可能会由于蒸发缘故而不存在于测量样品中。

- 要检查真空蒸馏塔的结果,可参见 *VC* 模块下的 *Results*、*Stream Results* 和 *Profiles* 选项卡。
- 轻、中、重真空瓦斯油的 ASTM D86 计算曲线如图 13.37 所示。

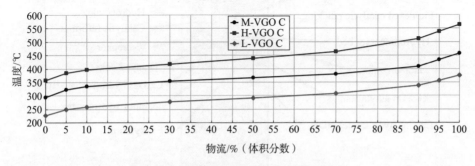

图 13.37 ASTM D86 真空塔产品蒸馏曲线

13.3 裂化和加氢裂化工艺

石油原料的升级换代是炼油厂的主要任务之一。由于重质石油馏分的氢碳比（H/C）较低，若需要对这些馏分进行升级，则必须要通过加氢或排碳方式对 H/C 比率予以提高。在过去的一个世纪里，研究人员已经开发了不同的裂解工艺。通常，这些过程都是基于加氢或者脱碳机理进行的。首次采用的脱碳工艺是基于热裂解技术，后来发展了流化催化裂化（FCC）技术。此外，加氢方法还包括目前广泛采用的催化加氢裂化工艺。

在加氢和脱碳两种方法中，催化剂都起着至关重要的作用。沸石是催化裂化过程采用的基本催化剂类型。除沸石外，催化剂基质（通常采用无定形的 $SiO_2 \cdot Al_2O_3$ 和 Al_2O_3 作为黏合剂）还包含几种其他的功能材料，其中：加氢裂化催化剂是一种双功能的催化剂，酸性沸石催化剂能够提供裂化和金属催化剂的加氢功能。

在加氢和脱碳工艺之间进行选择是一项相当困难的任务，如何选择通常是基于对这两种工艺的经济分析结果而做出的。因此，炼油厂反应器的建模在裂解过程的设计和模拟中都是非常重要的。Aspen HYSYS 中提供了炼油厂反应器包，能够对大多数炼油厂所采用的反应器进行建模。图 13.38 显示了 Aspen HYSYS 版本 V9 中可用的炼油厂模型，其中许多是独立形式的反应器模型，当集成在 Aspen HYSYS 环境中时也具有特定的输入要求。针对炼油厂最重要的反应器模型的简要说明如表 13.7 所列。在例 13.6 中给出了采用 HYSYS FCC 单元操作模型模拟单提升一级塔板硫化床再生器催化裂化单元的过程。

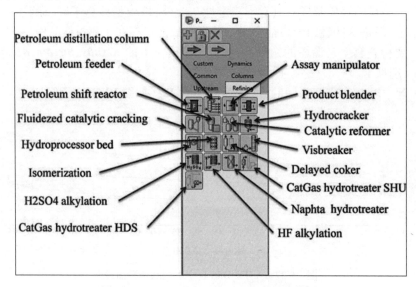

图 13.38　Aspen HYSYS V.9 中的炼油模型

表 13.7　Aspen HYSYS 中的炼油厂反应器模型

FCC	FCC 可模拟带有单或双提升管和一级或二级塔板再生器的流化催化裂化单元。FCC 反应器模型采用具有 40 个路径和 21 个反应物/产物块的动力学方案,其需要 Aspen HYSYS 库中可用的特定组分列表予以支持,并且可用作独立的单元操作或作为广泛流程的一部分
Hydrocracker	加氢裂化反应器模型是包含 97 个动力学模块和 177 个反应的严格动力学模型。它可用于加氢处理和加氢裂化,能够设置 1~3 个反应器,每个反应器包含 1~6 个床层,并可选择将某些床层建模为仅进行处理的床层。它可对单级或两级加氢裂化反应器进行建模,并且可作为独立单元操作或更加广泛的模拟流程的一部分
Catalytic reformer	HYSYS 精炼中的催化重整器模型是模拟石脑油催化重整器的单元操作模型。它基于一个包含 50 个动力学模块和 112 个反应的动力学模型。进料表征系统和产品映射器的设计目的是为了其能够与 HYSYS 的精炼分析系统达到协同运行,因此可在整个炼油厂的流程中用作模拟重整器的模型
Visbreaker	减黏器模型可对减黏器单元进行建模和模拟。Aspen HYSYS 中的减黏裂化单元模型包括 37 个动力学模块和 113 个反应方程,其仅代表减黏裂化单元(包括熔炉和可选的均热罐)的反应器部分
Hydrotreaters	转化炉的进料在石脑油加氢处理单元中进行预处理以脱除硫,但大部分的烯烃和氮组分也同时被脱除掉。催化气体加氢处理单元(CGHT)用于处理来自 FCC 的石脑油。HYSYS 提供两种加氢处理单元型号:CatGas 加氢处理单元 SHU(选择性加氢单元)和 CatGas 加氢处理单元 HDS(加氢脱硫单元)。第 1 个反应器通常是催化气体处理工艺中的第 1 个反应器,CGHT HDS 通常是催化气体处理工艺中的第 2 个反应器
Isomerization	异构化模型是异构化单元的详细动力学模型,能够模拟异构化、加氢裂化、开环、饱和和重反应,其采用了大约 25 个组分重整器模块。异构化和加氢反应被认为是可逆的,而其他反应类别都被认为是不可逆的。由于典型的异构化进料不含烯烃或 C8 及以上,烯烃被映射到相应的石蜡中,C8 及以上被映射到 C8 六环烷组分中
Alkylation	HYSYS 提供两种烷基化模型,即 H_2SO_4 烷基化模型和 HF 烷基化模型。但是,这两种方法均可对烷基化进行建模,其中:一种是采用 H_2SO_4 催化剂,另一种是采用 HF 催化剂。烷基化工艺是通过异丁烷与低分子量烯烃烷基化生成异辛烷,从而生产具有高辛烷值、汽油馏分的烷基化产物。HYSYS 中的烷基化动力学模型包括 49 个纯组分和 55 个反应。烷基化装置将酸视为内部催化剂,不将其视为外部物流

炼油厂反应器也可由 Aspen Plus 通过 Costume 模型或用户模型进行模拟。例 13.5 给出了用于沸腾床反应器中减压渣油(VR)加氢裂化的模型。

13.3.1　减压渣油加氢裂化

例 13.5　在炼油厂,需要将来自真空塔(VR)的流量为 65t/h 的渣油加工成更有价值的产品(汽油 GLN、煤油 Ke、瓦斯油 GO、真空瓦斯油 VGO 和气体 G)。带有沸腾床反应器系统的加氢单元用于实现上述该目的。要求:采用 Aspen Plus 分析上述工艺流程并进行该单元的模拟。

解决方案：

（1）化学。

用于进一步升级的最复杂的原料之一是源自真空蒸馏塔（VR）的残余物，其包含许多不同的大分子烃，必须将其分解以形成具有较低沸点和较低分子量分布的石油馏分。通常，VR 是一种非常复杂的碳氢化合物类混合物，包括石蜡、环烷烃、芳烃、树脂和沥青质，将 VR 转化为更轻产品的化学过程极其复杂。由于太过于复杂，此处并不能详细描述每个特定反应的途径，加氢裂化过程的一些反应如下：

石蜡的加氢裂化	$R-R'+H_2 \rightarrow RH+R'H$	（R13.1）
环烷烃环的开环	$Cyc-C_6H_{12} \rightarrow C_6H_{14}$	（R13.2）
芳环的脱烷基化	$Aro-CH_2-R+H_2 \rightarrow Aro-CH_3+RH$	（R13.3）
焦炭形成	$2AroH \rightarrow AroAro+2H_2$	（R13.4）
加氢脱硫	$R-S-R'+2H_2 \rightarrow RH+R'H+H_2S$	（R13.5）
加氢脱氮	$R=N-R'+3H_2 \rightarrow RH+R'H+NH_3$	（R13.6）
加氢脱氧	$R-O-R'+2H_2 \rightarrow RH+R'H+H_2O$	（R13.7）
加氢脱金属	$R-M+0.5H_2+A \rightarrow RH+M-A$	（R13.8）
芳烃饱和	$C_{10}H_8+2H_2 \rightarrow C_{10}H_{12}$	（R13.9）
烯烃的饱和	$R=R'+H_2HR-R'H$	（R13.10）
异构化	$n-RH \rightarrow i-RH$	（R13.11）

式中：R 为烷基；Aro 为芳香；M 为金属；A 为金属吸附材料；Cyc 为环状。

尽管这些信息能够有助于更好地了解加氢裂化，但其在工艺的应用设计中的作用却是非常有限的。在实际应用中，并不是采用详细的化学反应对工艺流程进行描述，而是采用简化的产量模型进行描述，并对进料物料和每个产品馏分都采用模块进行表征。

（2）动力学。

VR 加氢裂化的反应路径如图 13.39 所示。基于该方案，首先初级 VR 裂解为尾气（G）、汽油（GLN）、煤油（Ke）、瓦斯油（GO）和减压瓦斯油（VGO）；然后，VGO 通过二次裂解反应裂解为 GLN、Ke 和 GO。这是一个比表 13.7 中所描述的 Aspen HYSYS 采用的加氢裂化模型更为简单的动力学方案。

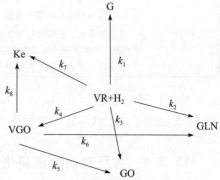

图 13.39　VR 加氢裂化的反应方案

VR 加氢裂化的动力学方程为

$$\frac{dw_{VR}}{dt} = -(k_1+k_2+k_3+k_4+k_7)w_{VR} \qquad (13.2)$$

$$\frac{\mathrm{d}w_{VGO}}{\mathrm{d}t}=k_4 w_{VR}-(k_5+k_6+k_8)w_{VGO} \tag{13.3}$$

$$\frac{\mathrm{d}w_{GO}}{\mathrm{d}t}=k_3 w_{VR}+k_5 w_{VGO} \tag{13.4}$$

$$\frac{\mathrm{d}w_{Ke}}{\mathrm{d}t}=k_7 w_{VR}+k_8 w_{VGO} \tag{13.5}$$

$$\frac{\mathrm{d}w_{Ke}}{\mathrm{d}t}=k_7 w_{VR}+k_8 w_{VGO} \tag{13.6}$$

$$\frac{\mathrm{d}w_{G}}{\mathrm{d}t}=k_1 w_{VR} \tag{13.7}$$

在某些应用程序中采用第2种方法,即所谓的基于分子的建模。这种方法采用面向结构的集总动力学模型,其需要借助现代分析技术获得分子尺度反应建模的大部分信息。

在建模 VR 加氢裂化时,在这个示例中所专注的是基于图 13.39 所示的简单模块建模方案,所涉及的动力学参数均取自作者之前的研究工作[8],具体参数详见表 13.8。

表 13.8　VR 加氢裂化的动力学参数

路径	$E_i/(\mathrm{kJ/mol})$	$A_i/(\mathrm{min}^{-1})$
k_1	289.47	3.75×10^{18}
k_2	135.53	7.41×10^{3}
k_3	80.14	4.17×10^{2}
k_4	290.22	4.27×10^{19}
k_5	297.17	9.14×10^{19}
k_6	300.00	1.28×10^{20}
k_7	188.61	1.91×10^{11}
k_8	261.00	1.66×10^{14}

(3) 技术。

催化加氢裂化技术广泛应用于将 VR 转变为有价值的轻质馏分的工艺。目前已经开发了多种不同的加氢裂化技术,其在催化剂类型、反应器技术和操作条件等方面是存在区别的。通常采用的催化剂都是由氧化铝负载的 CoMo/NiMo[9]。加氢裂化反应器的基本类型如下。

● 固定床反应器:在此处可进行一级和两级渣油的加氢裂化过程,其中:第 1 床层包含一个高活性的 NiMo 催化剂,用于脱除金属和杂原子;第 2 床层包含酸性载体催化剂(沸石、混合氧化物)。具有两个反应器的典型固定床加氢裂化系统的工艺方案如图 13.40 所示。

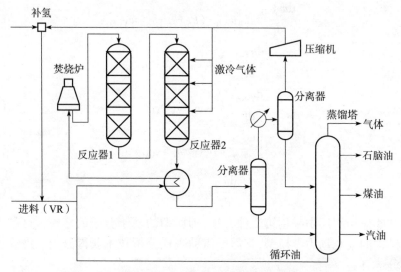

图 13.40 具有两个反应器的典型固定床加氢裂化流程

- 移动床反应器：其通过脱除失效的催化剂并添加新的催化剂以实现简单的催化剂更换。当进料物流中含有大量金属时，可以采用该技术。
- 泥浆床反应器：在泥浆床加氢裂化过程中，反应器设计用于保持原料、催化剂和氢气的三相混合浆态，其中：固体催化剂颗粒悬浮在初级液相烃中，氢气和产品气体以气泡形式快速流过该相。
- 沸腾床（三相流化床）反应器：该反应器技术采用三相系统，在重油馏分加氢裂化的情况下，由气体（主要是氢气）、液体（碳氢化合物进料）和固体（催化剂）组成。典型的具有分馏塔的沸腾床加氢裂化反应系统的方案如图 13.41 所示。

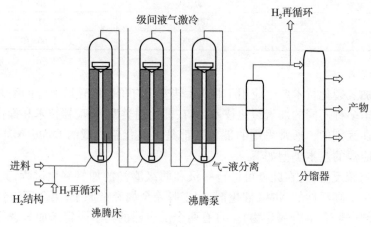

图 13.41 沸腾床加氢裂化

（4）模拟。

按照与例 13.2 相同的步骤,可生成一组虚拟组分。为了涵盖加氢裂化过程的所有产品,虚拟组分能够生成基于产品的典型蒸馏曲线,相关数据如表 13.9 所列。

表 13.9 TBP 蒸馏曲线和产品 API 度

VR	API:7.81	HVGO	API:18.23	VGO	API:18.71	GO	API:27.49
切点/%（体积分数）	温度/℃	切点/%（体积分数）	温度/℃	切点/%（体积分数）	温度/℃	切点/%（体积分数）	温度/℃
2	492	2	412	0	317	0	194.9
5	518	5	477	5	357	5	227
10	539	10	489	50	451	10	239.7
20	564	30	509	95	533	50	292.8
30	582	50	525	100	547	90	342.3
40	599	70	541			95	356
50	616	90	565				
60	634	95	576				
70	654	98	590				
80	676						
90	700						
95	711						
98	717						

KE	API:36.91	HNA	API:57.2	LNA	77.51		
切点/%（体积分数）	温度/℃	切点/%（体积分数）	温度/℃	切点/%（体积分数）	温度/℃		
0	134.9	0	91	0	49.1		
5	162.4	5	97.2	5	54.3		
10	175.1	10	99	95	71.1		
20	190.2	50	110.8	100	77.7		
30	201	95	147.8				
40	211.6	100	166.1				
50	220.6						
60	230.1						
70	240.3						
80	252.5						
90	268.7						
95	285.2						
100	301.5						

对加氢裂化过程的产品进行化验,并将所完成的化验组分包含在虚拟组分生

成的集合之中,如图 13.42 所示。

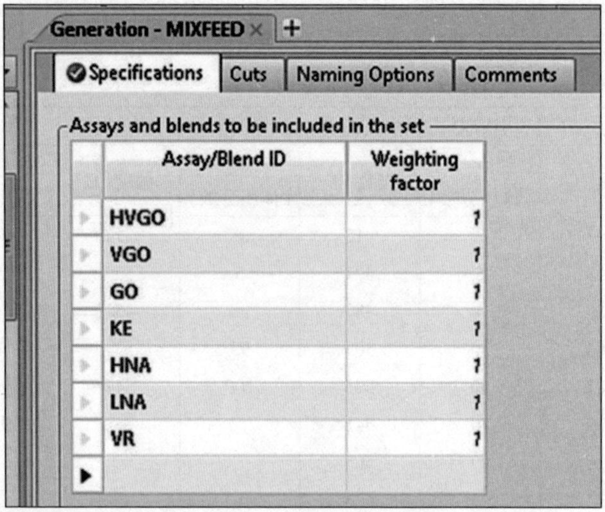

图 13.42 由一组化验生成虚拟组分

VR 加氢裂化工艺的 Aspen Plus 流程图如图 13.43 所示,可知其包括 3 个单元:第 1 部分为反应器单元,除反应器外还包括氢气压缩机和进料预热系统;第 2 部分为气体分离单元,由高压和低压分离器组成;第 3 部分是分馏单元,由常减压蒸馏塔组成。

在该模拟中,图 13.41 所示的全部 3 个反应器均被视为完全混合反应器。此外,该模拟中忽略了催化剂失活,也未考虑焦炭的生成。

除反应器模型外,图 13.43 所示 PFD 中的所有其他单元的运行模型已在本书的前面几章中进行了讨论。基于上述方案和方程的加氢裂化动力学模型,可在 MS Excel 中完成开发。相关物流的参数如下。

- 进口物流参数。

VR1:流量为 165t/h,温度为 150℃,压力为 5bar。

H1:流量为 2000kmol/h,压力为 2MPa,温度为 20℃。

- 反应器进口物流参数。

反应器进料(VR3):压力为 20MPa,温度为 400~420℃,硫含量为 2.8%。

氢进料(H7):压力为 20MPa,温度为 430℃。

- 反应器参数。

反应器体积:520m^3。

反应器温度:413~420℃。

反应器压力:18MPa。

停留时间:160~190min。

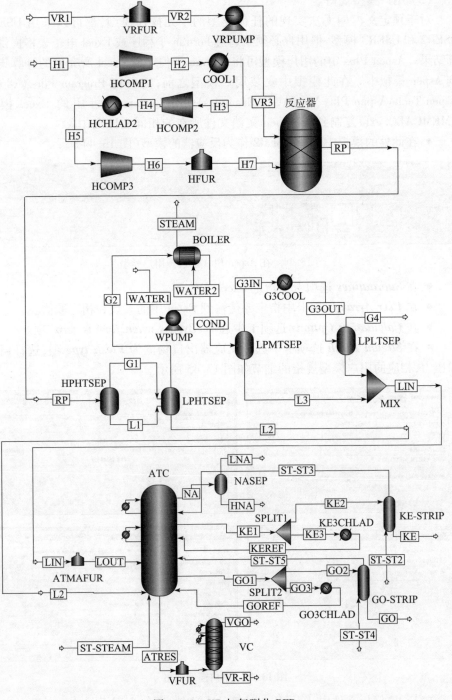

图 13.43　VR 加氢裂化 PFD

(5) 用户模型规格。

对于预定义模型无法实现的任何类型的单元操作模型,都可以采用 USER、USER2 和 USER3 模型,但用户必须要通过 Fortran 子程序或 Excel 电子表格提供计算结果。Aspen Plus 中的用户模型可将 Fortran 子程序或 Excel 所完成的计算集成到 Aspen 模拟中。在此模拟中安装用户模型之前,需要将 Program Files(x86)\Aspen Tech\Aspen Plus V9.0\GU\Examples\GSG_Custom 中可用的 Excel 模板(MEMCALC.exl)复制到与 Aspen 文档文件所在的相同文件夹中。

- 在此处的模拟中选择 USER2 作为反应器的模型(图 13.44)。

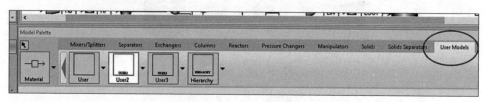

图 13.44 在 Aspen Plus 中选择用户模型

- 在 *Subroutines* 选项卡中指定 Excel 文件名。
- 在 *User Array* 选项卡中指定要传输到 Excel 中的参数和相应取值。
- 在 *Calculation Options* 选项卡中选择"*Bypass when flow is zero*"项。
- 在 *Stream Flash* 选项卡中选择反应器出口物流为 *Flash type* 项,选择温度和压力,相应的用户模型规格的细节如图 13.45 所示。

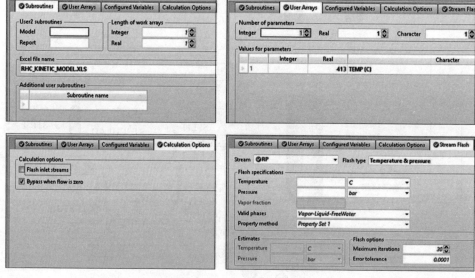

图 13.45 用户模型规格

在 Excel 模板文件中,除了用于计算的表单外,还包含用于与 Aspen 进行交互的 4 个表单,如图 13.46 所示。

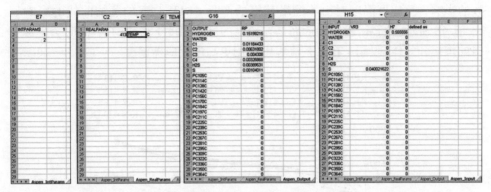

图 13.46　用于与 Aspen 通信的 Excel 文件表

这些表分别为 Aspen 整数参数、Aspen 实数参数表、Aspen 输出表和 Aspen 输入表。在整数和实参数表中,给出了 Aspen 中所指定的参数值(在本例中为反应器温度)。动力学模型(式(13.2)至式(13.6))在此 Excel 文件的单独表格中进行求解,其依据所定义的动力学方程对产品产量进行计算。此外,该模型还包含分配模块,其将计算出的产品产量分配到 Aspen Plus 所生成的虚拟组分中,并传输到 Excel。计算结果在 Aspen 的出口物流中(本例中为 RP)计算得到,并将其转移到 Aspen Plus 进入反应器的出口。

图 13.47 所示为通过动力学模式计算的 VR 加氢裂化产品收率。工艺流程图的其他单元操作模型已在本书的前述章节讨论过,此处不再进行解释。

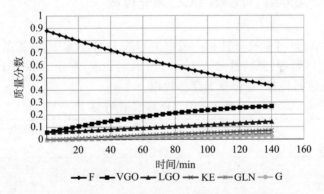

图 13.47　(见彩图)通过动力学模式计算的 VR 加氢裂化产品收率

(6) 模拟结果。

产品产量的质量分率与温度为 413℃时的停留时间采用 Excel 中的动力学模型进行计算,其结果如图 13.47 所示。在上述这些条件下,主要产物是 VGO 和 LGO,气体产率约为 3%,VR 的转化率在 140min 的停留时间内可达到 56% 左右。

363

将动力学模型集成到 Aspen Plus 环境中,可观察不同反应条件对下游工艺参数的影响。反应器温度对由蒸馏塔获得的产品 ASTM D86 的蒸馏曲线的影响如图 13.48 所示。通常,较轻的产品是在较高的反应温度下形成的,但同时会生成更多的焦炭和气体,限制了在工艺流程中采用更高的反应器温度。

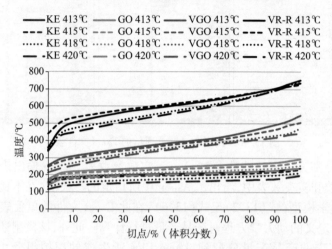

图 13.48 (见彩图)反应器温度对产品收率蒸馏曲线的影响

有关详细结果可参见所模拟的每个单元操作模型的 *Results* 项和 *Stream Results* 选项卡。

13.3.2 Aspen HYSYS FCC 单元建模

例 13.6 在具有单提升管和一级再生器的 FCC 单元中,对流量为 150Nm^3/h 真空瓦斯油进行处理,其特性如表 13.10 所列。要求:采用 Aspen HYSYS 的 FCC 模型对该单元进行模拟,并计算其产品收率。

表 13.10 FCC 进料特性

类型	真空瓦斯油
相对密度 60F/60F	0.93
馏分 D1160	
切点/%(体积分数)	(℃)
初始点	213.52
5	238.47
10	247.94
30	273.92
50	342.47
70	410.60

续表

类型	真空瓦斯油
90	538.92
95	588.80
终点	634.54
总氮(×10^{-6}质量分数)	2187
总氮/基本氮	3
硫含量/%(质量分数)	0.67
进料硫的处理的比率	0.5
康氏残炭/%(质量分数)	1.9

解决方案：

- 以常规方式启动 Aspen HYSYS,以组分列表方式导入 FCC 组分 *Celsius.cml* 项。
- 选择 Peng-Robinson 流体包。
- 在模拟环境中,选择 FCC 模型和 *Read an Existing FCC Template* 项,详细如图 13.49 所示。

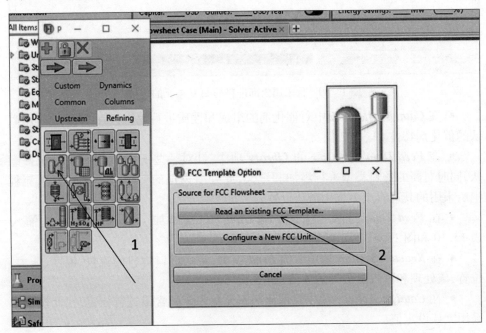

图 13.49 在 Aspen HYSYS 中选择 FCC 模型

- Aspen HYSYS 中的 FCC 单元模型所具有的选择包括一个或两个提升管、1 级或 2 级再生器、带或不带分馏器的装置。在该模拟中,采用基于单提升管单级再生器的 FCC 单元模型,未采用分馏器,进一步打开 *One_riser.fcc* 项模板。

- 在 *Design* 选项卡下的 *Connection* 项中，定义反应器进口物流（图 13.50）。

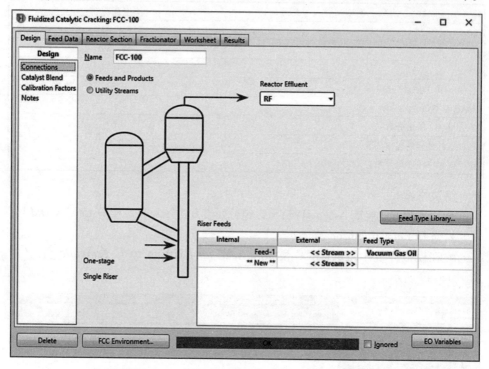

图 13.50　仅采用内部进料的 FCC 单元的连接

- 在 *Catalyst Blend* 项中对催化剂的组成和性质进行编辑，在此模拟中采用默认的催化剂特性。
- 在 *Feed Data* 选项卡下的 *Library* 项中，针对一些 FCC 的进料类型选择默认，同时对新的进料类型进行添加和定义，此处所模拟的"真空瓦斯油"工艺流程中所采用的其进料类型选用默认设置。
- 在 *Feed Data* 选项卡下的 *Properties* 项中，添加一个新的进料，并输入表 13.10 和图 13.51 所示的进料物性。
- 在 *Reactor Section* 选项卡的 *Feed* 项中，定义进口物料的流量、温度、压力、位置、硫处理和蒸汽参数等的数值，如图 13.52 所示。
- 在 *Catalyst Activity* 项中对催化剂库存量和金属含量进行指定，在此模拟中采用默认设定值。
- 在 *Riser/Reactor* 项中对反应器温度、*Lift Gas Control* 项参数和 *Reactor Stripping Steam* 项参数进行定义，如图 13.53 所示。
- 在 *Regenerator* 项中对环境空气参数、烟气含氧量、鼓风机排放温度、富氧参数、鼓风机排放温度和烟道激冷水参数进行指定，具体的参数值图 13.54 所示。

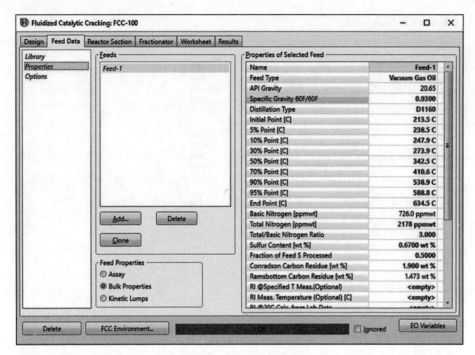

图 13.51 定义 FCC 进料

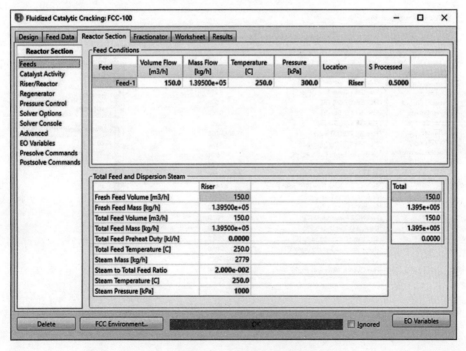

图 13.52 FCC 进料规格

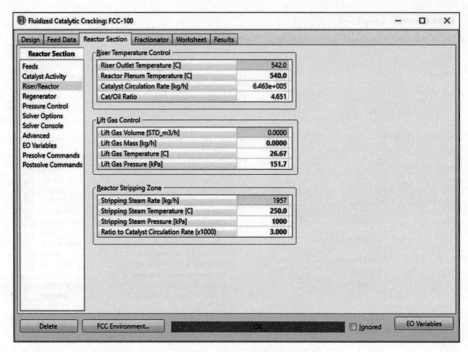

图 13.53 FCC 立管的规格

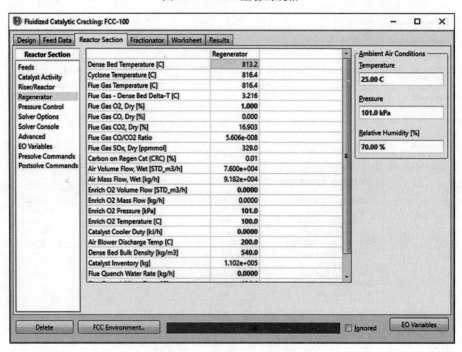

图 13.54 FCC 再生器的规格

- 针对 FCC 的模拟的结果,可在 *Feed Blend* 项、*Product Yields* 项、*Product Properties* 项、*Riser/Reactor* 项和 *Regenerator* 项中获得;由于本例中所模拟的是不带分馏器的 FCC 单元,因此在 *Fractionator* 选项卡中未提供任何结果。
- 本例中所模拟的 FCC 单元的产品收率如图 13.55 所示。

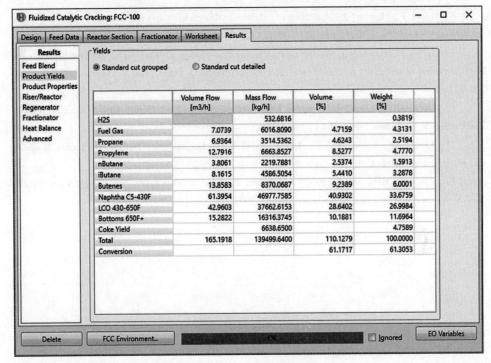

图 13.55　FCC 模拟结果

针对由图 13.38 所示和表 13.7 所述的其他 Aspen HYSYS 炼油厂反应器模型的模拟也可通过类似的原理实现,但每个反应器模型都有其自身的细节和特定要求。对于炼油工艺流程更为详细的研究,可参见特定来源文献[11-12]。

参考文献

[1] Luyben WL. Distillation Design and Control Using Aspen Simulation. New York: John Wiley & Sons; 2006.

[2] Aspen Plus ® V9 Help. Burlington, MA: Aspen Technology, Inc.; 2016.

[3] Aspen HYSYS ® V9 Help. Burlington, MA: Aspen Technology, Inc.; 2016.

[4] Haydary J, Tomás P. Steady-state and dynamic simulation of crude oil distillation using Aspen Plus and Aspen Dynamics. Pet. Coal 2009, 51(2): 100-109.

[5] Chao KC, Seader JD. A general correlation of vapor-liquid equilibria in hydrocarbon mix-

tures. AIChE J. 1961, 7(4): 598-604.

[6] Lee BI, Kesler, MG. A generalized thermodynamic correlation based on three parameter corresponding states. AIChE J. 1975, 21(3): 510-527.

[7] Aspen Technology, Inc. Aspen Physical Property System: Physical Property Methods and Models. Burlington, MA: Aspen Technology, Inc.; 2001.

[8] Manek E, Haydary J. Modelling of catalytic hydrocracking and fractionation of refinery vacuum residue. Chem Pap. 2014, 68(12): 1716-1724.

[9] Manek E, Haydary J. Hydrocracking of vacuum residue with solid and dispersed phase catalyst: Modeling of sediment formation and hydrodesulfurization. Fuel Process. Technol. 2017, 159: 320-327.

[10] Aspen Technology, Inc. Aspen Plus- Getting Started Customizing Unit Operation Models. Burlington, MA: Aspen Technology, Inc.; 2012.

[11] Chang AF, Pashikanti, K, Liu Y. A. Refinery Engineering: Integrated Process Modeling and Optimization. Hoboken, NJ: John Wiley & Sons, Inc.; 2013.

[12] Hsu CS, Robinson P (Eds.). Practical Advances in Petroleum Processing (Vols. 1, 2). New York: Springer Science & Business Media; 2007.

第14章
非常规固体工艺

如第 7 章所述,工艺流程技术中所涉及的固体可分为化学式已知的**常规固体**和化学式未知的**非常规固体**。非常规固体是一大类涉及不同类型技术的固体。涉及非常规固体工艺流程的例子包括食品加工、固体干燥、固体燃料燃烧、煤炭、生物质和固体废物热解与气化等。本章介绍了如何对非常规固体工艺采用 Aspen Plus 进行设计和模拟。

由于缺乏与非常规固体反应平衡和物性相关的数据,针对非常规固体工艺的模拟具有其自身的局限性。Aspen Plus 依据被称为**组分物性**的经验因素对非常规固体进行描述。组分物性通过一个或多个成分对组分的构成进行表征。Aspen Plus 中最常用的组分物性如表 14.1 所列。

表 14.1 Aspen Plus 的组分物性

物性	描述	元素
GENANAL	必须定义 一般成分分析、 质量分数和成分密度	①成分 1 ②成分 2 ⋮ ⑳成分 20
PROXANAL	固体燃料的 工业分析,质量分数	①水分(水分包括基础) ②固定碳(干基) ③挥发物(干基) ④灰分(干基)
ULTANAL	元素分析, 质量分数	①灰(干基) ②碳(干基) ③氢(干基) ④氮(干基) ⑤氯(干基) ⑥硫(干基) ⑦氧气(干基)
SULFANAL	硫分析的形式, 原始燃料的质量分数	①黄铁矿(干基) ②硫酸盐(干基) ③有机硫(干基)

在 Aspen Plus 中,非常规固体是不参与相平衡和化学平衡计算的[1],其仅以焓和密度模型的形式进行表征。Aspen 物性系统中具有两个内置的通用焓和密度模型。任何非常规固体组分的密度为

$$\rho_i^s = \frac{1}{\sum_i \dfrac{w_{ij}}{\rho_{ij}^s}} \tag{14.1}$$

$$\rho_{ij}^s = a_{ij1} + a_{ij2}T + a_{ij3}T^2 + a_{ij4}T^3 \tag{14.2}$$

式中:w_{ij} 为组分 i 中第 j 个成分的质量分数;ρ_{ij}^s 为组分 i 中第 j 个成分的密度。

总焓模型为

$$h_i^s = \sum_i w_{ij} h_{ij}^s \tag{14.3}$$

$$h_{ij}^s = \Delta_f h_j^s + \int_{298.15}^{T} C_{P,j}^s \mathrm{d}T \tag{14.4}$$

$$C_{P,j}^s = a_{ij1} + a_{ij2}T + a_{ij3}T^2 + a_{ij4}T^3 \tag{14.5}$$

式中:h_i^s 为固体组分 i 的比焓;$\Delta_f h_j^s$ 为成分 j 形成时的比焓;$C_{P,j}^s$ 为组分 i 中第 j 种成分的热容。

对于煤和类似煤的固体燃料,可采用**煤总焓模型 HCOALGEN** 进行表征,其包括用于计算热容、燃烧热和生成热的不同关联式。

生成热是根据燃料的燃烧热和产物的生成热进行计算的,即

$$\Delta_f h^s = \Delta_c h^s + \Delta_f h_{CP}^s \tag{14.6}$$

为了计算燃烧热,HCOALGEN 模型采用了燃料工业分析和元素分析以及不同类型的关联,如 Boie 关联式、Dulong 关联式、Grummel 式和 Davis 关联式、Mott 式和 Spooner 关联式以及 IGT(气体技术研究所)关联式。这些关联式及其系数值可在 Aspen 帮助文件[2]中获得。用户还可选择进行燃烧热值的输入,此选项通常用于非煤固体燃料。

当 Aspen Plus 模拟中存在非常规固体时,必须选择适当的物流类。表 14.2 列出了 Aspen Plus 中能够采用的物流类别。

表 14.2 Aspen Plus 的物流类型

物流类型	采用组分
CONVEN	仅常规组分
MIXNC	非常规固体但无粒度分布(PSD)
MIXCISLD	常规固体但无 PSD
MIXNCPSD	非常规固体且具有 PSD
MIXC IPSD	常规固体且具有 PSD
MIXCINC	常规和非常规固体但均无 PSD
MCINCPSD	常规和非常规固体且均有 PSD

物料流分为3个子物流类型,即 ***MIXED***、***CISOLID*** 和 ***NCSOLID*** 子物流,其中任何的非常规固体均必须包含在 ***NCSOLID*** 子物流中。

14.1 非常规固体干燥

7.1节提供了有关在 Aspen Plus 中进行固体干燥建模的基本信息。在许多化学工程教科书中,都提供了关于固体干燥的参考信息。本章将重点介绍7.1节中所描述的对流干燥模型在非常规固体干燥流程中的应用。但必须要注意的是,针对非常规固体而言,模拟结果与模拟中所用进料的假设特性是相关联的。因此,在将此模拟结果用于其他的进料和工艺流程时必须要小心谨慎。

例 14.1 湿废农业生物质,流量为20 t/h,特性如表14.3所列,在对流干燥器中进行干燥,将其含水量从20%(湿基)降至8%(湿基)以下,其中:干燥器的长度为10m,生物质在干燥器内的停留时间为5min。表14.4中给出了假设的干燥动力学、质量和传热系数。生物质在温度为25℃和压力为1bar的条件下进入干燥器,空气在温度为200℃和压力为2bar条件下以逆流方向进入生物质物流,假设热损失为100kW。要求:在达到生物质材料的最终含水量时,计算所需的空气与生物质的质量流量比以及该比率下的出口气体温度。

表 14.3 生物质的特征

水分(湿基)	近似和元素组成/%(质量分类),干基								
	挥发分	固定碳	灰分	C	H	N	Cl	S	O
20.00	83.18	13.11	3.71	49.02	5.74	0.71	0.20	0.22	40.40
燃烧热值		17MJ/kg		平均密度	470kg/m^3				
粒度分布/mm									
大小				3~4	4~5	5~6	6~8	8~10	
含量/%				10	20	30	20	10	

表 14.4 生物质干燥曲线参数

临界水分含量(干基)	1.2
平衡水分含量(干基)	0.02
干燥曲线数据	
标准化水分含量	归一化干燥速率
0.0000	0.0330
0.0678	0.1594
0.1525	0.3049
0.2373	0.4366

续表

0.3220	0.5545
0.4068	0.6586
0.4915	0.7488
0.5763	0.8252
0.6610	0.8878
0.7458	0.9366
0.8305	0.9716
0.9153	0.9927
1	1
传热系数 50kW/(m² · K)	
传质系数 0.02m/s	

解决方案：

- 启动 Aspen Plus，选择采用公制单位的固体模拟类型。
- 选择水和空气作为常规成分，并为生物质选择 *Nonconventional* 项类型，具体如图 14.1 所示。

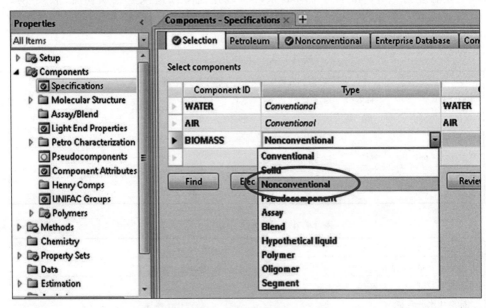

图 14.1 选择非常规组分类型

- 在 *Methods* 项下的 *Specification* 项中，选择 *IDEAL* 项作为物性方法。
- 在 *Methods* 项下的 *NC Props* 项中，为非常规组分指定物性方法，如图 14.2 所示，具体为：对于焓而言，选择 HCOALGEN 模型，该煤炭总焓模型需要的组分物性包括 PROXALAL 项、ULTANAL 项、SULFANAL 项（有关 HCOALGEN 模型选项代码的详细信息,可按 F1 键参阅 Aspen 帮助文档[2]),第 1 个编码指定了燃烧热的模型,此处的模拟采用 6(需要用户进行输入);对于密度而言,选择 *DNSTYGEN* 模型,此处需要选用 *GENANAL* 物性。

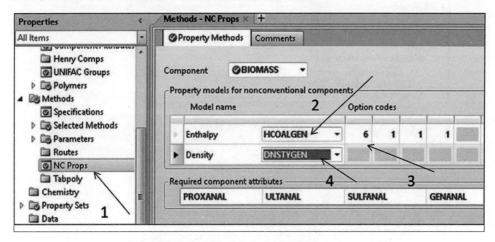

图 14.2 为非常规组分指定物性方法

• 按照图 14.3 所示的步骤,为非常规组分定义新的参数,其包括燃烧热(*HCOMB*)和密度温度相关性系数(图 14.4);由于在此模拟中将采用密度的平均值,因此仅需要指定第 1 个相关系数。需要指出的是,针对每个参数必须要进行单独的定义。

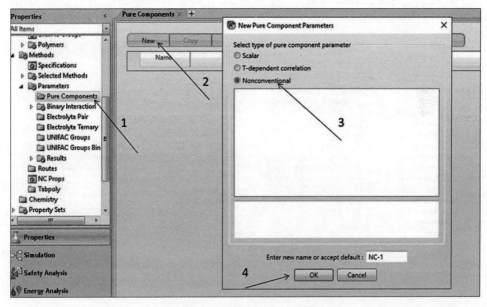

图 14.3 定义非常规组分的参数

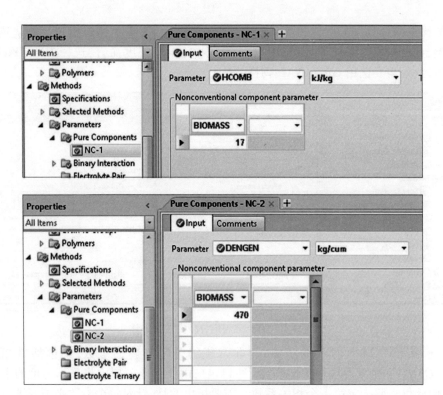

图 14.4 非常规组分的参数输入

- 移动到 *Simulation* 环境中,按照图 14.5 所示的步骤指定物流类为 ***MIX-NCPSD*** 项。

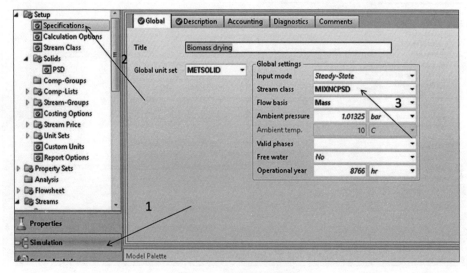

图 14.5 指定物流类别

- 在 *Setup* 项下的 *Solid* 项中,创建范围从 1mm 到 10mm 的粒度分布(PSD)网格,具体的详细信息参见例 7.1。
- 搭建工艺流程图,如图 14.6 所示。

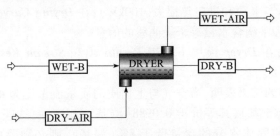

图 14.6 生物质干燥过程流程图

- 在 *Mixed* 项子物流下定义 DRY-AIR 项的物流参数,考虑初始的空气含水量为 0.002(湿基),针对流量为 20t/h 的生物质采用流量为 80t/h 的初始空气质量流。
- 湿生物质(WET-B 物流)的参数必须要在 *NC Solid* 项子物流下进行定义,除了温度、压力和质量流量等参数外,还应指定的成分物性包括选项卡中 *PROXANAL* 项、*ULTANAL* 项和 *SULFANAL* 项及 *PSD* 项(图 14.7)。

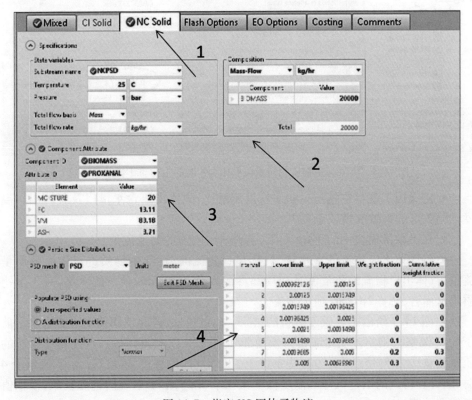

图 14.7 指定 NC 固体子物流

- 对干燥参数进行优化:在 *Specification* 项页面上,将干燥器类型设置为逆流,将 *Length* 项和 *Solid residence time* 项作为所选择的输入规格,并输入相应的值分别为 10m 和 5min;在 *Heat/Mass Transfer* 项页面上,设置质量传递系数(0.02m/s)、传热系数(50kW/(m²·K))和进口热损失(100kW);在 *Drying Curve* 项页面上,设置包括临界含水量和平衡含水量等干燥曲线的信息。
- 运行模拟,在 *Dryer* 模块下检查 *Results* 项和 *Stream Results* 项中的初始结果。
- 图 14.8 中的结果表明,当空气与生物质的质量流量比为 4 时,固体出口含水量达到 0.1097(干基),其等价于 0.0988(湿基),相应地,这些条件下的废气温度为 46℃;为了使固体水分的含量低于 8%(湿基),则必须要增加气体的质量流量。

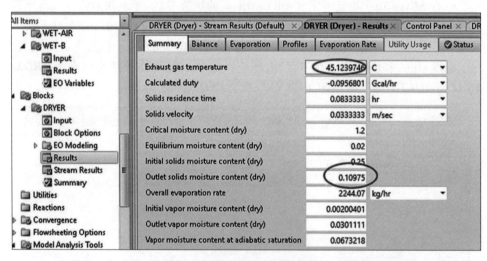

图 14.8　空气与生物质的质量流量比为 4 时的生物质干燥结果汇总

- 定义用于观察空气与生物质质量流量比、固体出口含水量以及气体出口温度之间关系的灵敏度模块。
- 在灵敏度模块中的 *Vary* 项下,选择进气物流的质量流量。
- 将固体出口物流的含水量、气体出口物流的温度、生物质进口物流的质量流量、气体出口物流的质量流量和局部参数 *N* 作为 *Define* 项下的变量,对于生物质物流而言,选择 NCPSD 项子物流。
- 图 14.9 给出了灵敏度分析的结果。由此可知,若要使固体出口的含水量低于 8%(湿基),则空气质量流量必须增加到 100t/h 以上,相应地,空气与生物质的质量流量比为 5.15;在上述这些条件下,出口气体的温度为 73℃;当 N 值低于 4 时,所计算得到的出口气体的温度低于 45℃。此外,由于空气的饱和现象,模拟值可能会下降。

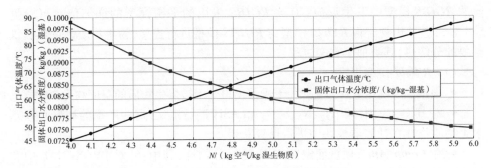

图 14.9 生物质干燥器灵敏度分析结果

14.2 固体燃料燃烧

例 14.2 将例 14.1 中所获得的干生物质在锅炉中燃烧以产生用于区域供暖的热水,其中:每千克干生物质的燃烧需要耗费 8.5kg 空气,在 7bar 压力下将水从 25℃ 加热到 90℃ 后,烟气温度可降至 500℃,同时烟气也用于湿生物质的干燥过程。要求:计算能够用于区域供暖的热水量。

解决方案:

- 在组分列表中,添加 CO_2、CO、H_2、N_2、O_2、C(固体)、S、Cl_2、SO、SO_2、NO、NO_2、HCl、NH_3、H_2S 和灰分(非常规)。
- 在模拟环境中的 *Setup-Specification* 项下,将物流类别更改为 *MCINCPSD* 项。
- 搭建流程图如图 14.10 所示。

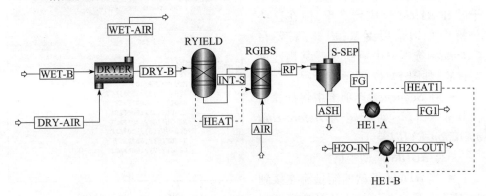

图 14.10 生物质燃烧 PFD

生物质锅炉的工艺流程包括一个 *RYield* 模型、一个 *RGibbs* 模型、一个固体分离器、一个烟气冷却器和一个热水器。其中,*RYield* 模型将生物质分解为基本成分,包括 H_2O、C(固体)、H_2、N_2、S、O_2 和 ASH;进一步,这些成分在添加了空气物

流的 **RGIBS** 模型中发生反应(有关 **RGIBS** 采用的平衡模型的详细信息可参见 5.3 节);通过热物流将 **RYield** 模型与 **RGIBS** 模型进行连接,为生物质燃烧热提供必要的分解热,其类似于真实过程。

(1) **RYield** 模型规格。

• 根据温度确定 **RYield** 模型(干燥器出口处干被燥生物质的温度约为 200℃)。

• 对 H_2O、C(固体)、H_2、N_2、S、O_2 和 ASH 进行定义,这些产率的初始必须基于生物质物性在计算器模块中进行计算获得。

• 在 *Comp.Attr.* 项页面定义 ASH 的组分物性,其中:针对 PROXANAL 项和 ULTANAL 项而言,灰分物性值均取 100%;针对 SULFANAL 项而言,其值取 0。

• 在计算器模块中,定义图 14.11 所示的变量。

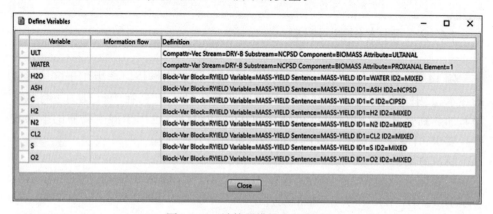

图 14.11　计算器模块中的变量

• 生物质最终分析的组分属性是干基和 **RYield** 反应器产率,但在这些分析中必须采用湿基;因此,需要在 *Calculate* 选项卡中重新对湿基物性进行计算,如图 14.12 所示。

• 在 *Sequence* 选项卡中将计算器模块的执行序列指定为 *Before-Unit operation-RYIELD* 项。

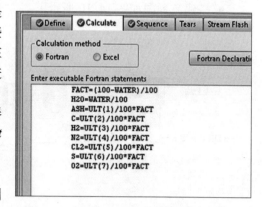

图 14.12　计算湿基值

(2) **RGIBS** 模型规格。

• 当 **RYield** 模型的能量流连接到 **RGIBS** 模型时,需指定 **RGIBS** 模型规格;此处,输入 1~2bar 的反应器压力。

• 在 *Products* 页面上选择 *Identify possible products* 项,并识别所有存在于烟气中的组分;针对 *Valid phase* 项,除碳(C)以外的所有其他组分均选择 *Mixed* 项;

对于碳(C),选择 ***Pure Solid*** 项。

(3) 固体分离器规格。

- 指定固体分离器的 ***Split fractions*** 项,如图 14.13 所示。

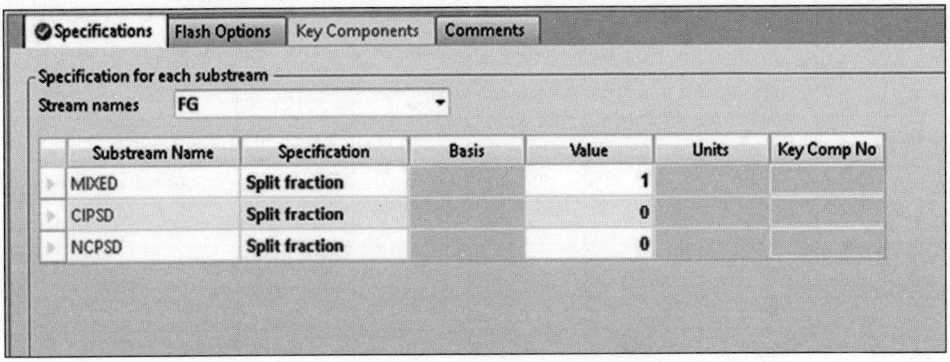

Specifications
Flash Options
Key Components
Comments
Specification for each substream
Stream names
FG
Substream Name
Specification
Basis
Value
Units
Key Comp No
MIXED
Split fraction
1
CIPSD
Split fraction
0
NCPSD
Split fraction
0

图 14.13　固体分离器规格

(4) 水加热模拟。

- 单个 **Heat X** 模块或通过能量流连接的两个加热器块可用于建模通过烟气能量对水进行加热的工艺流程;在此模拟中采用的是基于两个加热器模型的选项,在 HE1-A 中,将烟气出口温度设置为 500℃。
- 将水的条件和初始量定义为 H_2O-IN 物流的质量流量,为确定水物流的流量必须定义设计规格(***Design Specs***)模块,其中:将该模块出口处的水温设定为 90℃,并要求能够改变进口水物流的质量流量(有关 ***Design Specs*** 块的定义可参见例 6.9)。

对包括干燥在内的生物质燃烧过程进行模拟的物流结果如表 14.5 所列,可知通过燃烧流量为 20t/h 的湿生物质,大约 600t/h 的水能够从 25℃加热到 90℃;需注意,此模拟中并未计算热损失,但该模型假设锅炉的烟气出口温度(500℃)能满足生物质干燥的热需求和热损失。

表 14.5　生物质燃烧过程的物流结果

参数	单位	AIR	ASH	DRY-AIR	DRY-B	FG	FG1
温度	℃	25	1286	200	196	1286	500
压力	bar	2	2	2	1	2	2
质量气相分率		1	0	1	0	1	1
质量液相分率		0	0	0	0	0	0
固相分数		0	1	0	1	0	0
质量焓	kJ/kg	−2.44E−14	6.32E+02	1.50E+02	−7.54E+03	−7.88E+02	−1.79E+03
质量密度	kg/m^3	2.32	3486.88	1.47	470.00	0.4	0.91

续表

参数	单位	AIR	ASH	DRY-AIR	DRY-B	FG	FG1
焓流量	kW	-1.02E-12	1.04E+02	4.29E+03	-3.64E+04	-3.65E+04	-8.28E+04
质量流量	kg/h	150000.0	593.6	103000.0	17401.4	166807.8	166807.8
水	kg/h	0	0	206	0	9600.56	9600.56
空气	kg/h	0	0	102,794	0	0	0
生物质	kg/h	0	0	0	17401.36	0	0
灰分	kg/h	0	593.6	0	0	0	0
C	kg/h	0	0	0	0	0	0
CO_2	kg/h	0	0	0	0	28737.45	28737.45
CO	kg/h		0	0	0	0.64	0.64
N_2	kg/h	118500	0	0	0	118545.59	118545.59
H_2	kg/h	0	0	0	0	0.01	0.01
O_2	kg/h	31500	0	0	0	9674.33	9674.33
SO	kg/h	0	0	0	0	0.00	0.00
SO_2	kg/h	0	0	0	0	70.33	70.33
NO	kg/h	0	0	0	0	145.27	145.27
NO_2	kg/h	0	0	0	0	0.67	0.67
H_2S	kg/h	0	0	0	0	0.00	0.00
NH_3	kg/h	0	0	0	0	0.00	0.00
S	kg/h	0	0	0	0	0.00	0.00
Cl_2	kg/h	0	0	0	0	0.00	0.00
HCl	kg/h	0	0	0	0	32.91	32.91

参数	单位	H_2O-IN	H_2O-OUT	INT-S	RP	WET-AIR	WET-BP
温度	℃	25	90	190	1286	72	25
压力	bar	7	7	1	2	1	1
质量气相分率		0	0	0.5151643	0.996454	1	0
质量液相分率		1	1	0	0	0	0
固相分数		0	0	0.4848357	0.003546	0	1
质量焓	kJ/kg	-1.59E+04	-1.56E+04	-8.07E+02	-7.83E+02	-3.08E+02	-8.94E+03
质量密度	kg/m³	993.96	928.87	0.61	0.45	0.99	470.00
焓流量	kW	-2.64E+06	-2.60E+06	-3.90E+03	-3.64E+04	-9.03E+03	-4.96E+04
质量流量	kg/h	599427.4	599427.4	17401.4	167401.4	105597.9	20000.0
水	kg/h	599427.40	599427.40	1401.36	9600.56	2803.94	0

续表

参数	单位	H_2O-IN	H_2O-OUT	INT-S	RP	WET-AIR	WET-BP
空气	kg/h	0	0	0	0	102794	0
生物质	kg/h	0	0	0	0	0	20000
灰分	kg/h	0	0	593.6	593.60	0	0
C	kg/h	0	0	7843.2	0.00	0	0
CO_2	kg/h	0	0	0	28737.45	0	0
CO	kg/h	0	0	0	0.64	0	0
N_2	kg/h	0	0	113.6	118545.59	0	0
H_2	kg/h	0	0	918.4	0.01	0	0
O_2	kg/h	0	0	6464	9674.33	0	0
SO	kg/h	0	0	0	0.00	0	0
SO_2	kg/h	0	0	0	70.33	0	0
NO	kg.h	0	0	0	145.27	0	0
NO_2	kg/h	0	0	0	0.67	0	0
H_2S	kg/h	0	0	0	0	0	0
NH_3	kg/h	0	0	0	0	0	0
S	kg/h	0	0	35.2	0	0	0
Cl_2	kg/h	0	0	32	0	0	0
HCl	kg/h	0	0	0	32.91	0	0

14.3 煤炭、生物质和固体废物气化

气化技术在将煤、生物质和废物等固体材料转化为有用的化学品和能源等方面具有很大的潜力[3-4]。通常,针对固体的气化技术优于燃烧技术,原因在于前者具有更好的效率和更低的污染排放。然而,气化是一个非常复杂的过程,其要求温度高于600℃,并且要求能在各种类型反应器和工艺条件下进行。通常,气化建模是能够预测最佳工艺条件的,进而可在设计和操作过程中减少实验次数。本章分析了利用煤、生物质和废弃物等固体废物生产合成气,进而再生产甲醇的可能性。特别地,介绍了垃圾衍生燃料(RDF)的气化技术。

例 14.3 需要生产流量为 $10000Nm^3/h^3$ 的甲醇装置中所采用的净化合成气(有关甲醇装置的详细信息,详见例 12.1)。可用的原材料来源是煤、生物质和固体废物等固体燃料。要求:对该工艺的化学和技术进行分析,并对固体燃料合成气的生产过程进行模拟。

解决方案：

在以下的章节中，详细讨论了进行生物质气化相关的化学、技术改进、所需数据、流程模拟和优化等内容。

14.3.1 化学

合成气是主要由 CO 和 H_2 组成的气体混合物，其是气体、液体或固体燃料气化后的产物。燃料气化所产生的气体除含有 CO 和 H_2 外，还含有 CO_2、CH_4 和轻烃气体。此外，若在气化过程中采用空气作为氧化剂，则合成气中还会含有大量的 N_2。气化所产生的气体通常用于发电过程，或者被处理为甲醇、氨或费托合成（Fischer-Tropsch）工艺的原料。在甲醇工艺的案例中，气化过程中采用纯氧作为氧化剂。

气化过程的确切化学反应虽然尚不清楚，但是能够产生合成气成分的主要化学反应还是已知的。

天然气生产合成气是目前研究最多、描述最好的方法。甲烷部分氧化反应（$CH_4 + 0.5O_2 \leftrightarrow CO + 2H_2$，$CH_4 + 2O_2 \leftrightarrow CO_2 + 2H_2O$）、蒸汽重整反应（$CH_4 + H_2O \leftrightarrow CO + 3H_2$）和水煤气变换反应（$CO + H_2O \leftrightarrow CO_2 + H_2$）是该工艺过程中的主导因素。然而，在此处的模拟中，可用的原材料并不是天然气，而是作为固体燃料的煤或固体废物。

在已有文献中，报道的关于煤或生物质气化的典型反应方案如下。

（1）进料干燥。

进入气化炉的进料含水量可为 10%~30%。在某些情况下，进料进入气化炉前需要单独进行干燥。通常，干燥过程中会释放出一些导致气化炉腐蚀的有机酸。

$$\text{进料} \rightarrow \text{水} + \text{干进料} \qquad (R14.1)$$

（2）热解。

在热解过程中，固体燃料分解成分子量较低的分子，正常发生在 280~550℃ 的温度区间。在这个阶段，会发生许多不同类型的化学反应。在实际应用中，通常采用一般的表观化学反应对热解过程进行描述。

$$\text{干进料} \rightarrow \text{焦油} + \text{气} + \text{碳} \qquad (R14.2)$$

（3）燃烧。

在气化炉中，燃料会部分燃烧以达到进行热分解和气化反应所需的温度，主要的燃烧反应及其在 298K 下的标准反应焓（ΔH°_{298}）为

$$C + 0.5O_2 \rightarrow CO \quad (\Delta H^\circ_{298} = -111 \text{kJ/mol}) \qquad (R14.3)$$

$$CO + 0.5O_2 \rightarrow CO_2 \quad (\Delta H^\circ_{298} = -283 \text{kJ/mol}) \qquad (R14.4)$$

$$H_2 + 0.5O \rightarrow H_2O \quad (\Delta H^\circ_{298} = -242 \text{kJ/mol}) \qquad (R14.5)$$

$$CH_4 + 2O_2 \rightarrow CO_2 + 2H_2O \quad (\Delta H_{298}^\circ = -394 \text{kJ/mol}) \quad (R14.6)$$

$$C_nH_m + (n+m/4)O_2 \rightarrow nCO_2 + m/2H_2O \quad (\Delta H_{298}^\circ < 0 \text{kJ/mol}) \quad (R14.7)$$

(4) 气化。

然后,部分燃烧产物会参与一系列还原反应,进而形成产品气体的成分,即

$$C + CO_2 \leftrightarrow 2CO \quad (\Delta H_{298}^\circ = 131 \text{kJ/mol}) \quad (R14.8)$$

$$C + H_2O \leftrightarrow CO + H_2 \quad (\Delta H_{298}^\circ = 172 \text{kJ/mol}) \quad (R14.9)$$

$$CH_4 + H_2O \leftrightarrow 3H_2 + CO \quad (\Delta H_{298}^\circ = 206 \text{kJ/mol}) \quad (R14.10)$$

$$C_nH_m + nH_2O \rightarrow nCO + (n+m/2)H_2 \quad (R14.11)$$

$$C_nH_m + nCO_2 \rightarrow 2nCO + m/2H_2 \quad (\Delta H_{298}^\circ > 0 \text{kJ/kmol}) \quad (R14.12)$$

此外,还发生了甲烷和水煤气的变换反应,即

$$CO + H_2O \leftrightarrow CO_2 + H_2 \quad (\Delta H_{298}^\circ = -75 \text{kJ/kmol}) \quad (R14.13)$$

$$C + 2H_2 \leftrightarrow CH_4 \quad (\Delta H_{298}^\circ = -41 \text{kJ/kmol}) \quad (R14.14)$$

煤、生物质和固体废物的确切组成分子目前尚不清楚,而且它们的不同类型、不同来源使其均存在差异。但是,通过实验估算的元素组成会有助于进行物质和能量平衡的计算。固体燃料进行氧气气化的整体反应可写成

$$\begin{aligned} CH_xO_yN_zS_r + s(O_2) &\rightarrow x_1H_2 + x_2CO + x_3CO_2 \\ &+ x_4H_2O + x_5CH_4 + x_6CH_{x'}O_{y'}N_{z'}S_{r'} + uH_2S + x_7NH_3 \end{aligned} \quad (R14.15)$$

式中:x、y、z 和 r 为基于固体燃料中单个碳原子的氢、氧、氮和硫的原子数;s 为每摩尔固体燃料采用的氧摩尔数;x_1、x_2、x_3、x_4、x_5、x_6 和 x_7 是每种相应产物的化学计量系数;x'、y'、z' 和 r' 为焦油中单个碳原子的氢、氧、氮和硫的原子数。

典型的黑煤含有质量分数为 80%~90% 的碳、质量分数为 5%~7% 的氢、质量分数为 3%~9% 的氧、质量分数为 0.5%~1.5% 的硫、质量分数为 0.5%~1.5% 的氮和灰分。煤的硫含量是煤气化后所产生的气体中含有 H_2S 的原因。所有基于煤气化的气化过程都需要能够从合成气中脱除 H_2S 的装置,其是整个电厂配置的一部分。此外,脱除固体颗粒和焦油也是该技术的一部分。煤气化过程需要通过控制和预防污染措施减少污染物的排放。

生物质由纤维素、半纤维素、木质素、淀粉、蛋白质和其他有机和无机成分组成。典型的木质生物质含有约 40%(质量分数)的纤维素、30%(质量分数)的半纤维素和 25%(质量分数)的木质素。生物质的元素组成主要取决于其类型。木质生物质含有质量分数为 40%~50% 的碳、质量分数为 4%~7% 的氢、质量分数为 25%~40% 的氧、质量分数为 0.5%~1.5% 的氮、质量分数为约 0.1% 的硫和质量分数为 5% 的灰分(干基)。

生物质的高含氧量预先决定了所生产的合成气中是否存在含氧有机化合物和水。

对于固体废物,进料的元素组成取决于废物的类型。城市固体废物的一小部

分，即所谓的 RDF，是由纸张、塑料、纺织品和其他以生物方式难以降解的有机化合物组成的，可对其进行气化以生产合成气。RDF 的化学成分取决于其来源和废物成分。RDF 的典型元素组成如表 14.7 所列。

14.3.2 技术

在过去的一个世纪里，研究学者开发了不同类型的气化技术。最基本类型的气化反应器是为煤气化而开发的。在过去几十年中，煤气化反应器也被应用于其他固体燃料的气化过程，如生物质和不同类型的固体废物原料。通常是根据原料的类型和对合成气成分的要求，选择合适的反应器类型，其基本类型如下。

（1）移动床反应器，也称为固定床气化反应器，可采用逆流（上升气流）或顺流（下降气流）配置，常用于中小型气化装置中，优点是简单性和具有采用更大尺寸燃料颗粒的可能性；但所产气中的焦油含量，特别是上升气流结构反应器（图 14.14(a)）所产气的焦油含量，是该技术的主要缺点。与其他类型的反应器相比，这些反应器中不理想的传热传质条件使其需要更长的停留时间。

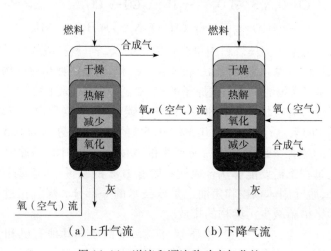

图 14.14 逆流和顺流移动床气化炉

（2）流化床气化反应器、鼓泡流化床、循环流化床和双流化床气化器，均可用于煤和生物质的气化。流化床气化炉通常工作在 900℃ 左右。在流化床中，可获得很好的传热传质条件，其所产生的气体比移动床反应器所产生的气体的焦油含量更少，氧气消耗量也更低。与移动床气化相比，流化床气化反应器的缺点是：要求燃料的颗粒尺寸较小，碳的转化率通常较低。循环流化床气化炉的一种方案如图 14.15 所示。

（3）气流床气化炉（图 14.16）是在高温（1300~1500℃）和细粒度燃料颗粒的

情景下运行的,其包括结渣型和非结渣型共两种类型,其中:在结渣型气化炉中,首先是灰在气化炉中熔化,然后沿着反应器壁向下流动,最后以液态形式排出反应器;在非结渣型气化炉中,不会形成炉渣。气流床气化炉的优点是碳转化率高和煤气焦油含量低,但其也需要细粒度的燃料颗粒以支撑气化反应。

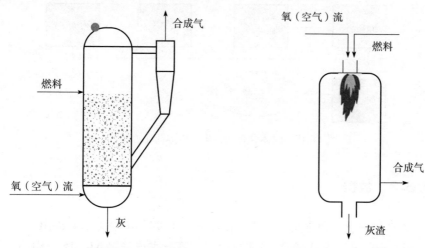

图14.15　循环流化床气化炉　　　　图14.16　气流床气化炉

（4）在等离子气化中,由等离子电弧产生的高能用于电离气体并将有机物催化成合成气和炉渣。等离子气化炉已在商业上成功用于生物质和固体碳氢化合物（如煤、生物质和废物）的气化。

气体净化技术是固体燃料气化过程中的另一个重要组成部分。在甲醇合成工艺的合成气生产过程中,脱除粉尘、焦油、二氧化碳和其他杂质是非常必要的。通常采用以下清洁方法的某一种组合方式对合成气中的杂质进行脱除:

- 焦油催化裂化;
- 旋转洗涤塔;
- 文丘里洗涤器;
- 砂床过滤器;
- 织物过滤器;
- 旋转雾化器;
- 湿式静电除尘器;
- 贫溶剂脱除 CO_2;
- CO_2 的膜分离。

固体燃料气化工艺生产甲醇合成气的简化方案如图14.17所示。

纯氧可作为甲醇生产合成气工艺中的氧化剂。若无法获得纯氧,则在工艺流程中就应该包括空气分离单元。

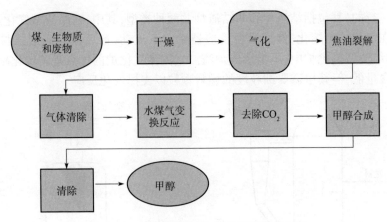

图 14.17 固体燃料气化生产甲醇简化方案

14.3.3 数据

固体燃料气化反应通常是快速或平衡反应。主要反应(式(R14.8~R14.10)、式(R14.13)和式(R14.14))的平衡常数用于估算方程式(式(R14.15))中的化学计量系数。模拟程序包含 Gibbs 平衡模型,其可在未知反应化学计量的情况下计算产物的平衡组成。文献[5]中收集了 20 世纪上半叶发表的有关煤气化反应平衡常数的不同测量结果。上述反应的 K_p 温度依赖性结果如表 14.6 所列。

表 14.6 主要煤气化反应的平衡常数

T/K	$\log_e K_p$				
	式(R14.8)	式(R14.9)	式(R14.10)	式(R14.13)	式(R14.14)
300		-15.85786	-24.6763	4.95303	8.8985
400	-4.083	-10.11277	-15.6114	3.17004	5.4899
600	-1.071	-4.29593	-6.29601	1.43258	2.0001
800	0.84	-1.35664	-1.5058	0.6062	0.1494
1000	2.143	0.41655	1.42428	0.1379	-1.0075
1200		1.59959	3.39314	-0.15699	-1.7936
1400		2.44243	4.80634	-0.35592	-2.3638

在该模拟中,RDF 被用作合成气生产的原料。RDF(无细粉)及其组分的典型元素组成(干基)如表 14.7 所列。

表 14.7 RDF 及其组分的典型元素组成

组分	水分	挥发分	固定碳	灰分	C	H	N	S	O
纸	1.77	78.22	6.15	13.85	43.58	6.46	0.42	0.11	35.59
金属薄片	0.00	99.23	0.00	0.77	79.38	13.63	0.93	0.07	5.22

续表

组分	水分	挥发分	固定碳	灰分	C	H	N	S	O
刚性塑料	0.00	70.67	6.32	23.00	55.60	13.06	1.24	0.00	7.10
纺织品	4.04	84.97	6.95	4.04	51.05	4.92	0.71	0.21	39.07
RDF	3.66	83.7	6.19	10.12	52.37	8.12	1.44	0.22	27.87

生成气中含有焦油是 RDF 气化技术所面对的主要挑战。焦油会在工艺流程的下游运行中凝结，进而造成重大的技术问题，这就是为什么必须要将焦油从生成气中脱除或者必须采用无焦油生成气新技术的原因。本书作者在其已完成的研究中，以氧气为氧化剂，在实验室催化气化单元中对生成气中的焦油含量进行了实验估算，其结果如表 14.8 所列。

表 14.8 生成气焦油含量

温度/℃	550	750	850	950	1050
焦油/(mg/g)(RDF)	14.5	8.05	4.76	4.2	3

14.3.4 模拟

固体燃料气化的模拟类似于前文所述的固体废物燃烧的模拟（例 14.2）。但必须考虑以下的几点。

（1）当氧气量低于其化学计量量时发生气化。因此，氧化剂（空气，O_2）与生物质质量流量的质量流量的比值必须要比燃烧反应时低得多。

（2）为支持蒸汽重整和气体变换反应，可向气化炉中添加蒸汽。

（3）生成气含有 H_2S、NH_3、HCl 和焦油。焦油可定义为虚拟组分和非常规组分，也可由一个或多个真实组分进行表示。萘经常被用作焦油的代表（表 14.9）。*RGibbs* 模型能够计算气体的最终平衡成分，但焦油却是由于不完全气化反应产生的，因此 *RGibbs* 模型不考虑焦油。如果气体的焦油含量对模拟很重要，则必须对其进行单独模拟，并且焦油可能不会作为物流进入 Gibbs 反应器。

1. 组分清单

RDF 气化的组分列表如表 14.9 所列。

表 14.9 RDF 气化成分表

组分 ID	组分类型	组分名	形式
H_2O	常规	WATER	H_2O
N_2	常规	NITROGEN	N_2
O_2	常规	OXYGEN	O_2
RDF	非常规		
NO_2	常规	NITROGENDIOXIDE	NO_2

续表

组分 ID	组分类型	组分名	形式
NO	常规	NITRIC-OXIDE	NO
S	常规	SULFUR	S
SO_2	常规	SULFURDIOXIDE	SO_2
SO_3	常规	SULFURTRIOXIDE	SO_3
H_2	常规	HYDROGEN	H_2
Cl_2	常规	CHLORINE	Cl_2
HCl	常规	HYDROGEN-CHLORIDE	HCl
C	固体	CARBON-GRAPHITE	C
CO	常规	CARBONMONOXIDE	CO
CO_2	Conventional	CARBONDIOXIDE	CO_2
ASH	非常规		
H_2S	Conventional	HYDROGENSULFIDE	H_2S
NH_3	Conventional	AMMONIA	NH_3
TAR	Conventional	NAPHTHALENE	$C_{10}H_8$

2. 方法

模拟主要采用理想热力学方法,其中:在具有液-液分离(LL-SEP)的操作单元中,采用 PENG-ROB 热力学模型;对于 RDF 的焓,采用 HCOALGEN 模型;对于燃烧热,采用数值为 20.81MJ/kg 的实验测量值;对于 RDF 的密度,采用 DNSYGEN 模型和值为 750kg/m^3 的平均 RDF 密度。

RDF 气化工艺流程如图 14.18 所示。

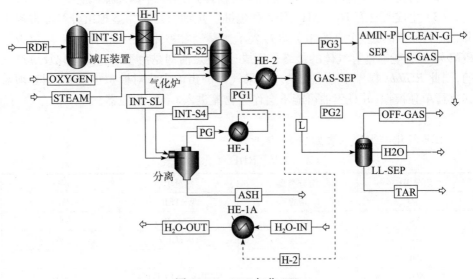

图 14.18 RDF 气化 PFD

3. 进口物流规格

采用与例 14.1 中的生物质相同的方法对 RDF 物流进行指定。RDF 的成分分析见表 14.7。考虑 RDF 在进入汽化炉之前已经被加热到 100℃，气化反应发生在大气压下，氧物流的质量流量初始值为 RDF 质量流量的 75%，氧气纯度被假定为 99.9%。对于 STEAM 物流，考虑采用温度为 350℃、压力为 12bar 的预热蒸汽，其质量流量的初始值等于生物质质量流量的 25%。

4. 气化炉规格

气化炉模型由分解器（RYield 模块）、组分分离器（Sep 模块）、平衡反应器（RGibbs 模块）和灰分离器（SSplit 模块）各一个组成。***RYield*** 模型和 ***RGibbs*** 模型的定义与例 14.2 相似。但是，此处需要定义焦油的质量产率，并在相关的计算器模块中指定其计算方法。在计算器模块中所定义的变量如图 14.19 所示。

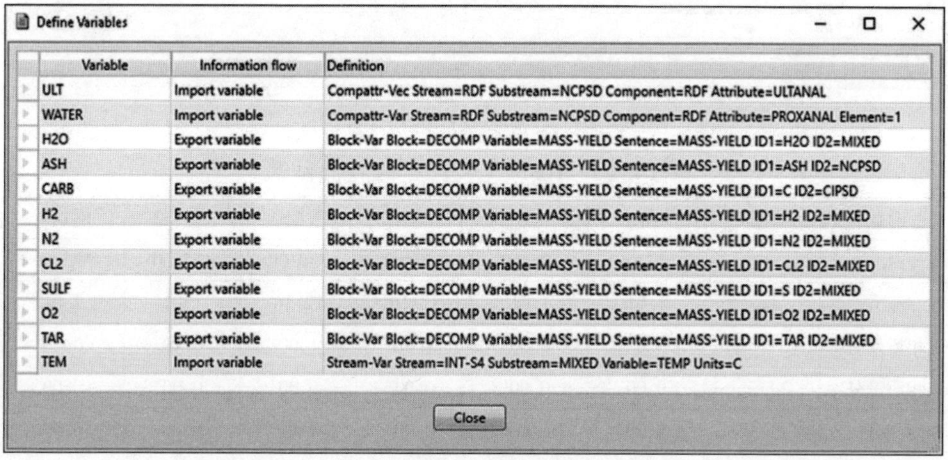

Variable	Information flow	Definition
ULT	Import variable	Compattr-Vec Stream=RDF Substream=NCPSD Component=RDF Attribute=ULTANAL
WATER	Import variable	Compattr-Var Stream=RDF Substream=NCPSD Component=RDF Attribute=PROXANAL Element=1
H2O	Export variable	Block-Var Block=DECOMP Variable=MASS-YIELD Sentence=MASS-YIELD ID1=H2O ID2=MIXED
ASH	Export variable	Block-Var Block=DECOMP Variable=MASS-YIELD Sentence=MASS-YIELD ID1=ASH ID2=NCPSD
CARB	Export variable	Block-Var Block=DECOMP Variable=MASS-YIELD Sentence=MASS-YIELD ID1=C ID2=CIPSD
H2	Export variable	Block-Var Block=DECOMP Variable=MASS-YIELD Sentence=MASS-YIELD ID1=H2 ID2=MIXED
N2	Export variable	Block-Var Block=DECOMP Variable=MASS-YIELD Sentence=MASS-YIELD ID1=N2 ID2=MIXED
CL2	Export variable	Block-Var Block=DECOMP Variable=MASS-YIELD Sentence=MASS-YIELD ID1=CL2 ID2=MIXED
SULF	Export variable	Block-Var Block=DECOMP Variable=MASS-YIELD Sentence=MASS-YIELD ID1=S ID2=MIXED
O2	Export variable	Block-Var Block=DECOMP Variable=MASS-YIELD Sentence=MASS-YIELD ID1=O2 ID2=MIXED
TAR	Export variable	Block-Var Block=DECOMP Variable=MASS-YIELD Sentence=MASS-YIELD ID1=TAR ID2=MIXED
TEM	Import variable	Stream-Var Stream=INT-S4 Substream=MIXED Variable=TEMP Units=C

图 14.19　气化炉计算器模块中定义的变量

表 14.8 中给出了焦油产率对反应器温度的依赖关系。采用二次多项式趋势曲线拟合这些数据获得模型后，再采用该模型计算焦油产率的代码如图 14.20 所示。依次对需要进行导入和导出的变量进行指定，其如图 14.20 的步骤 3 所示。

如果焦油含量是本研究的主题，则必须将焦油从离开 ***RYield*** 模型的气流中进行分离，并在 ***RGIBS*** 模型后绕过，或者必须将其选为 ***RGIBS*** 模型中的惰性物质。所有其他用于模拟的剩余细节与燃烧模拟示例相同。

图 14.18 所示的工艺流程图中还包括对气体冷却和液体分离的模拟。鉴于在本书的前面几章已经对这些操作单元进行了讨论，此处不再赘述。

5. 模拟结果

本例所定义条件下的 RDF 气化结果如表 14.10 所列，可知反应器的温度为 946℃，H_2 的摩尔分率为 41.6%，CO 的摩尔分率为 36.6%，源自反应器的原料气中的焦油含量约为 $2g/Nm^3$。

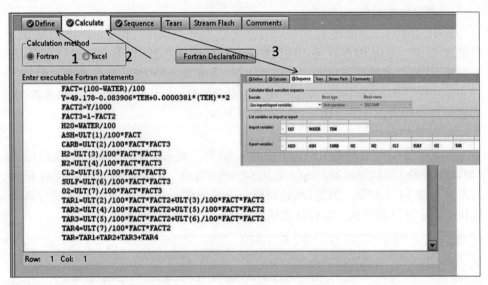

图 14.20 计算质量产量和计算顺序

表 14.10 RDF 气化流程的物流结果

参数	单位	RDF	OXYGEN	STEAM	INT-S1	INT-S2	INT-SL
温度	℃	125.00	125.00	350.00	350.00	125.00	125.00
压力	bar	1.01	1.01	12.16	12.16	1.01	1.01
气相质量分率		0.00	0.00	1.00	1.00	0.40	0.40
液相质量分率		0.00	0.00	0.00	0.00	0.00	0.00
固相分数		1.00	1.00	0.00	0.00	0.60	0.60
质量焓	MJ/kg	-7.95	-7.95	-12.79	-12.79	-0.36	-0.36
固相密度	kg/m^3	750.00	750.00	4.23	4.23	0.62	0.62
焓值流量	GJ/h	-119.24	-119.24	-47.97	-47.97	-5.34	-5.34
质量流量	kg/h	15000	15000	3750.00	3750.00	14949.42	14949.42
H_2O	kg/h	0.00	0.00	3750.00	3750.00	548.26	548.26
N_2	kg/h	0.00	0.00	0.00	0.00	207.01	207.01
O_2	kg/h	0.00	0.00	0.00	0.00	4006.41	4006.41
NO_2	kg/h	0.00	0.00	0.00	0.00	0.00	0.00
NO	kg/h	0.00	0.00	0.00	0.00	0.00	0.00
S	kg/h	0.00	0.00	0.00	0.00	31.63	31.63
SO_2	kg/h	0.00	0.00	0.00	0.00	0.00	0.00
SO_3	kg/h	0.00	0.00	0.00	0.00	0.00	0.00

续表

参数	单位	RDF	OXYGEN	STEAM	INT-S1	INT-S2	INT-SL
H_2	kg/h	0.00	0.00	0.00	0.00	1167.28	1167.28
Cl_2	kg/h	0.00	0.00	0.00	0.00	0.00	0.00
HCl	kg/h	0.00	0.00	0.00	0.00	0.00	0.00
C	kg/h	0.00	0.00	0.00	0.00	7528.37	7528.37
CO	kg/h	0.00	0.00	0.00	0.00	0.00	0.00
CO_2	kg/h	0.00	0.00	0.00	0.00	0.00	0.00
ASH	kg/h	0.00	0.00	0.00	0.00	1460.47	1469.47
RDF	kg/h	15000.00	15000.00	0.00	0.00	0.00	0.00
H_2S	kg/h	0.00	0.00	0.00	0.00	0.00	0.00
NH_3	kg/h	0.00	0.00	0.00	0.00	0.00	0.00
TAR	kg/h	0.00	0.00	0.00	0.00	0.00	0.00
CH_4	kg/h	0.00	0.00	0.00	0.00	0.00	0.00

参数	单位	INT-S4	PG	ASH	TAR	PG3
温度	℃	946.52	944.59	944.59	19.85	20.00
压力	bar	1.01	1.01	1.01	1.01	1.01
气相质量分率		0.95	1.00	0.00	0.00	1.00
液相质量分率		0.00	0.00	0.00	1.00	0.00
固相分数		0.05	0.00	1.00	0.00	0.00
质量焓	MJ/kg	-5.59	-5.87	0.15	0.57	-6.02
固相密度	kg/m³	0.21	0.20	3486.88	1030.32	0.83
焓值流量	GJ/h	-167.28	-167.45	0.22	0.03	-135.99
质量流量	kg/h	29949.42	28539.53	1460.47	51.21	22592.84
H_2O	kg/h	6309.86	6309.86	0.00	0.38	466.16
N_2	kg/h	216.81	216.81	0.00	0.00	216.74
O_2	kg/h	0.00	0.00	0.00	0.00	0.00
NO_2	kg/h	0.00	0.00	0.00	0.00	0.00
NO	kg/h	0.00	0.00	0.00	0.00	0.00
S	kg/h	0.00	0.00	0.00	0.00	0.00
SO_2	kg/h	0.00	0.00	0.00	0.00	0.00
SO_3	kg/h	0.00	0.00	0.00	0.00	0.00
H_2	kg/h	940.12	940.12	0.00	0.00	940.10
Cl_2	kg/h	0.00	0.00	0.00	0.00	0.00

续表

参数	单位	INT-S4	PG	ASH	TAR	PG3
HCl	kg/h	0.00	0.00	0.00	0.00	0.00
C	kg/h	0.00	0.00	0.00	0.00	0.00
CO	kg/h	11547.61	11547.61	0.00	0.00	11543.75
CO_2	kg/h	9440.62	9440.62	0.00	0.33	9392.66
ASH	kg/h	1460.47	0.00	1460.47	0.00	0.00
RDF	kg/h	0.00	0.00	0.00	0.00	0.00
H_2S	kg/h	33.61	33.61	0.00	0.01	33.07
NH_3	kg/h	0.06	0.06	0.00	0.00	0.06
TAR	kg/h	0.00	50.58	0.00	50.48	0.05
CH_4	kg/h	0.26	0.26	0.00	0.00	0.26

6. 优化

氧化剂与固体燃料的质量比是必须要进行优化的重要参数之一。在假设氧气与 RDF 的质量比为 0.75 和蒸汽与 RDF 的质量比为 0.25 的基础上，RDF 气化流程的物流结果如表 14.10 所列。为寻找这些参数的最佳值，在氧气与 RDF 质量比和蒸汽与 RDF 质量比的不同取值范围内，对合成气的流量和组成、反应器温度、总碳转化率、气体焦油含量等变量进行观测。

在灵敏度模块中，将上述所提到的变量均定义为 *Vary* 项，分别选择氧气物流和蒸汽物流的质量流量。将主要气体成分的摩尔分率、RDF 进料质量流量、反应器温度、焦油产率、发生炉气体摩尔流量等在 *Define* 页面上定义为被观测变量。在 *Fortran* 页面中，分别写出对下列值进行计算的公式：R(kg 氧气/kg RDF)、R_1(kg 蒸汽/kg RDF)、V_{sp} 与正常气体体积流量的比值(Nm^3 气体/kg RDF)、基于气体成分的气体热值、单气体组分的热值和气体焦油含量。

主要气体组分的摩尔分率和反应器温度与氧气、RDF 质量比的关系如图 14.21 所示，结果表明：在 $R=0.65$ 和 $R=0.7$ 之间能够达到最大的氢摩尔分率。进一步，如图 14.22 所示，在这种条件下，每千克 RDF 也能够产生最大的气体体积并完成转化，此时的反应器温度低于 700℃，这对于气化而言，温度并不够高，但焦油含量可能会很高。为了将反应器温度提高到 800℃ 以上，必须要增加氧气的流量。再进一步，如图 14.23 所示，当反应器温度为 1100℃ 和气体热值约为 $9MJ/Nm^3$ 时，焦油和 CO_2 的含量可在 $R=0.8$ 时达到最小值。因此，可得到结论是：本例中进行 RDF 气化的最佳氧气与 RDF 质量之比为 0.7~0.75。

注意：最佳氧化剂与进料的质量比取决于进料的组成和热值。因此，对于组成或热值不同的 RDF，其最佳 R 值可能是不同的。

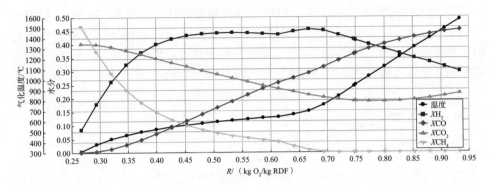

图 14.21 主要组分含量和气化炉温度与氧气/RDF 质量比的关系

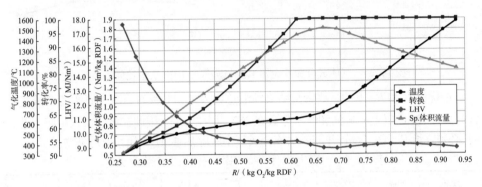

图 14.22 转化率、气体体积流量、气体低热值(LHV)和气化炉温度与氧气/RDF 质量比的关系

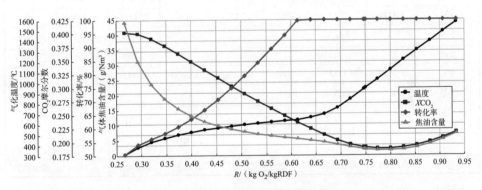

图 14.23 气体焦油含量、CO_2 摩尔分率、气化炉温度和转化率与氧气/RDF 质量比的关系

如图 14.21 所示,H_2 的摩尔分率仅略高于 CO 的摩尔分率。如果在甲醇工艺中采用此生成气作为合成气,则要求 H_2 与 CO 的摩尔比为 2。增加 H_2 与 CO 的摩尔比可通过增加 H_2 的含量或降低 CO 的含量予以实现。增加进入反应器的蒸汽质量流量可导致蒸汽重整(式(R14.9)、式(R14.10))反应和水变换反应(式(R14.13)),进而增加 H_2 含量和降低 CO 含量,但 CO_2 的含量也同时增加了。

H₂ 与 CO 的摩尔比随蒸汽与 RDF 质量比变化的情况如图 14.24 所示,同时该图中也给出了 H₂、CO 和 CO₂ 含量以及反应器温度的变化情况。通过将蒸汽与 RDF 的质量比从 0.25 增加到 0.85,气化炉温度从 940℃降低到 840℃,H₂ 与 CO 的摩尔比从 1.2 增加到 2.0,将更适合于进行甲醇的合成。

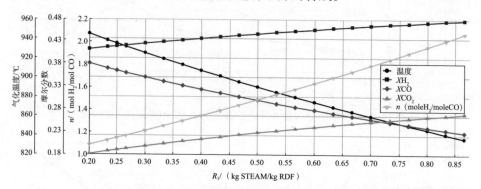

图 14.24　气体成分和反应器温度与蒸汽和 RDF 质量比间的关系

最优值 R 和 R_1 下的最终参数结果的汇总如表 14.11 所列。由于原始的合成气中含有 2.5g/Nm³ 以上的焦油和摩尔分数在 26% 以上的 CO₂,因此在将其供入甲醇工艺之前,必须降低其 CO₂ 含量,并需要从该合成气中脱除焦油、H₂S 和其他污染物。

表 14.11　最优条件下的 RDF 气化工艺结果汇总

变量	m_{RDF}	m_{O_2}	m_{STEAM}	T	CON	X_{H_2}	X_{CO}	
单位	kg/h	kg/h	kg/h	℃	%	—	—	
值	15000	11250	11250	841	100	0.4711	0.2335	
变量	X_{CO_2}	X_{CH_4}	X_{N_2}	X_{H_2O}	X_{NH_3}	X_{C_2}	X_{TAR}	
单位	—	—	—	—	—	—	—	
值	0.2654	0.0000	0.0062	0.0230	0.0000	0.0000	00019	
变量	X_{H_2S}	LHV	TAR	V_g	V_{sp}	n_1	R	R_1
单位	—	MJ/Nm³	g/Nm³	Nm³	Nm³/(kg RDF)	mole H₂/(mole CO)	kg O²/(kgRDF)	kg STEAM/(kg RDF)
值	0.0008	8.0330	2.5820	27951.3	1.8634	2.0170	0.7500	0.8333

14.4　有机固体热解和生物油提质

例 14.4　如表 14.12 所列,流量为 16t/h 的具有特色的木屑生物质可在惰性气体中通过热解进行处理,热解产物可在气体、液体和固体的三相中获得。生成气包含 CO、CO₂、H₂、CH₄ 和轻烃化合物。液体产物由有机相和水相组成,其中:有机相是分子量和沸点范围广泛的不同有机化合物的混合物,水相可视为水。固体产物,即所谓的生物炭,主要由固定碳、灰分和一些挥发物组成[6-8]。在550℃以下进行实验测量所得到的热解产率和气体成分如表 14.15 所列,可知:有机焦油产率是根据其平均沸点分为了 5 个馏分;可认为焦油是在蒸馏塔中经过蒸馏操作得到的,其中石脑油馏分和气体产物从塔顶蒸馏中获得,汽油(GO)馏分从塔中部和塔底残渣中获得;气体产物进行燃烧以提供热解反应器和蒸馏塔所需的热量。设计包括生物油蒸馏过程在内的热解过程。要求:计算蒸馏塔反应器和加热炉加热后的烟气绝热温度。

表 14.12 生物质和焦炭的物性

组分	生物质	炭
PROXANAL		
水分	0.3	0
固定碳	6.24	88.64
挥发分	90.94	3
灰分	2.82	8.36
ULTANAL		
灰分	2.81	10.36
C	48.7	75.8
H	6.16	2.43
N	0.12	0.68
Cl	0.005	0
S	0.015	0.1
O	42.19	10.63
SULFANAL		
黄铁矿	0	0
硫酸盐	0	0
有机质	0.015	0.1

解决方案:

采用 Aspen Plus 求解例 14.4,需要进行的操作包括:创建一个组分列表,选择一种热力学方法,绘制流程图和进行结果分析。详细的描述如以下章节所述。

14.4.1 组分列表

该模拟的成分列表如表 14.13 所列,可知:除常规成分外,还必须定义非常规固体(生物质、煤焦、灰分)、纯固体(C)和虚拟组分 TAR1 项、TAR2 项、TAR3 项、TAR4 项和 TAR5 项。通过平均沸点和平均密度所表征的虚拟组分如表 14.14 所列。

表 14.13 生物质热解组分清单

组分 ID	类型	组分	形式
H_2O	常规	WATER	H_2O
CO_2	常规	CARBON-DIOXIDE	CO_2
CO	常规	CARBON-MONOXIDE	CO
CH_4	常规	METHANE	CH_4
H_2	常规	HYDROGEN	H_2
O_2	常规	OXYGEN	O_2
N_2	常规	NITROGEN	N_2
SO_2	常规	SULFUR-DIOXIDE	SO_2
H_2S	常规	HYDROGEN-SULFIDE	H_2S
SO_3	常规	SULFUR-TRIOXIDE	SO_3
NP	常规	NITRIC-OXIDE	NO
NO_2	常规	NITROGEN-DIOXIDE	NO_2
S	常规	SULFUR	S
Cl_2	常规	CHLORINE	Cl_2
HCl	常规	HYDROGEN-CHLORIDE	HCl
NH_3	常规	AMMONIA	NH_3
C	固体	CARBON-GRAPHITE	C
BIOMASS	非常规		
CHAR	非常规		
ASH	非常规		
ETHANE	常规	ETHANE	C_2H_6
PROPANE	常规	PROPANE	C_3H_8
N-BUTANE	常规	N-BUTANE	$C_4H_{10}-1$
I-BUTANE	常规	ISOBUTANE	$C_4H_{10}-2$
PENTANE	常规	N-PENTANE	$C_5H_{12}-1$
TAR1	虚拟组分		
TAR2	虚拟组分		
TAR3	虚拟组分		
TAR4	虚拟组分		
TAR5	虚拟组分		

表 14.14 生物质热解流程中定义的虚拟组分

TAR ID	质量分数/(kg/焦油 kg)	平均 BP	平均密度
TAR1	0.1	75	822
TAR2	0.2	175	894
TAR3	0.3	275	955
TAR4	0.3	375	1000
TAR5	0.1	700	1162

14.4.2 物性模型

本次模拟中采用 IDEAL 热力学方法,其中:对于生物质和焦炭的焓,采用 HCOALGEN 模型;对于生物质的燃烧热,采用实验测量值 18MJ/kg;对于生物质密度,采用 DNSYGEN 模型,平均生物质密度取值为 520kg/m³;对于煤焦、灰分的焓和密度,分别采用 HCOALGEN 模型和 HCOALIGHT 模型。

14.4.3 工艺流程图

采用 **RYield** 单元操作模块和 **SSPLIT** 模块对热解反应器进行建模。注意,在此例中是根据实验测量的热解产率对简化的热解反应器进行建模。如果热解动力学模型是本研究的主题,用户模型可采用类似于例 13.5 中的用户模型。采用 **PetroFrac** 模块对蒸馏塔建模,采用 **RGIBS** 模块对合成气体的燃烧建模。为了确定用于加热热解反应器和蒸馏塔的烟气能量,将反应器和蒸馏塔与烟气冷却器互连,如图 14.25 所表征的 PFD 所示。

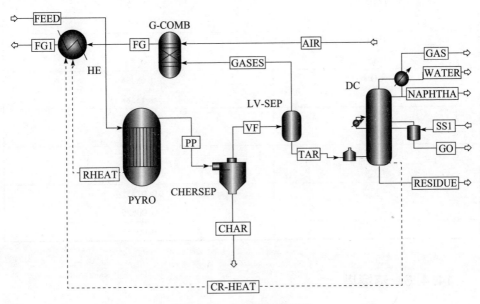

图 14.25 生物质热解 PFD

14.4.4 进口物流

根据表 14.12 给出的组分物性对进料生物质进行定义。对于 PSD,考虑与实施例14.1相同的PSD即可。此处给定的假设包括：进入热解器的生物质温度是100℃；所有设备均在大气压力下进行工作；用于热解气体燃烧的空气质量流量是气体质量流量的10倍。

14.4.5 热解产率

在这个例子中，考虑的是550℃时的恒定热解产率，其值可通过实验进行估算，详见表14.15。同时，输入焦炭、TAR1～TAR5、H_2O和所有气体成分的产率。

在 **RYield** 模型的 **CopmAtt** 项中定义焦炭和灰分的物性。

表14.15 产品产率

组分	产率/($kg \cdot kg^{-1}$生物质)
CHAR	0.2
TAR	0.4
TAR1	0.04
TAR2	0.08
TAR3	0.12
TAR4	0.12
TAR5	0.04
H_2O	0.1
GAS	0.3
CO	0.05435
CO_2	0.13285
CH_4	0.02588
H_2	0.004313
乙烷	0.032351
丙烷	0.02372
n-丁烷	0.01251
i-丁烷	0.00625
戊烷	0.00776

14.4.6 蒸馏塔

本例中采用的是侧线汽提塔的 **PetroFrac** 模型，蒸馏塔的基本结构如图14.26所示；物料进入蒸馏塔的炉膛，冷凝器温度保持在77℃，炉温为380℃。

GO馏分通过具有4个理论塔板的侧线汽提塔从主塔中进行脱除，其中侧线汽提塔的参数如图14.27所示。

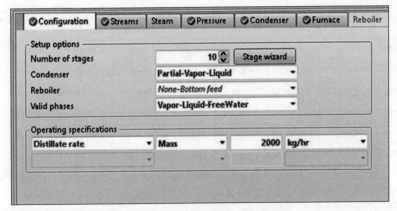

图 14.26　生物油提质蒸馏塔的配置

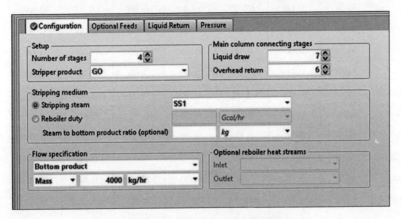

图 14.27　侧线汽提塔的规格

14.4.7　产物

在550℃下，流量约为16t/h的干生物质经热解可提供流量为3.2t/h的炭、4.6t/h气体和8.2t/h液体（包括水），液体馏分被蒸馏为流量为1599t/h石脑油、1665t/h水、4000t/h GO和780t/h残渣。所有物流的详细结果如表14.16所列。

表 14.16　生物质热解流程的结果

参数	单位	FEED	PP	VF	CHAR	GASES	TAR	GAS
温度	℃	100.00	550.00	550.00	550.00	25.00	25.00	77
压力	bar	1.00	1.00	1.00	1.00	2.00	2.00	1.30
气相质量分率		0.00	0.80	1.00	0.00	1.00	0.00	1.00
液相质量分率		0.00	0.00	0.00	0.00	0.00	1.00	0.00

401

续表

参数	单位	FEED	PP	VF	CHAR	GASES	TAR	GAS
固相分数		1.00	0.20	0.00	1.00	0.00	0.00	0.00
质量焓	MJ/kg	-5.42	-2.31	-2.96	0.31	-5.91	-3.69	-2.54
质量密度	kg/m³	520	0.79	0.63	1595.34	2.19	926.99	2.47
焓值流量	MW	-24.17	-10.28	-10.55	0.27	-7.54	-8.45	-0.28
质量流量	kg/h	16048.14	16048.1	12838.5	3209.68	4592.93	8245.54	401.10
H_2O	kg/h	0.00	1604.84	1604.84	0.00	32.75	1572.09	8.87
CO_2	kg/h	0.00	2132.03	2132.03	0.00	2082.87	49.16	48.26
CO	kg/h	0.00	872.23	872.23	0.00	870.78	1.45	1.44
CH_4	kg/h	0.00	415.33	415.33	0.00	413.62	1.71	1.70
H_2	kg/h	0.00	69.22	69.22	0.00	69.21	0.01	0.01
O_2	kg/h	0.00	0.00	0.00	0.00	0.00	0.00	0.00
N_2	kg/h	0.00	0.00	0.00	0.00	0.00	0.00	0.00
NO	kg/h	0.00	0.00	0.00	0.00	0.00	0.00	0.00
NO_2	kg/h	0.00	0.00	0.00	0.00	0.00	0.00	0.00
HCl	kg/h	0.00	0.00	0.00	0.00	0.00	0.00	0.00
NH_3	kg/h	0.00	0.00	0.00	0.00	0.00	0.00	0.00
BIOMASS	kg/h	16048.14	0.00	0.00	0.00	0.00	0.00	0.00
CHAR	kg/h	0.00	3209.68	0.00	3209.68	0.00	0.00	0.00
ETHANE	kg/h	0.00	519.18	519.18	0.00	500.97	18.21	17.66
PROPANE	kg/h	0.00	380.67	380.67	0.00	328.26	52.41	47.11
N-BUTANE	kg/h	0.00	200.77	200.77	0.00	123.58	77.18	57.16
I-BUTANE	kg/h	0.00	100.30	100.30	0.00	69.98	30.32	24.00
PENTANE	kg/h	0.00	124.54	124.54	0.00	38.62	85.92	43.49
TAR1	kg/h	0.00	641.94	641.94	0.00	60.35	581.58	140.31
TAR2	kg/h	0.00	1283.87	1283.87	0.00	1.92	1281.95	11.07
TAR3	kg/h	0.00	1925.81	1925.81	0.00	0.01	1925.80	0.00
TAR4	kg/h	0.00	1925.81	1925.81	0.00	0.00	1925.81	0.00
TAR5	kg/h	0.00	641.94	641.94	0.00	0.00	641.94	0.00
参数	单位	NAPHTHA	WATER	GO	RESIDUE	SS1	FG1	AIR
温度	℃	77.00	77.00	189.03	380.00	450.00	428.52	25.00
压力	bar	1.30	1.30	1.13	1.00	3.00	2.00	2.00
气相质量分率		0.00	0.00	0.00	0.00	1.00	1.00	1.00

续表

参数	单位	NAPHTHA	WATER	GO	RESIDUE	SS1	FG1	AIR
液相质量分率		1.00	1.00	1.00	1.00	0.00	0.00	0.00
固相分数		−1.12	0.00	0.00	0.00	0.00	0.00	0.00
质量焓	MJ/kg	814.76	−15.65	−0.52	873.75	−12.59	−1.86	0.00
质量密度	kg/m³	−0.50	973.54	837.71	−0.06	−0.25	0.99	2.32
焓值流量	MW	1598.89	−7.24	−0.57	780.47	−0.70	−26.19	0.00
质量流量	kg/h	70.35	1665.07	4000.00	0.06	200.00	50592.93	46000.00
H_2O	kg/h	0.90	1665.07	27.74	0.00	200.00	3442.51	0.00
CO_2	kg/h	0.00	0.00	0.00	0.00	0.00	7936.9	0.00
CO	kg/h	0.01	0.00	0.00	0.00	0.00	1.57	0.00
CH_4	kg/h	0.00	0.00	0.00	0.00	0.00	0.00	0.00
H_2	kg/h	0.00	0.00	0.00	0.00	0.00	0.03	0.00
O_2	kg/h	0.00	0.00	0.00	0.00	0.00	2825.19	9660.00
N_2	kg/h	0.00	0.00	0.00	0.00	0.00	36299.19	36340.00
NO	kg/h	0.00	0.00	0.00	0.00	0.00	87.27	0.00
NO_2	kg/h	0.00	0.00	0.00	0.00	0.00	0.25	0.00
HCl	kg/h	0.00	0.00	0.00	0.00	0.00	0.00	0.00
NH_3	kg/h	0.00	0.00	0.00	0.00	0.00	0.00	0.00
BIOMASS	kg/h	0.00	0.00	0.00	0.00	0.00	0.00	0.00
CHAR	kg/h	0.00	0.00	0.00	0.00	0.00	0.00	0.00
ETHANE	kg/h	0.55	0.00	0.00	0.00	0.00	0.00	0.00
PROPANE	kg/h	5.29	0.00	0.00	0.00	0.00	0.00	0.00
N-BUTANE	kg/h	20.02	0.00	0.00	0.00	0.00	0.00	0.00
I-BUTANE	kg/h	6.32	0.00	0.00	0.00	0.00	0.00	0.00
PENTANE	kg/h	42.43	0.00	0.00	0.00	0.00	0.00	0.00
TAR1	kg/h	441.17	0.00	0.00	0.10	0.00	0.00	0.00
TAR2	kg/h	1011.86	0.00	258.45	0.57	0.00	0.00	0.00
TAR3	kg/h	0.00	0.00	1922.35	3.45	0.00	0.00	0.00
TAR4	kg/h	0.00	0.00	1791.46	134.34	0.00	0.00	0.00
TAR5	kg/h	0.00	0.00	0.00	641.94	0.00	0.00	0.00

在蒸馏塔反应器和蒸馏塔炉中使用了工艺流程所供应的能量后,烟气的绝热温度降低到了428℃,这表明在理论上烟气中含有足够的能量能够满足工艺热量的要求,但作为用于覆盖最终热损失的储备是不够的。

参考文献

[1] Aspen Plus. Getting Started Modeling Processes with Solids. Cambridge, MA; Aspen Technology, Inc. ;2004.

[2] Aspen Plus ® V9 Help. Burlington, MA: Aspen Technology, Inc. ; 2016.

[3] Haydary J. Gasification of refuse-derived fuel (RDF). GeoSci. Eng. 2016, 62(1): 37-44

[4] Haydary J, Jelemenský Ľ. Design of biomass gasification and combined heat and power plant based on laboratory experiments. In Springer Proceedings in Physics: International Congress on Energy Efficiency and Energy Related Materials (ENEFM2013), Proceedings, Antalya, Turkey, October 9-12, 2013. s. 171-177.

[5] Vvedenskij AA. Termodynamické výpočty petrochemických pochodu. Praha: státní nakladatelstv Í technické literatury; 1963.

[6] Haydary J, Jelemenský Ľ, Gašparovič L , Markoš J. Influence of particle size and kinetic parameters on tire pyrolysis. J. Anal. Appl. Pyrolysis, 2012, 97(12): 73-79.

[7] Haydary J, Susa D, Dudáš J. Pyrolysis of aseptic packages(tetrapak) in a laboratory screw type reactor and secondary thermal/catalytic tar decomposition. Waste Manag. 2013, 33(5): 1136-1141.

[8] Juma M, Koreňová Z , Markoš J, Annus J, Jelemenský Ľ. Pyrolysis and combustion of scrap tire. Pet. Coal. 2006, 48(1): 15-26.

第15章
电解质工艺

电解质是在水中溶解时会产生导电溶液的物质。许多工业系统中包含电解质,对其进行设计和模拟需要能够处理电解质的特定模型。酸和碱的水溶液如 HCl、H_2SO_4、HNO_3、H_3PO_4、HF、HBr、$NaOH$、KOH 等,盐的溶液如 $NaCl$、Na_2CO_3、$CaCO_3$、Na_2SO_4、KCl 等,酸性水溶液如 H_2S、CO_2、NH_3、HCN,含胺的水溶液如 MEA、DEA 或 MDEA 等,均是电解液系统的例子。

在市场上可用的模拟软件中,Aspen Plus 是最适合对电解质进行模拟的软件。Aspen Plus 支持全部类型电解质系统的建模,包括具有强电解质、盐沉淀、弱电解质和混合溶剂的系统。在 Aspen Plus 中,电解质系统被定义为:一些分子物质在液体溶剂中被部分或完全的解离成离子,和/或一些分子物质以盐的形式沉淀[1]。这些化学反应会在溶液中迅速发生,因此需要假设其存在的化学平衡条件。溶液化学的要求和采用能够处理电解质系统的物性方法是在 Aspen Plus 中对电解质系统进行模拟的主要特点。

本章主要讨论电解质过程的模拟。通过采用以下的两个示例,对电解质模拟过程的不同方面进行解释。

① 例 15.1,通过乙炔氢氯化从氯乙烯生产的气体物流中清洗 HCl。
② 例 15.2,脱除垃圾衍生燃料(RDF)在气化过程中产生的 CO_2 和 H_2S。

在第 2 章(例 2.11)和第 7 章(例 7.2)中已经简要介绍了电解质化学系统的定义。

15.1 碱溶液脱除酸性气体

例 15.1 采用乙炔氢氯化生产氯乙烯的过程中,其反应产物含有氯乙烯、1,2-二氯乙烷、HCl 和乙炔。HCl 在两个吸收塔中进行洗涤,其中:在第 1 个吸收塔中,采用纯水作为溶剂,通过吸收 HCl 的主要部分生成 HCl 水溶液;在第 2 个吸收塔中,采用 NaOH 水溶液从气体物流中完全脱除 HCl。要求:采用 Aspen Plus 对此过程进行模拟。

解决方案:

例 15.1 的解决方案主要涉及化学和热力学模型的描述、工艺流程图的创建、工艺的模拟、结果的评估等部分,详见下文的 15.1.1 节至 15.1.4 节。

15.1.1 化学

溶液化学或简单"*Chemistry*"对 Aspen Plus 中电解质系统的模拟存在着主要影响。在 Aspen Plus 中,不仅是反应器,全部单元操作模块均可用于电解液反应。溶液化学中所涉及的化学反应主要包括:
- 强电解质的完全解离;
- 弱电解质的部分解离;
- 离子物质之间的离子反应;
- 复合离子的形成;
- 盐沉淀和溶解。

部分解离和盐沉淀反应的建模均需要平衡常数,其可通过 Gibbs 自由能或温度依赖相关性计算得到。

Aspen Plus 提供了两种展示电解质系统浓度的方法。

(1) 基于 *true* 组分(由电解和/或沉淀产生的物质,如离子和盐,物质之间通过化学反应形成的化合物)。

(2) 基于 *apparent* 组分(基础分子组分)。

Aspen Plus 中包括一个电解质向导,其可采用基本分子组分生成物质和反应。正确的电解液化学模型对于获得精确的计算结果是非常重要的。

对于本例中的化学建模,需要遵循以下的步骤。

- 启动 Aspen Plus,采用 *Electrolyte* 模板对组分列表进行定义,相应地,组分包括氯乙烯、乙炔、1,2-二氯乙烷、盐酸、氢氧化钠;在启动电解液模板时,水会被自动选择为组分。

- 单击 *Elec Wizard* 项(图 15.1),出现电解质向导的第 1 页,但这仅是信息页面,在阅读信息后并单击 *Next* 按钮。

- 在电解液向导的第 2 页,选择由电解化学所生成的基本组分(本例中为 HCl 和 NaOH),并将所选成分移至右侧;此处,水已经被选为参与电解反应的组分;针对氢离子类型,选择氢离子 H_3O^+,然后选择包含盐形成的选项;单击 *Next* 按钮继续,其中:基本组分选项页面、生成物质页面和反应页面如图 15.2 所示。

- Aspen Plus 会生成所有可能的离子和盐物质,以便为所选系统进行化学反应提供支撑。其中:所生成的水合物质包括 H_3O^+、Cl^-、Na^+ 和 OH^-,所生成的盐包括 $NaOH(s)$、$NaOH*W(s)$ 和 $NaCl(s)$;由于前面提到的两个组分与此处的模拟并不相关,将其移除;在移除这些盐后,与其相关的反应也要从反应列表中删除,剩余

的相关反应为

$$NAOH \rightarrow Na^+ + OH^- \quad (NAOH 的解离)$$
$$H_2O + HCl \leftrightarrow H_3O^+ + Cl^- \quad (水中 HCl 的电离)$$
$$NaCl \leftrightarrow Na^+ + Cl^- \quad (盐析)$$
$$2H_2O \leftrightarrow H_3O^+ + OH^- \quad (水的自电离)$$

式中：上述的第 1 个反应（NaOH 的解离）是不可逆的，水中 HCl 的电离和 NaCl 沉淀均是平衡反应。

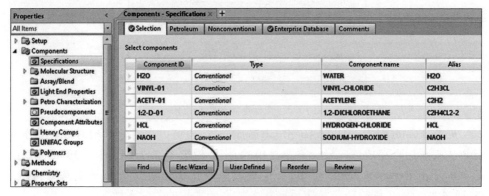

图 15.1　选择电解质向导

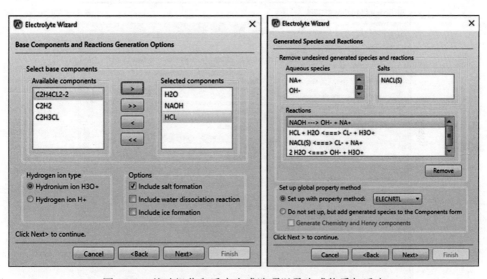

图 15.2　基础组分和反应生成选项以及生成物质与反应

- 在下一页（图 15.3）中，对电解质模拟方法进行选择，先选中 *Apparent component approach* 单选按钮（后面步骤中可将该方法更改为真实组分并在结果报告中进行比较），之后 Aspen Plus 会给出基本组分的浓度和流速。需注意，沉淀盐

(NaCl(s)等)是不会被视为表观组分的,故它们在表观组分方法中被表示为结合形成它们的原始物质。例如,对于 NaCl(s) 而言,其为 NaOH 和 HCl。

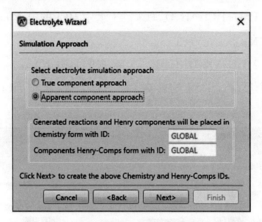

图 15.3　选择电解质模拟方法

- 在下一页面中,可以选择完成电解质向导,也可以在对化学和 Henry 组分进行再次查看后再完成该向导。需要提出的是,该模拟中选择 HCl 作为 Henry 组分。
- 单击 *Review Chemistry* 项,可检查或修改化学反应计量和平衡常数;按照图 15.4 所示的步骤检查与特定反应相关的平衡常数的关联系数。

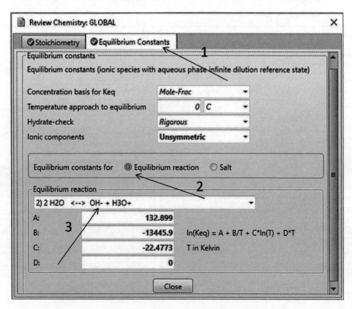

图 15.4　查看平衡常数

- 关闭 *Review Chemistry* 项页面,进而完成电解质向导。
- Aspen Plus 产生最终的组分列表,其包括图 15.5 所示的电解质种类。

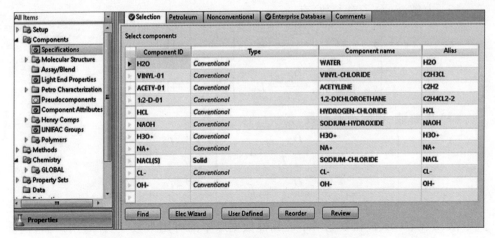

图 15.5 包括电解液种类在内的最终组分清单

- 可在右侧主导航面板的 ***Chemistry*** 项下再次查看化学项。

15.1.2 物性方法

电解质系统可通过 ELECNRTL 项（电解质非随机双液）或 ENRTL-RK 项（ELECNRTL 与 Redlich-Kwong 状态方程的组合）物性方法进行处理。Redlich-Kwong 状态方程无法描述与气相性质相关的气相行为，原因在于其是存在于羧酸或 HF 中。在这些情况下，可采用 Hayden-O'Connell 法和 ENRTL-HF 法进行描述。ELECNRTL 法采用与 NRTL 法完全相同的方式计算分子间的相互作用，因此针对 NRTL 物性方法可采用二元分子相互作用参数数据库。此外，在 Aspen 物性数据库中，ELECNRTL 法针对电解液对采用的是可用对参数。当电解质浓度为零时，该模型即简化为 NRTL 模型。

超临界气体的溶解度可采用 Henry 定律进行模拟，其中 Henry 系数可在数据库中获取。由电解液 NRTL 焓和电解液 NRTL Gibbs 自由能模型可计算得到焓和 Gibbs 自由能。

1. 活度系数模型

电解质 NRTL 模型的可调参数包括非水溶剂的纯组分介电常数系数、离子种类的 Born 半径以及分子-分子、分子-电解质和电解质-电解质对的 NRTL 参数。其中，前两个参数仅适用于混合溶剂电解质系统；NRTL 参数包括非随机性因素 α 和能量参数 τ 共两个因素[3]。ELECNRTL 参数的温度依赖性如下。

（1）分子-分子二元参数，有

$$\tau_{BB'} = A_{BB'} + \frac{B_{BB'}}{T} + F_{BB'}\ln T + G_{BB'}T \tag{15.1}$$

(2) 电解液-分子对参数,有

$$\begin{cases} \tau_{ca,B} = C_{ca,B} + \dfrac{D_{ca,B}}{T} + E_{ca,B}\left[\dfrac{(T^{ref}-T)}{T} + \ln\left(\dfrac{T}{T^{ref}}\right)\right] \\ \tau_{B,ca} = C_{B,ca} + \dfrac{D_{B,ca}}{T} + E_{B,ca}\left[\dfrac{(T^{ref}-T)}{T} + \ln\left(\dfrac{T}{T^{ref}}\right)\right] \end{cases} \quad (15.2)$$

(3) 电解液-电解液对参数,有

$$\begin{cases} \tau_{c'a,c''a} = C_{c'a,c''a} + \dfrac{D_{c'a,c''a}}{T} + E_{c'a,c''a}\left[\dfrac{(T^{ref}-T)}{T} + \ln\left(\dfrac{T}{T^{ref}}\right)\right] \\ \tau_{ca',ca''} = C_{ca',ca''} + \dfrac{D_{ca',ca''}}{T} + E_{ca',ca''}\left[\dfrac{(T^{ref}-T)}{T} + \ln\left(\dfrac{T}{T^{ref}}\right)\right] \end{cases} \quad (15.3)$$

式中:A、B、C、D、E、F 和 G 为 Aspen 物性数据库中的可用常数,但针对用户而言它们均是可调整的;下标 B 和 B′ 表示分子;下标 a、a′ 和 a″ 表示阴离子;下标 c、c′ 和 c″ 表示阳离子。

系数 A、B、F、G 和 α 对于分子-分子的相互作用可在 *Parameters→Binary interactions→NRTL-1* 项页面下进行再次查看和调整。系数 C、D、E 和 α 对于分子-电解液和电解液-电解液的相互作用可在 *Parameters→Electrolyte Pair→GMELCC* 项、*GMELCD* 项、*GMELCE* 项和 *GMELCN* 项页面下进行再次查看和调整。

表 15.1 给出了从氯乙烯物流中脱除 HCl 的工艺流程中所产生的电解液对参数。

表 15.1 从氯乙烯物流中脱除 HCl 时的电解液对参数

GMELCC			GMELCD		
分子 i 或 电解质 i	分子 j 或 电解质 j	值	分子 i 或 电解质 i	分子 j 或 电解质 j	值
H_2O	H_3O^+ Cl^-	4.110129	H_2O	H_3O^+ Cl^-	2306.642
H_3O^+ Cl^-	H_2O	-3.344103	H_3O^+ Cl^-	H_2O	-653.5391
H_2O	H_3O^+ OH^-	8.045	H_2O	Na^+ Cl^-	841.5181
H_3O^+ OH^-	H_2O	-4.072	Na^+ Cl^-	H_2O	-216.3646
H_2O	Na^+ Cl^-	5.980196	H_2O	Na^+ OH^-	1420.242
Na^+ Cl^-	H_2O	-3.789168	Na^+ OH^-	H_2O	-471.8202
H_2O	Na^+ OH^-	6.737997		H_3O^+ Cl^-	0
Na^+ OH^-	H_2O	-3.771221	H_3O^+ Cl^-	HCl	0
HCl	H_3O^+ Cl^-	12	HCl	H_3O^+ OH^-	0
H_3O^+ Cl^-	HCl	-0.001	H_3O^+ OH^-	HCl	0
HCl	H_3O^+ OH^-	15	HCl	Na^+ Cl^-	0
H_3O^+ OH^-	HCl	-8	Na^+ Cl^-	HCl	0

续表

GMELCC			GMELCD		
分子 i 或 电解质 i	分子 j 或 电解质 j	值	分子 i 或 电解质 i	分子 j 或 电解质 j	值
HCl	Na+ Cl⁻	15	HCl Na⁺	OH⁻	0
Na⁺ Cl⁻	HCl	−8	Na⁺ OH⁻	HCl	0
HCl	Na⁺ OH⁻	15	Na⁺ Cl⁻	Na⁺ OH⁻	−828.7313
Na⁺ OH⁻	HCl	−8	Na⁺ OH⁻	Na⁺ Cl⁻	−180.448
Na⁺ Cl⁻	Na⁺ OH⁻	1.95044	H_2O	Na⁺ Cl⁻	0.2
Na⁺ OH⁻	Na⁺ Cl⁻	8.407678	H_2O	Na⁺ OH⁻	0.2
H_2O	H_3O^+ Cl⁻	0.3417959	HCl	H_3O^+ OH⁻	0.1
H_3O^+ Cl⁻	H_2O	2.121453	HCl	Na⁺ Cl⁻	0.1
H_2O	Na⁺ Cl⁻	7.4335	HCl	Na⁺ OH⁻	0.1
Na⁺ Cl⁻	H_2O	−1.100418			
H_2O	Na⁺ OH⁻	3.013932			
Na⁺ OH⁻	H_2O	2.136557			
HCl	H_3O^+ Cl⁻	0			
H_3O^+ Cl-	HCl	0			
HCl	H_3O^+ OH⁻	0			
H_3O^+ OH⁻	HCl	0			
HCl	Na⁺ Cl-	0			
Na⁺ Cl⁻	HCl	0			
HCl	Na+ OH⁻	0			
Na⁺ OH⁻	HCl	0			
Na⁺ Cl⁻	Na⁺ OH⁻	6.619543			
Na⁺ OH⁻	Na⁺ Cl⁻	100			

2. 电解液 NRTL 焓模型

涉及电解液 NRTL 焓模型的相关公式为

$$H_m^* = x_w H_w + \sum_s x_s H_s^{*,l} + \sum_k x_k H_k^\infty + H_m^{*E} \tag{15.4}$$

$$H_w = \Delta H_f^{ig(298.15K)} + \int_{298.15}^{T} C_{p,k}^{ig} dT + H_{w,(T,P)} - H_{w,(T,P)}^{ig} \tag{15.5}$$

$$H_s^{*,l} = H_s^{*,ig} + (H_s^{*,v} - H_s^{*,ig})_{(T,p)} - \Delta H_{s,vap(T)} \tag{15.6}$$

$$H_k^\infty = \Delta H_k^{\infty,aq} + \int_{298.15}^{T} C_{p,k}^{\infty,aq} dT \tag{15.7}$$

式中:H_m^* 和 H_m^{*E} 分别为摩尔焓和摩尔过量焓,其由不对称参考状态定义为纯溶剂水以及分子溶质与离子的无限稀释;H_w 为根据理想气体模型(式(15.5))和 ASME

蒸汽状态方程计算得到纯水摩尔焓；$H_s^{*,l}$是由式(15.6)计算得到的非水溶剂的焓贡献；$(H_s^{*,v}-H_s^{*,ig})_{(T,p)}$为蒸气焓离开对液体焓的贡献；$H_k^{\infty}$为通过式(15.7)由无限稀释水相热容计算的无限稀释水热力学焓，其中下标k是指根据无限稀释水热容多项式默认计算的任何离子或分子溶质。如果多项式模型参数不可用，则根据离子溶质的Criss-Cobble相关性对上述参数值进行计算[2]。

3. 电解质NRTL Gibbs自由能模型

电解质NRTL Gibbs自由能模型的相关公式为

$$G_m^* = x_w \mu_w + \sum_s x_s \mu_s^{*,l} + \sum_k x_k \mu_k^{\infty} + RT \sum_j x_j \ln x_j + G_m^{*E} \tag{15.8}$$

$$\mu_w = \mu_w^{ig(298.15K)} + (\mu_w - \mu_w^{ig})_{(T,P)} \tag{15.9}$$

$$\mu_k^{\infty} = H_k^{\infty} - TS_k^{\infty} + RT\ln\left(\frac{1000}{M_w}\right) \tag{15.10}$$

$$H_k^{\infty} = \Delta_f H_k^{\infty,aq} + \int_{298.15}^{T} C_{p,k}^{\infty,aq} dT \tag{15.11}$$

$$S_k^{\infty} = \frac{\Delta_f H_k^{\infty,aq} - \Delta_f G_k^{\infty,aq}}{298.15} + \int_{298.15}^{T} \frac{C_{p,k}^{\infty,aq}}{T} dT \tag{15.12}$$

式中：G_m^*和G_m^{*E}为由非对称参考状态定义为纯水和分子溶质与离子的无限稀释时的摩尔Gibbs自由能和过量摩尔Gibbs自由能；μ_w为纯水的摩尔Gibbs自由能（或热力学势），由298.15K下的理想气体贡献和偏离函数$(\mu_w-\mu_w^{ig})_{(T,P)}$计算得到；$\mu_s^{*,l}$为由非水溶剂计算的Gibbs自由能，如通常活度系数模型中的组分计算；μ_k^{∞}为采用式(15.10)~式(15.12)计算得到的水无限稀释热力学势，下标k是指任何离子或分子溶质和项$RT\ln(1000/M_w)$，其被添加的原因为$\Delta_f H_k^{\infty,aq}$（水溶液无限稀释生成热）和$\Delta_f G_k^{\infty,aq}$（无限稀释的吉布斯自由能）基于摩尔浓度获得，而μ_k^{∞}基于摩尔分率尺度获得。

15.1.3　工艺流程图

电解液系统的模拟对流程图没有具体的要求。在本例中，采用两个洗涤塔进行模拟，其中：第1个洗涤塔采用纯水脱除HCl，并产生HCl水溶液；在第2个洗涤塔中，气体物流中剩余的HCl被NaOH水溶液中和。在这两个塔中发生的电解质反应都非常快速，采用平衡塔板就足以模拟其中的每个过程。因此，FLASH2分离器单元操作模块可用于模拟两个洗涤塔。搭建的具体工艺流程图如图15.6所示。

1. 进口物流规格

考虑气体在其露点温度下进入吸收塔。在计算第1个吸收塔中所采用的水量之前，必须要采用估计值进行模拟的启动，在进口物流中要采用流量为5000kg/h的水。所有的有关3个进口物流的详细信息如表15.2所列。

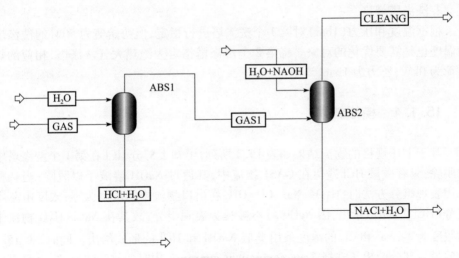

图 15.6　从氯乙烯流中脱除 HCl 的 PFD

表 15.2　进口物流的规格

流名称	GAS
蒸气分数	1
压力/bar	1.5
质量流量/(kg/h)	10000
质量分率	
HCl	0.05
乙炔	0.05
1,2-二氯乙烷	0.1
氯乙烯	0.8
流名称	H_2O
温度/℃	25
压力/bar	1.5
质量流量(估计)/(kg/h)	5000
质量分率	
H_2O	1
流名称	H_2O +NaOH
温度/℃	25
压力/bar	1.5
质量流量(估计)/(kg/h)	500
质量分率	
H_2O	0.998
NaOH	0.002

2. 洗涤塔规格

根据温度和压力(1bar)对第1个洗涤塔进行指定,但初始值为50℃的洗涤塔的温度也是需要优化的对象。将第2个洗涤塔指定为绝热大气洗涤塔,相应的热负荷为0kW,压力为1bar。

15.1.4 模拟结果

基于上述规格的物流结果如表15.3所列,可知大部分HCl在第1个洗涤塔中被脱除,只有微量HCl残留在GAS1物流中,其通过NaOH溶液予以脱除;当选择采用表观组分方法时,H_3O^+、Na^+、Cl^-、OH^-在出口物流中的浓度为零;浓度由基本成分(HCl、NaOH)给出,因NaCl(s)不被视为表观组分,故其在NaCl+H_2O物流中的浓度为零,Na^+和Cl^-的浓度采用类似NaOH和HCl的形式给出。同时,表15.3中的最后部分给出了选择 *True component approach* 项时的物流浓度,输出物流中的电解质浓度以 H_3O^+、Na^+、Cl^-、OH^- 的形式进行表征。

表15.3 氯乙烯工艺中脱除HCl的物流结果

	单位	CLEANG	GAS	GAS1	H_2O	H_2O+NaOH	H_2O+HCl	H_2O+NaCl
相		气	气	气	液	液	液	液
温度	℃	48.29	37.02	50.00	25.00	25.00	50.00	48.29
压力	bar	1.00	1.50	1.00	1.50	1.50	1.00	1.00
质量焓	kJ/kg	-17.46	355.17	-33.12	-15875.69	-15867.44	-14713.86	-15669.15
质量熵	kJ/(kg·K)	-0.84	-0.87	-0.83	-9.06	-9.04	-8.24	-8.68
质量密度	kg/m³	2.24	3.75	2.22	997.19	999.77	1018.89	989.51
焓流量	kW	-48.05	986.59	-91.28	-22049.57	-2203.8	-20753.52	-2247.04
平均MW	kg/kmol	58.93	63.02	58.75	18.02	18.02	18.99	18.08
摩尔流量	kmol/h	168.09	158.68	168.89	277.54	27.75	267.33	28.55
质量流	kg/h	9906.03	10000.0	9922.29	5000.00	500.00	5077.71	516.26
选择真实组分方法的组分质量流量								
H_2O	kg/h	346.34	0.00	359.67	5,000.00	499.00	4497.40	512.34
HCl	kg/h	0.00	289.28	0.01	0.00	0.00	0.00	0.00
NaOH	kg/h	0.00	0.00	0.00	0.00	0.00	0.00	0.00
ACETY-01	kg/h	200.59	206.59	201.55	0.00	0.00	5.04	0.95
VINYL-01	kg/h	7902.04	7933.84	7902.56	0.00	0.00	31.28	0.53
1:2-D-01	kg/h	1457.06	1570.29	1458.50	0.00	0.00	111.80	1.43

续表

	单位	CLEANG	GAS	GAS1	H_2O	H_2O +NaOH	H_2O +HCl	H_2O +NaCl
H_3O^+	kg/h	0.00	0.00	0.00	0.00	0.00	0.00	0.00
Na^+	kg/h	0.00	0.00	0.00	0.00	0.57	150.92	0.57
NaCl(s)	kg/h	0.00	0.0	0.00	0.00	0.00	0.00	0.00
Cl^-	kg/h	0.00	0.00	0.00	0.00	0.00	281.27	0.01
OH^-	kg/h	0.00	0.00	0.00	0.00	0.43		0.42
选择表观组分方法的组分质量流量								
H_2O	kg/h	346.34	0.00	359.67	5000.00	499.00	4640.33	512.34
HCl	kg/h	0.00	289.28	0.00	0.00	0.00	289.27	0.01
NaOH	kg/h	0.00	0.00	0.00	0.00	1.00	0.00	1.00
ACETY-01	kg/h	200.59	206.59	201.55	0.00	0.00	5.04	0.95
VINYL-01	kg/h	7902.04	7933.84	7902.56	0.00	0.00	31.28	0.53
1,2-D-01	kg/h	1457.06	1570.29	1458.49	0.00	0.00	111.80	1.43
H_3O^+	kg/h	0.00	0.00	0.00	0.00	0.00	0.00	0.00
Na^+	kg/h	0.00	0.00	0.00	0.00	0.00	0.00	0.00
NaCl(s)	kg/h	0.00	0.00	0.00	0.00	0.00	0.00	0.00
Cl^-	kg/h	0.00	0.00	0.00	0.00	0.00	0.00	0.00
OH^-	kg/h	0.00	0.00	0.00	0.00	0.00	0.00	0.00

- **溶剂质量流量和吸收塔温度的设置**

在溶剂与进口物流的质量流量比为0.5、吸收塔温度为50℃时,模拟结果如表15.3所列,可知在这些条件下,HCl实际上在第1个吸收塔中被脱除,但也有一小部分产品(氯乙烯)进行了冷凝。为找出溶剂质量流量对HCl脱除和产品损失的影响,需要定义灵敏度模块。当调整变量"*Vary*"时,选择H_2O物流的质量流量,定义物流GAS1中的HCl的质量流量、物流HCl+H_2中HCl的质量流量、物流HCl+H_2O中氯乙烯的质量流量为观测变量。如图15.7所示,对于HCl脱除而言,溶剂质量流量为1500kg/h(特定溶剂要求为0.15)就能够满足要求了;但是,增加溶剂质量流量会减少产品的损失,但在溶剂质量流量高于2500kg/h时,这种减少是非常缓慢的。根据这些观察结果,将溶剂质量流量从5000kg/h降至2500kg/h时,并不会显著影响该工艺流程的效率。因此,此处将溶剂质量流量从5000kg/h更改为2500kg/h。

需要找出温度对HCl脱除效率的影响,此处定义另一个单独的灵敏度模块,具体为:选择ABS1模块的温度作为调整变量"*Vary*",定义物流GAS1中HCl的质量流量、HCl+H_2O物流中HCl的质量流量、物流HCl+H_2O中氯乙烯的质量流量作为观测变量。相应的结果如图15.8所示,可知温度的升高对HCl脱除具有负面影响,但当温度低于65℃时这种影响很小;另外,较高的温度对产品损失具有积极的影响,在65℃时物流 GAS1 中的 HCl 质量流量约为 0.6kg/h,产品损失为 27.9kg/h。在该流程中,由于存在第 2 个含有 NaOH 的洗涤塔,在物流 GAS1 中得到流量为 0.6kg/h 的 HCl 的量是可以保证的。

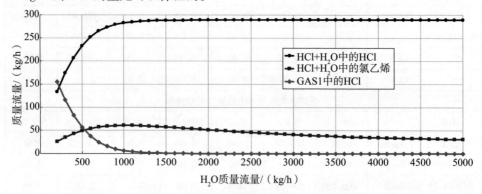

图 15.7 溶剂质量流量对脱除 HCl 的影响

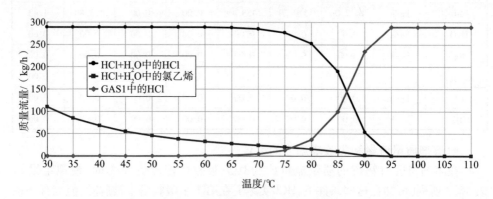

图 15.8 温度对 HCl 脱除的影响

15.2 胺水溶液脱除酸性气体模拟

对酸性气体进行脱硫的最常用方法之一是通过胺溶液(如单乙醇胺(MEA)、二乙醇胺(DEA)和甲基二乙醇胺(MDEA))对酸性气体进行化学吸收。在该方法中,胺与溶解的 H_2S 和 CO_2 进行反应并产生离子。为有效利用温度对反应速率的积极影响,在吸收塔中采用了较高的温度。在这种情况下,温度对气体溶解度的负面影响可以忽略不计。对于 MEA 溶液,通常采用的是质量分数为 15% 的浓度。显然,胺溶液的流量取决于酸性气体的浓度,通常的建议是采用能够使酸性气体与纯胺的摩尔比在 0.35 左右的胺溶液流量。再生塔的压力为 1.2bar,以使溶液的沸点保持在 107~122℃ 之间。在再沸器中采用较高的温度有利于氨基甲酸盐的分解,但在较高温度下 MEA 也会分解并产生腐蚀性的氮化合物。由于 MEA 不能选择性地脱除 CO_2 或 H_2S,故只有在同时需要脱除两个组分的情况下才采用 MEA。当采用 DEA 时,通常胺浓度的质量分数为 25% 左右,酸性气体与纯 DEA 的摩尔比约为 0.3。当需要选择性吸收 H_2S 时,则采用 MDEA。由于还未形成氨基甲酸酯离子,H_2S 的吸收速度会非常快。通常 MDEA 溶液浓度的质量分数为 50%,酸性气体与纯 MDEA 的摩尔比为 0.45。胺溶液的再生过程通常是一个能源密集型的过程,但在存在 MDEA 的情况下并不会形成氨基甲酸根离子,因此蒸馏塔再沸器中需要的能量较少[4-5]。

例 15.2 来自 RDF 气化的工艺物流在用作甲醇工艺的进料之前,需要脱除 H_2S 和 CO_2。采用单乙醇胺水溶液(MEA 的质量分数为 15%)对 H_2S 和 CO_2 进行脱除。气体物流的组成如表 15.6 所列,其在进入胺吸收塔之前,采用 NaOH 稀溶液洗涤以脱除 HCl。胺吸收塔的压力为 5bar。胺溶液进入塔顶,在蒸馏塔中吸收酸性气体后进行再生。但是,在进入再生塔之前,其压力降低,一部分气体在分离器中进行分离,然后通过再生塔底部再生的胺溶液对其进行预热。再生的胺溶液与补充溶液混合后,在吸收塔中被再次利用。要求:采用 Aspen Plus 对此过程进行模拟,并计算用于完全脱除 H_2S 和 CO_2 的胺溶液的循环量。

解决方案:

在该模拟中,采用胺脱除酸性气体是从 RDF 制备甲醇的工艺流程中的一部分。组分清单包含脱除固体颗粒和焦油后的 RDF 气化所产生的物质,同时也将 MEA、DEA、MDEA 和 NaOH 添加到此列表中。如前一例中所述,采用 *ElecWzard* 项完成化学反应设置后,将所生成的离子添加到组分列表中。最终的组分列表如表 15.4 所列。

表 15.4 合成气胺净化流程的组分清单

组分 ID	类型	组分名	别名
H_2O	常规	WATER	H_2O
N_2	常规	NITROGEN	N_2
O_2	常规	OXYGEN	O_2
CO	常规	CARBON-MONOXIDE	CO
CO_2	常规	CARBON-DIOXIDE	CO_2
C	固体	CARBON-GRAPHITE	C
H_2	常规	HYDROGEN	H_2
CH_4	常规	METHANE	CH_4
NH_3	常规	AMMONIA	NH_3
HCl	常规	HYDROGEN-CHLORIDE	HCl
Cl_2	常规	CHLORINE	Cl_2

续表

组分 ID	类型	组分名	别名
H_2S	常规	HYDROGEN-SULFIDE	H_2S
S	常规	SULFUR	S
SO_2	常规	SULFUR-DIOXIDE	SO_2
SO_3	常规	SULFUR-TRIOXIDE	SO_3
NO	常规	NITRIC-OXIDE	NO
NO_2	常规	NITROGEN-DIOXIDE	NO_2
NAPHT-01	常规	NAPHTHALENE	$C_{10}H_8$
MDEA	常规	METHYL-DIETHANOLAMINE	$C_5H_{13}NO_2$
DEA	常规	DIETHANOLAMINE	$C_4H_{11}NO_2-1$
CH_3OH	常规	METHANOL	CH_4O
DIMET-01	常规	DIMETHYL-ETHER	C_2H_6O-1
C_2	常规	ETHANE	C_2H_6
MEA	常规	MONOETHANOLAMINE	C_2H_7NO
NaOH	常规	SODIUM-HYDROXIDE	NaOH
C_2H_4	常规	ETHYLENE	C_2H_4
PROPHYLE	常规	PROPYLENE	C_3H_6-2
DEA^+	常规	DEA^+	$C_4H_{12}NO_2^+$
MEA^+	常规	MEA^+	$C_2H_8NO^+$
$MDEA^+$	常规	$MDEA^+$	$C_5H_{14}NO_2^+$
NH_4^+	常规	$NH4^+$	NH_4^+
H_3O^+	常规	H_3O^+	H_3O^+
Na^+	常规	Na^+	Na^+
SODIU(s)	固体	SODIUM-CARBONATE	Na_2CO_3
$Na_2S(s)$	固体	SODIUM-SULFIDE	Na_2S
NaOH(s)	固体	SODIUM-HYDROXIDE	NaOH
SALT1	固体	SODIUM-BICARBONATE	$NaHCO_3$
NaCl(s)	固体	SODIUM-CHLORIDE	NaCl
$DEACOO^-$	常规	$DEACOO^-$	$C_5H_{10}NO_4^-$
$MEACOO^-$	常规	$MEACOO^-$	$C_3H_6NO_3^-$
HS^-	常规	HS^-	HS^-
HCO_3^-	常规	HCO_3^-	HCO_3^-
Cl^-	常规	Cl^-	Cl^-
OH^-	常规	OH^-	OH^-
S^-	常规	S^-	S^{2-}
CO_3^-	常规	CO_3^-	CO_3^{2-}

（1）化学反应：如前一例所述，采用 *ElecWizard* 项设置此工艺流程的化学反

应。选择所有的胺(MEA、DEA 和 MDEA)、CO_2、H_2S、HCl 和 NaOH 作为参与反应的组分。在除去不相关的盐后,也相应地除去了不相关的反应。进而,最终反应列表如表 15.5 所列,可知这是针对所有 3 种胺均有效的反应方案,这也使对全部 MEA、DEA 和 MDEA 的反应都能够进行模拟。若只选择了一种类型的胺,***Elec-Wizard*** 项只会与所选胺反应。

表 15.5 合成气胺净化流程的反应方案

反应	类型	化学计量
1	平衡	$H_2O+MDEA^+ \leftrightarrow MDEA+H_3O^+$
2	平衡	$H_2O+MEACOO^- \leftrightarrow MEA+HCO_3^-$
3	平衡	$H_2O+MEA^+ \leftrightarrow MEA+H_3O^+$
4	平衡	$H_2O+DEACOO^- \leftrightarrow DEA+HCO_3^-$
5	平衡	$H_2O+DEA^+ \leftrightarrow DEA+H_3O^+$
6	平衡	$HCl+H_2O \leftrightarrow Cl^-+H_3O^+$
7	平衡	$NH_3+H_2O \leftrightarrow OH^-+NH_4^+$
8	平衡	$H_2O+HCO_3^- \leftrightarrow CO_3^-+H_3O^+$
9	平衡	$H_2O+HS^- \leftrightarrow H_3O^++S^-$
10	平衡	$H_2O+HS^- \leftrightarrow H_3O^++S^-$
11	平衡	$H_2O+H_2S \leftrightarrow H_3O^++HS^-$
12	平衡	$2H_2O \leftrightarrow OH^-+H_3O^+$
SALT1	盐	$SALT1 \leftrightarrow HCO_3^-+Na^+$
$Na_2S(s)$	盐	$Na2SS(S) \leftrightarrow S^-+2Na^+$
SOLID(s)	盐	$SODIU(s) \leftrightarrow CO_3^-+2Na^+$
NaCl(s)	盐	$NaCl(s) \leftrightarrow Cl^-+Na^+$
NaOH	解离	$NaOH \rightarrow OH^-+Na^+$

(2) **工艺流程图**。详细的工艺流程如图 15.9 所示,可知除了本模拟中最重要的单元操作模块外,在此 PFD 中还给出了增压设备和热交换器;进口物流 GAS4 是来自 RDF 气化装置的气体。在 ABS1 中通过 NaOH 溶液脱除 HCl,其输出的气体由 COMP-6 压缩后被引入胺吸收塔(ABS-2);进一步,将 ABS-2 的净化气体引入 VL 分离器,对分散的胺溶液进行冷凝,净化气物流(GAS8)会继续进入甲醇流程。在第 1 步中,必须要估算的胺物流(AMIN-1)进行定义。在模拟完成后,采用从再生胺和胺合成(MIX-4)混合器中泵出的胺物流予以代替。

减压后,一部分被吸收的气体经过 VL 分离器从 AMIN-3 物流中分离,这有助于降低再生器的能耗。如果压力降低到再生器的压力以下,则必须再次通过泵进行加压并将其再次送入再生器。热交换器 HE6 能够在进入再生器(DC-1)之前对胺物流进行预热。加热再生器进料后,将再生胺(AMIN-6)与补充胺混合后,再将其泵送回胺吸收塔。

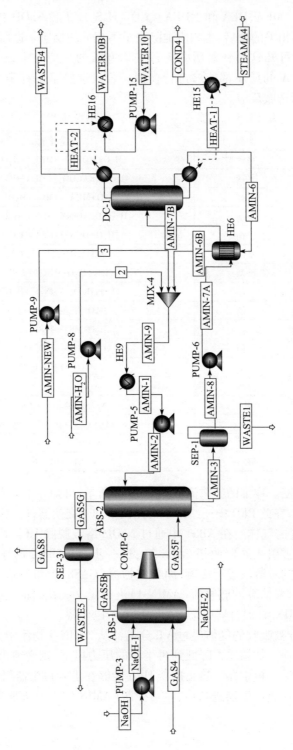

图15.9 胺水溶液脱除酸性气体流程图

(3) 进口物流规格。进口物流的规格详见表 15.6。进口气体(物流 4)的组成源自 RDF 气化过程。将稀释的 NaOH 水溶液引入第 1 个吸收器以在胺脱硫之前脱除 HCl。胺物流必须采用两步予以确定：在第 1 步中，采用表 15.6 中给出的物流 AMIN-1 的估算值；在第 2 步中，先定义计算器模块，再根据流程中对胺的需求和损失进行胺的补充量的计算。为确定再生塔再沸器中的蒸汽需求量和冷凝器中的冷却水量，在 PFD 中添加单侧热交换器 HE15 和 HE16。再生塔的再沸器中采用 5bar 的饱合蒸汽(蒸汽 A4)，冷却水的温度为 25℃。类似地，必须选择对蒸汽和冷却水的质量流量进行估算，再由计算器模块获得具体值的方式。

表 15.6 进口物流规格数据

物流	GAS4	
温度/℃	23	
压力/bar	1	
质量流量	kg/h	质量分数/%
H_2	1304	5.83
CO	10418	46.6
CO_2	9919	44.3
H_2O	652.6	2.92
CH_4	0.67	3.01×10^{-3}
N_2	43.56	0.195
NH_3	3.88×10^{-2}	1.73×10^{-4}
HCl	11.83	0.0529
H_2S	22.87	0.102
Tar	0.1304	5.83×10^{-4}
流	NAOH	
温度/℃	20	
压力/bar	1	
质量流量	kg/h	质量分数/%
H_2O	64000	99.98
NaOH	12.8	0.02
流	AMIN-1	
温度/℃	20	
压力/bar	1	
质量流量	kg/h	质量分数/%
H_2O	229500	0.85
MEA	40500	0.15

(4) 单元操作模块规格。针对 HCl 的吸收塔(ABS-1)，可采用闪蒸分离器或具有 2~3 个理论塔板的常压塔，无须采用再沸器和冷凝器。针对胺的吸收塔，其

具有5个理论塔板,塔顶压力为4.8bar,塔底压力为5bar。针对再生塔,其具有18个理论塔板、1个部分-蒸汽冷凝器和1个釜式再沸器;相应地,其塔顶压力为1.8bar,塔底压力为2bar,回流比为2.5。作为 *Distillate mass flow rate* 项,采用与被采出气体相同的质量流量值。HE6用于将再生器中的胺冷却至85℃。

(5)结果。该工艺流程的全部3个塔的物料平衡结果详见表15.7至表15.9,可知原料气中分别含有质量分数为0.0523%的HCl、0.102%的H_2S和44.6%的CO_2;流量为64.8kg/h浓度为0.02%的NaOH水溶液被用于脱除原料中的全部HCl;在甲醇流程中,H_2S含量必须降至0.1×10^{-6}以下,CO_2含量必须要在4%~8%之间,但在本例中采用的MEA并不能选择性的脱除H_2S,故当H_2S的浓度达到0.1×10^{-6}以下时CO_2的浓度也降至零,当采用较低流量的胺溶液时无法满足H_2S浓度的要求。上述结果表明,需要流量约267t/h的MEA溶液,其中含有40.05t/h纯MEA用于脱除H_2S,表明酸性气体与纯MEA的摩尔比为0.34。

表15.7 HCl洗涤塔器(ABS-1)的结果

流	NaOH		GAS4		GASSB	
温度/℃			23		20.4	
压力/bar			1		1	
质量流量	kg/h	质量分数/%	kg/h	质量分数/%	kg/h	质量分数/%
H_2	0	0	1304	5.83	1304	5.88
CO	0	0	10418	46.6	10363	46.7
CO_2	0	0	9919	44.3	9900	44.6
H_2O	64807	99.98	652.6	2.92	556.2	2.51
CH_4	0	0	0.6725	3.01×10^{-3}	6.71×10^{-1}	3.02×10^{-3}
N_2	0	0	43.56	0.195	43.56	0.196
NH_3	0	0	3.88×10^{-2}	1.73×10^{-4}	0	0
HCl	0	0	11.83	0.0529	0	0
H_2S	0	0	22.87	0.102	22.741	0.102
Tar	0	0	0.1304	5.83×10^{-4}	0.1200	5.41×10^{-4}
NaOH	12.96	0.02	0	0	0	0
SUM	**64860**	**100**	**22372**	**100**	**22190**	**100**

表15.8 胺吸收塔(ABS-2)的结果

流	AMIN-2		AMIN-3		GSSF		GASSG	
温度/℃			23		23		201.2	53.6
压力/bar			1		1		5.2	4.8
质量流量	kg/h	质量分数/%	kg/h	质量分数/%	kg/h	质量分数/%	kg/h	质量分数/%
H_2O	223049	83.6	222698	80.1	1304	2.51	43.49	4.83
N_2	0	0	0.07200	2.59×10^{-5}	556.2	0.196	9169	0.394

续表

流	AMIN-2		AMIN-3		GSSF		GASSG	
CO	0	0	1194	0.430	43.56	46.7	9	83.0
CO_2	0.01800	$6.74×10^{-6}$	17.56	$6.32×10^{-3}$	10363	44.6	0	0
H_2	0	0	2.640	$9.49×10^{-4}$	9900	5.88	1301	11.8
CH_4	0	0	0.09400	$3.38×10^{-5}$	1304	$3.02×10^{-3}$	0.577	$5.22×10^{-3}$
H_2S	0	0	0.5660	$2.04×10^{-4}$	0.6710	0.102	0	0
Tar	0	0	0.1200	0	22.74	$5.41×10^{-4}$	0	0
MEA	27187	10.2	7068	2.54	0.1200	0	0.982	$8.89×10^{-3}$
MEA^+	6360	2.38	14159	5.09	0	0	0	0
H_3O^+	0	0	0	0	0	0	0	0
$MEACOO^-$	10103	3.79	3412	11.3	0	0	0	0
HS^-	0.3880	$1.45×10^{-4}$	21.52	$7.74×10^{-3}$	0	0	0	0
HCO_3^-	111.1	0.0416	1314	0.473	0	0	0	0
OH^-	2.266	$8.49×10^{-4}$	0.3600	$1.29×10^{-4}$	0	0	0	0
S^{2-}	0	0	$2.00×10^{-3}$	$7.19×10^{-7}$	0	0	0	0
CO_3^{2-}	102.2	0.0383	168.8		0	0	0	0
SUM	**266915**	**100**	**278058**	**100**	**22190**	**100**	**11048**	**100**

表 15.9 再生塔(DC-1)的结果

流	AMIN-2		AMIN-3		GSSF	
温度/℃	111		121.4		109.3	
压力/bar	1.8		2		1.8	
质量流量	kg/h	质量分数/%	kg/h	质量分数/%	kg/h	质量分数/%
H_2O	222281	80.3	215694	83.1	7046	40.7
N_2	$1.00×10^{-3}$	$3.61×10^{-7}$	0	0	$1.00×10^{-3}$	$5.77×10^{-6}$
CO	438.5	0.158	0	0	438.5	2.53
CO_2	120.3	0.0434	0.9550	0	9820	56.7
H_2	0.02500	$9.03×10^{-6}$	0	0	0.02500	$1.44×10^{-4}$
CH_4	0.03900	$1.41×10^{-5}$	0	0	0.03900	$2.25×10^{-4}$
NH_3	0	0	0	0	0	0
HCl	0	0	0	0	0	0
H_2S	1.524	$5.50×10^{-4}$	$2.00×10^{-3}$	$7.71×10^{-7}$	21.51	0.124
Tar	0.1200	$4.33×10^{-5}$	0	0	0.1200	$6.93×10^{-4}$
MEA	7998	2.89	27295	10.50	0	0
MEA^+	13798	4.98	6277	2.42	0	0
H_3O^+	0	0	0	0	0	0
$MEACOO^-$	30432	11.0	10057	3.87	0	0

续表

流	AMIN-2		AMIN-3		GSSF	
HS^-	19.78	$7.14×10^{-3}$	0.3860	$1.49×10^{-4}$	0	0
HCO_3^-	1732	0.625	220.5	0.0849	0	0
OH^-	0.4260	$1.54×10^{-4}$	3.174	$1.22×10^{-3}$	0	0
S^{2-}	$7.00×10^{-3}$	$2.53×10^{-6}$	$1.00×10^{-3}$	$3.85×10^{-7}$	0	0
CO_3^{2-}	72.2	$2.61×10^{-2}$	19.70	$7.59×10^{-3}$	0	0
SUM	276894	100	259567	100	17327	100

由上可知,在 ABS-2 中被吸收的气体流量约为 1.16t/h,其在 VL 分离器(SEP-1)中被释放;在再生塔中,超过 17t/h 的气体从胺溶液中释放;除 CO_2 外,还脱除了 438kg/h 的 CO 和 7t/h 的水。

因此,处理包含大约 10t/h 的 CO_2 和 22kg/h 的 H_2S 的流量为 22t/h 的气体,需要超过 267t/h 的 MEA 水溶液(含有质量分数为 15% 的 MEA)进行循环。在再生塔再沸器中,对饱合蒸汽的需求量约为 50t/h。凝汽器对冷却水的要求量也是很大的,达到了 645t/h。本例中考虑了 H_2S 和 CO_2 的完全脱除,但实际用于甲醇工艺的原料的合成气中含有催化剂活化所需的 CO_2。同时,MEA 不能选择性地脱除 H_2S。因此,建议采用 MDEA 或其与 MEA 或 DEA 的混合物,其可在降低再生塔对公用工程需求的情况下选择性地脱除 H_2S。本例的目的是展示用于脱除酸性气体的化学吸收和电解质化学生成的建模和模拟情况。读者可采用此类模拟进行工艺优化和案例研究,以找到最佳的工艺条件。

15.3 基于速率的电解质吸收塔建模

如第 6 章所述,对多级分离设备进行建模可采用的两种方法是平衡塔板方法和基于速率方程的方法。当采用基于速率的方法时,根据相之间的质量和热传递程度对接触相之间的分离程度进行计算,该方法假设热力学平衡只在汽(气)-液界面上存在。传质理论和基于传质的蒸馏塔和吸收塔计算可在许多化学工程相关的书籍查到。Aspen *Radfrac* 单元操作模型支持基于速率的板式塔和填料塔建模。基于速率模式的 *Radfrac* 数学模型包括材料平衡、能量平衡、传质、传热、相平衡和求和方程。对于质量和能量的传递,也可采用不同类型的关联式。有关基于速率建模数学基础的详细信息,可查看 Aspen Plus 相应位置的相关帮助文件[6]。

针对具有电解质的反应吸收系统,通常是传质阻力决定着处理速率。如果采用平衡方法,仅需要采用一个理论塔板即可实现效率的最大化,但平衡模型并不能确定填料床的类型、数量等其他塔参数的影响。在这些情况下,有必要采用基于速率的模型。

例 15.3 在常压洗涤塔中,通过流量为 5000kg/h 且含有质量分数为 20% NaOH 的 NaOH 水溶液对流量为 3000kg/h 且含有质量分数为 10% HCl 的空气进行处理,用以脱除 HCl。该洗涤塔是直径为 0.75m 的填料塔,采用直径为 50mm 的塑料环作为填料。填料分为两层,每层的高度为 3m。气体物流在 25℃时进入塔,液体物流的温度为 22℃。要求:采用 Aspen Plus 中基于速率的建模方法,计算以 mg/Nm^3 为单位的出口气体中的 HCl 浓度、理论塔板高度当量(HETP)、塔内两相的温度分布、塔内气相的 HCl 浓度分布;以直径分别为 55、38mm 和 25mm 的 PALL 环为填料,确定出填料尺寸对分离效率的影响。

解决方案:

- 通过与实施例 15.1 相同的步骤对电解质化学反应进行定义。
- 采用 *Radfrac* 单元操作模型搭建工艺流程图,并指定该流程的进口物流。
- 在 *Radfrac* 单元操作模型的设置页面上,选择 *Rate-Based* 项,如图 15.10 所示,进行的设置包括塔板数为 8、冷凝器和再沸器选择 *None* 项。

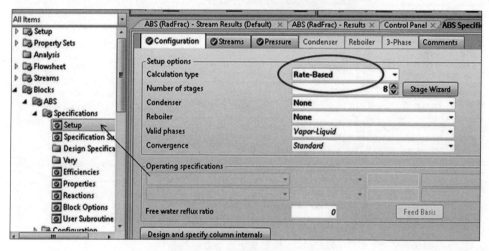

图 15.10 选择基于速率方法

- 在 *Column internals* 项,定义新的(*INT-1*),按照图 15.11 所示输入塔段 1 (*SC-1*) 的参数,其中:考虑在 SC-1 和 SC-2 中均采用 4 个塔板(采用 *Add New* 选项卡添加新的塔段),每段高度为 3m;同时,需要在此页面上对填料的类型和尺寸进行选择,针对塔段 2,将默认 *Mode* 项设置从 *Interactive sizing* 项更改为 *Rating* 项。
- 在 *Rate-based Setup* 项下的 *Section* 选项卡上为流动模型选择 *Countercurrent* 项,并为两个塔段均激活 *Rate-based calculation* 项,如图 15.12 所示;Aspen Plus 为液相和气相提供了 *Mixed* 模型和 *Countercurrent* 模型及其组合模式,其中在混合式的流动模型中,假设各相的体积特性与出口物流条件相同,这也是流动模型的默认设置;但这样的设置主要用于板式塔,在本例中将该设置更改为 *Countercurrent* 项;在该逆流模型中,每相的体积特性取值为物流进口和出口特性的均值。

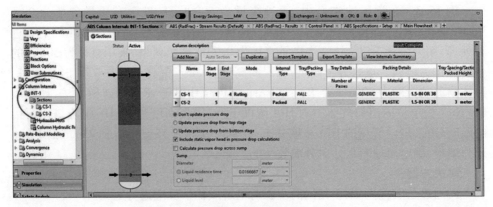

图 15.11 指定塔内件

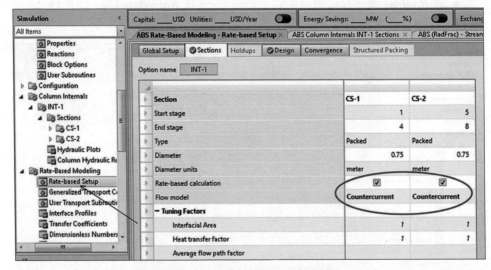

图 15.12 指定基于速率方法的参数

- 在该同一页面的下半部分,激活各相的 *Film nonideality corrections* 项,并选择 **Onda-68** 项[6]作为传质系数计算方法。
- 在 **Rate-based report** 项页面上,对需要包含在报表中的参数进行激活。
- 运行模拟,对几何结构的结果、基于速率的结果和塔的结果进行检查。
- 针对塔段 1 的几何结构的汇总结果如图 15.13 所示,其中:两个塔段具有相同的几何结构,有关塔段的水力学参数、状态条件、物理属性等更详细的结果,参见 *By Stage* 选项卡。
- 在 *Interface Profiles* 页面下,在两相和界面区域均能够找到质量和热量的相关信息。
- 二元扩散系数和二元传质系数的详细信息见 *Transfer Coefficients* 页面。

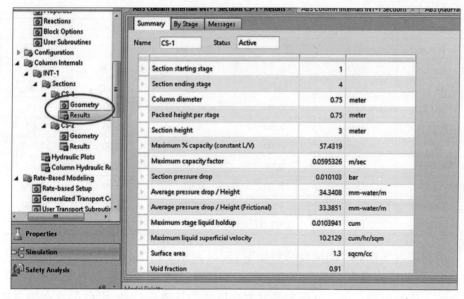

图 15.13　塔内几何机构的结果

采用 PALL 2 填料时,为塔板计算的 HETP 如表 15.10 所列,可知初选塔板数为 8,之后再根据计算得到的 HETP 值将其修正为 6。

表 15.10　计算得到的 HETP 值

塔板	HETP/m
1	1.2329
2	1.1660
3	1.1787
4	1.1810
5	1.1910
6	1.2445

填料为 PALL 2 的物流结果详见表 15.11,可见源自洗涤塔的气体物流中含有 0.1035kg/h 的 HCl,相当于 49.5mg/Nm^3。

表 15.11　基于速率的 HCl 洗涤塔计算的物流结果

描述	单位	HCl	NaOH	GAS	LIQ
温度	℃	25.00	22.00	44.05	66.42
压力	bar	1.00	1.00	1.00	1.00
摩尔气相分率		1.00	0.00	1.00	0.00
平均分子量		29.56	18.38	28.16	18.94
摩尔流量	kmol/h	101.49	272.04	100.45	273.08

427

续表

描述	单位	HCl	NaOH	GAS	LIQ
质量流量	kg/h	3000.00	5000.00	2828.125	171.88
H_2O	kg/h	0.00	4000.00	131.70	4016.48
HCl	kg/h	300.00	0.00	0.1035	0.00
NaOH	kg/h	0.00	0.00	0.00	0.00
H_3O^+	kg/h	0.00	0.00	0.00	0.00
Na^+	kg/h	0.00	574.77	0.00	574.77
NaCl(s)	kg/h	0.00	0.00	0.00	0.00
Cl^-	kg/h	0.00	0.00	0.00	291.61
OH^-	kg/h	0.00	425.23	0.00	285.33
AIR	kg/h	2700.00	0.00	2696.31	3.69

填料塔内气相 HCl 的浓度分布如图 15.14 所示。由于 HCl 的吸收反应过程是放热的,因此塔的温度上升到了 67.5℃。由图 15.15 所示的温度分布可知,最高温度位于塔的中部。由于反应主要发生在塔底的气体进口处,因此温度在第 3 塔板处达到最大值后,两相的温度均开始下降。

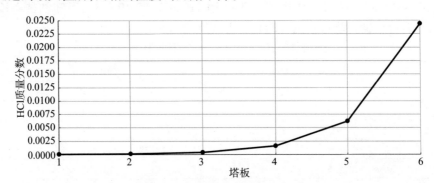

图 15.14 气相中 HCl 的浓度曲线

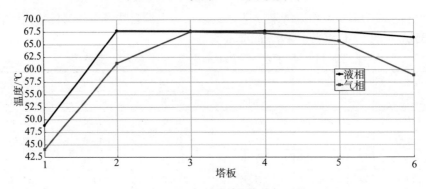

图 15.15 液相和气相的温度曲线

研究发现,填料尺寸对从气相中脱除 HCl 的效率具有至关重要的影响。表 15.12 中比较了 3 种不同尺寸的塑料 PALL 环作为填料的相关结果,表明:当分别采用尺寸为 1.5in(1in≈25.4mm)和 1in 的 PALL 环时,出口气体中的 HCl 浓度分别降到 2.16mg/Nm^3 和 0.0105mg/Nm^3。需要注意的是,因 HETP 的差异,所以采用了不同数量的塔板。通常,填料尺寸越小,传质界面越大,预期效率也就越高。但在工艺流程中,对床层压降和填料成本却是存在限制的。

表 15.12 填料类型和尺寸对 HCl 脱除的影响

填料类型	大小/mm	高度/m	PTE	HETP	Cl/(mg/Nm^3)
PALL 2 in, GENERIC	50	7	6	1.2	49.5
PALL 1.5 in, GENERIC	38	7	8	0.875	2.16
PALL 1 in, GENERIC	25	7	11	0.61	0.0105

参考文献

[1] Aspen Plus. Getting Started Modeling Processes with Electrolytes. Burlington, MA: Aspen Technology, Inc.; 2013.

[2] Criss CM, Cobble JW. The thermodynamic properties of high temperature aqueous solutions. I. Standard partial molar heat capacities of sodium chloride and barium chloride from 0 to 100. J. Am. Chem. Soc. 1961, 83(15): 3223-3228.

[3] Renon H, Prausnitz JM. Local compositions in thermodynamic excess functions for liquid mixtures. AIChE J. 1968, 14(1): 135-144.

[4] Chiche D, Diverchy C, Lucquin AC, Porcheron F, Defoort F. Synthesis gas purification. Oil Gas Sci. Technol.—Rev. Inst. Fr. Pet. 2013, 68(4): 707-723.

[5] Hofbauer H, Rauch R, Ripfel-Nitsche K. Report on gas cleaning for synthesis applications. Work Package 2E: Gas treatment. Vienna, University of Technology, Institute of Chemical Engineering; 2007.

[6] Aspen Plus ® V9 Help. Burlington, MA: Aspen technology, Inc.; 2016.

第16章
聚合物生产流程模拟

生产合成聚合物是化学工业的重要组成部分,全世界每年生产超过1亿吨的聚合物。不同类型的聚合物包括塑料、橡胶、纤维、面板、黏合剂和许多其他材料,在生活的不同领域中有着广泛的应用。聚合物的生产过程的建模和模拟对聚合物的经济性和生态能够产生至关重要的影响,如生产工艺条件的优化能够节省大量的能源和资源。然而,聚合物的生产过程是非常复杂的系统,其需要独特和特定的建模方法。例如,表征聚合物性质的分子量和链段组成并不是恒定的,并且可能会在整个工艺流程中随时间而发生变化。

聚合物的生产源于在进行完单体的合成和纯化后,再继续进行单体的聚合、分离和加工。针对单体合成和纯化过程的建模在前文章节中已经进行了讨论。典型的单体合成和纯化的例子是苯乙烯生产,其已经在例8.2中进行了讨论。本章中主要关注聚合步骤,其被认为是聚合物生产经济可行性方面最为重要的部分。本书的范围无法包含Aspen Plus中可用的用于模拟聚合物生产过程的所有反应机制与工具,但Aspen Tech出版的Aspen聚合物手册[1-2]对此进行了详细叙述,这为聚合物生产过程的建模提供了很好的基础。本章的目的仅仅是提供有关聚合流程模拟的必要基本信息,全面了解Aspen在过程建模中的功能。

16.1　Aspen Plus聚合流程建模概述

在Aspen Plus中集成的Aspen Polymers为聚合过程的建模和模拟提供了广泛的可能性,其包括热物性估计、聚合动力学、流变学和力学性能、聚合物分子结构、质量与能量平衡等,并且所有类型聚合反应的动力学模型均是可用的。

聚合反应是在不同的机理和条件下发生的。聚合反应的许多分类也是已知的,如缩合和加成聚合或者逐步增长聚合和链增长聚合等。逐步增长聚合的例子包括聚对苯二甲酸乙二醇酯(PET)、聚酰胺6.6、聚氨酯等生产过程。链增长聚合的例子包括能够提供聚乙烯、聚苯乙烯(PS)、聚氯乙烯(PVC)等材料的生产过程。聚合过程的另一种分类方式是基于反应相进行划分。体积、溶液、乳液、熔融相和反应界面限定了聚合过程的环境。在 Aspen Plus 中,聚合物中可用的聚合反应模型包括以下类型。

1. 链增长模型

(1) FREE-RAD 模型:采用自由基聚合,通常在单体处于液相时发生,单体本体或溶液作为液相。目前已有的本体自由基聚合的例子包括 PS、PVC、聚醋酸乙烯酯、聚甲基丙烯酸甲酯等。

(2) EMLSION 模型:也是采用自由基化学反应,但其聚合发生在乳液中(单体和胶束分散在具有表面活性剂的水相中)。目前已有的乳液聚合工艺的例子是苯乙烯-丁二烯橡胶和丙烯腈-丁二烯-苯乙烯的生产过程。

(3) ZIEGLER-NAT 模型:这是基于 Ziegler-Natta 聚合动力学的模型,其描述了多种立体定向多位点和单位点催化加成聚合系统[1],其可同时在体积和溶液过程进行应用。采用该模型描述的聚合过程的例子是高密度聚乙烯过程、线性低密度聚乙烯过程和聚丙烯(PP)过程。

(4) IONIC 模型:用于模拟阳离子、阴离子和基团转移的加成聚合。体积或溶液法均可用于离子聚合,其产生的聚合物属于加成聚合物的范畴,即反应性物质通过单体单元的连续添加而使长度增加。采用离子工艺的例子是聚异丁烯、PS、聚氧化物(PEO、PPO)和其他特种聚合物的生产。

2. 逐步增长模型

STEP-GROWTH 模型采用的是逐步增长缩合化学反应,其可在熔融相、溶液或有机相与水相的界面中进行反应。许多聚合过程可采用 STEP-GROWTH 模型进行建模,如聚对苯二甲酸乙二醇酯等聚酯以及尼龙 6 和尼龙 6.6 等聚酰胺和聚碳酸酯等。

SEGMENT-BAS 是基于段的幂律反应模型,其可采用简单幂律类型速率表达式对聚合反应进行模拟。基于段的幂律模型是模拟逐步增长加成过程的最佳选择,如聚氨酯的生产。

有关聚合物和聚合反应的更多详细信息以及每种类型聚合模型的动力学模型,可在聚合物相关文献和教科书或前面所提到的 Aspen 聚合物手册[1]中获得。

本章以苯乙烯本体聚合和自由基动力学模型为例,解释 Aspen Plus 中聚合过程建模的基本原理,其解决方案中的每个步骤都包含对概要信息的说明和对此特定示例的指导。

例 16.1 流量为 4900kg/h 的苯乙烯单体在具有 3 个 CSTR 反应器的系列单元装置中进行聚合,其中每个反应器的体积为 15m^3。反应器进料中含有质量分数分别为 97.9%的苯乙烯、2%的乙苯和用作链转移剂的 0.07%的正十二烷基硫醇(DDM)和作为引发剂的 0.03%的二叔丁基过氧化物(TBP)。未反应的苯乙烯中还含有一些 EB、TBP 和 DDM,在从聚合物中分离出来后冷却并与补充物流混合后返回到第 1 个反应器。相应的工艺流程图(PFD)如图 16.13 所示,其中:所有反应器均在常压下进行工作,第 1 个、第 2 个和第 3 个反应器的温度分别为 120℃、160℃和 200℃。要求:计算每个反应器出口处的转化率、多分散指数(PDI)、重均分子量(MWW)和数均分子量(MWN),其中所采用的具有动力学常数的自由基动力学模型可在文献[2]中获得。

解决方案: 以下各个章节中对聚合流程模拟的不同步骤进行了描述,并在 Aspen Plus 中给出了进行苯乙烯自由基体积聚合模拟的相关说明。

16.2 组分表征

在聚合过程中参与的组分如下。

- ***Polymer*(聚合物):** 聚合过程的产物,为大的分子,或小结构体沿着链重复而形成的大分子,其可是均聚物或者共聚物。
- ***Oligomer*(低聚物):** 小聚合物链,包含多达 20 个重复单元。
- ***Segment*(链段):** 聚合物或低聚物的结构单元,依据在聚合物链上的位置被分为不同的类型,包括重复单元、端基和分支点。
- ***Monomer*(单体):** 一个分子,其可以与其他相同的分子结合形成聚合物。
- **其他的常规组分:** 可以作为引发剂、共引发剂、催化剂、溶剂等使用。

聚合物的组分不是单一物质,而是多种物质的混合物。此外,它也可被视为活性(反应性聚合物)或非活性(惰性)的聚合物。在整个工艺流程中,其分子量和组分等性质也可能随时间而发生变化。当某个组分被指定为聚合物时,其就具有存储分子结构、分布情况和产品特性信息等相关物性。聚合物物性允许跟踪活性聚合物和惰性聚合物的不同物性,这些相关的物性包括:

- 数均聚合度和分子量;
- 重均聚合度和分子量;
- 段分数;
- 段流量;
- 长链和短链支链数;
- 长链和短链分支频率;
- 交叉链数和频率;
- 数均块长度(序列长度);
- 末端双键的流量和分率。

关于聚合物物性的更多细节可在 Aspen Plus 中获得,如图 16.1 或文献[1]所示。

低聚物是不需要组分物性的。因此,若单元操作模型无法处理聚合物的物性数据,则聚合物可被视为低聚物。对于低聚物,需要指定其所包含链段的数量和类

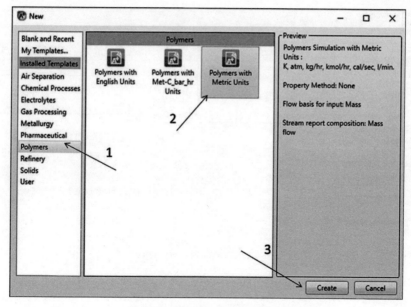

图 16.1 启动聚合物流程的模拟

型。在模拟中,聚合物物性与单元操作模型中的材料和能量平衡一起进行求解/集成。

必须要指定链段的类型,链段的名称源自其初始来源的单体名称。在单体名称中添加标签以标识链段,其中:重复单元加上-R,终端组加上-E,分支点加上-B。

要创建苯乙烯本体自由基聚合的组分列表,应执行以下步骤。

• 通过创建采用公制单位的新 *Polymers* 模板进行 Aspen Plus 模拟,如图 16.1 所示。

• 如果已有的可用单位集(英制、公制和 SI)均不适用此模拟中所包含的所有组分,则用户可以进行新单位集的定义,并可根据需要修改现有的单位集,其中:针对如何定义单位集以及选择温度、压力和体积流量的新单位,如图 16.2 所示。

• 在 *Components*→*Specifications* 页面上创建组分列表,如图 16.3 所示,其中:对于 PS 选择 *Polymer* 项作为组分类型,对于苯乙烯 R 选择 *Segment* 项,对于所有其他组分均选择 *Conventional* 型;由于苯乙烯既可作为单体(STY)也可作为共引发剂(CINI),故其被选择了两次。

• 在主导航面板中,选择 *Components*→*Polymers* 项。

• 在 *Characterization* 页面的 *Segments* 选项卡中,选择 *REPEAT* 项作为链段类型,如图 16.4 所示。

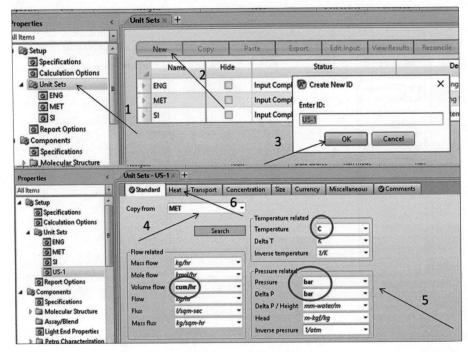

图 16.2　定义新单位集

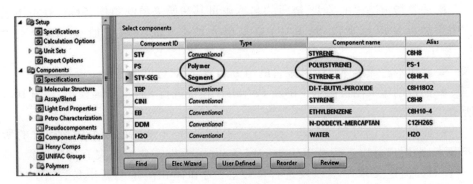

图 16.3　PS 自由基本体聚合的组分列表

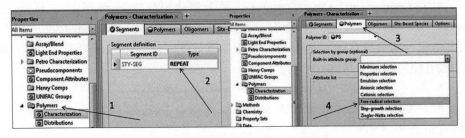

图 16.4　指定链段类型和聚合物物性组

- 在 *Characterization* 页面的 *Polymers* 选项卡中,为聚合物物性组选择 *Free Radical Selection* 项,如图 16.4 所示。
- 若要检查所选组分物性的详细信息,可按照图 16.5 所示的步骤进行操作。

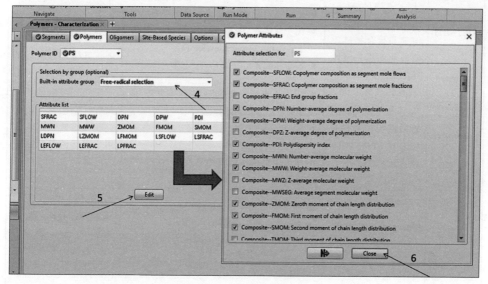

图 16.5　聚合物组分物性

- 在主导航窗口中,选择 *Polymers→Distribution* 项,并输入 100 作为计算 PS 分布函数的点数。

16.3　物性方法

Aspen Plus 中提供了许多针对聚合物系统进行建模的物性方法,其中表 16.1 总结了 Aspen plus 中可用的聚合物物性方法的原理和应用领域,其摘自 Aspen 聚合物用户指南[3]。

表 16.1　Aspen 聚合物物性方法汇总

方法	原理	方程	应用
POLYFH	Flory-Huggins 晶格模型[4-5]	● 用于液相的 Flory-Huggins 活度系数模型 ● 用于气相的 Redlich-Kwong(RK) 状态方程 ● 用于液体物性(焓、熵、吉布斯能、热容和摩尔体积)的 van Krevelen 模型 ● 用于超临界组分的 Henry 定律	均聚物,低至中等压力

435

续表

方法	原理	方程	应用
POLYNRTL	组合了混合不同尺寸分子熵的 Flory-Huggins 描述和混合溶剂与聚合物链段熵的非随机二液体理论	● 用于液相的聚合物 NRTL 活性系数模型 ● 用于气相的 RK 状态方程模型 ● 用于液体性质(熔、熵、吉布斯能、热容和摩尔体积)的 van Krevelen 模型 ● 用于超临界组分的 Henry 定律	中低压力,特别适用于共聚物系统,尤其是存在实验数据时。如果系统中不存在聚合物,则将其简化为众所周知的 NRTL 方程
POLYPCSF	Gross 和 Sadowski 的扰动链统计关联流体理论(PC-SAFT)状态方程[6-8]	● 用于液相和气相的 SAFT 状态方程,适用于所有热力学和热物性 ● 用于分散力的原始 SAFT 状态方程(EOS)表达式修改 ● 用于理想气体的对热物性有贡献的气体模型	均聚物系统,其不包含关联和极性术语。适用于广泛的温度和压力范围
POLYSAFT	Huang 和 Radosz 的 SAFT[9-10]	● 用于液相和气相的 SAFT 状态方程,适用于所有热力学和热物性 ● 用于理想气体的对热物性有贡献的气体模型	高压和低压相平衡,适用于极性和非极性系统。均聚物: Aspen 聚合物的一些特点使模型便于与共聚物共同采用
POLYSL	Sanchez 和 Lacomb 的液体晶格理论[11]	● 用于液相和气相的 Sanchez-Lacombe 状态方程,适用于所有热力学和热物性 ● 用于理想气体的对热物性有贡献的气体模型	非极性系统:它可以从低压应用到非常高压,在临界区是一致的
POLYSRK	用于聚合物的 SRK EOS 的扩展。它采用基于活度系数模型的过量 Gibbs 能量混合规则	● 用于所有热力学和量热物性的液相和气相的聚合物 Soave-Redlich-Kwong 状态方程 ● 用于理想气体的对热物性有贡献的气体模型 ● 用于液体摩尔体积的 van Krevelen 模型	极性和非极性流体,从低压到高压
POLYUF	UNIFAC 活动系数模型。聚合物和单体的活性采用基团贡献方法估计	● 用于液相聚合物 UNIFAC 活度系数模型 ● 用于气相的 RK 状态方程 ● 用于液体物性(熔、熵、Gibbs 能、热容和摩尔体积)的 vanKrevelen 模型 ● 用于超临界元件的 Henry 定律	当无可用实验信息时,应用于中低压力。可应用于极性和非极性流体以及均聚物和共聚物
POLYUFV	UNIFAC 活度系数模型;群体贡献法。该模型考虑了自由体积贡献	● 用于液相聚合物 UNIFAC-FV 的活度系数模型 ● 用于气相的 Redlich-Kwong(RK)状态方程 ● 用于液体物性(熔、熵、吉布斯自由能和热容)的 van Krevelen 模型 ● 用于液体摩尔体积的 Tait 模型 ● 用于超临界元件的 Henry 定律	当无可用的实验信息时,应用于低到中等压力。可应用于极性和非极性液体以及均聚物和共聚物。它不能应用于临界点附近

对于本例中所研究的 PS 本体自由基聚合,可采用 POLYNRTL 物性方法。
- 在 ***Methods→Specification*** 项页面上,选择 POLYNRTL 物性方法。
- 若要定义组分 TBP 的分子量,应从主导航面板的 ***Methods→Parameters*** 项下选择 ***Pure Components*** 项。
- 定义新的纯组分参数,选择 ***Scalar*** 项类型并指定 TBP 分子量的取值 216.32,如图 16.6 所示。

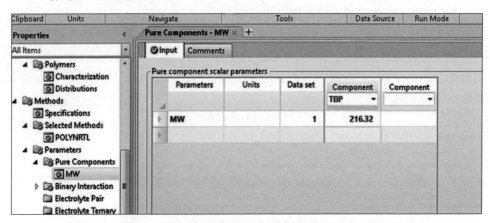

图 16.6　定义纯组分标量参数

- 切换到模拟环境,继续进行模拟。

16.4　反应动力学

Aspen 聚合物为 16.1 节中讨论的聚合机理提供了详细的动力学模型。自由基聚合至少包含以下 4 个基本反应步骤[1]。
- 引发(生成反应性自由基,然后添加单体分子形成链自由基)。
- 传播(通过添加单体分子以增加链自由基)。
- 链转移到小分子(链转移到单体、溶剂或转移剂)。
- 终止(链自由基的破坏和活性聚合物向惰性聚合物的转化)。

每个反应步骤均包括不同的反应类型,其中一个或多个反应会在聚合过程中发生。引发步骤包括引发剂分解反应、诱导引发反应和催化引发反应。主要 PS 聚合采用具有两个活性中心的引发剂,具有这种功能的引发剂分为两个阶段进行分解,其中:初级分解反应产生一对自由基、一个未分解的引发剂片段以及可选的副产物;引发剂片段在两次分解反应中进行分解,生成自由基和聚合物自由基。除了向活性链添加单体自由基之外,传播步骤还可包括被称为头到头的传播。链转移到小分子的步骤包括链转移到溶剂、链转移到试剂和链转移到单体。终止聚合物反应的步骤可通过结合和/或歧化模式发生。本例中所研究的苯乙烯主要通过结合模式终止反应。此外,还可以通过添加抑制剂作为附加终止机制。进一步,模型中还包括长链支化、短链支化、顺反传播等反应。

自由基模型包括采用凝胶效应关联修改反应速率表达式的选项。在高聚物浓度或高转化率下,扩散效应成为终止反应的限制因素,进而导致聚合速率的增加,这也被称为凝胶效应。

在本例中,考虑了苯乙烯本体自由基聚合的以下反应。

(1) 引发剂分解。

引发剂分解反应(式(R16.1))可被建模为一级反应。通常,引发剂分解也伴随着副产物的生成,但本例中未考虑这一问题。因此,式(R16.1)中的系数 a 和 b 被假定为零,即

$$I \rightarrow R^* + aA + bB \quad \text{(R16.1)}$$

引发剂的热分解速率 r_{1D} 由下式给出,即

$$r_{1D} = k_{1D} C_I \quad (16.1)$$

式中:k_{1D} 为通过修正的 Arrhenius 式(式(16.10))计算的引发剂热分解的速率常数;C_I 为引发剂浓度。

引发剂质量分解速率用于计算初级自由基的形成速率 r_{ID}^{RAD},即

$$r_{ID}^{RAD} = k_{ID} C_I N_r \varepsilon \quad (16.2)$$

式中:参数 N_r 应设置为 1 或 2,表示 1 个或 2 个自由基的形成;ε 为引发剂效率因子,用于指定未被笼子效应破坏的自由基的比例。

(2) 热引发。

热引发表示在引发剂或促进剂存在下,由单体产生自由基。在温度高于 120℃ 时,苯乙烯具有显著的热引发速率,即

$$M + CINI \rightarrow P_1(\text{Sty-Seg}) \quad \text{(R16.2)}$$

反应速率由式(16.3)给出,即

$$r_{TI} = k_{TI} C_M^a C_C^b \quad (16.3)$$

(3) 链引发。

引发过程通过反应性初级自由基与单体进行反应,进而形成聚合物链自由基,即

$$R^* + M \rightarrow P_1 \quad \text{(R16.3)}$$

$$r_{P1} = k_{P1} C_M C_{R^*} \quad (16.4)$$

链引发反应产生的初级自由基消耗量,即

$$r_{P1}^{RAD} = -k_{P1} C_M C_{R^*} \quad (16.5)$$

(4) 传播。

通过添加单体分子,链自由基的生长(传播)表现为

$$P_n + M \rightarrow P_{n+1} \quad (R16.4)$$

式中:将单体 M 添加到长度为 n 的聚合物链中,进而形成长度为 $n+1$ 的聚合物链。

反应速率计算为

$$r_P = k_P C_M C_{R^*} \quad (16.6)$$

(5) 链转移到单体。

如果一种活性聚合物从单体中萃取出一个氢原子,它会导致一个死聚合物,失去氢原子的单体变成具有未反应双键的活性聚合物端基。这种反应称为链转移到单体,其反应方程和速率的计算式为

$$P_n + M \rightarrow D_n + P_1 \quad (R16.5)$$

$$r_{TM} = k_{TM} C_M C_{P_n} \quad (16.7)$$

(6) 链转移到链转移剂(EB 和 DDM)。

链转移到链转移剂(本例中为 EB 和 DDM)的机理与转移到单体的机理相同,其导致了死亡聚合物和自由基的形成,即

$$P_n + EB \rightarrow D_n + R^* \quad (R16.6)$$

$$P_n + DDM \rightarrow D_n + R^* \quad (R16.7)$$

链转移到链转移剂的反应速率为

$$r_{TA} = k_{TA} C_A C_{R^*} \quad (16.8)$$

(7) 偶合终止。

在偶合终止时,两个活性聚合物的端基相互之间发生反应,进而形成具有头对头链段的单死链,即

$$P_n + P_m \rightarrow D_{n+m} \quad (R16.8)$$

$$r_{TC} = k_{TC} C_{P_n} C_{P_m} \quad (16.9)$$

上述式(16.1)至式(16.9)中的速率常数可采用修正的阿伦尼乌斯方程进行计算,即

$$k = k_0 \exp\left[\left(\frac{-E}{R} - \frac{\Delta V p}{R}\right)\left(\frac{1}{T} - \frac{1}{T_{ref}}\right)\right] g_f \quad (16.10)$$

式中:k_0 为指前因子,在一级反应时其单位为 s^{-1},在二级反应时其单位为 $m^3/(kmol \cdot s)$;E 为以摩尔焓值为单位的活化能;ΔV 为以体积/摩尔为单位的活化体积;g_f 为凝胶效应因子。在本例中,凝胶效应因子被认为是 1。

要定义苯乙烯本体自由基聚合的反应动力学模型,在 Aspen Plus 中需要遵循以下步骤进行模拟。

- 在模拟环境中,从主导航面板中选择 *Reaction* 项。
- 创建新的反应集,选择图 16.7 所示的 *FREE-RAD* 项反应类型。
- 在 *Reaction set* 项下的 *Species* 选项卡中,定义参与聚合反应的物质,如图 16.8 所示。其中:选择聚苯乙烯作为聚合物,选择苯乙烯作为单体;在"*goes*

to"字段中,选择聚苯乙烯链段;此外,选择标准引发剂为 TBP,选择共引发剂为 CI-NI(苯乙烯),选择传输链转移剂为 EB 和 DDM。

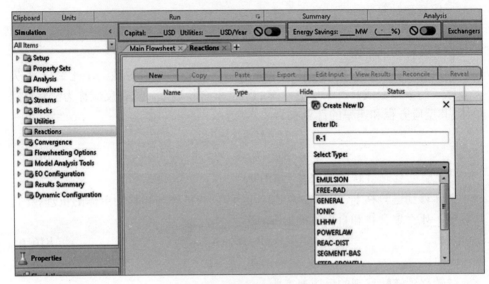

图 16.7 选择聚合反应类型

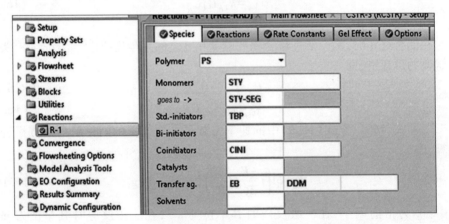

图 16.8 指定聚合反应物质

- 在 *Reactions* 项下,通过选择 *New* 项并指定反应物和产物对上述聚合反应进行定义,如图 16.9 所示;另一种替代的方法是单击 *Generate Reactions* 按钮,此时 Aspen 将自动生成一组能够根据过程中的假设进行修改的反应。
- 反应方程的完整列表如图 16.10 所示。
- 在 *Rate Constants* 选项卡中输入以下参数:动力学参数值、指前因子和活化能值、引发剂分解效率值、式(16.2)的参数 N_f 值和图 16.11 中给出的其他源自文献[2]的参数值。

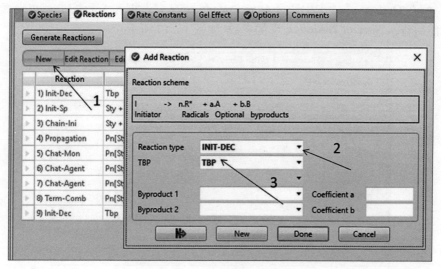

图 16.9 聚合反应的产生

Reaction	Reactants		Products	Active	Delete
1) Init-Dec	Tbp	->	e.n.R* + a.A + b.B	☑	✕
2) Init-Sp	Sty + Cini	->	P1[Sty-Seg] + a.A + b.B	☑	✕
3) Chain-Ini	Sty + R*	->	P1[Sty]	☑	✕
4) Propagation	Pn[Sty] + Sty	->	Pn+1[Sty]	☑	✕
5) Chat-Mon	Pn[Sty] + Sty	->	(1-f).Dn + f.Dn= + P1[Sty]	☑	✕
6) Chat-Agent	Pn[Sty] + Eb	->	Dn + R*	☑	✕
7) Chat-Agent	Pn[Sty] + Ddm	->	Dn + R*	☑	✕
8) Term-Comb	Pn[Sty + Pm[Sty]	->	Dn+m	☑	✕

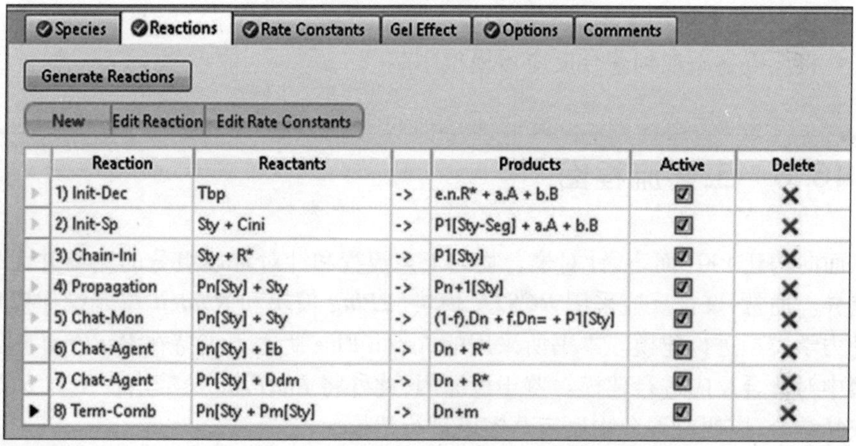

图 16.10 苯乙烯本体自由基聚合反应列表

Type	Comp 1	Comp 2	Pre-Exp 1/hr	Act-Energy cal/mol	Act-Volume cc/mol	Ref. Temp. K	No. Rads [n]	TDB fraction [f]	Gel Effect	Efficiency [e]	Efficiency Gel Effect
INIT-DEC	TBP		1.42938e-05	27538.9	0	333.15	2		0	0.8	0
INIT-SP	STY	CINI	1.5768e+09	27419.5	0				0		
CHAIN-INI	STY		3.7836e+10	7062.67	0				0		
PROPAGATION	STY	STY	3.7836e+10	7062.67	0				0		
CHAT-MON	STY	STY	1.1916e+10	12663.6	0			1	0		
CHAT-AGENT	STY	EB	3.7836e+06	7067.45	0				0		
CHAT-AGENT	STY	DDM	3.7836e+06	7067.45	0				0		
TERM-COMB	STY	STY	4.41e+12	1675.98	0				0		

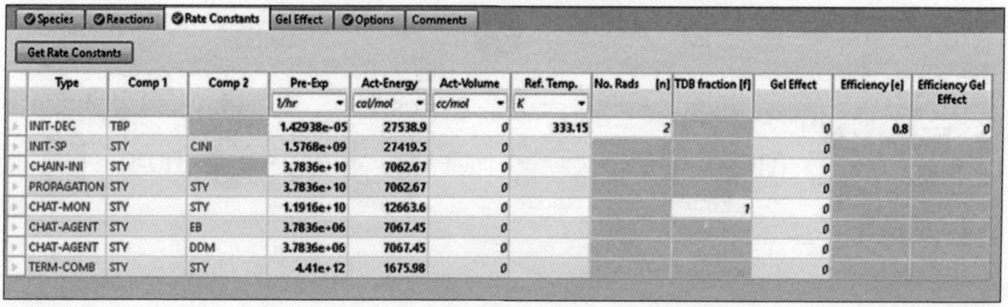

图 16.11 苯乙烯本体自由基聚合动力学参数[2]

- 在 *Options* 选项卡中选择 *Quasi steady state* 复选框和 *Special initiation* 复选框,然后输入 *Special Initiation* 项的参数,如图 16.12 所示。

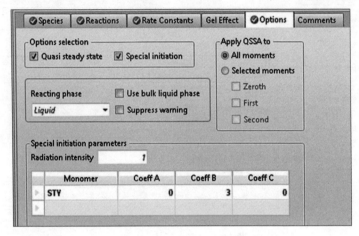

图 16.12 特殊引发参数

- 注意,在本例中未考虑凝胶效应。
- 将反应集添加到聚合反应器模型中。

16.5 工艺流程图

面向构建 PFD 而言,针对聚合物的工艺流程和针对常规组分的流程并无显著的差异。通常,聚合反应采用 *RCSTR* 模块、*RPlug* 模块和 *Rbatch* 单元操作模块中的动力学模型进行建模。本书所采用的 Aspen Plus 版本不支持在 *RadFrac* 蒸馏塔模型中对聚合反应进行建模。鉴于该原因,此处将 *RadFrac* 蒸馏塔模型与 *RCSTR* 模块相结合,以便对聚合物反应蒸馏塔进行建模。

苯乙烯本体自由基聚合的工艺流程图如图 16.13 所示。

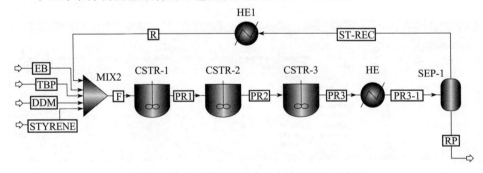

图 16.13 苯乙烯本体自由基聚合 PFD

为了计算进料物流的组成,必须要定义设计规格(DS)模块,具体如下。
- 在主导航板的 *Flowsheeting Options* 项下,定义新的 DS 模块。
- 选择反应器进口物流 F 中的苯乙烯的质量流量作为 *Define* 项变量,如图 16.14 中的步骤 1~3 所示。

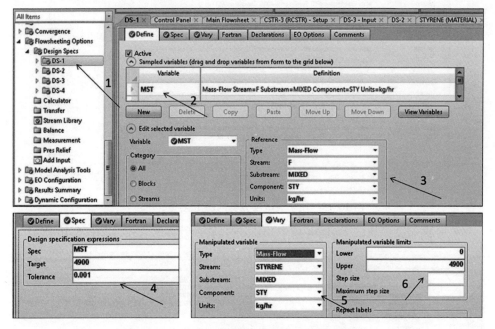

图 16.14 定义 DS 模块以调整恒定的进料成分

- 在 *Spec* 项中,指定苯乙烯质量流量的目标值和公差(图 16.14 中的步骤 4)。
- 选择苯乙烯补充物流(STYRENE)的质量流量作为操纵变量 *Vary* 项,如图 16.14 中步骤 5 和 6 所示。
- 采用相同的方法为进料中的所有组分定义 DS 模块,包括 EB、TBP 和 DDM。
- 根据温度、压力、质量流量和组分指定所有的进口物流。需要注意的是,聚合物工艺和传统组分工艺之间的质量物流规格并不存在差异。
- 通过温度和压力确定全部 3 个 CSTR 反应器模型,其中:选择液相作为反应相,并添加相同的反应。
- 为确定第 2 个反应器温度对每个反应器出口处 PDI、MWW 和 MWN 转化率的影响,对灵敏度模块进行定义。
- 选择第 2 个反应器的温度作为灵敏度模块中的 *Vary* 项(有关灵敏度模块规格的详细信息可参见第 5 章例 5.3)。
- 在灵敏度模块的 *Define* 项中,对需要观测的参数或计算转换率的参数进行定义,灵敏度模块的 *Define Variables* 项列表如图 16.15 所示。

443

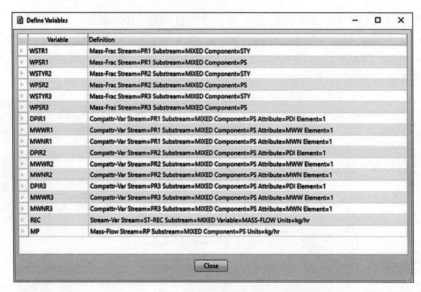

图 16.15　用于灵敏度分析的已定义变量列表

- 在灵敏度模块的 **Fortran** 项中，编写进行转换计算的公式，如图 16.16 所示。

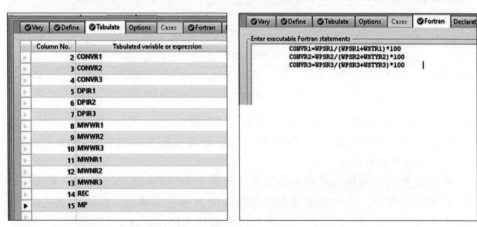

图 16.16　灵敏度分析换算和列表变量的计算

- 在 **Tabulate** 选项卡中创建需要在结果中进行显示的变量列表。

16.6　产物

物流的结果如表 16.2 所列，每个反应器后的聚合物转化率和物性结果如表 16.3 所列。由上述结果可知，针对默认的反应器温度 120℃、160℃ 和 200℃，在第 1 个、第 2 个和第 3 个反应器后的 PS 质量流量分别为 956.6kg/h、2994.64kg/h 和

4248.33kg/h,这些质量流量对应的总转化率分别为 19.52%、61.11%和 86.68%;PDI 从第 1 个反应器后观测值的 1.81 增加到最后一个反应器观测值的 2.14;由于温度的升高,聚合物的重均分子量和数均分子量都会随着反应器级数的增加而降低。

表 16.2 苯乙烯聚合的物流结果

参数	单位	苯乙烯	TBP	DDM	EB	F	R
温度	℃	25.00	25.00	25.00	25.00	25.00	25.00
压力	bar	2.00	2.00	2.00	2.00	2.00	2.00
质量焓	kJ/kg	985.53	-1759.91	-1620.56	-166.44	961.94	832.45
质量密度	kg/m³	898.54	1167.77	842.34	863.69	897.84	893.64
摩尔流量	kmol/h	44.15	0.01	0.02	0.44	47.97	3.35
质量流量	kg/h	4598.68	1.44	3.32	47.01	5000.00	349.54
STY	kg/h	4598.68	0.00	0.00	0.00	4900.00	301.32
PS	kg/h	0.00	0.00	0.00	0.00	0.00	0.00
TBP	kg/h	0.00	1.44	0.00	0.00	1.50	0.06
CINI	kg/h	0.00	0.00	0.00	0.00	0.00	0.00
EB	kg/h	0.00	0.00	0.00	47.01	95.00	47.99
DDM	kg/h	0.00	0.00	3.32	0.00	3.50	0.18
H₂O	kg/h	0.00	0.00	0.00	0.00	0.00	0.00
参数	单位	PR1	PR2	PR3	PR3-1	RP	ST-REC
温度	℃	120.00	160.00	200.00	220.00	220.00	220.00
压力	bar	1.00	1.00	1.00	1.00	1.00	1.00
质量焓	kJ/kg	1058.79	945.83	906.14	969.60	925.77	1552.69
质量密度	kg/m³	838.54	871.35	894.91	36.21	898.94	2.63
摩尔流量	kmol/h	47.97	47.97	47.97	47.97	44.63	3.35
质量流量	kg/h	5000.00	5000.00	5000.00	5000.00	4650.46	349.54
STY	kg/h	3943.44	1905.92	653.10	653.10	351.79	301.32
PS	kg/h	956.60	2994.64	4248.33	4248.33	4248.33	0.00
TBP	kg/h	1.47	0.94	0.10	0.10	0.04	0.06
CINI	kg/h	0.00	0.00	0.00	0.00	0.00	0.00
EB	kg/h	95.00	94.99	94.97	94.97	46.98	47.99
DDM	kg/h	3.50	3.50	3.50	3.50	3.32	0.18
H₂O	kg/h	0.00	0.00	0.00	0.00	0.00	0.00

表 16.3 转化率和聚合物物性结果

CONVR1/%	CONVR2/%	CONVR3/%	DPIR1	DPIR2	DPIR3	DPIR4
19.52	61.11	86.68	1.8089	1.983	2.1374	428015
MWWR2	MWWR3	MWNR1	MWNR2	MWNR3	REC/(kg/h)	MP/(kg/h)
287086	243254	236612	144561	113807	349.5	4248.3

对于每个物流,聚合物的链尺寸分布和分子量详见图 16.17 和图 16.18。若采用对数 X 轴显示链尺寸的分布曲线,需要按照图 16.17 所示的步骤进行操作。

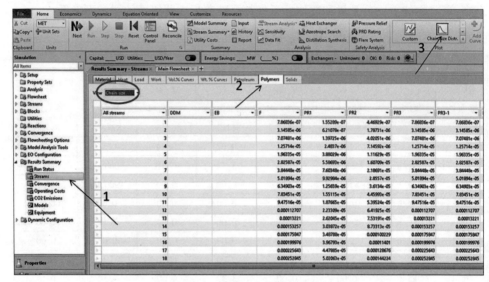

图 16.17　显示聚合物链尺寸结果

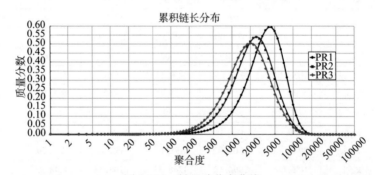

图 16.18　链尺寸分布曲线

第 2 个反应器(CSTR2)的温度对转化率、PDI、MWW、MWN、生产聚合物质量流量和待回收苯乙烯质量流量的影响如图 16.19 至图 16.22 所示。

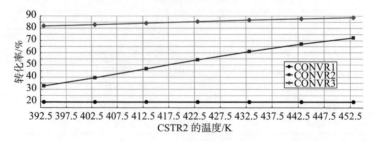

图 16.19　第 2 个反应器温度对反应器转化率的影响

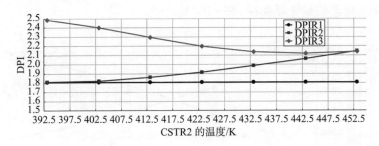

图 16.20　第 2 个反应器温度对 PDI 的影响

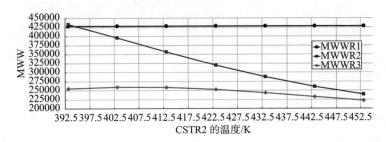

图 16.21　第 2 个反应器温度对聚合物 MWW 的影响

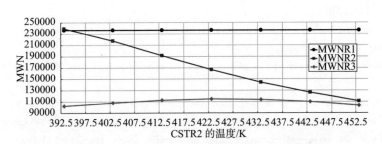

图 16.22　第 2 个反应器温度对聚合物 MWN 的影响

将第 2 个反应器中的温度从 120℃ 提高到 180℃,主要会影响第 2 个反应器产品的转化率和参数,第 1 个反应器不受影响的原因在于反应器进口条件是恒定的,但第 2 个反应器后的转化率和聚合物参数也会受到影响。

当第 3 个反应器中的转化率随着第 2 个反应器中温度的升高而增加时,第 3 个反应器中的 PDI 下降到 443K,这是所能观测到值中的最小值。

随着温度的升高,第 2 个反应器中聚合物的重均分子量(MWW)和数均分子量(MWN)均会降低,但第 3 个反应器的 MWW 在温度为 403K 时显示为最大值,第 3 个反应器的 MWN 在 423K 时显示为最大值。

如图 16.23 所示,提高第 2 个反应器中的温度会增加所生产的聚合物的质量流量,并会减少苯乙烯的回收量,但较高的温度也意味着较短的聚合物链尺寸。最后一个反应器中聚合物的 MWW 和 MNW 曲线的最大值和 PDI 曲线的最小值表明,第 2 个反应器的最佳温度在 150~160℃之间。

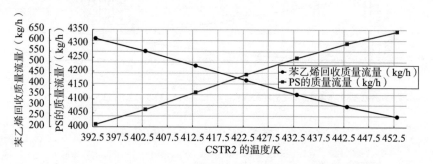

图 16.23　第 2 个反应器温度对生产和回收的 PS 质量流量的影响

参考文献

[1] AspenTechnology. Aspen Polymers, Unit Operations and Reaction Models. Burlington, MA: Aspen Technology, Inc.; 2013.

[2] Aspen Technology. Aspen Polymers, Examples and Applications. Burlington, MA: Aspen Technology, Inc.;2013.

[3] Aspen Technology. Aspen Polymers User Guide, version 3, Vol. 1. Burlington, MA: Aspen Technology, Inc.; 1997.

[4] Flory PJ. Thermodynamics of high polymer solutions. J. Chem. Phys. 1941, 9(8): 660-660.

[5] Huggins ML. Solutions of long chain compounds. J. Phys. Chem. 1941, 9(5): 440-440.

[6] Gross J, Sadowski G. Application of perturbation theory to a hard-chain reference fluid: An equation of state for square-well chains. Fluid Phase Equilib. 2000, 168(2): 183-199.

[7] Gross J, Sadowski G. Perturbed-chain SAFT: Anequation of state based on a perturbation theory for chain molecules. *Ind. Eng. Chem. Res.* 2001, 40(4): 1244-1260.

[8] Gross J, Sadowski G. Modeling polymer systems using the perturbed-chain statistical associating fluid theory equation of state. *Ind. Eng. Chem. Res.* 2002, 41(5): 1084-1093.

[9] Huang SH, Radosz M. Equation of state for small, large, polydisperse, and associating molecules. *Ind. Eng. Chem. Res.* 1990, 29(11): 2284-2294.

[10] Huang SH, Radosz M. Equation of state for small, large, polydisperse, and associating molecules: Extension to fluid mixtures. *Ind. Eng. Chem. Res.* 1991, 30(8): 1994-2005.

[11] Sanchez IC, Lacombe RH. An elementary molecular theory of classical fluids. Pure fluids. *J. Phys. Chem.* 1976, 80(21): 2352-2362.

练习

练习1 流量为100t/h的油混合物(20℃和5bar)在进入分馏塔的熔炉之前,通过残渣余热对其进行预热,进料在熔炉中被加热至450℃后送入分馏塔底部。该分馏塔无再沸器且仅有一个部分冷凝器。同时,汽提蒸汽也被送入塔的底部,其质量流量为6000kg/h、温度为300℃、压力为5bar。该塔具有15个理论塔板,塔顶压力为2bar,塔压力损失为0.2bar,冷凝器中的温度为70℃。除了馏出物和残渣外,来自第4和第9塔板的两个副产物流的流量大约为10t/h和15t/h。侧线物流采用流量为500kg/h的蒸汽进行汽提,其温度为300℃,压力为3bar。汽提的馏出物返回到排出塔板之上的塔板。从蒸馏塔的第8塔板排出质量流量为50t/h的侧线循环回流(中段循环),其冷却到180℃并返回到第2塔板。表1中给出了油品分析后的油混合物特性。

表1 练习1中采用的油混合物特性

ASTM D86 曲线		轻馏分		美国石油学会(API)重力曲线	
蒸馏体积分数/%	℃	组分	质量分率	Mid 蒸馏百分比/%	API重力
5	60	甲烷	0.0001	2	140
10	150	乙烷	0.00015	5	130
15	200	丙烷	0.0002	10	115
20	250	i-丁烷	0.0005	20	85
25	300	n-丁烷	0.0003	30	60
30	350	i-戊烷	0.001	40	40
35	380	n-戊烷	0.001	50	35
40	400			60	30
50	430			70	25
60	450			80	20
70	500			90	10
80	600			95	7
85	700			98	4
90	800				
95	950				
100	1200				

练习2 具有表2中特性的重油渣油物流在加氢裂化单元中进行处理,该单元具有两个固定床催化反应器,每个催化反应器具有两个床层。流量为180m³/h、温度为200℃、压力为130bar的进料被送入第1个反应器。两个反应器的床层进口温度均保持在372℃,其中:第2个反应器中床层的激冷物流流量为55000STDm³/h,第1

449

反应器的汽油之比为 600STDm^3/m^3。气体循环回路和压缩机的 HPS 的温度为 67℃,压力为 130bar。氢气补给物流在温度为 67℃ 和压力为 130bar 时分别进入两个反应器。氢气物流含有 86%(摩尔分数)的氢气、10%(摩尔分数)的 CH$_4$ 和 4%(摩尔分数)的乙烷。催化剂重量平均床温(WABT)为 417℃,液体在催化剂上停留的天数为 50 天。要求:利用 Aspen HYSYS 的加氢裂化装置模型模板,计算加氢裂化产品的组分和物性。

表 2 加氢裂化器进料特性

进料类型	默认
API 重力	21
蒸馏类型	D2887
测温点	℃
0%点	335
5%点	350
10%点	410
30%点	450
50%点	470
70%点	490
90%点	540
95%点	550
100%点	570
总氮质量分数(10^{-6})/%	550
碱性氮质量分数(10^{-6})/%	250
硫含量/%	2.7
溴值	8

练习 3 对具有表 3 中所给出的工业分析和元素分析特性的煤,用于在热电联产单元中燃烧以产生电和热。该单元消耗煤的流量为 15000kg/h,煤在锅炉中燃烧后产生流量为 100t/h、压力为 2MPa 的饱合蒸汽以供汽轮机使用,锅炉排出的烟气首先预热用于燃烧的空气,然后生产温度为 90℃ 的热水以用于区域供暖。同时,源自汽轮机的低压蒸汽也用于生产热水。要求:采用 Aspen Plus 对煤炭燃烧和热电联产过程进行模拟,计算该单元发电量和热水产量。

表 3 练习 3 中采用煤炭的特征

工业分析	
水分	10
挥发分	68.72
固定碳	24.69
灰分	6.58

元素分析	
ASH	6.58
C	80.9
H	4.8
N	1.2
Cl	0
S	0.665
O	6.035
硫分析	
硫酸盐	0.03
Pyric	0.135
有机	0.5
粒度分布 PSD			
---	---	---	---
低限	上限	重量分率	累积重量分率
100	120	0.1	0.1
120	140	0.2	0.3
140	160	0.4	0.7
160	180	0.2	0.9
180	200	0.1	1

练习4 装置运行产生的废气含有摩尔分数11%的Cl_2,必须要进行脱氯处理以使废气达到Cl_2小于$1mg/Nm^3$的环境排放限值。采用填料塔,用浓度为18%的NaOH水溶液脱除Cl_2,其中气体物流的体积流量为$3500m^3/h$。要求:设计吸收塔的参数和吸收塔的质量流量,并比较均衡模型与基于速率模型的结果。

练习5 苯乙烯-丙烯腈共聚物是基于苯乙烯和丙烯腈在以对二甲苯作为溶剂的情况下通过自由基聚合进行制备的。聚合是由苯乙烯分解作为引发剂,乙苯在此过程中充当链转移剂。流量为20000kg/h的进料含有质量分数分别为20%的苯乙烯、32%的丙烯腈、2%的引发剂(分子量为164g/mol 的 MW 苯乙烯)和2%的乙苯,其余部分是溶剂(对二甲苯)。进料在70℃和2atm(1atm=101325Pa)时进入第1个反应器,聚合反应在70℃和2atm时发生。第1个反应器的产物进入第2个反应器,两者在相同的条件下运行,并且均为搅拌釜反应器,容积为$8m^3$。要求:考虑表4中所给出的聚合反应动力学常数(16.2节),计算第2个反应器后的总转化率和聚合度。注意,在 Aspen Plus 的 CSTR 模型中,应采用牛顿法进行质量平衡收敛和采用 *Initialize using integration* 项;对于凝胶效应,采用源自 Aspen 帮助文档的相关数2和表5中所给出的参数。

表4 苯乙烯-丙烯腈自由基共聚动力学参数

类型	Comp1	Comp2	指前因子 s^{-1}	活化能 J/kmol
INIT-DEC	ST1		$3.71×10^{-5}$	0
CHAIN-INI	ST		4820	0
CHAIN-INI	ACNIT		225	0
PROPAGATION	ST	ST	4825	0
PROPAGATION	ST	ACNIT	10277	0
PROPAGATION	ACNIT	ST	7165.6	0
PROPAGATION	ACNIT	ACNIT	225	0
CHAT-MON	ST	ST	0.289	0
CHAT-MON	ST	ACNIT	0.289	0
CHAT-MON	ACNIT	ST	0.006	0
CHAT-MON	ACNIT	ACNIT	0.006	0
TERM-COMB	ST	ST	13900000	0
TERM-COMB	ST	ACNIT	$3.58×10^{8}$	0
TERM-COMB	ACNIT	ST	$3.58×10^{8}$	0
TERM-COMB	ACNIT	ACNIT	10200000	0

表5 苯乙烯-丙烯腈聚合的凝胶效应参数

参数	值
1	1
2	0
3	2.57
4	-0.00505
5	9.56
6	-0.0176
7	-3.03
8	0.00785
9	0
10	2

在第二步中,需要考虑包含0.15%(质量分数)苯乙烯、35%(质量分数)丙烯腈、2%(质量分数)引发剂和2%(质量分数)乙苯和对二甲苯的另一进口物流。该进料在反应器中进行处理,其参数与之前反应器的参数相同。要求:将该反应器中生产的聚合物的转化率和链长分布与前一种情况下生产的聚合物进行比较;假设将源自两个物流的产品进行混合,对混合物流产品和单个物流产品的聚合物链长分布进行对比。

缩略语

ABS	丙烯腈-丁二烯-苯乙烯	LHHW	Langmuir-Hinshelwood-Hougen-Watson 模型
AEA	Aspen 能源分析	LLDPE	线性低密度聚乙烯
APEA	Aspen 过程经济分析仪	LLE	液-液平衡
API	美国石油学会	LP	低压
ASME	美国机械工程师学会	LPG	液化石油气
BP	沸点	MDEA	甲基二乙醇胺
CRR	陶瓷拉西环	MEA	单乙醇胺
CS	碳钢	MESH	材料-平衡-求和-热
CSTR	连续搅拌釜反应器	MWN	数均分子量
DDM	N-十二烷基硫醇	NC	非常规
DEA	二乙醇胺	NG	天然气
DeSG	脱硫低压气体	NIST	国家标准与技术研究院
DeSL	脱硫液化气	NMP	N-甲基吡咯烷酮
DIPPR	物性设计院	NPSH	净正压头
DMSO	二甲亚砜	NRTL	非随机二液
DS	设计规格	NRTL-HOC	非随机二液 Hayden-O′Connel
EB	乙苯	NRTL-RK	非随机二液 Redlich-Kwong
EBP	终沸点	PAH	多环芳烃
EPC	工程、采购、施工	PC-SAFT	扰动链统计关联流体理论
ERD	交换器设计和评级	PDI	多分散指数
FCC	流化催化裂化	PEO	多氧化物
GLN	汽油	PET	聚对苯二甲酸乙二醇酯
GO	轻油	PFD	工艺流程图
GPSA	气体处理器供应商协会	PFR	活塞流反应器
HDPE	高密度聚乙烯	PIB	聚异丁烯

HE	换热器	PMMC	聚甲基丙烯酸甲酯
HEN	换热器网络	PNA	石蜡、环烷、芳烃
HETP	理论塔板高度当量	PP	聚丙烯
HGO	重质瓦斯油	PPA	夹点分析
HP	高压	PPDS	物性数据服务
HTC	传热系数	PPR	丙烯鲍尔环
HYSPR	Aspen HYSYS Peng-Robinson	PR	Peng-Robinson
IK-CAPE	计算机辅助过程工程工业合作	PSD	粒度分布
Ke	煤油	PVAC	聚醋酸乙烯酯
LGO	轻柴油	PVC	聚氯乙烯
P&ID	管道和仪表图	TEMA	管式换热器制造商协会
RDF	垃圾衍生燃料	TRC	热力学研究中心
RK	Redlich-Kwong	VLE	气液平衡
SAFTEOS	统计关联流体理论状态方程	UNIFAC	UNIQUAC 官能团活性系数
SBR	苯乙烯-丁二烯-橡胶	UNIQUAC	通用准化学基团活度系数
SC	同时校正	UNIFAC-FV UNIQUAC	官能团活性系数-自由体积
SR	总和率	VGO	真空瓦斯油
SRK	Soave-Redlich-Kwong	VR	真空残渣
SS304	不锈钢 304 ST 苯乙烯	WMR	充分混合反应器
TBP	真沸点	TDE	热数据引擎

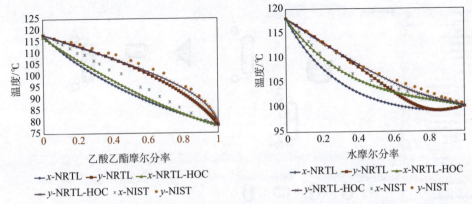

图 2.45　乙醇-乙酸二元系统的 VLE 数据比较　　图 2.46　水-乙酸二元系统的 VLE 数据比较

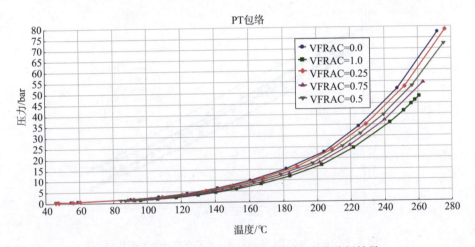

图 2.54　在温度和压力整体范围内的 PT 包络分析结果

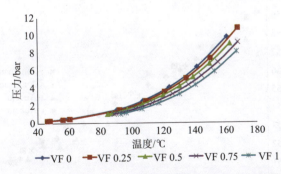

图 2.55　在温度和压力特定范围的 PT 包络分析结果

彩 1

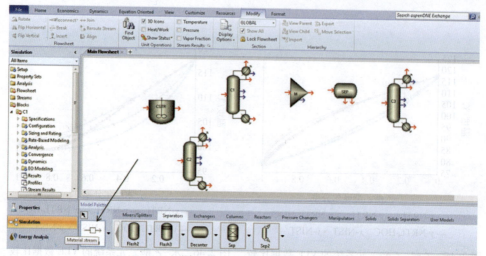

图 2.68 选择材料物流

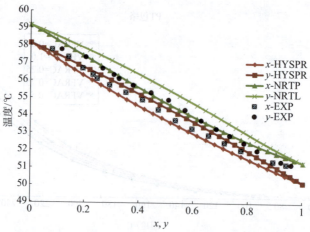

图 8.7 压力为 5kPa 时的乙苯-苯乙烯气-液平衡数据

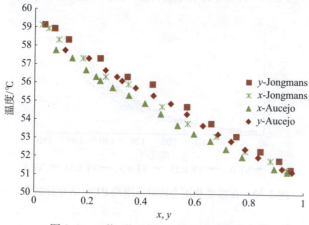

图 8.8 乙苯-苯乙烯等压气-液平衡数据

彩 2

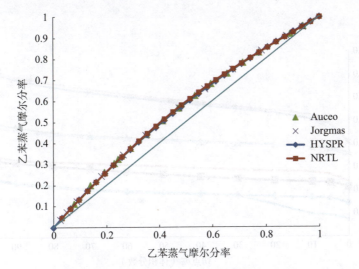

图 8.9 乙苯-苯乙烯二元体系的等压 x-y 图

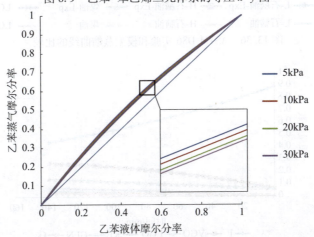

图 8.10 不同压力时乙苯对苯乙烯相对挥发度的影响

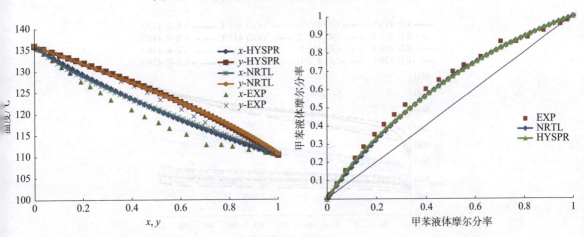

图 8.11 甲苯-乙苯二元体系的等压气-液平衡数据　　图 8.12 甲苯-乙苯二元体系的等压 x-y 图

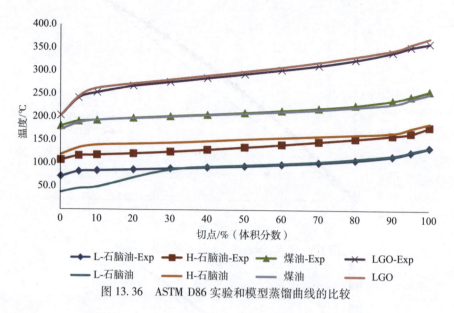

图 13.36 ASTM D86 实验和模型蒸馏曲线的比较

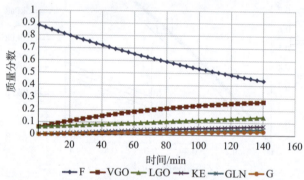

图 13.47 通过动力学模式计算的 VR 加氢裂化产品收率

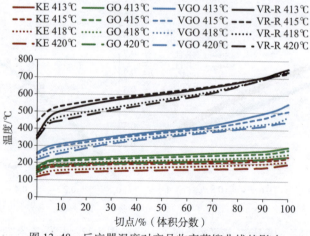

图 13.48 反应器温度对产品收率蒸馏曲线的影响